国际焊接学会(IIW)2020研究进展

中国机械工程学会焊接分会
北京工业大学
李晓延　编

机 械 工 业 出 版 社

本书对国际焊接学会（IIW）2020年年会交流的学术文献进行了介绍与评述，反映了国际焊接学术领域在增材制造、表面与热切割，电弧焊与填充金属，压焊，高能束流加工，焊接结构的无损检测与质量保证，微纳连接，焊接健康、安全与环境，金属焊接性，焊接接头性能与断裂预防，弧焊工艺与生产系统，焊接接头和结构的疲劳，聚合物连接与胶接技术，钎焊与扩散焊技术，焊接物理，焊接培训与资格认证等方面的研究进展，还介绍了国际焊接学会2020年年会的整体进程与综合活动。

本书可供从事焊接及相关领域科学研究、工程应用、认证与培训、学会建设等方面工作的技术人员和管理人员参考，还可供焊接及相关学科高年级研究生参考。

图书在版编目（CIP）数据

国际焊接学会（IIW）2020研究进展/李晓延编. —北京：机械工业出版社，2021.6

ISBN 978-7-111-68167-0

Ⅰ.①国… Ⅱ.①李… Ⅲ.①焊接工艺 Ⅳ.①TG44

中国版本图书馆CIP数据核字（2021）第084193号

机械工业出版社（北京市百万庄大街22号 邮政编码100037）
策划编辑：赵亚敏 责任编辑：赵亚敏
责任校对：樊钟英 张 征 封面设计：张砚铭
责任印制：张 博
北京宝隆世纪印刷有限公司印刷
2021年6月第1版第1次印刷
210mm×297mm · 16.25印张 · 446千字
标准书号：ISBN 978-7-111-68167-0
定价：148.00元

电话服务 网络服务
客服电话：010-88361066 机 工 官 网：www.cmpbook.com
010-88379833 机 工 官 博：weibo.com/cmp1952
010-68326294 金 书 网：www.golden-book.com
封底无防伪标均为盗版 机工教育服务网：www.cmpedu.com

编审委员会

序

我国是制造大国，焊接技术是最重要的先进制造技术之一，对提高我国工业制造水平及维护国防安全起着重要作用。但是，我国航空航天、核电等行业采用的电子束焊接设备、数字化焊接等高端自动化装备，以及高端焊接材料仍需要进口，焊接自动化率与国外发达国家也相差甚远。总体来看，我国是焊接大国，但不是焊接强国，整体焊接技术水平与焊接强国还有很大差距。

国际焊接学会（International Institute of Welding，IIW）每年组织的学术年会是世界焊接领域的学术盛会，参加该学术年会是提升我国焊接整体水平的一个有效途径，和国际知名焊接专家共同研讨焊接领域的学术前沿问题，对提高焊接领域的基础研究水平、推动焊接技术创新有重要作用。中国机械工程学会焊接分会一直高度重视国际交流及合作研究工作，对国际焊接年会更是予以了高度关注，一直提倡和鼓励国内专家，特别是青年学者参加国际焊接年会。

为了便于国内焊接领域更多的专家学者，特别是没有参加国际焊接年会的企业技术人员及高等院校学生深入了解国际焊接技术的最新动态，从 2017 年开始，中国机械工程学会焊接分会开展了“IIW 研究进展”专项工作，积极组织国内资深专家参加 IIW 年会，并将 IIW 各个相关领域的最新成果进行总结分析，撰写成“国际焊接学会研究进展”年度系列丛书，到目前为止该工作已经延续了三年，出版了三本专辑，使众多焊接工作者及高校学生受益，得到了国内焊接行业的广泛好评。

2020 年由于受新冠肺炎疫情的影响，国际焊接年会在网上召开，给收集资料及出版焊接研究进展带来很大困难，编委会的专家学者克服了重重困难，经过精心准备和多次讨论修改，完成了《国际焊接学会（IIW）2020 研究进展》的编写工作。

通过《国际焊接学会（IIW）2020 研究进展》一书，国内学者可以充分了解本年度国际焊接领域的研究热点与前沿技术。相信该书将对了解国际焊接研究动态、提升我国焊接行业水平、助力我国由焊接大国向焊接强国转变起到重要的推动作用。

中国机械工程学会焊接分会理事长

2020 年 12 月

前　　言

作为全球最有影响力的国际焊接学术组织，国际焊接学会（International Institute of Welding，IIW）每年举办一次学术年会，来自全球焊接领域的专家学者在IIW几十个专业委员会及工作组交流焊接研究和应用、焊接培训和资格认证、焊接标准的制定和推广等方面的最新进展，着重探索焊接新兴技术，寻求焊接制造的整体解决方案，推荐焊接最佳实践成果。因此，将IIW年度学术会议上述活动的最新成果介绍到国内来，对于促进我国焊接科学与技术的快速发展是十分重要的。

在中国机械工程学会的支持下，焊接分会自2017年起持续开展IIW研究进展的专项工作，组织业内专家学者对IIW年会所报道的学术研究与应用的最新进展进行全面的跟踪、报道与评述。《国际焊接学会（IIW）2017研究进展》《国际焊接学会（IIW）2018研究进展》、IIW2017年会的技术文件和IIW2018年会的技术文件U盘已免费发放给了国内焊接科技工作者。《国际焊接学会（IIW）2019研究进展》也已由机械工业出版社出版发行。这一工作在国内焊接领域的热烈反响无疑是对IIW研究进展编审委员会各位专家工作的认可和鼓励。

IIW 2020学术年会原定于在新加坡召开，但由于受新冠肺炎疫情的影响，会议无法以面对面的形式举办，这对国际焊接学会和IIW研究进展编审委员会都是极大的挑战。IIW为此修改了章程，使得IIW年会得以通过网络方式在线举行，这也是IIW自1948年成立以来的首次线上年会。来自39个国家的603位焊接领域的专家学者参加了2020年IIW年度的线上学术会议。

为了编好《国际焊接学会（IIW）2020研究进展》，中国机械工程学会焊接分会（CWS）向国际焊接学会各专业委员会选派了2020年度的成员国代表和专家代表，并于2020年6月4日在线上召开了《国际焊接学会（IIW）2020研究进展》编写启动会。会议成立了编审委员会，制定了编写计划，落实了编写任务。

《国际焊接学会（IIW）2020研究进展》的主要内容及编审分工为：增材制造、表面与热切割（IIW C-Ⅰ）研究进展由叶福兴教授编写，李慕勤教授审阅；电弧焊与填充金属（IIW C-Ⅱ）研究进展由陆善平研究员等编写，邸新杰教授审阅；压焊（IIW C-Ⅲ）研究进展由王敏教授等编写，陈怀宁研究员审阅；高能束流加工（IIW C-Ⅳ）研究进展由陈俐研究员等编写，李铸国教授审阅；焊接结构的无损检测与质量保证（IIW C-Ⅴ）研究进展由马德志教授级高级工程师编写，韩赞东副教授审阅；微纳连接（IIW C-Ⅶ）研究进展由邹贵生教授编写，田艳红教授审阅；焊接健康、安全与环境（IIW C-Ⅷ）研究进展由石玗教授等编写，李永兵教授审阅；金属焊接性（IIW C-Ⅸ）研究进展由吴爱萍教授编写，李亚江教授审阅；焊接接头性能与断裂预防（IIW C-X）研究进展由徐连勇教授编写，陈怀宁研究员审阅；弧焊工艺与生产系统（IIW C-XII）研究进展由华学明教授等编写，朱锦洪教授审阅；焊接接头和结构的疲劳（IIW C-XIII）研究进展由邓德安教授等编写，张彦华教授审阅；聚合物连接与胶接技术（IIW C-XVI）研究进展由闫久春教授等编写，李永兵教授审阅；钎焊与扩散焊技术（IIW C-XVII）研究进展由曹健教授编写，黄继华教授审阅；焊接物理（IIW SG-212）研究进展由樊丁教授等编写，武传松教授审阅；焊接培训与资格认证（IIW-IAB）研究进展由解应龙教授等编写，金世珍研究员审阅；国际焊接学会（IIW）第 73 届年会综述由黄彩艳副秘书长等编写，金世珍研究员审阅。全书由李晓延教授主持编写。

各位编审专家在较短的时间内投入了大量的精力，克服了无法面对面交流的困难，高质量完成了本书的编写和评审工作，在此对他们的辛勤工作表示衷心的感谢！

由于网上会议及资料收集的限制，在本书的编写中难免有疏漏，真诚希望广大读者批评指正，以为后续编写所借鉴。

本书由机械工业出版社出版发行。在此对机械工业出版社的辛勤工作表示衷心的感谢。

衷心希望焊接同仁继续共同努力，使焊接分会的这一年度重点专项工作成果能为我国焊接事业的发展贡献微薄之力！

中国机械工程学会焊接分会副理事长（2018—2022）
国际焊接学会执委会（IIW-BOD）委员（2018—2021）
北京工业大学教授（1998—　　）
2020 年 12 月

目　　录

增材制造、表面与热切割（IIW C-Ⅰ）研究进展

叶福兴

（天津大学材料科学与工程学院，天津 300072）

摘　要：第73届IIW国际焊接年会C-Ⅰ专委会（Additive Manufacturing，Surfacing and Thermal Cutting）学术线上交流会于2020年7月24—25日进行。在本次交流会上，来自德国、芬兰、比利时、奥地利和中国等国家的学者围绕增材制造领域内取得的研究进展做了线上报告。本文基于各学者的报告内容，从增材制造的微观组织与性能和工业应用两个方面对其研究进展进行了整理。微观组织与性能方面包括孔隙率对组织的影响、制造过程中温度的测量；工业应用方面包括如何在增材制造产业中取得经济效益、对操作人员进行操作资格的审批与认证、多种材料的复合增材制造。

关键词：增材制造；非接触式温度测量；人员资格认证

0　序言

增材制造（Additive Manufacturing，AM）俗称3D打印，是融合了计算机辅助设计、材料加工与成形技术，以数字模型文件为基础，通过软件与数控系统将专用的金属材料、非金属材料以及医用生物材料，按照挤压、烧结、熔融、光固化、喷射等方式逐层堆积，制造出实体物品的制造技术。与传统的对原材料去除（切削）、组装的加工模式不同，增材制造是一种“自下而上”、从无到有，通过材料累加进行制造的方法。增材制造技术的出现，使得过去受到传统制造方式的约束而无法实现的复杂结构件的制造变为可能。

AM技术的关键体现在三个方面，一是材料单元的控制技术，即如何控制材料单元在堆积过程中的物理与化学变化是一个难点。例如，金属直接成形中，激光熔化的微小熔池的尺寸和外界气氛的控制直接影响制造精度和制件性能。二是设备切片的精度控制，增材制造的自动化切片是材料累加的必要工序，直接决定了零件在累加方向的精度和质量。分层厚度向0.01mm发展，控制更小的层厚及其稳定性是提高制件精度和降低表面粗糙度值的关键。三是高效制造技术，增材制造技术在向生产大尺寸构件方向发展，例如，采用激光增材制造技术可以制造运-20、歼-50等飞机上的钛合金关键受力大型结构件。

本文对IIW2020 C-Ⅰ专委会线上交流会的报告及部分素材进行了整理，对增材制造的发展进行了评述。

1　微观组织与性能

1.1　3D打印过程中金属的变形和破坏与组织和工艺的联系

阿尔托大学的Lian等人[1]通过3D打印技术制造出金属块体，由电火花切割得到拉伸试样（图1），对试样进行*X*（SD）、*Y*（TD）、*Z*（BD）方向的拉伸，结果如图2所示。

通过对比加载方向可以发现，横向（平行于增材制造方向）拉伸构件的断面晶粒比纵向（垂直于增材制造方向）拉伸构件的断面晶粒细小。横向组织的晶粒越细小，晶间的滑移面越多，越有利于提高抗拉强度。与此同时，对材料的显微组织进行了EBSD测试，发现材料的基体为BCC马氏体组织，并在马氏体板条边界处发现FCC奥氏体晶粒，此外，晶粒形貌和晶体的取向也不均匀。

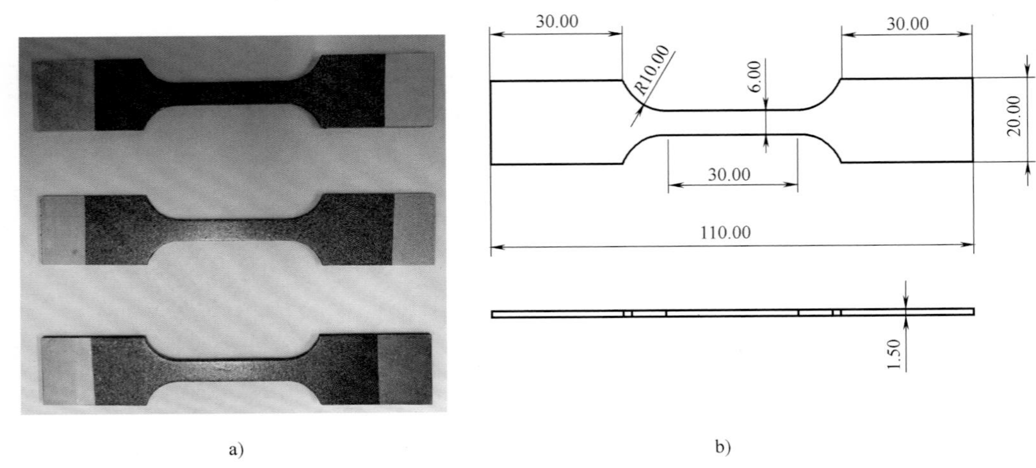

图 1　拉伸试样的实物图 a）和试样尺寸图 b）

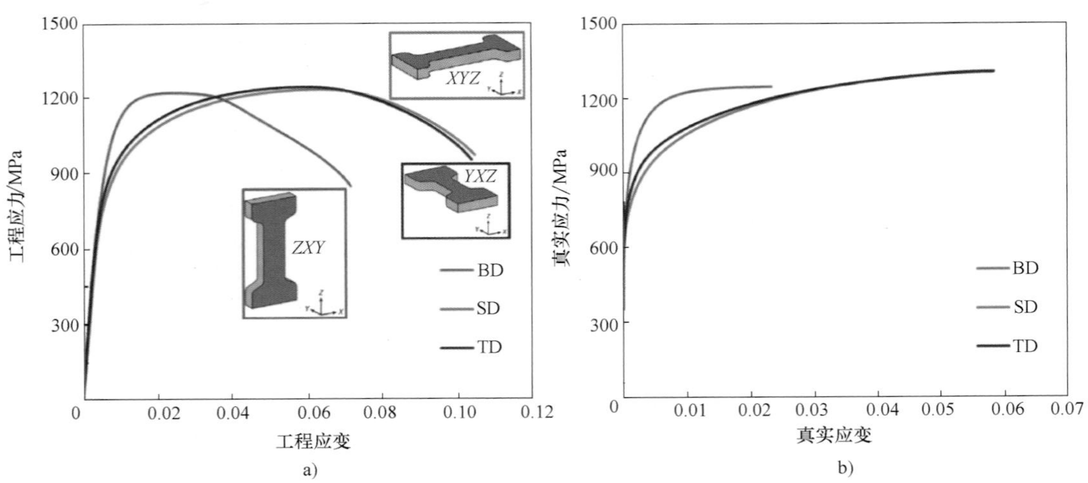

图 2　增材制造试样的拉伸测试结果：工程应力-应变曲线 a）和真实应力-应变曲线 b）

通过观察显微组织可以发现明显的孔隙。3D 打印过程中所形成的孔隙分为两种，一种是小孔隙，另一种是由一些小孔隙合成的大孔隙。孔隙是由成核和聚集两个阶段形成的。因此 Lian 等人搭建微观结构的孔隙模型，研究了孔隙率（即孔隙体积分数）对 3D 打印产品的抗拉强度的影响。如图 3 所示，孔隙率对应力和应变有着明显影响。

结果表明 3D 打印构件的拉伸性能受几何形状、加载方向、颗粒大小和材料组织等因素影响。孔隙率和孔隙形状会影响流动应力，产生各向异性破坏。

1.2　电子束填丝增材制造 Ti6Al4V 的非接触式温度测量

Pixner 等人[2] 使用传统的填丝方式进行增材制造，材料选用的是 Ti 和 Mo 合金，分别使用热像仪和比色高温计对增材制造过程进行温度监控，前者属于非接触式测量，后者属于接触式测量。

图 4 所示为比色高温计测温示意图。通过比色高温计的测试结果发现，由于 Al 的沸点低，在加工过程中存在铝的蒸发，连续熔覆时会覆盖在比色温度计的测量镜头上，干扰温度的准确测量。对此，通过在测量镜头上设置防护性耐热聚酰亚胺箔，可使测量温度趋于稳定。

以比色高温计的测量点与电子束中心的相对距离为变量，分析了不同距离下增材制造熔覆层表面的温度变化情况，如图 5 所示。结果表明：准稳态峰值温度出现在电子束中心位置，冷却速度在过程结束时可高达 500℃/s，由相图可知存在 α′相。

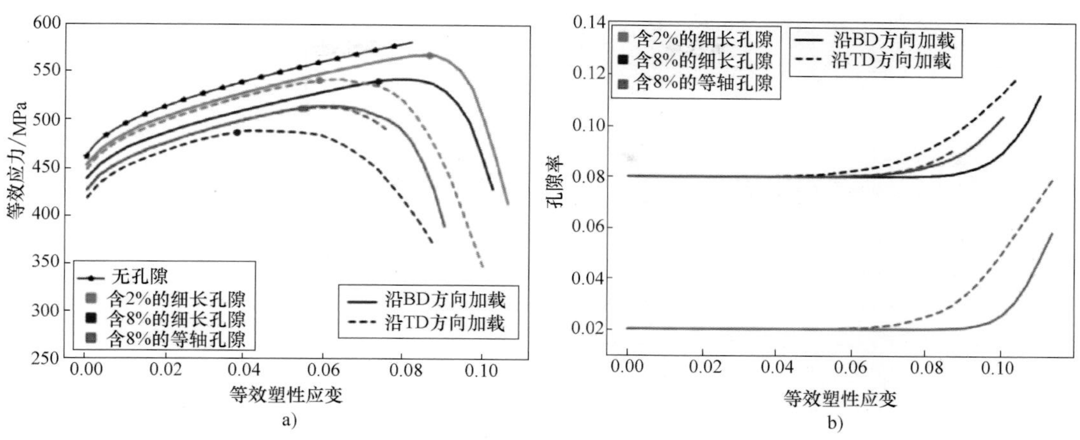

图3 试样拉伸等效应力与等效塑性应变的关系 a）和孔隙率与等效塑性应变的关系 b）

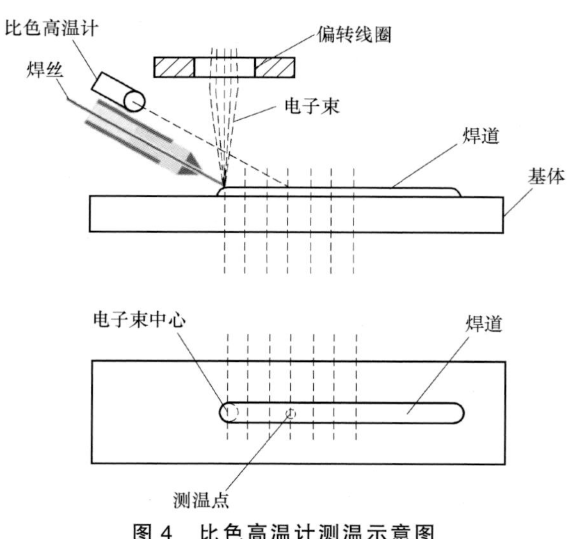

图4 比色高温计测温示意图

图6所示为比色高温计在 X 轴各点处测量的温度及冷却速度。根据采集到的测量数据，温度和冷却速度可以用指数拟合和它的偏差作为时间的函数来描述，当温度范围为850~1000℃时，冷却速度为220~350℃/s。

图7所示为 X 轴各点处采用热像仪测量获得的温度及冷却速度。热像仪观测到的熔池冷却速度最高可达每秒近千摄氏度。根据采集到的测量数据，温度和冷却速度的变化曲线可以用指数拟合和它的偏差作为时间的函数来描述，当温度范围为850~1000℃时，冷却速度为180~350℃/s。

对比热像仪与比色高温计两种测量结果，结论差距不大，但是热像仪的测温在真空腔室外部进行，可以避免由于高温材料蒸发引起的污染，因此拥有更好的应用前景。

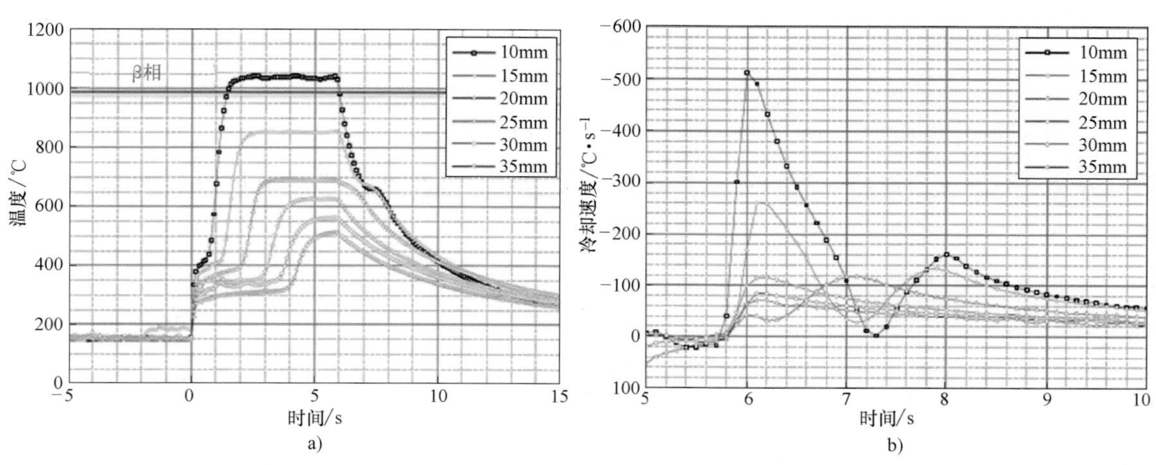

图5 测量点与电子束中心不同相对距离的温度 a）和冷却速度 b）

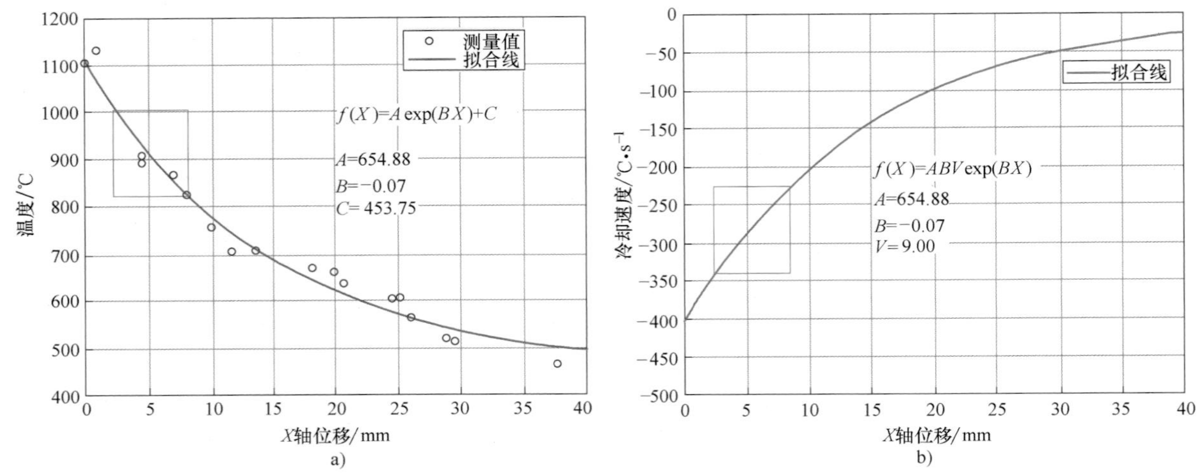

图 6　X 轴各点处的比色高温计测量温度 a）和冷却速度 b）

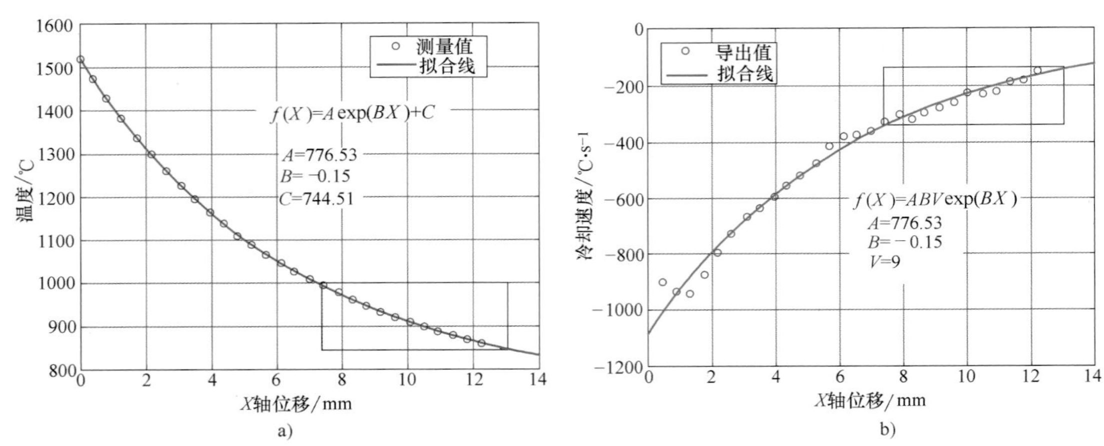

图 7　X 轴各点处的热像仪测量温度 a）和冷却速度 b）

2　宏观应用

2.1　轻质金属增材制造试点生产线的资金支持

Cardoso 等人[3] 致力于通过推动轻量化金属基纳米复合材料研究为中、小企业和个人提供广泛的增材制造技术支持，将目光主要放在汽车、航空航天、制造业、铁路工业及小型发动机应用方面，并引用开放式的创新生态系统，这将有利于在轻质合金（铝、镁和钛）中引入新结构、新功能。

轻量化合金试点项目主要包括以下几项：增材制造的设计、数据分析和数据采集、增材制造及后续处理的工业化、品质保证及认证环节。其具体为：

1）围绕增材制造的设计体现在对要制造的组件进行设计，甚至是重新设计，将增材制造的设计方法与工作的流程进行部分整合和优化，更要针对不同的增材制造工艺制定相应的规则。

2）数据分析的整改首先要做到业务 KPI（关键绩效指标）的可视化，通过传感器进行数据分析，进而进行质量控制管理，尽可能做到增材制造过程中设计和部件的可追溯性，对得到的数据进行分析，从而得到最佳的解决方案。

3）增材制造工业化的意义在于，这项技术可以提高生产力，生产过程具有可重复性和可预测性，并且有客户群体的支撑。

4）品质的保证来源于制造过程符合法规和标准（ISO、ASTM 等），制造工艺路线的充分认证，完整的供应链，以及评估和确认当前质量的应用实践经验。

那么增材制造工业化如何支持轻质化合金项目呢？试点生产线所用的设备，其制造过程的能量来源是基于增材制造技术的激光束，配备了同轴线激光头，它具有稀释率低、失真小、重复性高等优点。图 8 所示为增材制造的试点工作站，插入式气体屏蔽室可保证易氧化合金如钛、铝、镁等材料的使用，工作台最大容积为 1000m×2000m×1000m。工作站所配备的可控温旋转工作台允许自由移动和创建任何 3D 部件，并配有加热工作台，能够减少热应力和残余应力，最大限度地降低裂纹敏感性。闭环控制系统的优化，基于实时监控的工艺参数自动管理新算法的实现，粉末回收系统对未使用的粉末进行正确的管理，都可以提高工艺效率。通过上述措施，每天可以减少 70%的故障部件，从而提高了机器的生产效率。

图 8　增材制造的试点工作站

2.2　从事增材制造人员的国际资格认证体系

任何一个产品质量管理体系的支柱都是参与其制造过程的人员的资格，因此，人们迫切需要确立增材制造（AM）技术国际公认的程序和人员资格认证途径，从而满足工业化需求[4]。通过 AM 利益相关者的持续参与，欧洲焊接联合会（EWF）制定了一个结构化的、易于被人们认可的 AM 专业人员资格认证体系，如图 9 所示。

第一次试点课程于 2019 年 4 月在意大利焊接研究所（Istituto Italiano della Saldatura，IIS）的总部热那亚举行，图 10 所示为试点课程现场情况。经过实践，可以确定的是质量标准应该是由过程而不是机器来定义。

2.3　多种材料增材制造实现多功能特征

由于 3D 打印开始向越来越复杂的产品靠近，多种材料的增材制造开始被人们所需要。多种材料增材制造的特点在于最大限度地发挥各种材料的优势，让它们在各自擅长的领域发挥作用[5]。

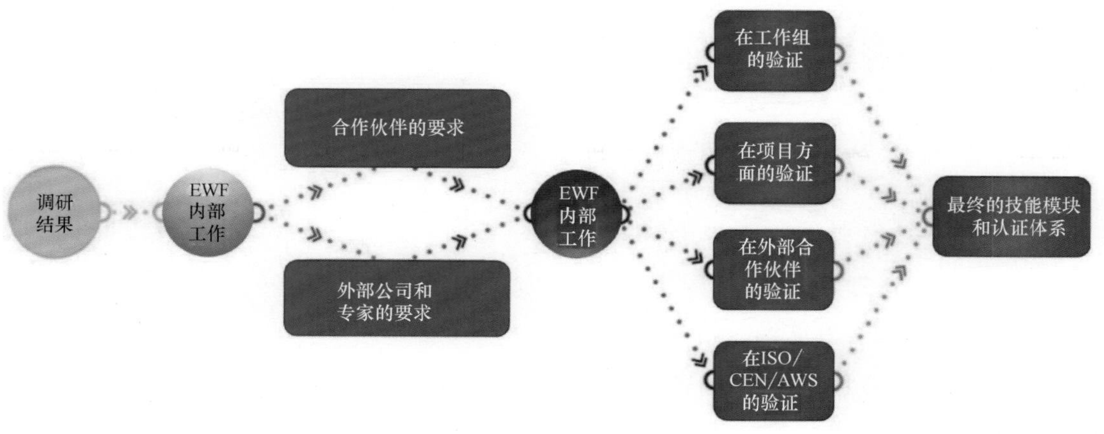

图 9　增材制造专业人员的国际资格认证体系

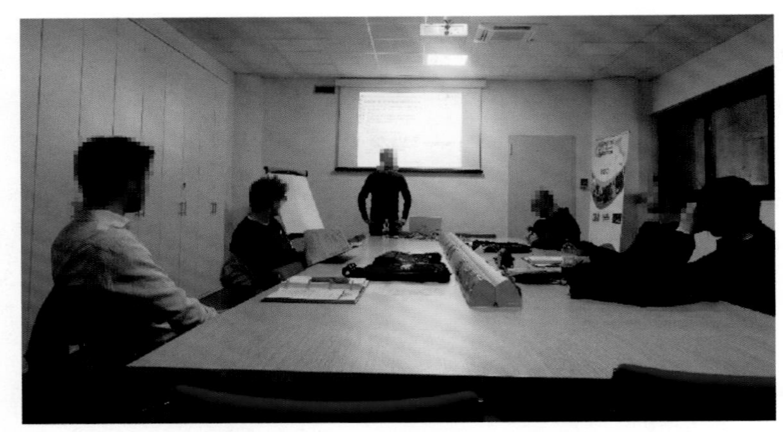

图 10 增材制造专业人员资格认证试点课程的现场情况

纳米材料作为一种性能优良的材料广泛受到关注。在 3D 打印中引入纳米材料是可行的，且具有以下几个优势：①纳米材料具有很高的热导率；②与一般的结构材料相比，纳米材料的功能性更强，易于在形状复杂的金属结构中嵌入导电体；③在结构中增加传感和数据采集后，人们可将精力集中在设备和软件开发上；④采用集成光纤技术将为制造零部件带来先进的全面传感能力，以执行结构健康监测（SHM）。

2.4 基于工业 4.0 的丝材电弧增材制造与大赛

工业 4.0 概念包括了从集中控制到分散增强控制的根本转变，其目标是为产品和服务创建一个高度灵活、个性化和数字化的生产模式。其特点为互通、数据化、整合、创新、转化。工业 4.0 旨在提升制造业的智能化水平。它充分利用信息通信技术和网络虚拟系统，即网络物理系统的组合，使制造业向智能化转变。制造业智能化包括智能工厂、智能制造和智能物流[6]。其中，智能工厂主要涉及智能制造系统流程，并实现网络化分布式生产设施；智能制造主要涉及整个企业的生产物流管理、数字化制造与监控、人机交互以及 3D 打印技术在工业生产过程中的应用；智能物流通过互联网、物联网、物流网络，整合物流资源，充分发挥现有物流资源的效率，需求方可以快速获得服务匹配，得到物流支持。

丝材电弧增材制造（WAAM）产业涵盖新一代信息技术、高端装备产业、新能源、新材料、新工艺等领域，以及工业 4.0 下与工业制造相关的实时监控、边缘计算、自动化控制等。WAAM 是以电弧为能量束，采用逐层堆焊工艺制造金属固体元件的方法，增材制造成品如图 11 所示[7]。钛金属 WAAM 在航空航天领域的应用潜力很大，缘于它的高沉积速度允许快速、经济地生产大型整体零件。采用冷金属过渡（CMT）的 WAAM 的沉积速度高于气体钨极弧焊（GTAW）和等离子丝沉积。WAAM 生产的 Ti6Al4V 的力学性能在许多出版物中都有讨论。由于 Ti6Al4V 的热导率较低，因此 Ti6Al4V 的 WAAM 具有较低的冷却速度，易形成粗化的层状组织。由于 Ti6Al4V 较低的均匀形核倾向及较

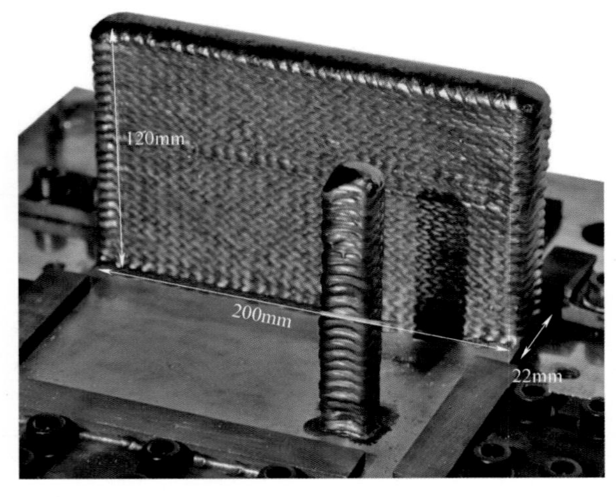

图 11 多层增材制造试样

低的温度梯度，易形成各向异性的微观结构。残余应力通常被认为是 WAAM 的一个问题，大量的研究表明：通过热处理可以降低 WAAM 产生的残余应力。

英国克兰菲尔德大学的学者研究了基于 CMT 工艺的铝合金电弧增材制造，研究表明：随着碾压压力的增加，沉积态试样因晶粒尺寸减小、位错密度增加，其显微硬度和力学性能提高；施加层间碾压后，沉积态微气孔被压扁，随着碾压压力的增加，微气孔数量逐渐减少，当碾压压力为 45kN 时，微气孔消失。

3 结束语

本次 C-Ⅰ专委会会议报告关于增材制造的研究，偏向应用更多一些，这说明目前更加关注如何将这项技术应用于实际生产中，以及能够实现什么样的产品制造上。作为一项正在快速发展中的先进制造技术，增材制造还远远达不到金属切削、铸、锻、焊、粉末冶金等制造技术的成熟度，还有大量研究工作需要进行，包括激光成形专用合金体系、零件的组织与性能控制、应力变形控制、缺陷的检测与控制、先进装备的研发、技术人员的培训和资格认证等，涉及从科学基础、工程化应用到产业化生产的质量保证等各个层次的研究工作。

我国在增材制造技术新设备研发和应用上投入不足，相对于美欧国家，我们在新技术的开发方面还需追赶，如对三维彩色打印技术缺少研究与开发；在应用方面，许多行业缺少后续技术研发，如在快速制造的原型向模具和功能零件转化方面没有形成系统的技术体系，企业没有很好地将此技术应用在产品开发方面。要想获得更快更好的发展，就要获得更多的关注，吸引更多人进行深入细致的研究。

参考文献

[1] LIAN J H. Relating the deformation and failure behavior with microstructure and processes for 3D printed metals [Z]//Ⅰ-1450-20. 2020.

[2] PIXNER F, ENZINGER N. Contactless T-Measurement of wire-based electron beam additive manufacturing Ti-6Al-4V [Z]//Ⅰ-1452-20. 2020.

[3] CARDOSO A, CATERINO P. How can a Light Meadditive manufacturing pilot Line benefit from the amable services? [Z]//Ⅰ-1451-20. 2020.

[4] STEFANO P, GIOVANNIBATTISTA G. Experience in the application of an international scheme for AM personnel qualification (PBF-LB Operator) [Z]//Ⅰ-1449-20. 2020.

[5] BOLA R, ASSUNCAO E. MULTI-FUN "Enabling multi-functional performance through multi-material additive manufacturing" [Z]//Ⅰ-1454-20. 2020.

[6] LIU Z Y. Technologies and skills development of additivemanufacturing based on industry 4.0 [Z]//Ⅰ-1453-20. 2020.

[7] HALISCH C, GABMANN C, SEEDELD T. Investigating the reproducibility of the wire arc additive manufacturing process [Z]//Ⅰ-1448-20. 2020.

作者简介：叶福兴，男，1974 年出生。博士，天津大学材料科学与工程学院教授，博士生导师。主要从事增材制造、超声波焊接、热喷涂及航空发动机热防护的研究。发表论文 180 余篇，授权发明专利 10 项。Email：yefx@tju.edu.cn。

审稿专家：李慕勤，女，1955 年出生。佳木斯大学教授，博士生导师。主要从事耐磨堆焊材料及工艺、生物医用金属材料表面功能化研究。发表论文 100 余篇，授权发明专利 15 项。Email：jmsdxlimuqin@163.com。

电弧焊与填充金属（IIW C-Ⅱ）研究进展

陆善平　吴栋　魏世同

（中国科学院金属研究所材料科学国家研究中心，沈阳　110016）

摘　要： 第73届IIW国际焊接年会电弧焊与填充金属委员会（IIW C-Ⅱ）于2020年7月20—21日宣读交流了14个学术会议报告，报告内容主要围绕着焊缝金属冶金及焊缝金属测试与测量的热点问题展开。在焊缝金属冶金部分涉及了熔焊过程中的氢致裂纹敏感性、脆化开裂及残余应力的评估，Ni基合金和双相不锈钢增材制造的显微组织研究和工艺开发，C-Mn钢和无碳贝氏体钢中微合金元素对组织性能的影响等内容。焊缝金属测试与测量部分包括了Ni基合金液化裂纹，高强钢焊缝焊渣、耐热钢蠕变测试和配套焊接材料（简称焊材）开发，不锈钢焊缝中δ铁素体的测试等内容。此外，还介绍了高熵合金焊接方面的研究进展。

关键词： 焊接材料；电弧焊；增材制造；焊接冶金；焊缝δ铁素体

0　序言

国际焊接学会（International Institute of Welding，IIW）电弧焊与填充金属委员会（Commission Ⅱ-Arc Welding and Filler Metals，C-Ⅱ）下设三个分委会，分别为C-Ⅱ-A焊缝金属冶金（Metallurgy of Weld Metal）、C-Ⅱ-C焊缝金属测试与测量（Testing and Measurement of Weld Metal）和C-Ⅱ-E焊缝金属的分类与标准化（Standardization and Classification of Weld Filler Metals）。2020年7月15—25日，IIW第73届年会通过线上模式顺利召开。在本届年会上，C-Ⅱ委员会学术会议共收到学术论文15篇（宣读交流论文14篇），其中C-Ⅱ-A焊缝金属冶金分委会收录9篇，C-Ⅱ-C焊缝金属测试与测量分委会收录6篇。德国在焊接冶金领域研究活跃，提交论文最多，为7篇。下面按照分委会对本次年会中C-Ⅱ委员会的各项研究进展进行简要评述。

1　焊缝金属冶金

1.1　高强钢焊缝金属氢致裂纹敏感性

由于钢结构（如风电、工程机械等装备制造）的轻量化设计要求，屈服强度为1100MPa级别的高强钢的应用需求日益增加。这些钢种的焊接主要通过熔化极气体保护焊（Gas Metal Arc Welding，GMAW）进行。钢铁制造商也提供了较多低合金化的母材和焊接材料来保证高强钢良好的焊接性。焊接过程中的热量控制（如热输入、预热温度、层间温度）是获得合格接头性能的关键因素，若焊接工艺不当，可能会产生局部微裂纹、应力集中或高扩散氢浓度，进而引发焊缝金属或热影响区的氢致裂纹（Hydrogen-Assisted Cracking，HAC），威胁高强钢焊接结构的安全性。

高强钢的传统GMAW采用熔滴过渡工艺（Conventional Transitional Arc Process，Conv. A——传统型熔滴过渡工艺）。变频控制技术的发展使喷射过渡工艺（Modified Spray Arc Process，Mod. SA——改性型喷射过渡工艺）被用于高强钢的焊接。相比于Conv. A，Mod. SA可减小坡口角度并且增加熔深，因此可有效节省焊接时间，减小焊缝体积和所需焊道数量。

德国联邦材料研究与测试研究所（BAM）的Schaupp等人对高强钢的Mod. SA展开了系统研究，他们在前两次焊接年会上的学术报告中指出[1,2]，采用30°坡口 Mod. SA 焊接低合金高强钢时，焊缝金属的氢含量比60°坡口 Conv. A 的更高，因此具有更高的 HAC 敏感性。

本次年会报告中，Schaupp 等人围绕 SQL960 高强钢的氢致裂纹敏感性研究进行了汇报[3]。为了评价 Mod. SA 的氢致裂纹敏感性，Schaupp 等人将斜 Y 形坡口冷裂试验的坡口角度改进为更适合 Mod. SA 的30°（图1），通过调整焊缝张开角度（30°和60°）、焊接工艺（Conv. A 和 Mod. SA）、焊材及消氢热处理（Dehydrogenation Heat Treatment，DHT），研究其对扩散氢浓度及 HAC 敏感性等的影响。研究表明（图2），在 M21（82%Ar+18%CO_2）保护气氛下，金属粉芯焊丝（Mn2NiCrMo，ISO 18276-A）的焊缝扩散氢浓度高于实心焊丝（Mn4Ni2CrMo，ISO 16834-A），这说明填充材料对焊缝金属的扩散氢浓度有影响。此外，从图2可以发现，在 M21 保护气氛下，无论是采用金属粉芯焊丝还是实心焊丝进行焊接，Mod. SA 下的焊缝金属扩散氢浓度均比 Conv. A 的更高。若在 M21 保护气氛中添加 0.5%H_2，Mod. SA 和 Conv. A 焊接后的扩散氢浓度均显著上升（图2）。

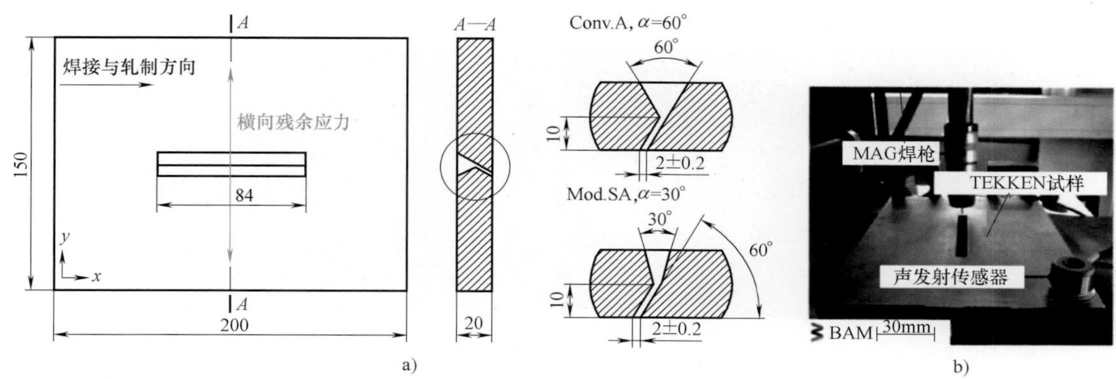

图1 斜Y形坡口对接裂纹试验（TEKKEN）裂纹敏感性试验装置

a）试样尺寸 b）焊接装配

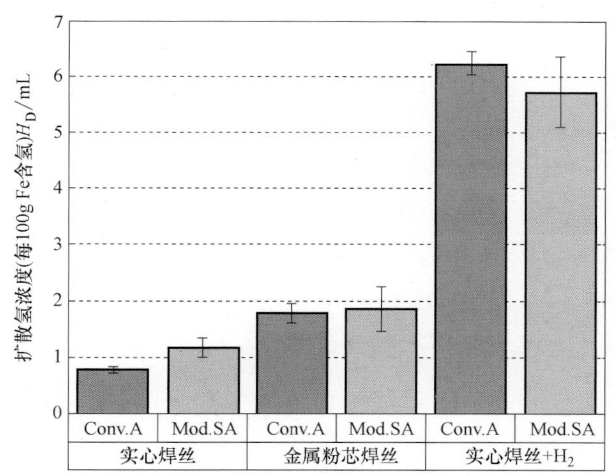

图2 不同焊材、焊接工艺及保护气氛下的焊缝扩散氢浓度对比

从图3a可以看出，30°坡口的最高残余应力稍高于60°坡口。这是由于 Mod. SA 焊接工艺熔深更深，使焊接冷却收缩更加不均匀所致。作者考查了 DHT 对残余应力分布的影响（图3b），结果表明 DHT 对最大拉伸残余应力并无影响。无论采用30°坡口的 Mod. SA（图4a）还是60°坡口的 Conv. A（图4b），焊缝中均出现了开裂现象，裂纹从根部的粗晶热影响区（CGHAZ）开始萌生，并向焊缝金属扩展。焊缝金属中观察到微米级到毫米级的裂纹（图4c）。图5列出了不同状态下的焊缝裂纹率，可以看出焊后的 DHT 可有效防止接头开裂。值得注意的是，尽管 DHT 可有效避免焊缝开裂，但却无法消除微米级至毫米级的微裂纹，这些裂纹仍然可能在焊缝冷却过程中作为 HAC 的起源地，从而引发接头开裂。从本试验中可以得出，对于拘束强度较高的高强钢焊接构件，仍然存在较大的 HAC 风险。

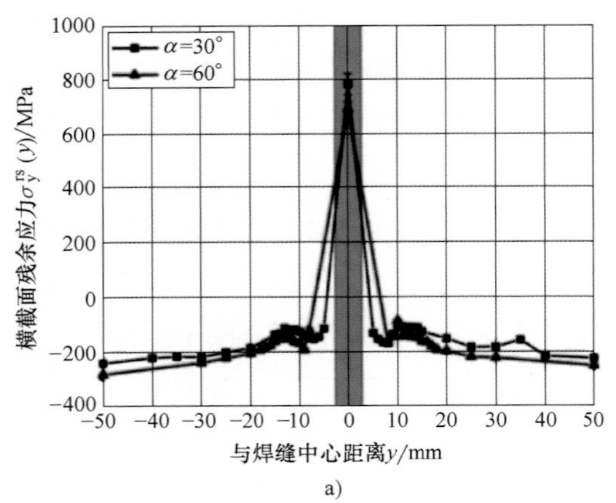

a)

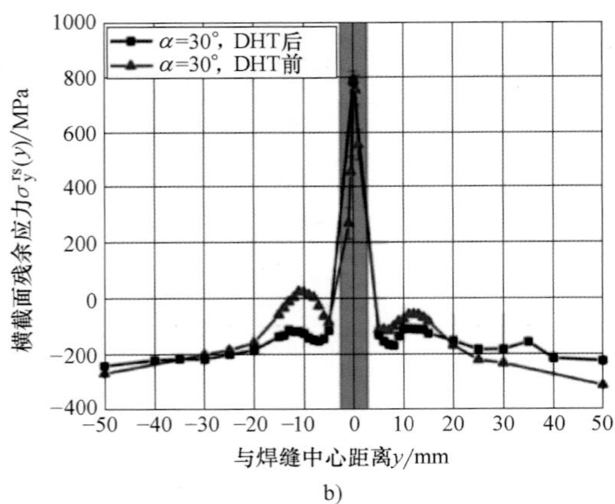

b)

图3　横截面残余应力分布

a）不同坡口角度　b）DHT前、后

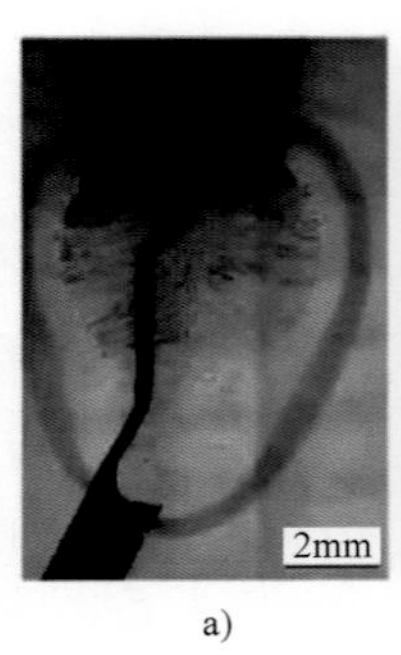

a)

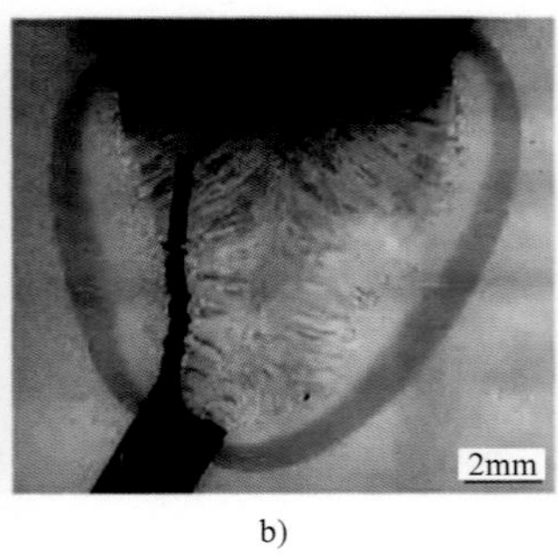

b)

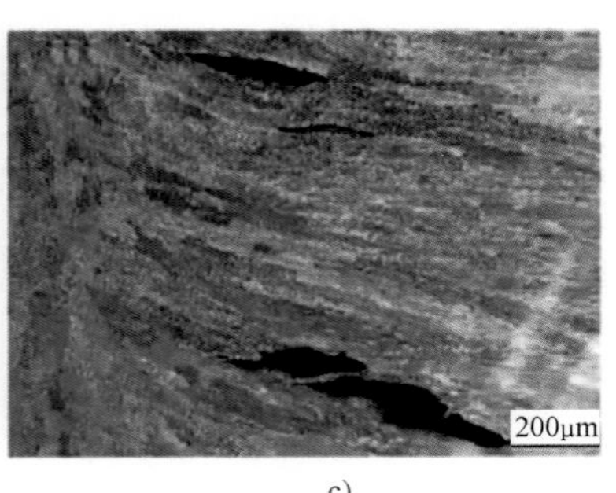

c)

图4　TEKKEN冷裂试验焊缝截面裂纹形貌

a）30°坡口　b）60°坡口　c）焊缝组织中的微裂纹

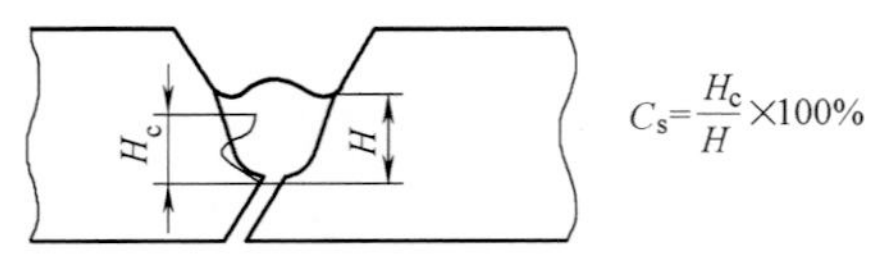

填充材料	坡口角度/(°)	
	30	60
实心焊丝	74%	100%
金属粉芯焊丝	100%	100%
实心焊丝+H_2	100%	100%
实心焊丝+H_2+消氢热处理	0	0
金属粉芯焊丝+消氢热处理	—	0

图5　不同坡口焊缝裂纹率（C_s）

1.2　焊缝及热影响区组织研究

1.2.1　C-Mn-Ti焊缝金属中的元素作用

关于合金元素对C-Mn钢焊缝组织性能的影响研究，特别是微观组织中的针状铁素体以及焊缝成分优化设计的研究已有近四十年。众所周知，C和Mn对C-Mn钢焊缝金属的组织性能影响显著，添加这两种元素往往会增加针状铁素体含量。C-Mn钢中C的最佳含量也取决于其他元素含量，C和Mn具有协同作用。在过去的报道中，关于C-Mn钢焊缝金属中C和Mn成分优化的研究结果不尽相同，这可能是由于焊缝金属中其他微量元素（如Ti）的差别所致。几十年来，焊缝金属的冲击韧度被认为与焊缝顶部焊道中针状铁素体的含量有关，但通常决定接头力学性能的显微组织并不是最后一道焊接区域，而是大部分经历了再热影响的焊缝区域。来自巴西的Jorge等人研究了不同C、Mn含量的C-Mn-Ti钢焊缝金属，评估了焊接中多次热循环对焊缝组织和冲击韧度的影响，并在此次年会中做了相关研究报告[4]。

Jorge等人选择低C（C的质量分数为0.045%，表示为0.04C）和高C（C的质量分数为0.145%，表示为0.15C）两种不同C含量的

C-Mn-Ti钢焊缝金属作为研究对象，同时在每种C含量焊缝金属中调整Mn含量（质量分数为0.6%~1.7%），所研究的焊缝金属中Ti的质量分数为55×10^{-6}。焊接方法为焊条电弧焊（MMAW），焊接道次为27道，共9层。为了研究焊接过程再热影响，观察位置选取了顶部焊道和中部焊道。

对于顶部焊道的柱状晶区组织，随着Mn含量增加，针状铁素体的含量增加（图6）。实际上，顶部焊道的粗晶再热区中的针状铁素体含量也随着Mn含量增加而增加，但在细晶再热区，则主要以多边形铁素体为主。此外，C和Mn同样会影响焊缝金属中微观相的面积分数（图7），除了0.04%C-0.6%Mn焊缝金属中的微观相以渗碳体为主外，其他成分焊缝金属中的微观相主要为马氏体-奥氏体岛组元（简称马-奥岛组元，MA constituent），随着C和Mn含量的增加，微观相面积分数增加。由于多道次焊接，顶部焊道和中部焊道表现出不同行为，中部焊道在焊接再热作用下，多数马-奥岛组元分解为碳化物，对于低C焊缝，这种现象更为明显。

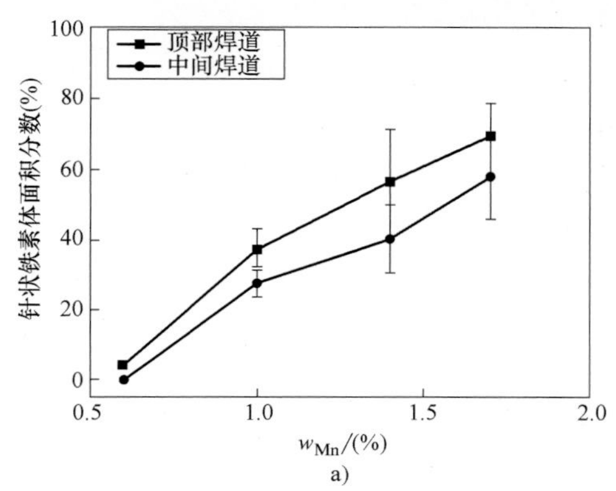

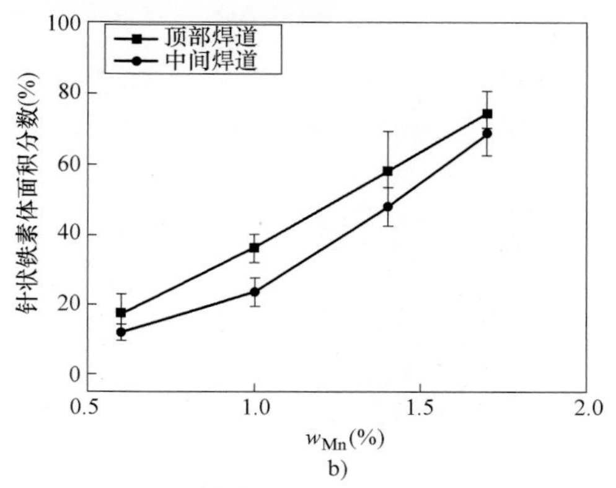

图6 Mn元素对柱状晶区的针状铁素体含量的影响

a）0.04C b）0.15C

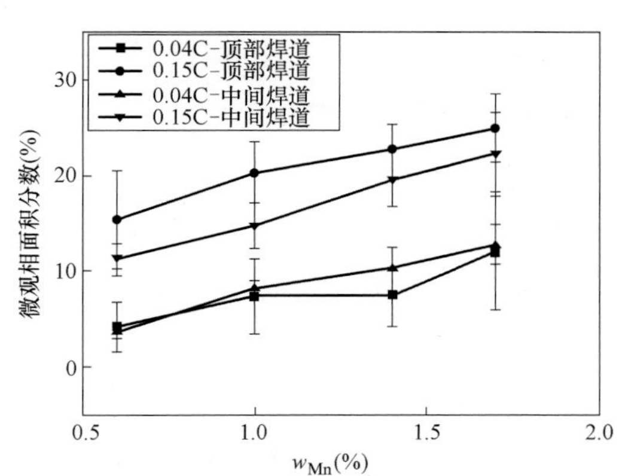

图7 微观相（以马-奥岛组元为主）含量随Mn元素含量的变化规律

对焊缝金属进行580℃/2 h焊后热处理（Post-Weld Heat Treatment，PWHT）发现，PWHT促使了马-奥岛组元的分解和碳化物的沉淀（图8），而且当Mn的质量分数为1.7%时，原奥氏体晶界上形成了链状碳化物沉淀，即使在低碳成分也能观察到这种现象。

图9显示了不同元素含量及PWHT对焊缝冲击韧度的影响。结果表明，在焊态下，冲击韧度随着Mn含量增加而改善。这主要是由于随着针状铁素体的增加，显微结构组织细化所致。PWHT可以提高冲击韧度，但是Mn的质量分数为1.7%时除外。PWHT对韧性的改善作用主要是由于马-奥岛组元的分解，而高Mn含量时的低韧性主要是由于原奥氏体晶界上析出了连续碳化物沉淀相。由此可以看出，对于高Mn的焊缝金属，焊后热处理并不是提高其韧性的有效手段。

1.2.2 Gleeble热模拟的试样尺寸和测试条件对HAZ的影响

Gleeble热模拟设备可以对材料施加快速加热和冷却的焊接热循环作用，因此常被用于获得

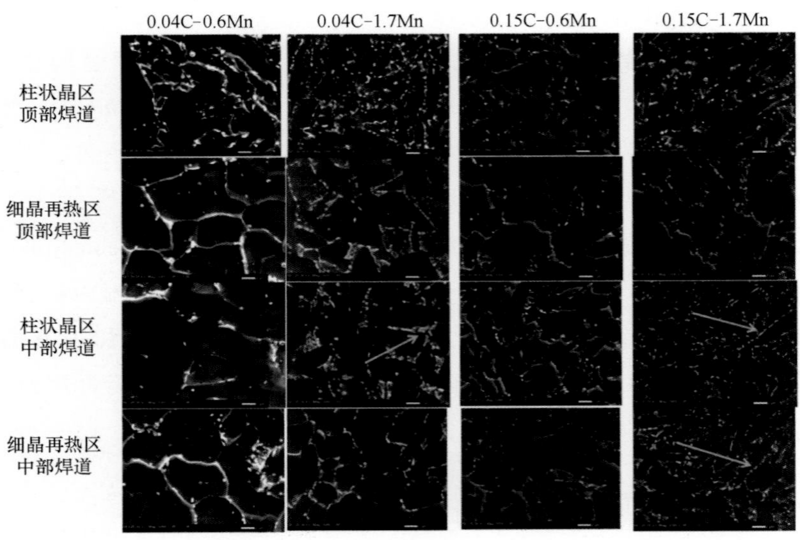

图 8　经焊后热处理的焊接金属中各区微观相

（放大倍率为 5000×；蚀刻，2%硝酸酒精；箭头所示为原奥氏体晶界上的碳化物）

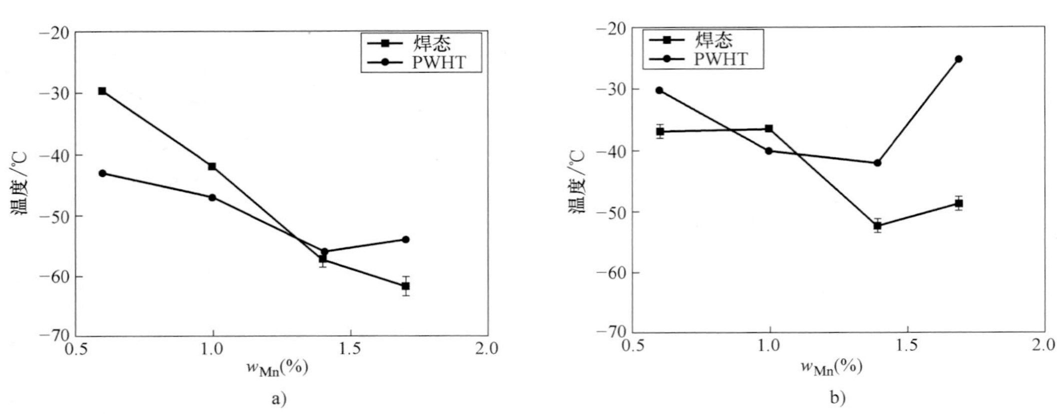

图 9　Mn 和 C 对夏比 V 型冲击吸收能量为 100J 时的测试温度的影响

a）0.04C　b）0.15C

材料焊接过程中产生的热影响区（HAZ）组织样品，以研究其在焊接热影响下的组织演变。然而在众多的关于 Gleeble 的焊接模拟研究中，往往不能从其试验参数的简单描述中得出 Gleeble 热模拟时的一些重要参数信息，而这些却是影响模拟 HAZ 组织演变的重要因素，也直接决定着模拟 HAZ 微观组织是否能够真实反映实际焊接时的 HAZ 组织特征。

来自马格德堡大学（Otto von Guericke University Magdeburg）的 Juliane Stützer 等人研究了 Gleeble 热模拟时的试样几何尺寸和试验条件对双相不锈钢焊接热影响区组织的影响规律，并发现试样尺寸、加热速度等参数对实际 Gleeble 热模拟试样中的温度场及组织变化具有重要的影响[5]。

试样在 Gleeble 设备上的装夹状态如图 10 所示。悬跨长度影响了试样纵向的温度分布情况（图 11），当悬跨长度过小时，可以看到试样纵向温度梯度很大，此时获得的均温区将非常狭小。另一方面，悬跨长度增加时，可能导致试样的最高温度位置偶尔偏离中心如图 11 所示（图中 n 为平行试样的数量），通过降低加热速度，可以使最高温度位置再次位于试样中心。由此可见，试样在 Gleeble 热模拟加热过程中的温度不均匀分布受到试样的长度和加热速度影响，并且这种温度不均匀分布无法完全消除。在进行 Gleeble 热模拟试验研究时，应尽量保持试样几何尺寸及升温速度的统一。

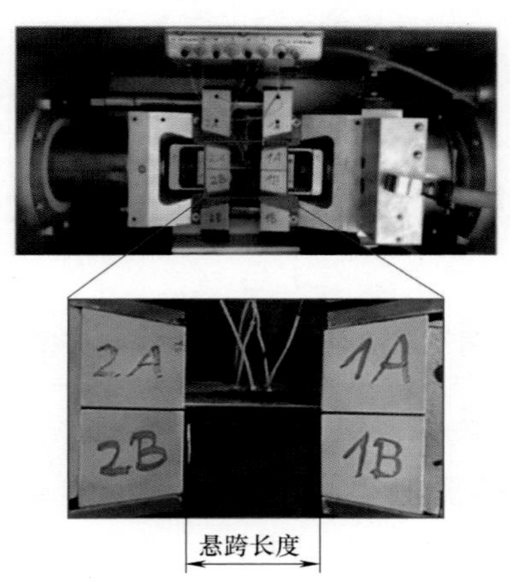

图 10 Gleeble 热模拟试样装夹图

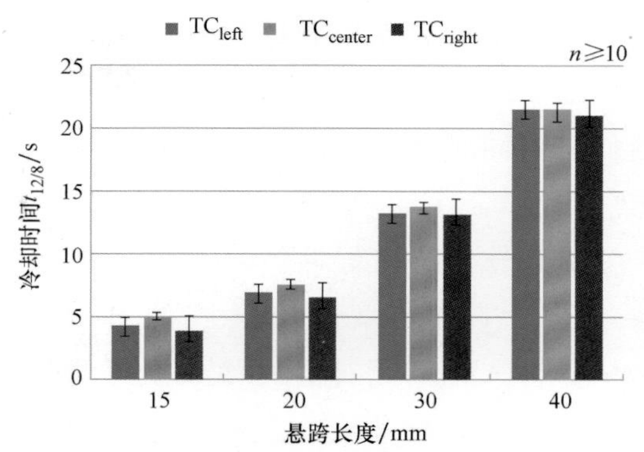

图 11 不同悬跨长度下试样的冷却时间 $t_{12/8}$

基于以上研究，Juliane Stützer 等人通过改进加热程序（随着加热温度升高，同步减小实时加热速度，可以有效减小过冲现象）和选择合适的试样长度（选用悬跨长度 40mm，获得小的温度梯度），实现了加热过程中的精准控温，并尽量减小了试样中的温度梯度，如图 12 所示。

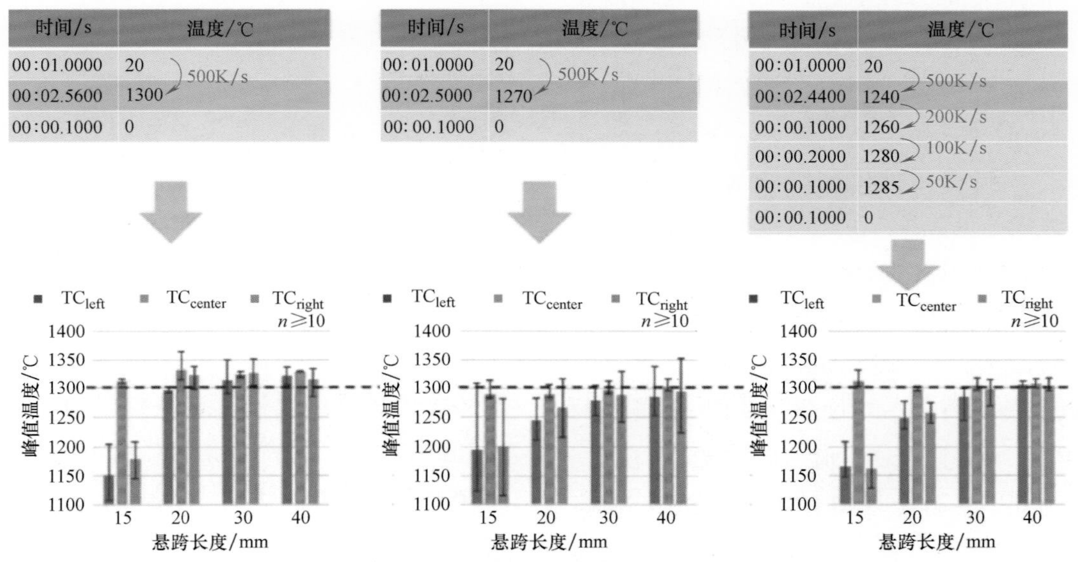

图 12 升温程序对峰值温度过冲现象的影响

1.2.3 无碳化物贝氏体高强高韧焊条开发

无碳化物贝氏体钢（Carbide Free Bainite，CFB，简称无碳贝氏体）的组织为纳米尺寸的贝氏体、铁素体与板条间层状残留奥氏体的混合组织，这种组织通常表现为高强度（抗拉强度约达 1.8GPa）、高塑性（约 30%）和良好的韧性（40MPa · $m^{\frac{1}{2}}$）。更重要的是 CFB 抗氢致开裂性能优异，这主要是由于组织中的残留奥氏体及奥氏体/铁素体界面能够起到固溶氢的作用。CFB 中碳的质量分数通常在 0.35%～0.5%，经常导致接头具有较高的硬度和残余应力，且存在较高的冷裂倾向，因而其配套焊材往往选用奥氏体不锈钢，而选用奥氏体不锈钢来焊接 CFB 又会带来接头强度不足及成本高昂的问题。因此，研究者考虑通过开发 CFB 焊条和合理的焊接工艺流程，使接头形成同样高强高韧的无碳化物贝氏体组织。通过成分和焊接工艺优化可以获得无碳化物贝氏体的焊缝组织，但是同时会产生对韧性不利的块状的残留奥氏体和马氏体组织，或者为获得无碳化物贝氏体的焊缝而需要同时采用预热和长时间的焊后保温工艺。

为了开发具有良好性能的 CFB 焊接接头及焊接工艺，来自印度理工学院的 Sudharsanan Sundaram 等人以商用神经网络数据库和热力学参数计算来指导焊条成分设计，通过微观结构及力学性能的评估，确定了焊条的优化成分及焊接参数[6]。

贝氏体钢中添加 Ni，可在提高韧性和强度的同时，不影响其塑性。Mn、Cr 和 Mo 可提高其淬透性，Mo 质量分数达到 0.25%时可避免由磷引起的回火脆性。Si 质量分数达到 1.5%时可抑制渗碳体形成。C 元素降低马氏体开始转变温度（*Ms*）的效果最为显著，同时可降低贝氏体铁素体的上限值，但是也会提高冷裂敏感性。基于元素的基本作用，并结合神经网络数据库计算出的时间-温度转变图，Sudharsanan Sundaram 等人设计出贝氏体钢的基础目标成分合金 A，其成分见表 1。在此基础上，依据 Thermocalc™ 数据库计算出的 X_{T_0} 值（给定温度下奥氏体和贝氏体铁素体吉布斯自由能相等时同素异构相界面的碳含量）及 Andrew 等式计算出的 *Ms* 点对其成分进行进一步优化。从图 13 可以看出，Mn 和 Ni 显著降低 X_{T_0} 值，Cr 和 Co 则使 X_{T_0} 值升高。为此，在合金 A 基础上设计出低 Ni 高 Cr 合金 B，使 X_{T_0} 值提高，且其 *Ms* 计算值为 280℃。合金 C 则是在合金 B 的基础上降低 Mn 含量，增加 Ni 含量，以进一步提高 X_{T_0} 值，同时提高碳元素含量以降低 *Ms* 点，合金 C 的 *Ms* 点计算值为 254℃。

表 1 合金设计成分

合金	元素质量分数(%)					
	C	Si	Mn	Ni	Mo	Cr
合金 A	0.35	1.5	1.5	2.0	0.25	—
合金 B	0.38	1.5	1.5	0.5	0.25	2.5
合金 C	0.45	1.5	1.0	0.5	0.25	3.5

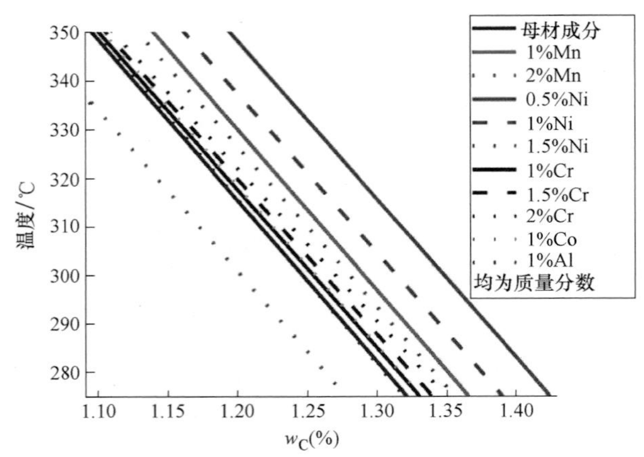

图 13 合金元素对 X_{T_0} 值的影响

（基础成分为合金 A 成分）

通过热膨胀仪对各焊缝金属（合金 A、B、C）施加不同参数的热循环（图 14），所得结果见表 2（MT 下方数值为各合金的马氏体开始转变温度）。以 30℃/s 直接冷却试样（MT 热循环）测得合金 A、B、C 的 *Ms* 点分别为 295℃、290℃、235℃，由于合金 C 碳含量较高，*Ms* 明显低于合金 A 和 B。若在冷却过程中施加等温处理（BT1 和 BT2），再进行冷却，可发现只有合金 B 经 300℃/4h 的等温处理后的冷却过程中无马氏体转变发生（表 2）。不同等温处理后冷却的热膨胀试样显微组织表明（图 15），所有合金中，只有经 BT1 等温处理后的合金 B 中没有观察到块状残留奥氏体，这主要是由于合金 B 的 X_{T_0} 值比合金 A 更高，合金 C 因本身具有较高的碳含量而导致奥氏体较容易达到 X_{T_0} 值而变得稳定，因此也存在较多的残留奥氏体。

表 2 各焊缝金属在不同热循环条件下的马氏体相变情况

热循环条件	MT	BT1	BT2
合金 A	295℃	发生	发生
合金 B	290℃	无	发生
合金 C	235℃	发生	发生

为了考查合金的强度和塑性，对合金 A（BT1）、合金 B（BT1）及合金 C（BT2）进行了压缩测试，结果表明合金 B（BT1）极限压缩强度略低，但显现出比其他合金更好的均匀伸长率（图 16）。三种合金中均可观察到薄膜状分

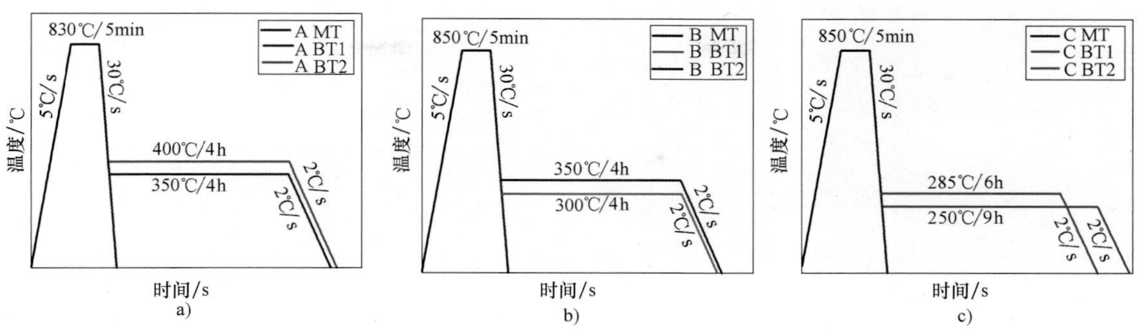

图 14　热膨胀分析中各焊缝金属经历的热循环

a）合金 A　b）合金 B　c）合金 C

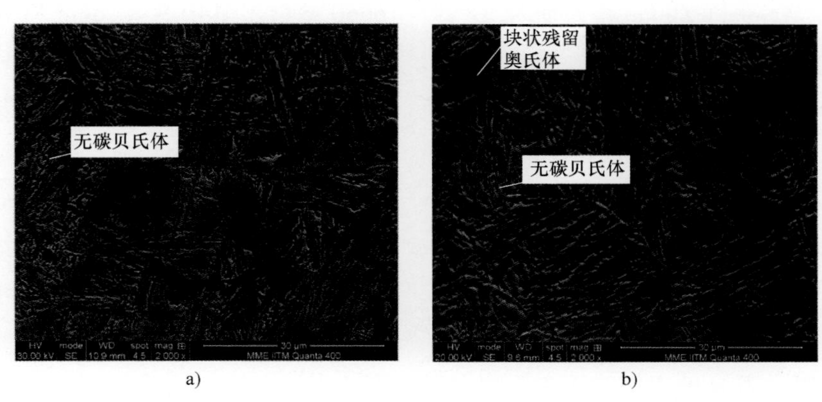

图 15　合金 B 经等温处理后冷却的显微组织

a）BT1　b）BT2

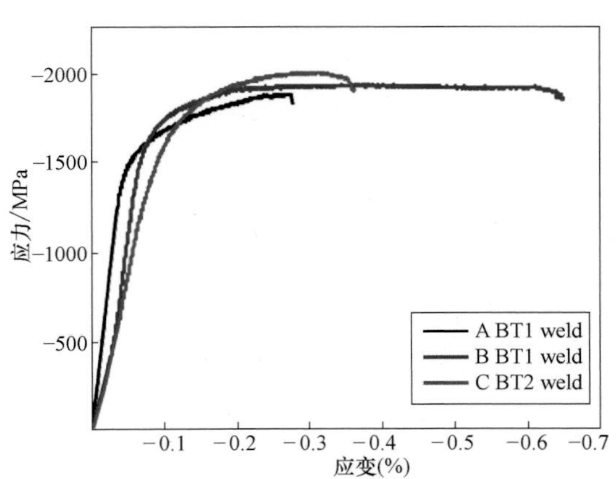

图 16　合金 A（BT1），合金 B（BT1）和合金 C（BT2）的压缩性能

布的残留奥氏体（图 17），其中 C 合金由于奥氏体强度较高，贝氏体转变时形成了更细小的贝氏体铁素体板条。从以上结果综合来看，合金 B（BT1）最适合于实现具有所需力学性能的无碳化物贝氏体焊接，约可形成 15%的薄膜残留奥氏体，并且无块状奥氏体和马氏体形成，最佳的焊后等温保温时间为 1h45min。

1.3　增材制造冶金

1.3.1　625 镍基合金增材制造工艺研究

625 合金（NiCr22Mo9Nb，材料号 2.4856）是一种镍铬钼铌合金，对各种腐蚀性介质均具有优异的耐蚀性，该合金可用于航空、航天、化学、石化和海洋工业等众多工业领域的碳钢接头焊接和熔覆制造。增材制造技术在复杂外形组件制备方面具有独特优势，通过增材制造来制备高温合金组件也因此受到关注。前人研究表明，625 合金电弧增材制造的焊缝组织中存在明显的 Nb、Mo 元素偏析，并促进了 Laves 相和碳化物的形成，恶化力学性能。另外，虽然增材制造时采用冷金属过渡（Cold Metal Transition，CMT）工艺，但是焊缝金属的反复堆积及不利于散热的组件几何形状使得镍基合金焊缝金属仍然存在着产生热裂纹的风险。来自德国奥托·

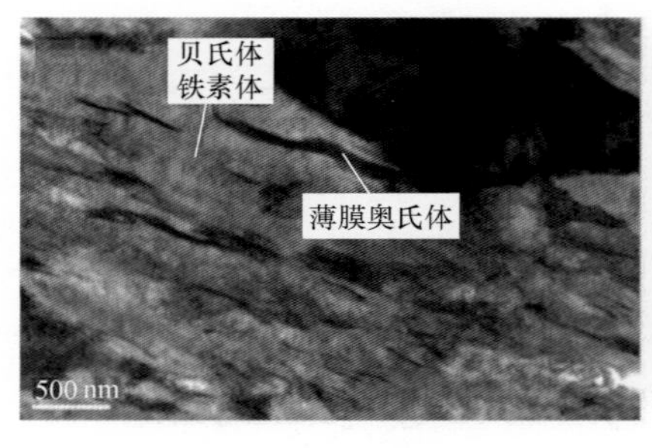

a)

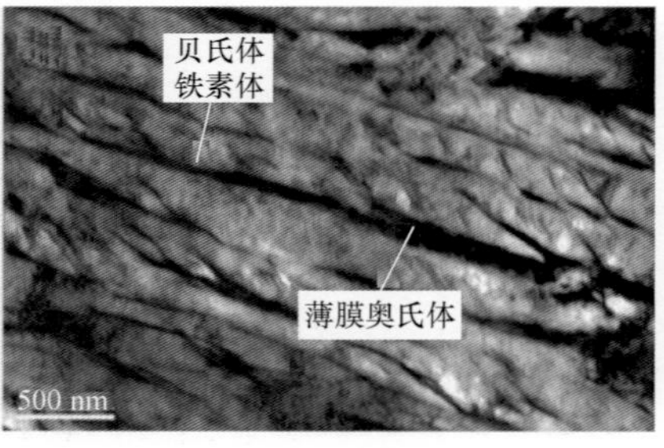

b)

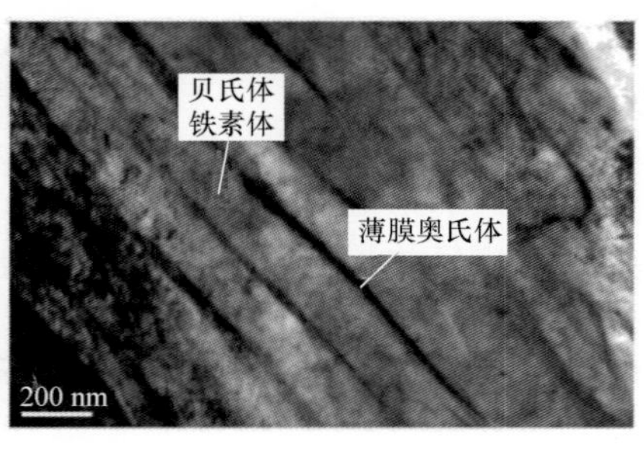

c)

图 17　各焊缝金属的透射形貌照片

a）合金 A（BT1）　b）合金 B（BT1）　c）合金 C（BT2）

冯·格里克大学的 Manuela Zinke 等人研究了 S Ni 6625 及相近合金 S Ni 6660 丝材电弧增材制造（Wire and Arc Additive Manufacturing，WAAM）的工艺稳定性，以及不同热输入对 S Ni 6625 及相近合金 S Ni 6660（增 W 降 Nb）冷却时间、焊缝成形、显微组织和力学性能的影响[7]。

在两个不同的焊接台上进行 CMT 焊接，分别使用了 Fronius CMT Advanced 4000 和 Fronius TPS 2800 焊接电源以及各自的 RCU 5000 控制单元，焊接时以尺寸为 250mm×150mm×5（或 10）mm 的 S Ni 6625 作为基材片（图 18）。保护气体为 30%He+2%H_2+0.05% CO_2+Ar。填充丝材选用 S Ni 6625、两种为增材制造开发的改进型焊材（S Ni 6625 AM1 和 S Ni 6625 AM2）及 S Ni 6660 基材，其中 S Ni 6625 AM1 中 Fe 的质量分数增加至约 4%，S Ni 6625 AM2 杂质元素含量更低。通过 CMT 工艺原理可以很好地控制镍基合金的熔滴分离，总体上可以实现稳定、低飞溅的焊接工艺。轮廓接近度（End Contour Proximity，ECP）是反映增材制造时的边界平整度指标，直接影响后续加工的材料利用率，其定义如图 19 所示。可以发现近 80% 的堆焊壁结构满足 ECP≥75%，并且随着热输入增大而增大。通过渗透探伤及横截面的整体观察（图 20），发现堆焊壁结构无裂纹和黏结缺陷，但在最后一层焊缝金属上表面出现了微孔缺陷。这种微孔缺陷是由顶部凝固没有得到很好的补缩而导致的，经过进一步机械加工可予以消除。

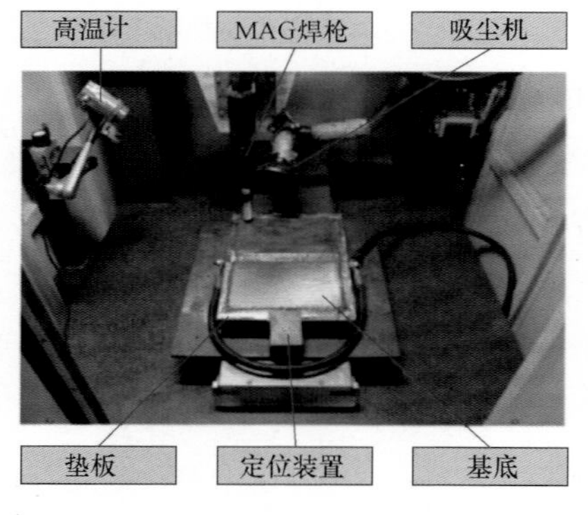

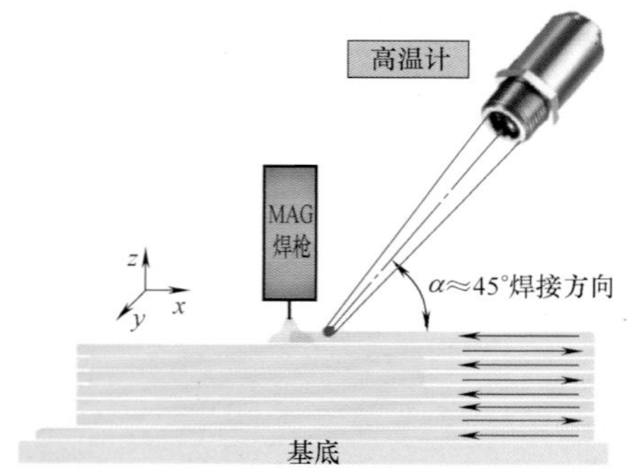

图 18　增材制造腔室及薄壁结构的堆焊工艺示意图

经测试，四种焊缝金属中含铁量更高的焊接金属 S Ni 6625 AM1 抗拉强度和屈服强度（$R_{p0.2}$）最高，断后伸长率最低，增 W 降 Nb 的 S Ni 6660 焊缝金属强度最低。此外，四种焊缝金属强度均随着热输入的增加而略有降低（图 21），Ni 6625 系列的三种焊接金属的断后伸长率略有增加。这主要是由于热输入增加会导致一次枝晶臂（Primary Dendrite Arms，PDAS）间距增加（图 22）。在三种 S Ni 6625 金属焊缝中均发现了 Nb、Mo 和 Ti 偏析于枝晶间，合金元素

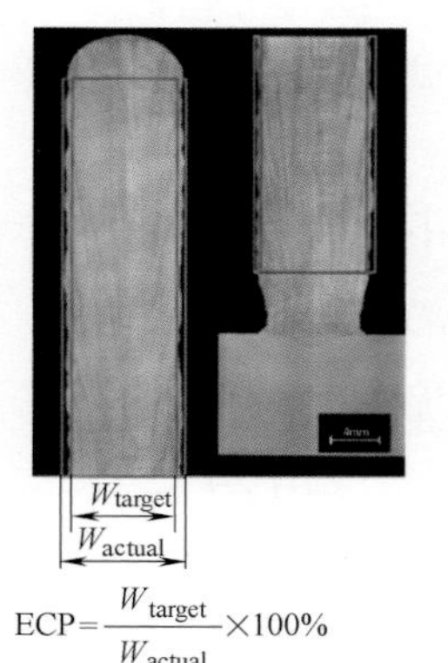

$$ECP=\frac{W_{target}}{W_{actual}}\times100\%$$

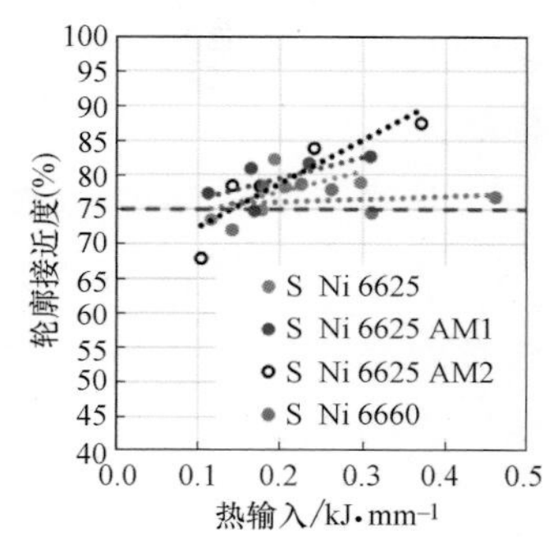

图 19　轮廓接近度（ECP）与热输入的关系

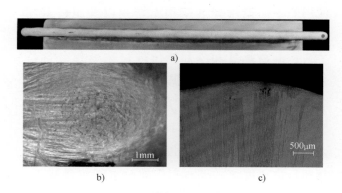

图 20　焊接壁结构缺陷观察

a）渗透探伤（S Ni 6625 AM2，填丝速度为 5m/min，焊接速度为 13mm/min，热输入为 0.18kJ/mm）

b），c）微孔缺陷低倍光学显微形貌

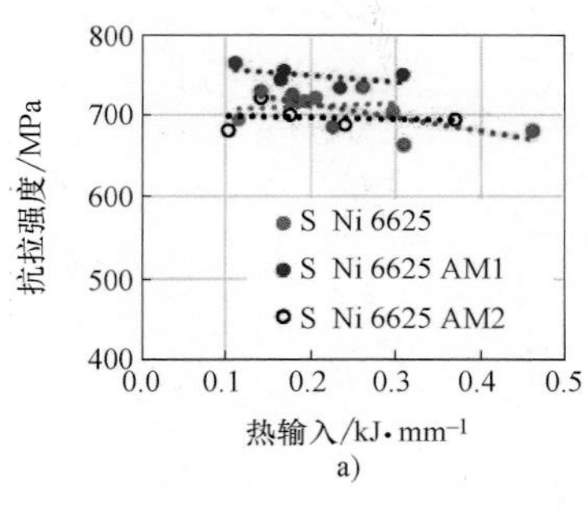

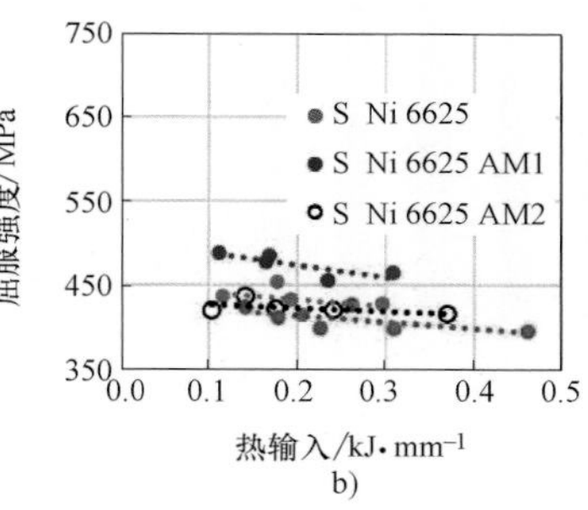

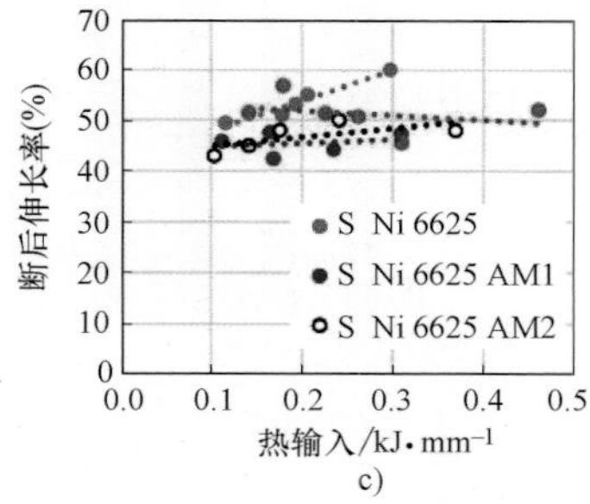

图 21　堆焊壁结构拉伸性能与热输入的关系

a）抗拉强度 b）屈服强度 c）断后伸长率

的强烈偏析导致焊缝金属枝晶间形成了 Laves 相以及 NbC 和（或）TiN，当 N 与 C 的含量之比较高时，会形成氮化物。

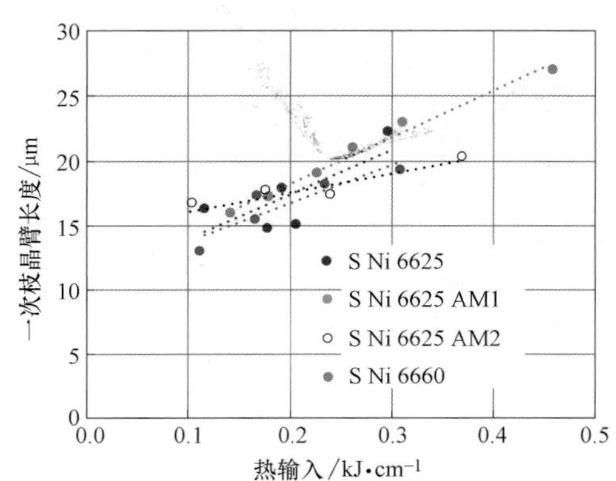

图 22　一次枝晶臂长度（PDAS）与热输入的关系

1.3.2　增材制造双相不锈钢显微组织分析

WAAM 技术可实现近净成形，制造出复杂几何形状的零件，并保持很高的材料利用率，因此在制备高成本的高合金材料时具有显著优势。然而 WAAM 仍存在电弧热量高和散热时间长的问题，这会加剧残余应力的产生和微观组织的变化。对于双相不锈钢的 WAAM 而言，为了达到特定的性能要求，往往会对双相不锈钢进行焊后的热控制，增大了 WAAM 工艺选型的难度。前人研究表明，双相不锈钢传统焊接工艺窗口应用于 WAAM 时会增大双相不锈钢焊缝金属中奥氏体组织的占比，这主要是由于焊接冷却时间较长而形成过量奥氏体所致。

来自德国奥托・冯・格里克大学的 Benjamin Wittig 等人评估了 WAAM 热输入和填充金属成分对双相不锈钢薄壁结构微观组织的影响，重点关注了铁素体/奥氏体比例以及二次相（如二次奥氏体）的析出倾向[8]。试验采用当今普遍使用的不同商用标准双相不锈钢以及超级双相不锈钢实心焊丝，使用了冷金属过渡（CMT）工艺。电弧热量和冷却速度通过调整焊丝进给和焊接速度来改变，堆焊层数为 20 层。如图 23 所示，行进速度恒定时，壁厚和高度随送丝速度（即沉积速度）增加而增加，同时也需要更大的电弧热量。送丝速度恒定时，壁厚和高度都随行进速度增加而减小，同时电弧热量减小。因此，可以通过选择焊接参数来具体调整 WAAM 组件的壁厚。然而，壁厚增加也会导致样品波纹度增加（图 23）。

对薄壁横截面的底部、中部和顶部均进行了铁素体含量统计，以反映整个薄壁件铁素体含量的平均值。结果表明，电弧能量的增加导致铁素体含量和 FN 值明显降低（图 24），这是由于电弧能量增加会使冷却时间增加所致。使用 G 2293 可获得明显更低的铁素体含量。

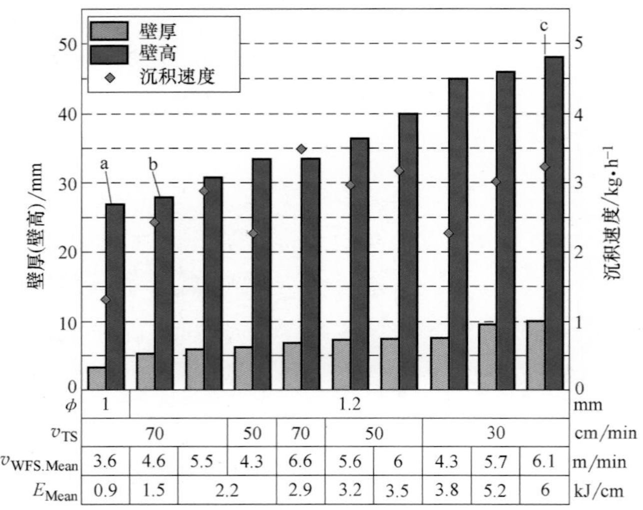

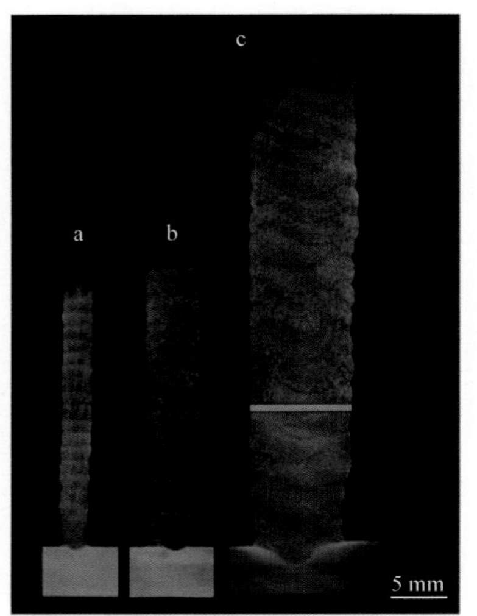

图 23　堆焊参数对壁结构的几何形状和沉积速度的影响

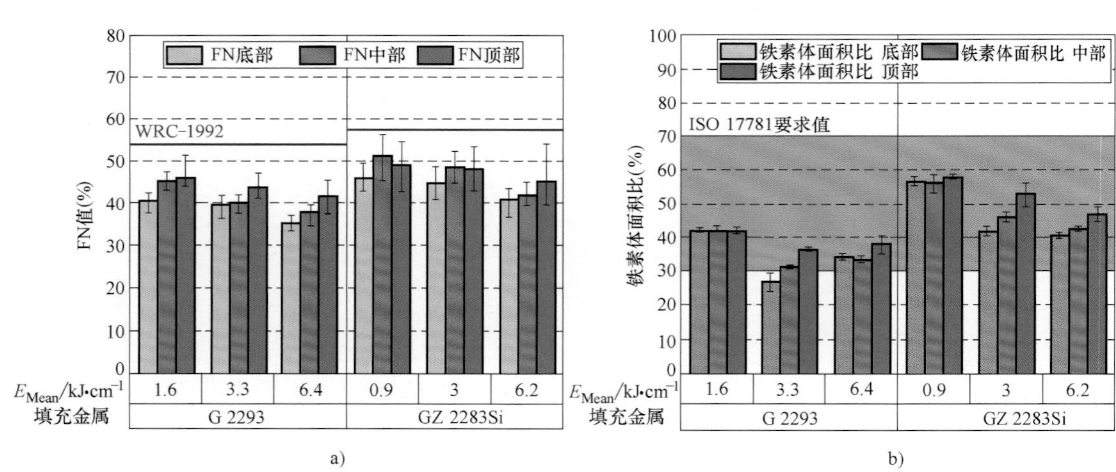

图 24　G 2293 和 GZ 2283Si 堆焊金属的铁素体含量与热输入的关系

a）铁素体数 FN 值　b）铁素体面积比

除了 GZ 25104 和 GZ 2982 外，再热作用均引起焊缝金属中形成二次奥氏体（图 25）。通过成分对比可以看出，高 Si（GZ 2283Si）和高 W（G 2594）都会促进二次奥氏体的析出，这主要是由于 Si 和 W 会使时间-温度析出图中的析出曲线左移。从定性角度来看，二次奥氏体含量主要受焊材成分主导，受热输入影响较小。此外，GZ 2253 中还观察到了细小的氮化物析出（图

25d)，这主要是由于 N 在铁素体中固溶度小，同时 GZ 2253 中铁素体含量较高，因而过量的 N 无法扩散至奥氏体中而析出。尽管焊缝金属中能够观察到可能对耐蚀性有害的二次奥氏体和氮化物，但氯化铁点蚀测试中并没有检测到明显的腐蚀现象。

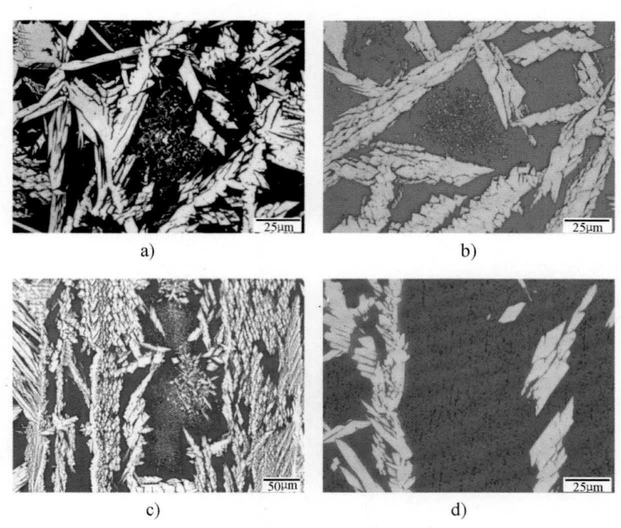

图 25　不同填充金属成分的堆焊壁结构中的二次奥氏体和氮化物

a) G 2594　b) G 2293　c) GZ 2283Si　d) GZ 2253

1.4　高熵合金的焊接研究进展

高熵合金（High Entropy Alloy，HEA）代表了新型材料。它们的化学成分组成通常大于或等于 5 个元素。每种元素的可能含量可以在 5%～35%（原子百分数）内。HEA 的设计思想从根本上与常规合金设计具有不同概念。常规合金基于一种主要元素，如钢的主要元素为 Fe，或者镍基高温合金的主要元素为 Ni，而 HEA，如"Cantor"合金，在单一 FCC 相中具有 Co20Cr20Fe20Mn20Ni20 的等原子化学组成。与传统材料相比，HEA 能够同时获得高强度和高延展性，此外，低温断裂韧性方面也表现优异，因而具有广阔的应用前景。

近年来，关于 HEA 的研究焦点集中在通过元素设计和微观相引入以提高其性能，并有望提供具有工业应用水平的先进 HEA 来克服常规合金中强度/韧性不匹配或者高温腐蚀等问题。在这种情况下，焊接被认为是最重要的制造过程之一。在许多组件中，能否成功可靠地利用新材料取决于其焊接性。因此，焊接性的基础测试成为 HEA 工程应用的关键挑战。根据焊接工艺的不同，能量输入和最高温度会有很大不同，这直接影响材料的行为（如熔化和冷却）。熔池形状、硬度分布（通过硬化或软化表示）、残余应力或焊接缺陷都会影响焊接接头的结构和性能。到目前为止，HEA 的焊接性，如焊接是否会造成金属间化合物或偏析的产生，以及焊接接头强度或耐蚀性是否会恶化等研究结果仍不明确。来自德国联邦材料研究与测试研究所（BAM）的 M. Rhode 等人进行了关于 HEA 焊接研究的综述性报告，介绍了当前不同焊接工艺及其对 HEA 焊接接头性能的影响[9]。

从 HEA 焊接方面的部分研究报告来看（图 26），熔焊（包括钨极氩弧焊、激光焊及电子束焊）和摩擦焊是被研究较多的两种焊接工艺，除此之外，扩散焊、钎焊也被用于 HEA 的焊接研究。CoCrFeNiMn 合金和含铝 HEA 是被研究得较多的合金，相关研究工作仍有待进一步扩展到其他合金体系。

在关于 HEA 摩擦焊的报道中，所研究的焊接工艺窗口仍然较窄。在 HEA 摩擦焊接头中发现了隧道型裂纹和局部偏析的现象（图 27）。熔焊相关研究中，绝大多数熔焊的相关研究采用的是无填充焊材的单道对接焊或者直接对母材进行重熔的方法。BAM 的研究表明，HEA 的激光焊接会导致较低熔点元素的蒸发（如 Mn 和 Al），这对于控制焊接金属的化学成分是一个挑战。另外，GTAW 焊接接头的熔化区和热影响区存在着热裂倾向（图 28），对于 AlCoCrCuFeNi 系合金，Cu 在凝固末期在枝晶间大量富集，导致熔化区产生凝固裂纹（图 28c），而焊接再热作用使得偏析于枝晶间的富 Cu 区再次熔化，从而导致热影响区产生液化裂纹（图 28a 和 b）。不含 Cu 的 AlCoCrFeNi 系合金为高硬度的 BCC 组织，在焊接作用下容易引起脆性晶间开裂（图 28d）。

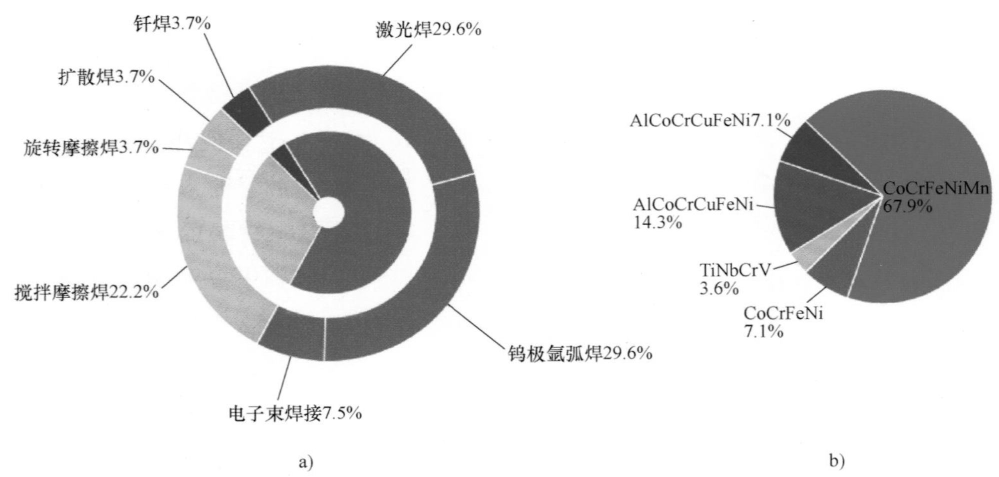

图 26 HEA 焊接方面文献数量分布

a）按焊接技术区分 b）按合金体系区分

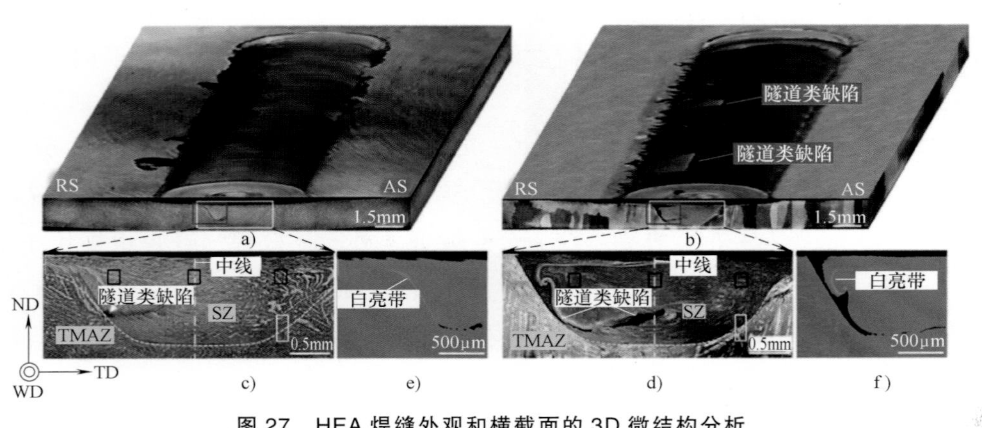

图 27 HEA 焊缝外观和横截面的 3D 微结构分析

a)，c)，e）轧制态 b)，d)，f）铸态

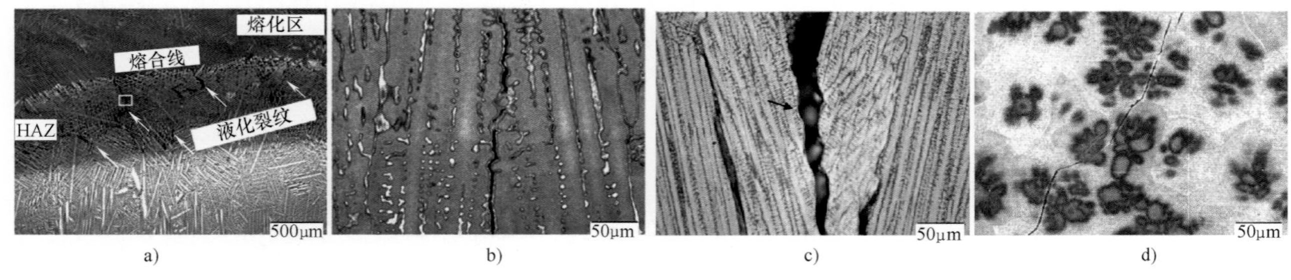

图 28 HEA 熔化焊接接头裂纹形貌

a)，b）AlCoCrCuFeNi，HAZ c）AlCoCrCu0.5FeNi，熔化区 d）AlCoCrFeNi，HAZ

研究表明，焊后热处理能够有效改善 HEA 激光焊接接头的抗拉强度，接头延展性随热处理温度的增加显著增加，甚至优于母材，但目前仍然缺乏关于焊后热处理对 HEA 焊接接头的研究数据。

1.5 焊接应力及裂纹

1.5.1 液态金属脆化裂纹敏感性

液态金属导致固体金属材料发生脆化的现象通常称为液态金属脆化（Liquid Metal Embrittlement，LME）。LME 属于液态金属诱导应力腐蚀开裂，其开裂机制是固态金属在受拉应力的同时还受到液态金属的腐蚀作用，这与阳极应力腐蚀开裂损坏机制类似。在上一届年会中，来自德国奥托·冯·格里克大学的 Martin Dieckmann 做了如何确定 LME 敏感性的报告，其目的是开发一种尽可能接近实际应用的测试方法来评估 LME 敏感性，该方法基于可编程变形开裂试验（德语称为 Programmierter-Verformungs-Riss-Test，PVR-Test），研究结果认为这种 PVR 法可以创造出产生 LME 所需的条件[10]。此次会议上，Martin Dieckmann 进一步研究了用 PVR 法评价镀锌钢 LME 敏感性[11]。

PVR 法类似于电弧焊工艺中热裂纹评价时的平面拉伸法，通过外加可控应力和电弧热作用来实现 LME 的形成条件。试验研究了热浸镀锌条件下的双相不锈钢 DP600 和 DP980 以及相变诱导塑性（Transformation Induced Plasticity，TRIP）钢 TRIP700、TRIP1100 和 TRIP1200 的 LME 敏感性。焊接电弧匀速行走过程中，对样品施加线性增加的变形速度直至样品失效（图 29、图 30）。研究中使用首次出现 LME 开裂时对应的变形速度 $v_{cr,LMEc}$ 作为 LME 敏感性的评价

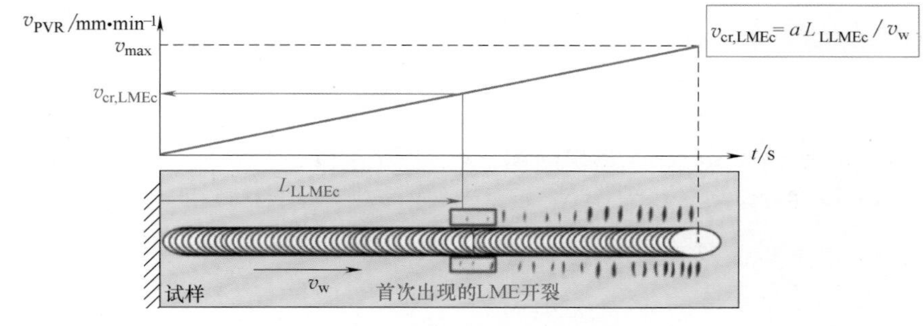

图 29　LME 开裂敏感性评价原理图

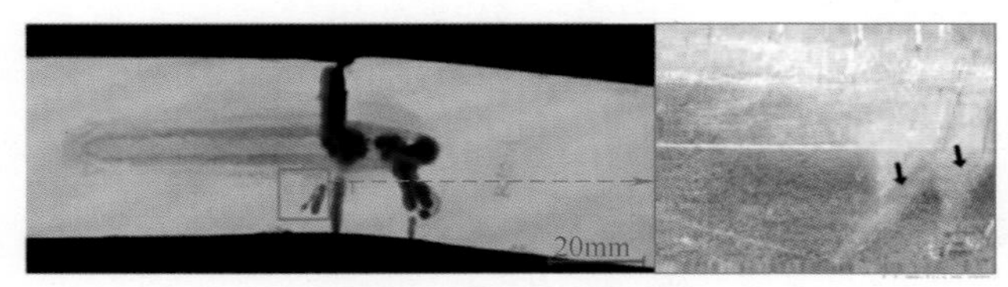

图 30　LME 开裂形貌

指标（图 29），$v_{cr,LMEc}$ 越小，则 LME 裂纹敏感性越大。通过测试中获得的镀锌钢和未镀锌钢的应力-时间曲线（图 31），曲线积分可代表试样在变形直至断裂过程中吸收的能量 E，因而镀锌钢与未镀锌钢的 E 的差值 ΔE 可反映 LME 裂纹引起的吸收能量的减少（图 32）。通过 PVR 法测得 TRIP1200 钢和 TRIP1100 钢均表现出明显的裂纹敏感性，DP600、DP980 和 TRIP700 未发现有 LME 现象。

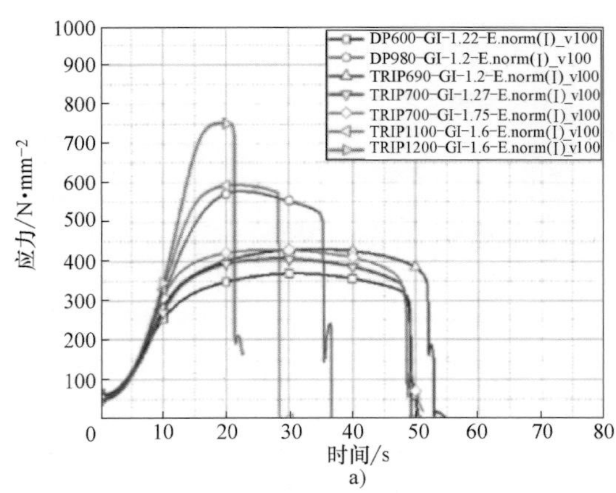

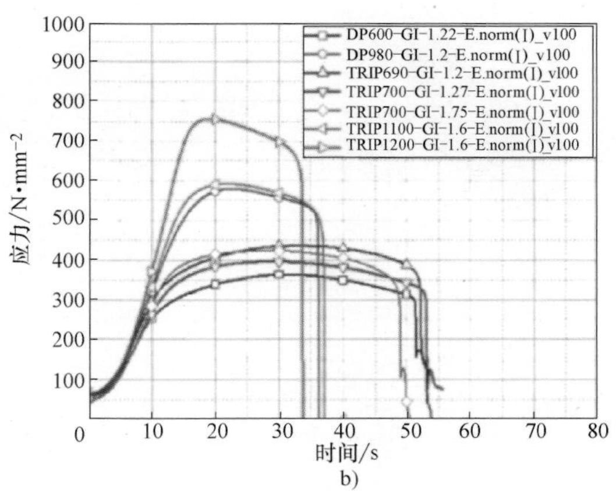

图 31　PVR 装置测得的各合金应力-时间曲线

a）热浸镀锌钢　b）未镀锌钢

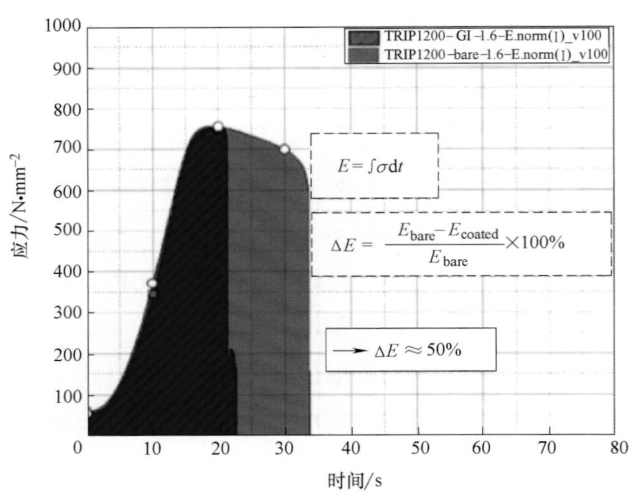

图 32 镀锌和未镀锌 TRIP1200 钢的应力-时间曲线对比

1.5.2 CrMo 钢焊接中的残余应力评估

V 改性 CrMo 钢具有优异的蠕变强度和高温耐氢压性能，从而被广泛用于石油化工等行业。CrMo 钢工业构件往往尺寸和壁厚较大，给焊接工艺带来了很大挑战，最为显著的难点就是高焊接残余应力，为此必须在焊接操作完成后对整个组件进行焊后热处理（Post-Weld Heat Treatment，PWHT），从而增加接头韧性，并减少焊接引起的残余应力。然而，V 改性 CrMo 钢在应力松弛过程中具有较高的裂纹敏感性，即所谓的应力释放开裂（Stress Relief Cracking，SRC）。焊接残余应力对 SRC 裂纹程度有明显影响。实际上，评估工程应用大尺寸工件的焊接残余应力成本很高，甚至有些复杂结构的组件几乎无法进行残余应力的测量。

来自德国联邦材料研究与测试研究所（BAM）的 D. Schroepfer 等人通过简化的小型样品来评估实际工件的残余应力水平，将残余应力通过实验室规模设备进行再现[12]，为此，他们设计了不同规模和不同刚度条件的残余压力测量装置（图 33）。U 型缺口试样中以纵向约束为主，几乎没有横向和弯曲约束。在狭缝试样中，由于焊缝侧面对相邻结构的刚度约束导致试样中产生很高的横向约束，虽然焊缝长度有限，但四周的约束结构仍能使狭缝试样中产生一定的纵向约束。BAM 设计的一种特殊的双 MN 测试装置，依靠可三维运动的液压测试架提供的刚度约束，可提供高的横向约束和弯曲约束。在改进型的横向可变拘束试验（Modified Varestraint Transvarestraint-Test，MVT）中，可通过改变弯曲开始时间、弯曲速度和弯曲行程来引入类似构件的约束水平，能提供较高的横向、纵向和弯曲应力约束。焊接冷却过程中对试样施加弯曲约束，会导致焊缝中产生纵向残余应力（图 34），而当在焊接过程中施加弯曲约束（图 35），焊缝在解除外部约束之前的残余应力分布和不施加弯曲应力时的残余应力分布非常吻合，而在外部约束解除后，焊缝中形成了明显的残余压应力。

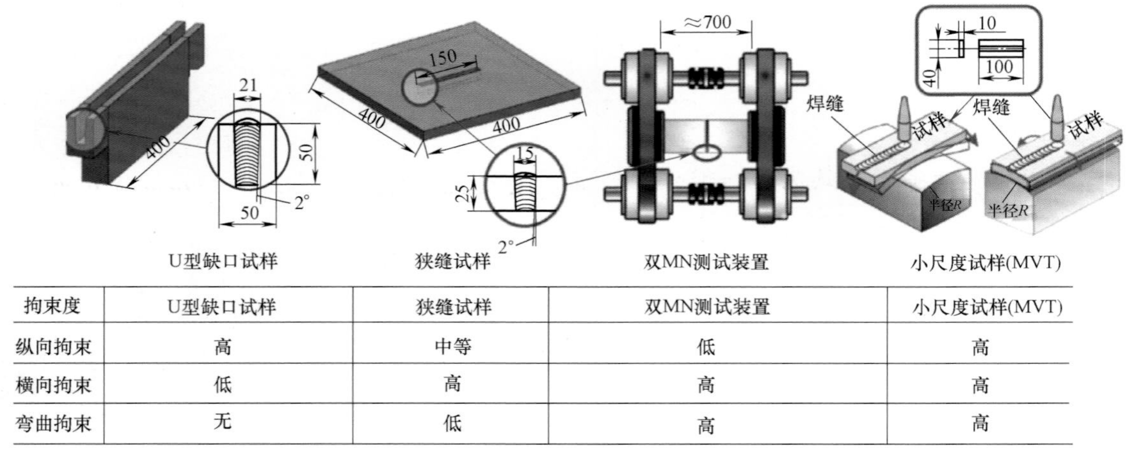

拘束度	U型缺口试样	狭缝试样	双MN测试装置	小尺度试样(MVT)
纵向拘束	高	中等	低	高
横向拘束	低	高	高	高
弯曲拘束	无	低	高	高

图 33 不同规模和不同刚度条件的残余应力测量装置

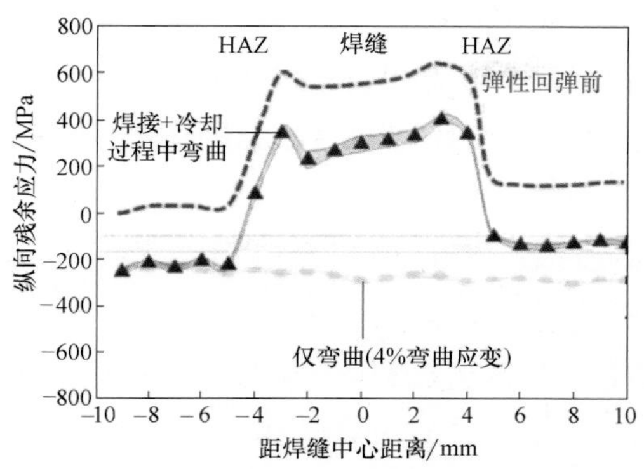

图 34 MVT 中残余应力分布（仅弯曲，焊接+冷却过程中弯曲）

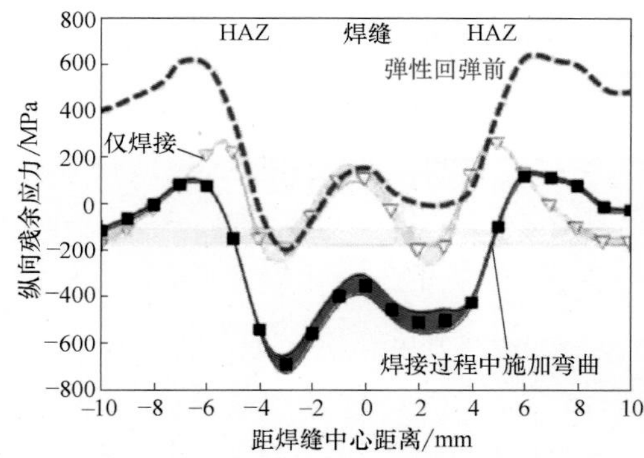

图 35 MVT 中残余应力分布（仅焊接，焊接过程中施加弯曲）

2 焊缝金属测试与测量

焊缝金属测试与测量分委会主要关注焊缝金属中的热裂纹及微裂纹、耐热钢焊缝金属蠕变试验及奥氏体和双相不锈钢焊缝金属中的 δ 铁素体等问题。

2.1 焊缝金属中的热裂纹及微裂纹

2.1.1 ERNiCrFe-13 填充金属部分熔化区组织演变及液化裂纹

In690 镍基高温合金由于其优秀的耐晶间腐蚀性能被广泛应用于核岛主设备焊接制造中，如反应堆压力容器密封面、安全端和蒸汽发生器管板等。瑞典 Sandvik 和美国 SMC 公司先后推出了 ERNiCrFe-7 和 ERNiCrFe-7A 焊材，但在现场焊接过程中易形成裂纹等缺陷。随后，国内外在原有的 ERNiCrFe-7A 焊材中分别加入质量分数为 2.5% 和 4% 的 Mo，开发出具有更好耐高温失塑裂纹的 ERNiCrFe-13 焊材，可用于对 690 镍基高温合金同种及异种材料的焊接，但其凝固裂纹敏感性较高。Nb 和 Mo 在镍基合金中的偏聚倾向较强，会促进拓扑密堆相如 Laves、μ、P 和 σ 相的形成，这些相对合金性能有明显影响。目前对 ERNiCrFe-13 填充金属组织和性能进行了大量研究，但对 ERNiCrFe-13 填充金属在热循环作用下的组织演化和液化裂纹敏感性研究较少。

哈尔滨工业大学的 Guo 等人对 ERNiCrFe-13 填充金属进行 TIG 焊重熔，研究了在热循环作用下部分熔化区的组织演化和液化裂纹[13]。作者使用 TIG 焊方法在 Q235 基体上堆焊 25mm 厚的 ERNiCrFe-13 填充金属，随后采用重熔工艺在堆焊层上形成一个焊点，如图 36 所示。ERNiCrFe-13 填充金属的原始组织包括枝晶 γ 基体、枝晶间的偏聚区 γ，以及 MC 碳化物、Laves 相和 σ 相。MC 碳化物为球状，尺寸小于 1μm，Laves 相和 σ 相分别分布在耦合组织的边缘和内部，单独的 Laves 相呈现棒状或汉字状，此外还存在片层状的 Laves/γ 共晶组织，如图 37 所示。差示扫描量热法（DSC）加热曲线在 1000℃、1070℃ 和 1350℃ 出现三个显著的峰值，分别为 $\gamma/\text{Laves} \longrightarrow L$、$\gamma/\sigma \longrightarrow L$ 和 $\gamma \longrightarrow L$ 相变。ERNiCrFe-13 填充金属重熔焊点包括重熔区（Refusion Zone，RZ）、部分熔化区（Partially Melted Zone，PMZ）和热影响区（Heat Affected Zone，HAZ），不同区域显示出不同的微观结构特征。图 38 表明重熔区的显微组织由柱状 γ 相枝晶组成，枝晶间存在析出相，而热影响区中枝晶间析出相的数量和尺寸都相对较小，经历 TIG 焊重熔热循环的部分熔化区液化发生在 σ/γ 和 Laves/γ 的界面，而 γ 相保持不变。凝固后，

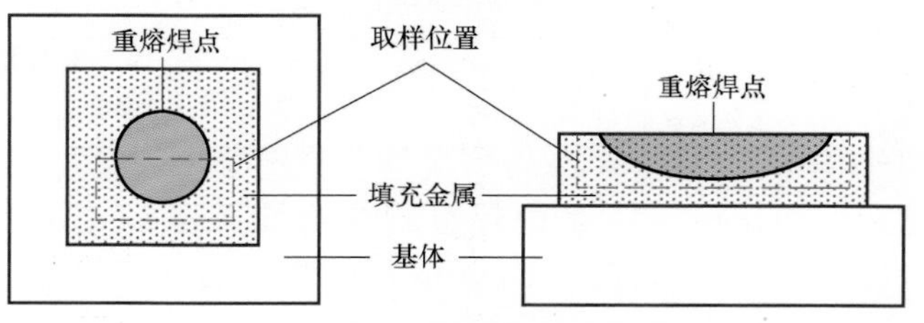

图 36 TIG 焊重熔过程示意图

组织演化为三种共晶形态，包括长链条状、骨骼结构状，以及细小的片状或网状。从图 39 观察到部分熔化区内沿着共晶组织晶界分布的液化裂纹，它们是由液化组分凝固过程中收缩应力所致。该研究表明 TIG 焊重熔工艺不仅有助于直观和有针对性地研究热循环过程中部分熔化区的微观组织演变，而且为评估焊接材料和焊道的开裂敏感性提供了可能。

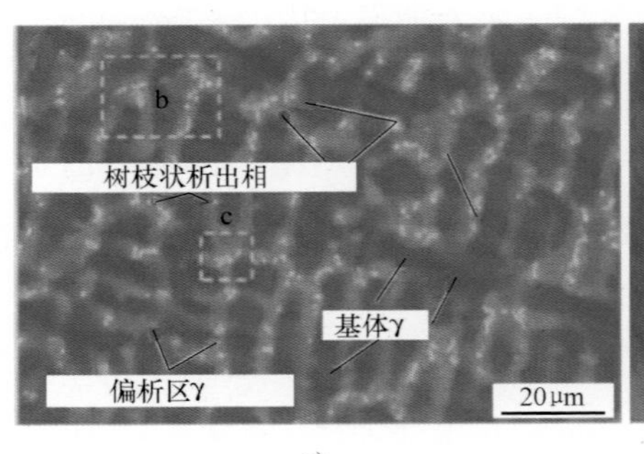

a)

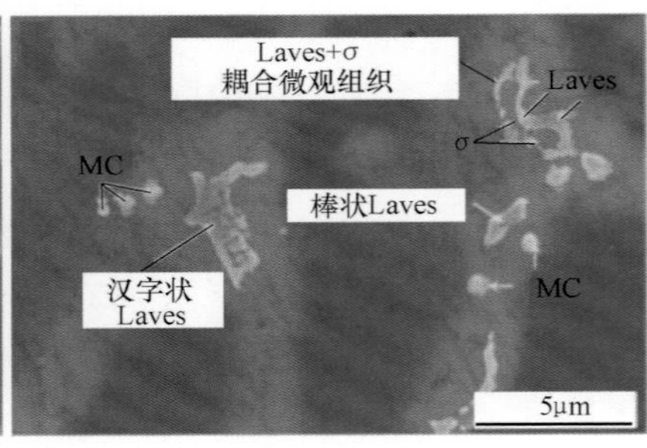

b)

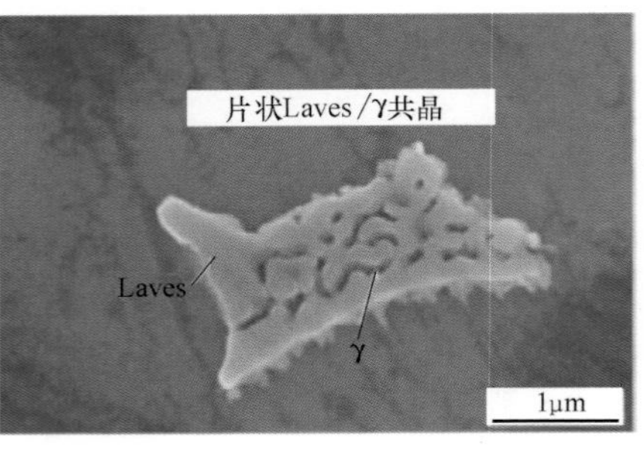

c)

图 37 填充金属微观组织

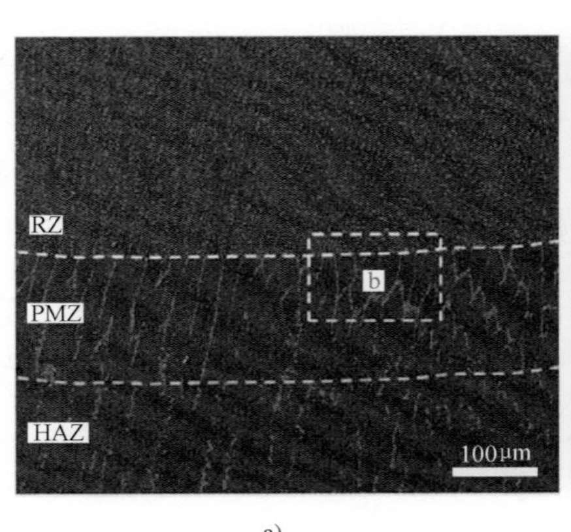

a)

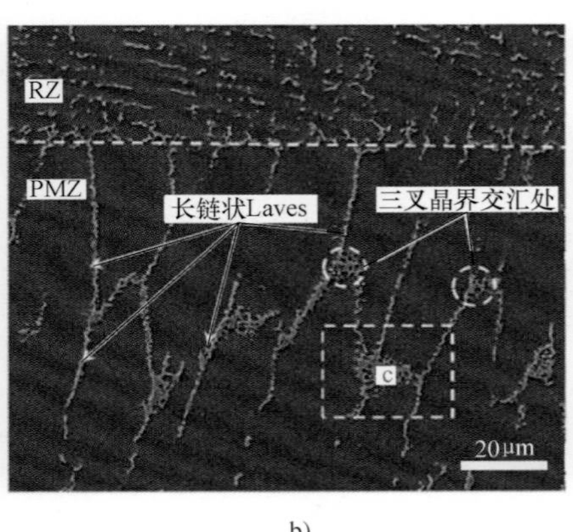

b)

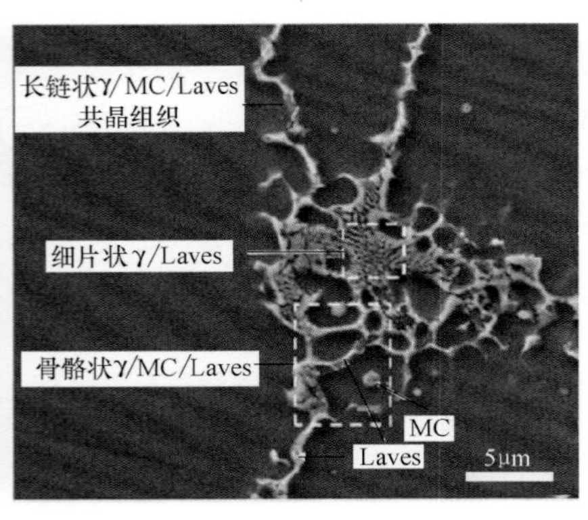

c)

图 38 部分熔化区组织

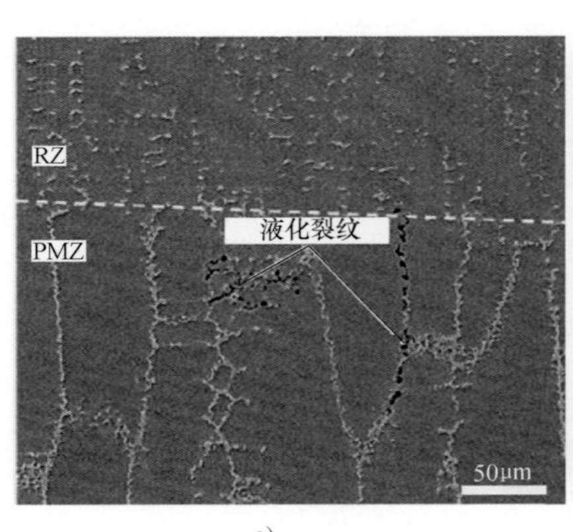

a)

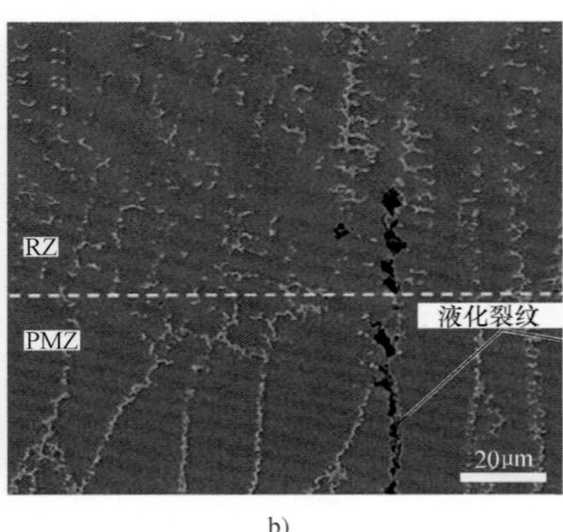

b)

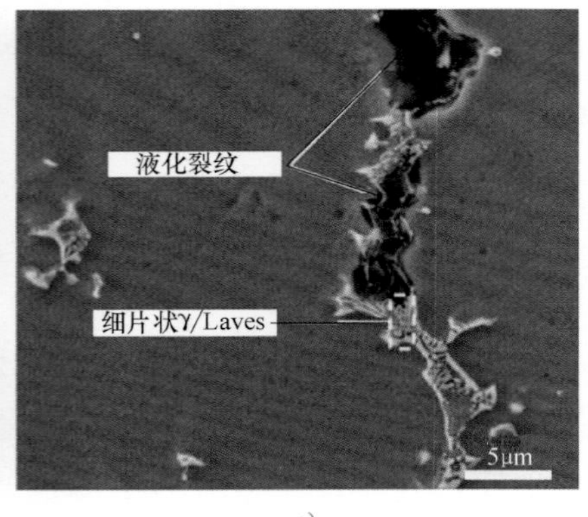

c)

图 39 部分熔化区内液化裂纹

2.1.2 焊材成分对焊渣形成及耐蚀性的影响

熔化极气体保护焊过程中合金元素（包括 Si、Mn、Ti 和 Fe）的氧化会形成焊渣，由于钢液和焊渣存在密度差异，这些焊渣颗粒会漂浮在熔池表面。焊接过程中的温度梯度、表面张力梯度和电流等引起的力会影响熔池的流动行为，使焊渣颗粒在熔池中循环直至凝固。汽车工业中焊缝表面焊渣颗粒的存在会对汽车钢板涂装性能产生负面影响，导致油漆不能完全润湿零件表面，并形成气泡，引起油漆剥落，为材料腐蚀创造条件。因此，减少焊渣的形成成为汽车板焊接的首要任务。目前减少焊渣的方法成本较高，主要是采用惰性保护气氛使熔池得到更好的保护，以及使用机械方法清理焊缝表面。

来自韩国 KISWEL 研发中心的 Lee 等人研究了焊丝成分对焊渣形成及熔池流动模式的影响，设计了三种不同成分的焊丝，见表 3。焊丝 A 符合 AWS A5.18 ER70S-3 规范要求，焊丝 B 基于 AWS A5.18 ER70S-3 规范，但具有较低的 Si 含量和较高的表面活性元素 S 含量，焊丝 C 基于 AWS A5.18 ER70S-G 规范，但调整了 Si 和 Mn 的含量。使用体式显微镜和扫描电镜观察不同成分焊材焊渣形成的位置和数量，使用高速摄影机观察熔渣在熔池中的流动行为；通过检查涂装过程中油漆附着力是否良好以及焊缝上的油漆覆盖情况来评价焊缝的涂装性能；通过循环腐蚀试验检测涂装后焊缝的耐蚀性，并进行了力学性能试验[14]。

表 3 焊材成分（质量分数，%）

种类	AWS 规范	C	Si	Mn	P	S
AWS A5.18 ER70S-3		0.06~0.15	0.45~0.75	0.90~1.40	≤0.025	≤0.035
焊丝 A	ER70S-3	0.07	0.65	1.18	0.015	0.008
焊丝 B	ER70S-3	0.06	0.45~0.65	1.15	0.014	≥0.01
焊丝 C	ER70S-G①	0.08	≤0.20	1.50~2.00	0.011	0.001

① 规范中未规定化学成分要求。

结果表明，焊丝成分对焊渣的数量、位置及流动行为有明显影响。如图 40 和图 41 所示，对于焊丝 A，熔渣沿着熔池边缘向后部移动，凝固后在焊缝中心形成较大尺寸的焊渣，在熔池边缘未移动到后部的较小的熔渣颗粒凝固后出现在焊趾位置。熔渣的移动行为与熔池的流动模式即表面张力梯度有关，正常情况下表面张力与温度成反比，熔渣随熔化金属从低表面张力（高温）区域移动到高表面张力（低温）区域，即向外流动，从电弧下移动到焊缝边缘及熔池后部。低 Si 高 S 焊丝 B 在焊接过程中，在焊枪下方的熔池前部形成的熔渣颗粒，沿焊接方向移动，最终在弧坑处聚集成大块焊渣。这是由于添加表面活性元素 S 后，表面张力随温度的变化成正比，通过改变马兰哥尼对流改变熔池流动模式，熔渣随熔化金属由低表面张力（熔

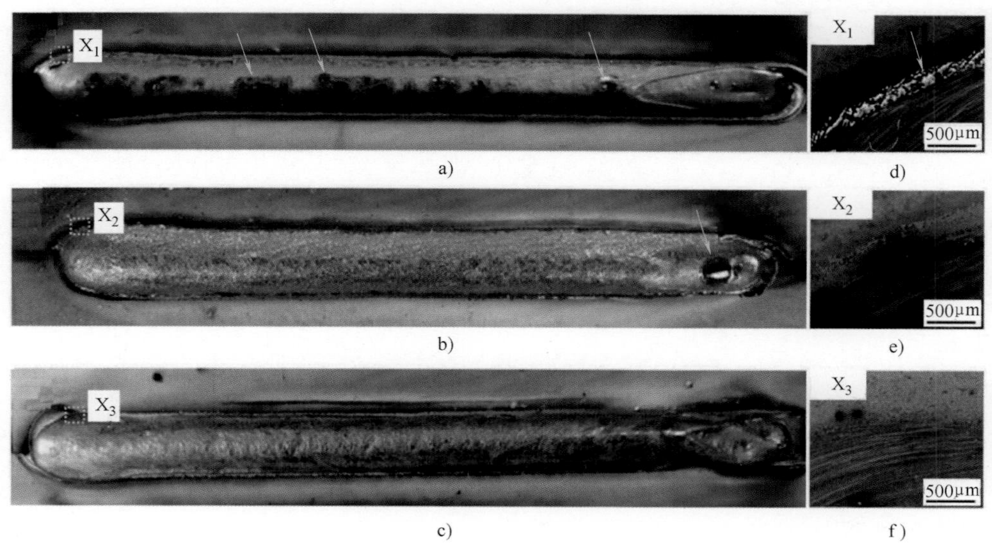

a) d) b) e) c) f)

图 40 焊缝表面照片及焊渣位置

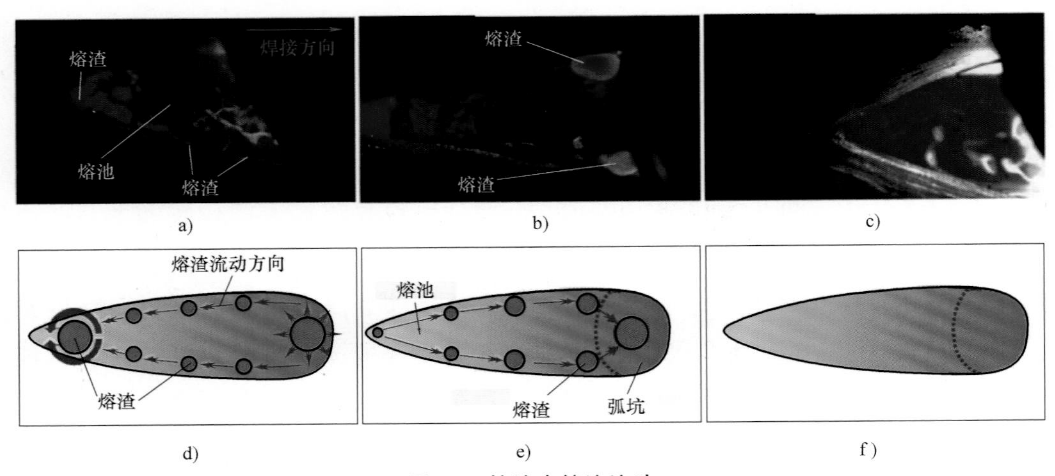

a)　　b)　　c)

d)　　e)　　f)

图 41　熔池内熔渣流动

a)、d) 焊丝 A　b)、e) 焊丝 B　c)、f) 焊丝 C

池外缘的低温）区域移动到高表面张力（焊接电弧下的高温）区域，即从焊缝边缘向熔池中心移动，也就是说，熔渣颗粒会沿着焊接方向随电弧移动，最后在焊接完成后在弧坑内凝固成大颗粒焊渣，很容易被去除。调整 Si、Mn 含量的焊丝 C，由于 Si 含量很低，很难形成二氧化硅和硅酸盐，可完全消除焊渣。因此调整焊材成分可以降低焊渣形成量并改变焊渣形成位置。

新设计的两种焊丝通过减少焊渣量而具有更好的涂装性能、耐蚀性能（图 42 和图 43），另外新设计的两种焊丝焊缝金属的屈服强度和抗拉强度高于焊丝 A，并且其伸长率及冲击性能也满足 AWS A5.18 规范的要求。

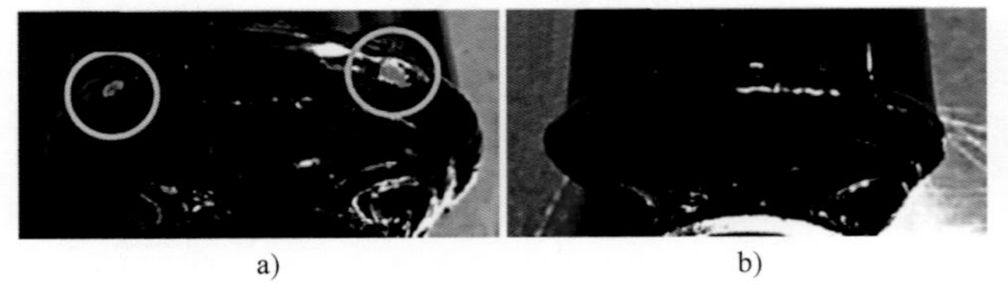

a)　　b)

图 42　汽车零部件焊缝涂装照片

a) 焊丝 A　b) 焊丝 B

2.2　抗蠕变及耐热钢焊缝金属测试

2.2.1　模拟加速蠕变试验

电力和化学工业用新钢种和焊缝的常规“恒载荷”蠕变试验持续时间很长，将推迟新开发钢种的应用，另外焊接工艺也会严重影响焊接接头的蠕变性能，大多数部件设计和电厂寿

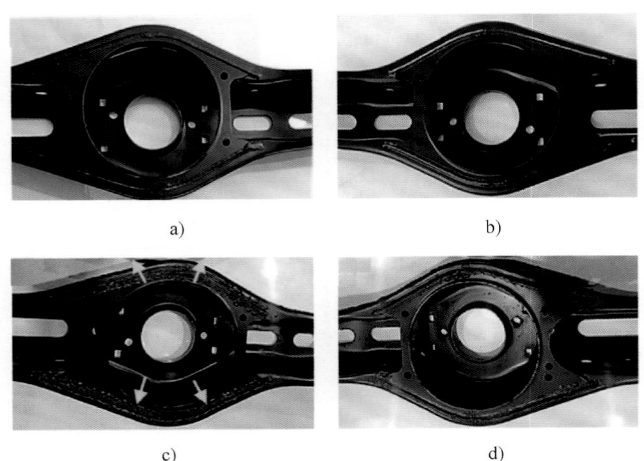

a)　　b)

c)　　d)

图 43　汽车零部件涂装及腐蚀后照片

a) 焊丝 A 涂装后　b) 焊丝 C 涂装后

c) 焊丝 A 腐蚀后　d) 焊丝 C 腐蚀后

命评估均是基于长期的蠕变数据，这些数据通常适用于钢板和管材，而焊接接头的蠕变数据缺乏。为了解决这些问题，Mandziej 开发了模拟加速蠕变试验（Accelerated Creep Test，ACT）程序，通过在短时间内获得的数据可以确定在电力和化学工业中暴露于高温应力下运行的材料的长期蠕变行为[15]。该方法考虑到蠕变过程中发生的微观结构转变，特别是位错亚结构的形成，以及长时间暴露于高温条件下其对孔洞和裂纹形核、碳化物析出及力学性能恶化的影响。模拟加速蠕变试验可得到足够的数据，用于计算指定应力下材料蠕变的真实寿命。

模拟加速蠕变试验在 Gleeble 热模拟试验机

上进行，对试样进行低周热机械疲劳试验，直至试样断裂或达到指定的应力或应变，以便进行金相、断口和显微组织分析。此外在ACT过程中可以记录应力、应变、应变率和温度数据以及膨胀量信息，这些数据可用于计算蠕变强度和真实蠕变寿命。

为了验证ACT结果能否充分模拟真实蠕变的情况，对ACT样品进行了金相研究，图44a为在ACT半周期时P91合金焊缝金属的位错亚结构，回复态马氏体亚晶粒中螺旋位错$\left(\frac{a}{2}<111>\right)$大量出现并形成平面阵列。图44b为通过电解抛光并腐蚀去除表面氧化物后的ACT样品的断裂表面，其中可以识别出滑移线的痕迹，从而确定裂纹的形核是通过位错滑移和在平面阵列中堆积来实现的。之后使用TEM分析ACT前后焊缝金属组织，以便进一步验证ACT的有效性，ACT前P91合金焊缝金属为回火板条马氏体（图44c），ACT后组织转变为完全再结晶的等轴铁素体以及球化碳化物（图44d），此组织转变过程与实际蠕变过程类似。根据收集的ACT数据，可以计算出指定应力下材料的刚度，即伪弹性模量，之后可计算出蠕变寿命。对比结果表明，通过ACT得到的材料蠕变寿命与实际蠕变试验得到的蠕变寿命相当，说明ACT有效。此外可通过将焊接热影响区物理模拟与ACT试验相结合，加快焊接工艺过程评定。

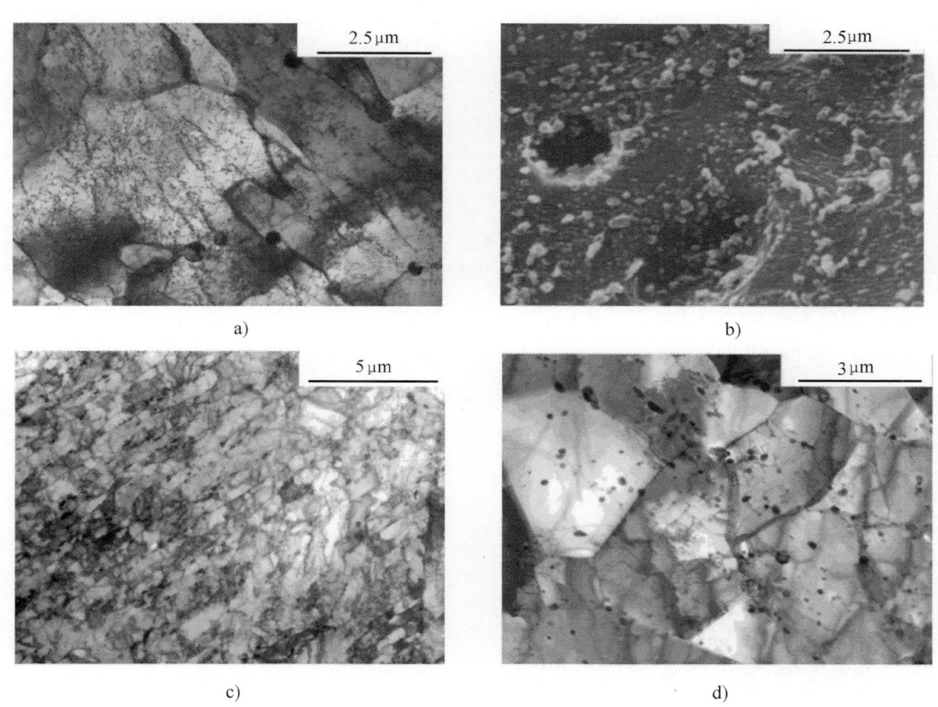

a)　b)　c)　d)

图44　ACT后样品组织分析

a）ACT试样内位错亚结构　b）ACT试样断裂表面　c）ACT前组织　d）ACT后组织

大量试验表明，模拟加速蠕变试验可有效替代现有标准化的长期蠕变试验，对比常规试验，其能在更短的时间内得到足够的微观组织转变。

2.2.2　抗蠕变钢配套焊材

苛刻的服役环境要求推动了新型抗蠕变合金的进一步发展。由于铁素体马氏体钢在强度、塑性、可靠性和成本方面均优于不锈钢和镍基合金，因此抗蠕变合金仍以铁素体马氏体钢为主，先进抗蠕变合金（MARBN）预计能使超超临界发电站的工作温度提高25℃，并很快会取代部分现有材料。Zhang等人介绍了在英国IM-

PEL 和 IMPULSE 研究项目的支持下，林肯电气公司开发的 MARBN 合金配套焊材[16]。为了实现焊缝金属合金化学成分优化设计，使其具有与母材相匹配的最佳蠕变性能，同时还能产生令人满意的力学性能，首先基于母材化学成分提出并评估了五种不同 B 和 N 含量的焊缝金属化学成分，见表 4，对五种焊缝金属进行高温持久试验，以评价这五种焊缝金属化学成分的潜在蠕变性能。在相同的试验参数和试验时间下，将所得结果与 P92 合金的平均值进行了比较，结果表明五种化学成分母材焊缝金属的蠕变强度均明显高于 P92 合金。

根据室温力学性能及蠕变强度的结果，林肯电气公司确定了适合于 MARBN 合金的电弧焊焊条 Chromet933 的化学成分，其为碱性焊条，可根据 AWS A5.5/A5.5M：E9015-G H4/E6215-G H4 和 EN ISO 3580-A：E ZCrWCoVNb 933B32 H5 进行分类。其熔敷金属化学成分见表 5。

表 4　五种焊缝金属化学成分（质量分数，%）

项目	C	Mn	Cr	Ni	Mo	W	Co	V	Nb	B	Al	N
V1	0.10	0.64	9.08	0.16	0.06	2.49	3.11	0.22	0.071	0.011	0.001	0.026
V2	0.09	0.55	8.29	0.32	0.32	2.61	3.39	0.20	0.055	0.002	0.001	0.041
V3	0.09	0.50	8.77	0.04	0.09	2.66	3.11	0.22	0.068	0.000	0.001	0.046
V4	0.09	0.56	8.49	0.36	0.33	2.57	3.27	0.20	0.067	0.009	0.001	0.046
V5	0.10	0.60	8.89	0.05	0.05	2.80	3.26	0.23	0.069	0.012	0.001	0.048

表 5　电弧焊焊条 Chromet933 焊缝金属及 IBN-1 母材化学成分（质量分数，%）

项目	C	Mn	Cr	Ni	Mo	W	Co	V	Nb	B	Al	N
IBN-1	0.10	0.54	8.7	0.16	0.05	2.5	3.0	0.21	0.06	0.012	0.001	0.018
Chromet 933	0.10	0.60	8.9	0.40	0.30	2.7	3.2	0.23	0.06	0.010	0.001	0.040

图 45 为焊态、765℃×2h 及 765℃×4h 焊后热处理条件下焊缝的微观组织。结果表明，焊态下焊缝金属为全马氏体组织，在 765℃下经 2h 和 4h 的焊后热处理后，组织为典型的回火马氏体，此外焊后热处理过程中，显微组织表现出良好的稳定性。

力学性能测试结果表明，Chromet933 焊条焊缝金属室温强度和塑性均较好，与 IBN-1 钢相比，其强度略高，而伸长率偏低，符合此类钢种母材与焊缝金属典型性能趋势。Chromet933 焊条焊缝金属硬度在 239～255HV 范围内，接近 IBN-1 母材硬度，并与 P92 合金焊缝硬度非常接近。20℃下所有焊缝冲击吸收能量平均值达到 30～50J，最小单个值达到 27J。对于高温拉伸性能，Chromet933 焊条焊缝金属显示出比 P92 合金焊缝更高的强度，同时塑性也保持在较高水平。Chromet933 焊条焊缝金属及接头的持久试验结果（Larson-Miller 图）如图 46 所示，作为比较，图中同时列出 P92 合金母材、焊缝金属及接头的持久性能。结果表明，Chromet933 焊条焊缝金属的持久强度优于 P92 合金焊缝金属及接头的持久强度。

在过去几年里，一些主要的电力设备制造商和现场安装工程公司，如古德温铸钢公司、西门子电力公司、斗山巴布科克公司、上海锅炉厂等，积极开展了对 Chromet933 焊条的工业验证试验和焊接工艺评定试验，并得到了较为理想的试验结果，表明 MARBN 材料及其配套焊材具有很好的应用前景。

2.2.3　P91 合金药芯焊丝

为满足不断提高工程生产效率、降低制造/维护成本的需求，开发了金红石基药芯焊丝电弧焊（Flux Cored Arc Welding，FCAW）工艺。金红石基药芯焊丝的主要优点是显著的生产率优势和焊接操作方便，可用于全位置焊接。FCAW 技术首次应用于火力发电厂 P91 合金构件

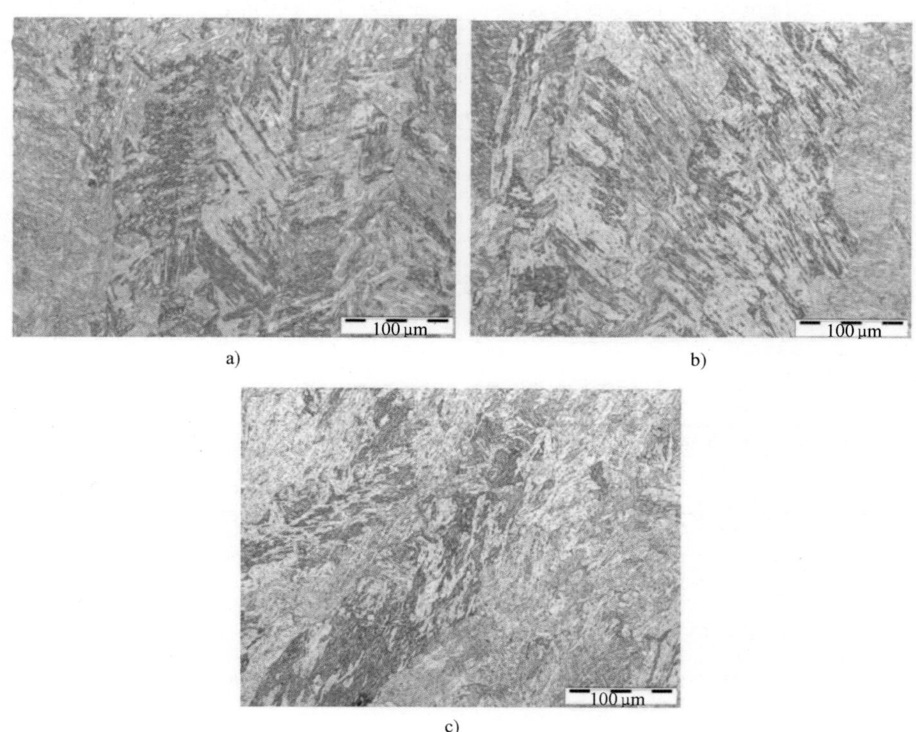

a)　b)　c)

图 45　焊缝微观组织

a）焊态　b）765℃×2h 焊后热处理态　c）765℃×4h 焊后热处理态

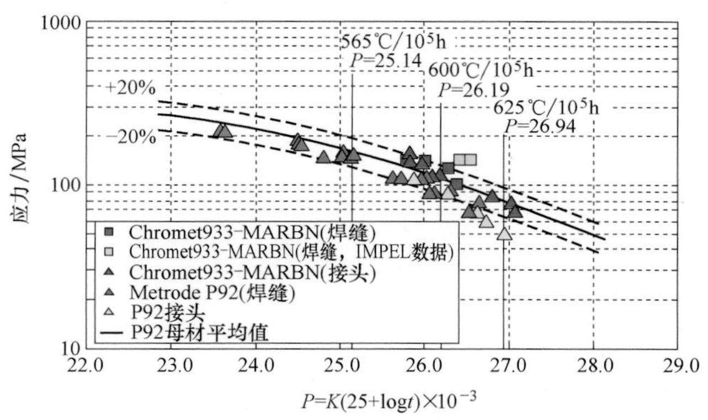

图 46　持久试验结果

焊接，至今已有近 20 年的历史，许多 P91 合金相关项目都受益于药芯焊丝的应用。然而由于与其他焊接工艺（如 GTAW、SMAW 和 SAW）相比，药芯焊丝的焊缝金属具有中等的冲击韧度和较高的 Bruscato 因子（X 因子），因此 FCAW 工艺在 P91 合金焊接中的应用范围受到限制。对 P91 合金药芯焊丝的持续改进一直是一个活跃的研究领域，优化焊缝化学成分以控制微量元素含量和提高冲击韧度已成为关注的焦点。

林肯电气公司介绍了一种金红石基全位置药芯焊丝 Lincoln Supercore F91（AWS A5.29/A5.19M：E91T1-B9/E621T1-B9）的最新改进进展，该药芯焊丝用于焊接 P91 合金，具有令人满意的全位置操作性能，该研究通过优化焊缝金属化学成分使其具有较低的 X 系数，显著改善了焊缝金属冲击韧度和回火脆性敏感性[17]。

常用的 P91 合金药芯焊丝过去主要使用高合金钢带制造，在实现某些微量元素（尤其是 P）的低水平控制方面存在一定的局限性。在这种情况下，制定了 P91 合金药芯焊丝（FCW）的相关 AWS 分类，等效的 EN ISO 标准遵循相同的分类。表 6 列出了最新版 AWS A5.29/A5.29M 标准 E91T1-B9/E621T1-B9 分类中的焊缝金属化学成分范围，以及优化前和优化后典型焊材焊缝金属实际化学成分。由此表可知，优化前焊缝金属磷的质量分数约为 0.016%，与其他微量元素 As、Sn 和 Sb 共同作用会导致 Bruscato 因子

表 6　P91 合金药芯焊丝焊缝金属化学成分（质量分数，%）①

元素	C	Mn	Si	S	P	Cr	Ni	Mo	Nb	V	N
E91T1-B9/ E621T1-B9②	0.08 0.13	1.20	0.50	0.015	0.020	8.0 10.5	0.80	0.85 1.20	0.02 0.10	0.15 0.30	0.02 0.07
Pre③	0.10	0.8	0.30	0.010	0.016	9.0	0.50	1.00	0.04	0.20	0.05
New③	0.10	0.70	0.28	0.008	0.008	8.8	0.24	1.00	0.04	0.20	0.05
元素	Cu	Al	Ti	Sn	As	Sb	Mn+Ni	Mn/S	N/Al	X 因子	J 因子⑦
E91T1-B9/ E621T1-B9②	0.25	0.04	—④	—	—	—	1.50	—	—	—	—
Pre③	0.01	0.01	0.040	0.008	0.001	0003	1.30	80	5	21	260
New③	0.01	0.01	0.018	0.002	0.003	0.001	0.9⑤	91	5	11⑥	100⑧

① EN ISO 17634-B：T69T1-1C/M-9C1MV 的化学成分要求与 AWS 非常相似；仅有的区别是 $w_{Ni} \leq 1.00\%$ 和 Mn+Ni 总量无限制。

② 单个值为最大值。

③ 商业产品的典型全焊缝金属成分示例（保护气体：M21 Ar-CO_2 混合气体）。

④ 未指定。

⑤ 保证值不大于 1.0%。

⑥ 保证值不大于 15×10^{-6}。

⑦ 渡边 J 因子 $J=(w_{Mn}+w_{Si})(w_P+w_{Sn})\times10^4$。

⑧ 保证值不大于 150×10^{-6}。

[X 因子 = $(10w_P+5w_{Sb}+4w_{Sn}+w_{As})/100$] 约为 21×10^{-6}。由于 P91 合金动力蒸汽管道不考虑回火脆化问题，因此该值满足一般电厂应用，但由于该药芯焊丝的 X 因子相对较高，因此，仅允许其用于非关键焊缝，如焊接非承压部件。

优化成分后其 X 因子达到 $(10\sim11)\times10^{-6}$，远低于新规范的最大 15×10^{-6}，同样，J 因子也大幅度降低，J 因子的计算值远低于 150×10^{-6}，约为 100×10^{-6}，这将显著降低焊缝金属回火脆性的敏感性，并提高接头的抗脆性断裂能力。同时，对于 P91 合金焊缝金属的另一个重要组成指标，Mn+Ni 总含量（质量分数）降低到较低水平（不大于 1.0%），低于当前标准中的 $w_{Mn}+w_{Ni}\leq1.50\%$。因此，焊缝金属的 Ac_1 温度预计高于 795℃（图 47），$w_{Mn}+w_{Ni}=0.9\%$时，预计 Ac_1 温度约为 800℃（图 47），当焊后热处理温度意外偏离最高允许温度（775℃）时，其将防止奥氏体再次形成，从而有利于焊后热处理后的焊缝性能。铬当量控制在 10 以下，通常在 8.5~9.5 之间（铬当量使用公式 $Cr_{eq}=w_{Cr}+6w_{Si}+4w_{Mo}+1.5w_W+11w_V+5w_{Nb}+9w_{Ti}+12w_{Al}-40w_C-30w_N-4w_{Ni}-2w_{Mn}-1w_{Cu}$），其有效确保了单一马氏体相微观结构的形成，并避免焊缝中形成 δ 铁素体。

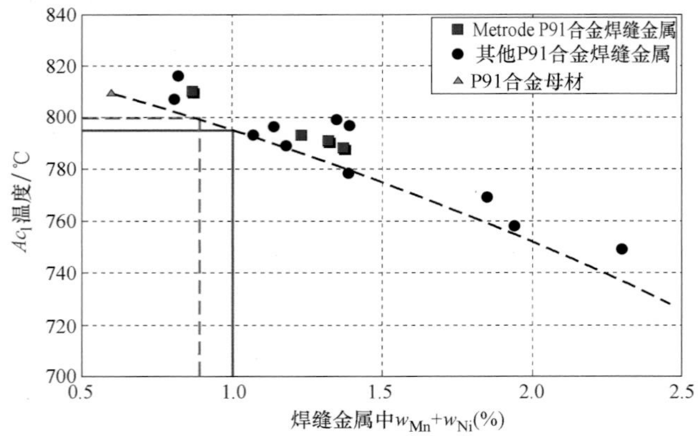

图 47　焊缝中 Mn+Ni 含量对 Ac_1 温度的影响

焊缝金属力学性能测试结果表明，经过适当的焊后热处理后，成分优化后焊缝金属性能满足相关 AWS 分类规定的抗拉强度和塑性要求，强度略低于优化前的焊缝，但与 SMAW 焊缝金属强度值相当，随着 760℃下保温时间的增加，强度降低，但仍满足要求。

对于焊缝硬度，AWS 和 EN ISO 分类均未规定要求，P91 合金焊缝硬度推荐范围为 200~275HV，在 760℃不同保温时间处理后，化学成分优化后焊缝硬度值在 235~250HV（98N 载荷）之间，略低于优化前，并处于推荐范围的中部，这也是优化化学成分的目的之一，优化前焊缝硬度（通常为 260HV）接近推荐范围的上限。

优化化学成分后焊缝金属经760℃焊后热处理后，其韧性显著提高，冲击吸收能量满足EN ISO标准要求，即平均值大于47J和单个值大于38J。随着热处理时间的延长，冲击吸收能量先增加后保持稳定。760℃×4h的焊后热处理为当前焊丝焊件的最佳热处理参数。

优化后的药芯焊丝具有较宽的最佳焊接参数范围，当电压低至20V时，仍可实现良好的喷射电弧过渡，形成良好的焊道形貌和除渣效果。该工作的研究可推进药芯焊丝电弧焊工艺在电力及石油化工领域的广泛应用。

2.3 奥氏体和双相不锈钢焊缝金属中的δ铁素体测试

本次会议上宣读介绍了IIW C-Ⅱ-C分委会（电弧焊和填充金属）和IIW C-Ⅸ-H分委会（不锈钢和镍基合金焊接）基于专家经验和讨论后合作编写的奥氏体和双相不锈钢焊缝金属中δ铁素体分类和测量，为在规范、标准及合同文件中奥氏体或双相铁素体-奥氏体不锈钢焊缝金属内铁素体含量测量提供指导[18]。

室温条件下指定化学成分不锈钢焊缝金属中的铁素体含量，与其凝固模式、冷却过程中的固态相变、后续焊道再热循环以及焊后热处理引起的固态相变有关。不锈钢的凝固模式包括奥氏体凝固模式、铁素体凝固模式和混合凝固模式（AF和FA凝固模式）。凝固模式对不锈钢的焊接性有重要影响。

预测室温下不锈钢焊缝金属内铁素体含量一直以来都是一项重要工作，Schaeffler图（图48）可以预测奥氏体不锈钢焊缝中的铁素体含量，但没有考虑N元素促进奥氏体的作用。关于Mn对铁素体含量和马氏体形成的作用以及Si促进铁素体的作用存在较大误差，结果导致对于高N钢焊缝金属，Schaeffler图预测结果比实际的铁素体含量偏高。Delong图（图49）是在Schaeffler图基础上发展起来的，并考虑了N元素对奥氏体的促进作用，但其对铁素体含量的预测范围较小。WRC-1992图（图50）改进了Schaeffler图和Delong图中Mn元素没有促进奥氏体的作用，以及Si质量分数小于1.4%没有促进铁素体的作用，加入了Cu元素对镍当量的影响，并将WRC-1992图分为四个凝固模式区域。

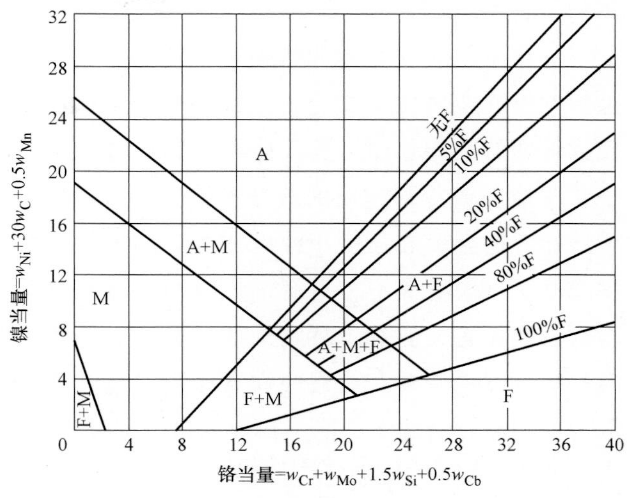

图48 Shaeffler图

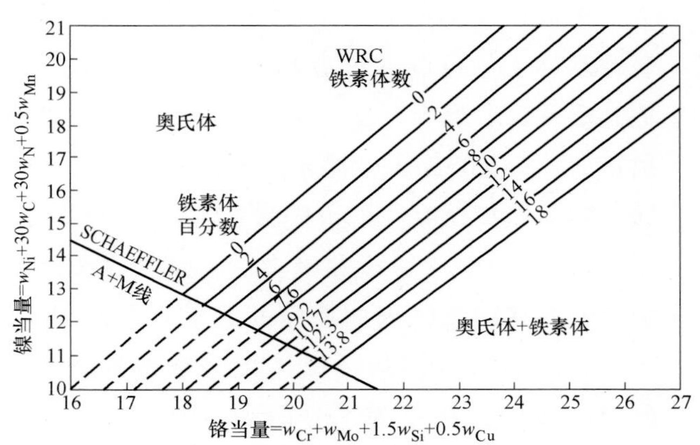

图49 Delong图

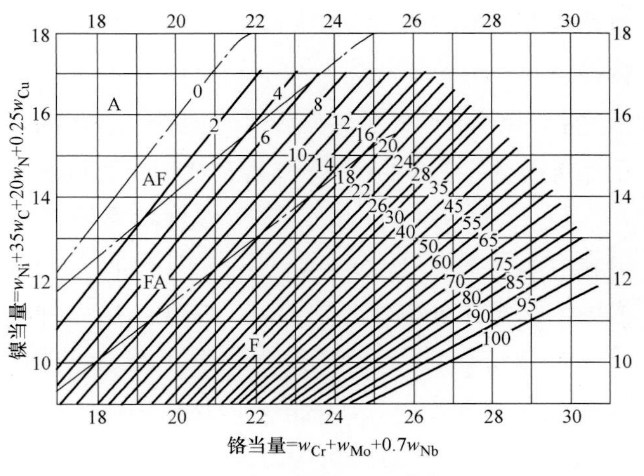

图50 WRC-1992图

此外，WRC-1992 图比 Delong 图具有更大的铁素体预测含量范围。

焊接工艺对铁素体的影响包括两个方面，一是影响焊缝金属化学成分，二是影响铁素体向奥氏体转变的冷却速度。奥氏体不锈钢焊缝金属由于化学成分或冷却速度的改变导致其中铁素体含量增加，这会引起强度小幅度增加，韧塑性小幅度降低。一般情况下，不锈钢焊缝内出现铁素体对耐蚀性无害，但对于特定的腐蚀介质，铁素体会被优先腐蚀。蠕变过程中铁素体会发生转变形成其他相而影响蠕变性能。在焊后热处理过程中，铁素体内会形成 $M_{23}C_6$ 及金属间化合物，恶化焊缝金属的力学性能和耐蚀性能。

奥氏体及铁素体-奥氏体双相不锈钢焊缝金属铁素体含量可以通过金相法、X 射线衍射法、饱和磁化法、磁导率法、磁力法，以及电子背散射衍射法（EBSD 法）测定，不同方法及设备的铁素体含量测试存在如下差异：

1）对于磁导率法和磁力法，试样表面质量会影响测试结果，表面质量差会导致结果偏低。另外，由于铁素体和马氏体均是铁磁性的，磁导率法和磁力法不能区分两者，因此如果冷加工过程中形成马氏体会导致测试结果偏高。由于接头热影响区尺寸较小，使用磁导率法和磁力法很难准确测试铁素体含量，只能使用金相法测试。

2）金相法测试结果取决于腐蚀过程的精度和一致性，以及对铁素体和奥氏体对比差异的判断。

3）一般情况下认为二维平面的铁素体测试结果与三维整体测试结果一致，但其是否一致取决于铁素体分布是否均匀。

4）EBSD 法可以避免金相法的腐蚀问题，但由于设备昂贵，工业中并未广泛应用。

5）由于焊缝的高织构组织导致 X 射线衍射法并不适用。

6）奥氏体电化学溶解法测试铁素体含量耗时较长，且不能确定所有奥氏体都溶解，或仅奥氏体被溶解，与金相法和饱和磁化法相同，均属于破坏性试验，因此并未应用于工业生产。

ISO 8249 说明了磁力法设备的校准和焊缝试样的测试方法。磁力法要求表面平整、光滑，沿焊缝中心线至少测试 6 个位置，并取平均值。该方法是目前工业中广泛使用的铁素体含量测试方法。

3 相关标准

在此次年会上，标准分委会（Sub-C-Ⅱ E）的主席 Fink 主持了本次会议。从上一届年会至 2020 年 6 月，该分委会组织对有关焊接材料国际标准进行了系统的评审。

2020 年路线Ⅰ系统评审的标准包括：ISO 18273：2015《焊接材料—铝及铝合金焊接用焊条、焊丝和焊棒—分类》，ISO 17634：2015《焊接材料—抗蠕变钢气体保护焊用管状药芯焊丝—分类》，ISO 17632：2015《焊接材料—非合金钢和细晶粒钢气体保护焊和非气体保护焊用管状药芯焊丝—分类》，ISO 14172：2015《焊接材料—镍及镍合金焊条电弧焊用焊条—分类》，ISO 1071：2015《焊接材料—铸铁熔焊用焊条、焊丝、焊棒和管状药芯焊条—分类》，ISO 6848：2015《弧焊与切割—非消耗性钨极—分类》。

2020 年路线Ⅱ系统评审的标准包括：ISO 6847：2013《焊接材料—化学分析用焊接金属的熔敷》。

2021 年主要工作内容：①协调审查系统评审阶段的 ISO 标准，收集并提供 IIW S/C Ⅱ-E 分委会对 ISO TC44、SC3 和 SC9 的意见；②持续关注烟气的测量、分析、表征和报告的标准化方面的发展情况；③承担 ISO 3690《焊接和相关处理—铁素体钢弧焊金属氢含量的测定》，ISO 6847《焊接耗材—化学分析用焊接金属块的熔敷》，ISO 8249《焊接—奥氏体和双相铁素体—奥氏体铬镍不锈钢焊接金属中铁素体含量的测定》，ISO TR 13393《焊接消耗品—硬表面堆焊—微观结构》，ISO TR 22281《焊接材料—国际焊接学会（IIW）关于在焊接材料规范中微量元素分析的立场声明》等标准的审查和修订责任。

4 结束语

2020年IIW年会中，C-Ⅱ分委会学术报告的数量与去年持平，涉及的材料包括了C-Mn钢、超高强钢、双相不锈钢、耐热钢和Ni基合金等多类钢种，焊接工艺以传统电弧焊为主，此外丝材电弧增材制造也受到关注。从研究内容上看，焊缝金属成分调控和焊材研发仍是当前的研究热点，耐热钢配套抗蠕变焊条与P91合金高韧性药芯焊丝的开发取得了一定进展。从近几年年会报告来看，高强钢的氢致裂纹敏感性仍是影响高强钢焊接性的难题之一。液态金属脆化裂纹及工程焊件残余应力的评估方法研究取得了一定成果。镍基合金及双相不锈钢的丝材电弧增材制造工艺性良好，但仍需关注双相不锈钢中的二次奥氏体析出问题。目前，高熵合金的焊接研究仍处于尝试阶段，焊接工艺和合金组分对高熵合金焊接性的影响仍需大量研究工作。2020年，C-Ⅱ分委会有7篇ISO标准的审查工作在进行当中。此外，由C-Ⅱ分委会承担修订的ISO/DTR 22824：2003《焊接材料规范中铁素体数的预测和测量》已出台技术报告草案。

参考文献

[1] SCHAUPP T, RHODE M, HAMZA Y, et al. Influence of heat control on hydrogen distribution in high-strength multi-layer welds with narrow groove [Z]//IIW-Ⅱ-2096-18.

[2] SCHAUPP T, YAHYAOUI H, RHODE M, et al. Effect of weld penetration depth on hydrogen-assisted cracking of high-strength structural steels [Z]//IIW-Ⅱ-2114-19.

[3] SCHAUPP T, SCHROEDER N, KANNENGIESSER T. Modified TEKKEN test for studying hydrogen-assisted cracking in high-strength structural steels [Z]//IIW-Ⅱ-2157-20.

[4] JORGE. J C F, BOTT I S, SOUZA L F G, et al. Influence of Carbon and Manganese on themicrostructure evolution of C-Mn-Ti steel weld deposits [Z]//IIW-Ⅱ-2158-20.

[5] STÜTZER J, DIECKMANN M, ZINKE M, et al. Influence of specimen geometries and test conditions in the physical simulation of HAZ microstructures using a Gleeble machine by the example of super duplex stainless steel 1.4410 [Z]//IIW-Ⅱ-2159-20.

[6] SUDHARSANAN S, JANAKI RAM G D, AMIRTHALINGAM M, et al. Development of shielded metal arc welding electrodesto achieve carbide free bainitic weld microstructures [Z]//IIW-Ⅱ-2160-20.

[7] ZINKE M, BURGER S, DIECKMANN M, et al. Effect of different variants of filler metal S Ni 6625 onproperties and microstructure by additive layer manufactured using CMT process [Z]//IIW-Ⅱ-2161-20.

[8] WITTIG B, ZINKE M, JUETTNER S, et al. Influence of arc energy and filler metal composition onthe microstructure in wire and arc additive manufacturing of duplex stainless steels [Z]//IIW-Ⅱ-2162-20.

[9] RHODE M, RICHTER T, SCHROEPFER D, et al. Welding of high-entropy alloys - new material concept vs. old challenges [Z]//IIW-Ⅱ-2174-20.

[10] DIECKMANN M, ZINKE M, JUTTNER S. Determination of the LME sensitivity based on the programmed deformation crack test [Z]//IIW-Ⅱ-2119-19.

[11] DIECKMANN M, ZINKE M, JUTTNER S. Determination of LME sensitivity of zinc coated steels based on the programmable deformation cracking test [Z]//IIW-Ⅱ-2163-20.

[12] SCHROEPFER D, KROMM A, LAUSCH T. Influence of welding stresses on relief cracking during heat treatment of a creep-resistant

13CrMoV steel, Part III: Assessment of residual stresses in real scale component welds [Z]//IIW-Ⅱ-2164-20.

[13] GUO X, HE P, XU K, et al. Microstructure evolution and liquidation cracking in the partially melted zone of deposited ERNiCrFe-13 filler metal subjected to TIG refusion [Z]//IIW-Ⅱ-2147-20.

[14] LEE Y, JANG J, Liu S. Effect of chemical composition of welding consumable on slag formation and corrosion resistance [Z]//IIW-Ⅱ-2148-20.

[15] MANDZIEJ S T. Physical background and simulation of creep in steels and welds [Z]//IIW-Ⅱ-2169-20.

[16] ZHANG Z Y, MEE V V D. Development of the matching filler metal for MARBN - new advanced creep resisting alloys for thermal power plant [Z]//IIW-Ⅱ-2170-20.

[17] ZHANG Z Y, CRACIUN S, MEE V V D. All-positional flux cored wire with lower trace element contents and improved ambient temperature toughness for welding P91 steels [Z]//IIW-Ⅱ-2171-20.

[18] KOTECKI D J. Welding - Guidance on specification and measurement of ferritein stainless steel weld metal [Z]//IIW-Ⅱ-2172-20.

作者简介：陆善平，男，1970 年出生。中国科学院金属研究所研究员，博士生导师。主要从事焊接冶金、焊接材料研究工作。发表论文 150 余篇，授权发明专利 16 项。撰写专著、参编译著各一部。获国家科技进步二等奖 1 项，辽宁省技术发明一等奖 1 项，2009 年获中国科学院杰出科技成就奖（突出贡献者）。Email：shplu@ imr. ac. cn。

审稿专家：邸新杰，男，1973 年出生。天津大学材料科学与工程学院教授，博士生导师。主要从事焊接冶金、金属焊接性及电弧增材制造等方面的教学和科研工作。发表论文 60 余篇。Email：dixinjie@ tuj. edu. cn。

压焊（IIW C-Ⅲ）研究进展

王敏[1]　李文亚[2]

（1. 上海交通大学材料科学与工程学院　上海市激光制造与材料改性重点实验室，上海　200240；
2. 西北工业大学凝固技术国家重点实验室　陕西省摩擦焊接工程技术重点实验室，西安　710072）

摘　要：第 73 届 IIW 国际焊接年会 C-Ⅲ专委会（Resistance Welding，Solid State Welding and Allied Joining Processes）学术交流会于 2020 年 7 月 23—25 日召开。由于新冠肺炎疫情的影响，会议改为线上报告的形式。本次线上会议，共有来自德国、加拿大、韩国、中国等 9 个国家的学者做了 20 余个报告，报告内容涉及压焊的多个领域。相较于往届线下会议，本次线上会议的报告数量明显偏少，由此可以发现新冠肺炎疫情对学术研究、交流的影响较大。由于此次线上会议的报告数量较少，本文在基于 IIW 2020 C-Ⅲ专委会线上会议报告及 2020 C-Ⅲ专委会电子版论文的同时，还参考了 2020 年 2 月在韩国松岛举办的 C-Ⅲ专委会中期会议的部分报告，从电阻焊、摩擦焊及其他压焊方法三个方面对所有的研究进展进行了评述。电阻焊部分涉及铝/钢电阻焊工艺、高强钢电阻焊工艺、镀锌高强钢电阻焊液态金属脆等研究；摩擦焊部分涉及搅拌摩擦焊、搅拌摩擦点焊和其他摩擦连接工艺，以及接头组织和力学性能等方面的研究。此外，还介绍了其他几种压焊及固相连接，如超声波焊、电磁脉冲焊等的研究进展。

关键词：电阻焊；摩擦焊；高强钢；铝合金；异种材料

0　序言

压焊是对焊件施加压力（加热或不加热），使接合面紧密地接触，产生一定的塑性变形或局部熔化而完成连接的方法，常见的压焊有电阻焊和摩擦焊，近年来随着轻质材料的应用需求增加，一些薄板机械连接方法也暂时纳入压焊领域讨论。

作为压焊的一个重要分支，电阻焊以其生产效率高、成本低、热量集中、加热时间短、焊接变形小、适用性强等特点，成为薄板连接，尤其是汽车板连接的主要工艺方法。然而，随着汽车轻量化的推进，各种先进高强钢、带镀层高强钢及铝合金、镁合金等轻量化材料开始大量应用于车身及零部件生产中，这些新材料的应用给电阻焊工艺带来了新的挑战。例如，异种金属连接、镀锌高强钢焊接过程中出现的液态金属脆裂纹（Liquid Metal Embrittlement，LME）等问题，引起了各国学者的广泛关注。

摩擦焊作为压焊的另一个重要分支，是一种先进的固态连接工艺，即在一定压力的作用下，使被焊接工件之间或者第三方工具与待焊接工件之间进行高速相对运动，其产生的摩擦热及塑性金属变形热作为焊接热源使焊接界面材料发生连续塑性变形，并通过界面间的原子扩散和再结晶等冶金过程，最终实现工件之间的可靠结合。与熔焊相比，摩擦焊过程中温度未超过材料熔点（一般小于 $0.8T_m$），因此可以避免裂纹、气孔等熔焊过程中常见的冶金缺陷。摩擦焊主要包括旋转摩擦焊（Rotary Friction Welding，RFW）、搅拌摩擦焊（Friction Stir Welding，FSW）及线性摩擦焊（Linear Friction Welding，LFW）等方法。RFW 是应用最早的摩擦焊方法，FSW 是目前应用和研究最热的摩擦焊方法。但上述焊接方法应用过程中仍存在一定的难题，成为学者们关注的热点，本次 IIW

2020 国际焊接会议报道了部分摩擦焊的创新性研究工作进展。

本文根据 IIW 2020 C-Ⅲ专委会现场报告及 C-Ⅲ专委会中期会议部分报告，对压焊的发展现状进行评述。

1 电阻焊研究进展

1.1 铝/钢电阻焊

近年来，随着汽车轻量化发展需求，铝/钢混合结构设计受到广泛关注，并越来越多地应用到车身制造中。作为车身连接的主要方法，电阻点焊在实现铝/钢连接方面具有巨大的应用潜力及现实意义。然而，由于铝/钢电阻点焊接头特殊的双熔核结构，以及界面处存在的脆性 Al-Fe 金属间化合物，导致其在接头力学性能、断裂模式及断裂机理等方面与同种金属点焊存在很大不同，点焊难度明显增加，以致影响到铝/钢结构及其电阻点焊在汽车制造中的应用。

韩国现代汽车公司的 Lee 等人[1] 研究了铝合金与钢的异种金属点焊，研究人员选用了镀锌/不镀锌的低碳钢、高强钢、超高强钢以及 5 系、6 系铝合金作为焊接材料，进行了多种不同铝/钢组合的焊接试验，并测试了焊接接头的力学性能，如图 1 所示。试验结果表明，铝/钢点焊接头的力学性能会随着焊接电流的升高而升高，但当焊接电流过高导致铝侧产生焊接飞溅时，接头的力学性能会下降。铝/钢点焊的最佳焊接电流范围位于钢/钢点焊电流区间及铝/铝点焊电流区间之间。研究人员比较了铝/钢点焊接头与铝/铝点焊接头、铝/钢自冲铆接接头的力学性能，发现除铝/钢点焊接头的抗剪强度与铝/铝点焊接头的抗剪强度相当外，其剥离强度和抗拉强度均弱于铝/铝接头及铝/钢自冲铆接接头。如果在铝/钢界面预先涂胶进行点焊-胶接复合连接，可以获得力学性能高于铝/铝点焊接头和铝/钢自冲铆接接头的铝/钢点焊-胶接接头（简称为点胶焊接头）。该研究只是进行了简单的铝/钢点焊试验及力学性能对比，所获得的一些主要结论也是业内已经熟知的，相比于此前已有的铝/钢点焊界面形成机理、金属间化合物对性能的影响，以及接头断裂分析等方面的研究不存在显著的创新性。

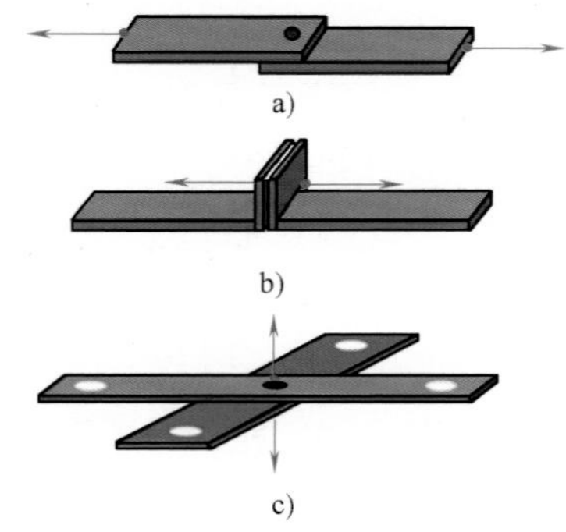

图 1　力学性能测试示意图

a）抗剪测试　b）剥离测试　c）抗拉测试

采用传统的点焊工艺焊接铝/钢通常很难得到令人满意的接头，而使用一些新型的连接设备进行铝/钢连接又会增大生产成本。因此，如何使用传统的点焊设备进行铝/钢之间高效及高质量连接是车身轻量化制造中的重点及难点。德国帕德博恩大学的 GÜNTER 等人[2] 设计了一种新型的铝/钢连接工艺，该工艺是在此前已经提出的电阻单元焊的思想上发展而来的，研究人员将其称为自穿透电阻单元焊（Self-Penetrating Resistance Element Welding，SPREW）。SPREW 的工艺过程如图 2 所示，在焊接前，将特制的铆钉置于待焊区铝板的上方，点焊电极位于铆钉上方位置；之后点焊电极压下，与铆钉接触后进行通电；在电阻热的作用下，铝板软化，铆钉在电极压力作用下压入铝板中，刺穿铝板并与钢板接触，进而使得铆钉与钢板之间在电阻热作用下产生熔核，实现连接。相比于此前提出的电阻单元焊需要冲孔—焊接两步工艺过程，SPREW 将冲孔+焊接集成在了一个步骤上完成，并且使用传统的点焊设备即可实现焊接，简化了工艺且降低了生产成本。研究人员对铆钉进行了特殊设计，使其能够满足试验要求，如图 3 所示。使用特制铆钉能够实现铝/钢之间的可靠连接，接头的失效均发生在铝合

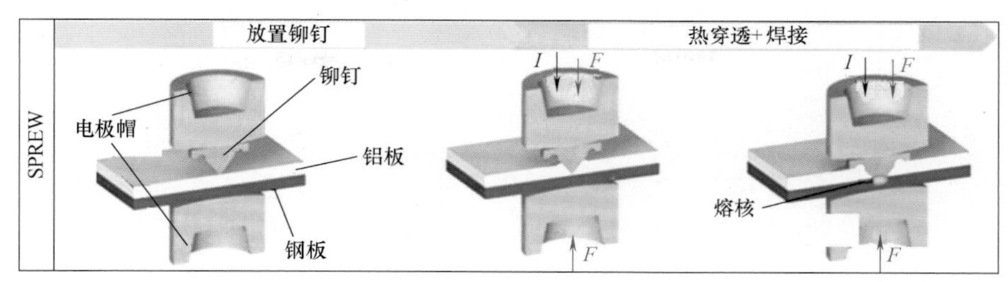

图 2　SPREW 工艺过程示意图

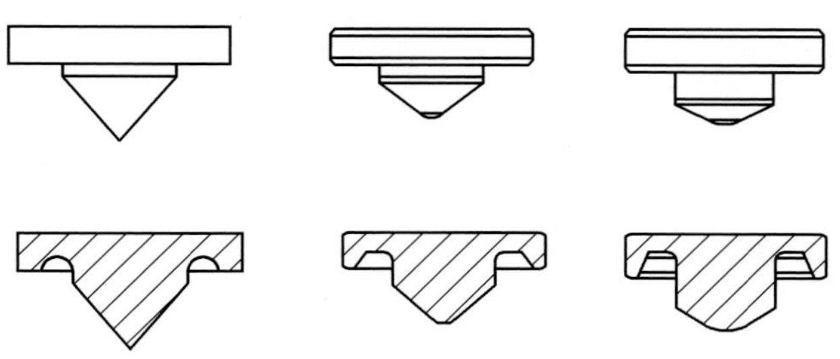

图 3　SPREW 工艺铆钉设计

金母材，连接性能满足了汽车制造的要求，具有比较大的应用前景。

1.2　先进高强钢的电阻点焊

先进高强钢代替传统钢用于车身制造也是汽车轻量化发展的一大趋势，但是先进高强钢在车身电阻点焊时往往面临点焊接头容易发生界面断裂、力学性能较差、工艺窗口范围小等问题，尤其是带有镀层的先进高强钢进行电阻点焊时还会出现由于镀层引起的焊接飞溅、易产生 LME 裂纹等工艺难点。韩国浦项制铁的 Han[3] 研究了铝硅镀层热成形钢在电阻点焊过程中的焊接性。和传统的锌镀层不同，铝硅镀层一般较厚，且镀层表面存在电阻率很高的氧化铝，镀层与钢的界面存在钢铝金属间化合物，这些使得焊接过程中界面的接触电阻很高，容易导致焊接铝硅镀层热成形钢时在较低的电流下即产生飞溅，而低的焊接电流无法保证获得足够的熔核尺寸，进一步导致接头力学性能不佳。因此，在焊接铝硅镀层热成形钢时，需要对电阻焊的工艺进行优化。

德国奥托·冯·格里克马格德堡大学的 Wohner[4] 等人通过对电极压力进行合理设计，提高了铝硅镀层热成形钢 22MnB5 电阻点焊过程中的焊接性。研究人员监测了点焊过程中电极的位移，如图 4 所示。可以看到，当发生飞溅时，电极会突然快速下压，而飞溅通常发生在焊接通电时间的后期。因此，如果在焊接后期适当降低电极压力，会延缓电极下压的趋势，从而降低飞溅的倾向。基于这个思路，研究人员设计了一种新的电极加压方式，如图 5 所示。可以看出，与传统恒定电极压力的加压方式不同，新的加压方式在焊接过程中电极压力不断缓慢下降，而在容易出现飞溅的焊接后期，压力的下降速度更快。通过使用这种新的电极加压方式，能够使得铝硅镀层热成形钢 22MnB5 的焊接电流工艺窗口大大拓宽，达到 3kA，如图 6 所示。此外，使用该种加压方式有效增大了所能获得的最大熔核直径，从而进一步改善接头的力学性能，研究人员提出的这种新型加压方式是非常具有创新性的，而且最终取得了十分不错的工艺改进效果。此外，这种工艺改进完全基于现有的焊接设备，没有引入新的工序，也没有增加焊接时间，是非常适合推广到实际工业生产中的一种新工艺。

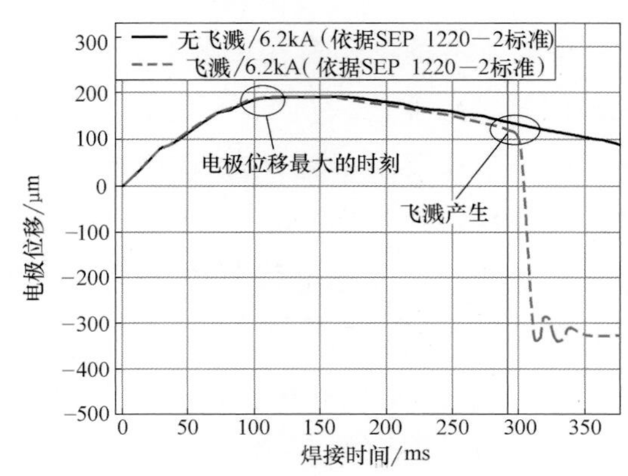

图 4　点焊过程中的电极位移

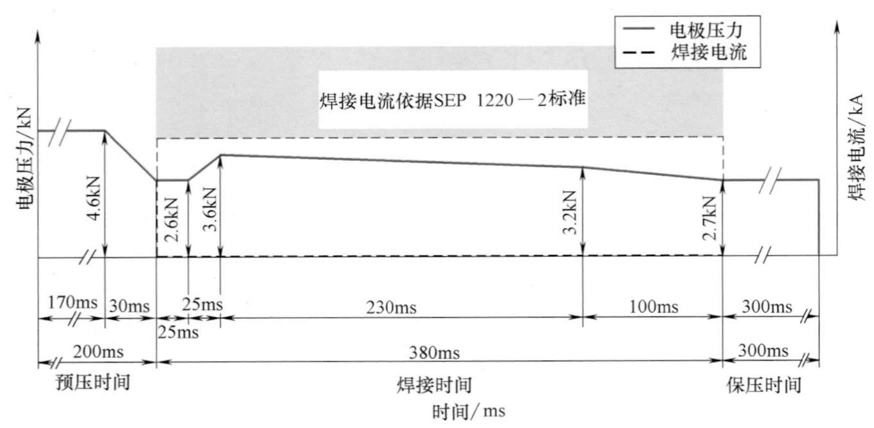

图 5　新的电极加压方式

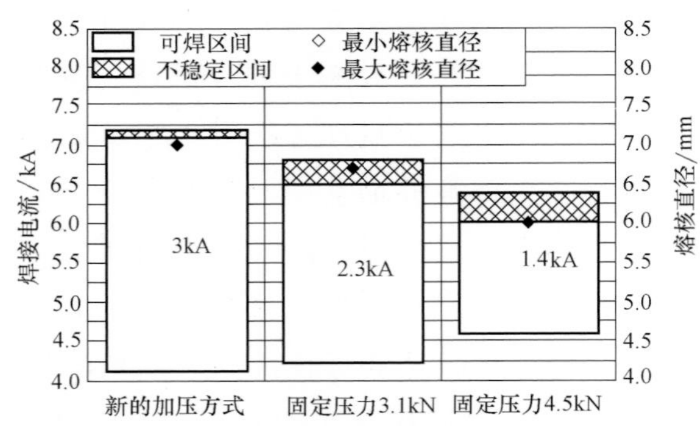

图 6　不同加压方式的焊接电流工艺窗口对比

众所周知，高强钢电阻点焊接头的疲劳强度并不随钢板抗拉强度的增加而增加，因此，需要在提高高强钢板抗拉强度的同时提高电阻点焊接头的疲劳强度。大阪理工大学的 Sato 等人[5] 对此进行了研究并提出了通过在点焊过程中附加回火工艺来提高点焊接头疲劳强度，但是该方法此前已有很多相关报道。

1.3　电阻点焊中的液态金属脆

近年来，镀锌高强钢在电阻点焊中易出现 LME 的问题得到业内人员的广泛关注，成为电阻焊领域一个重要的研究热点，也直接关系到先进镀锌高强钢在汽车行业中的推广应用。液态金属脆是基材在液态金属和拉伸应力的共同作用下所发生的一种脆化现象，即液态金属在拉伸应力存在时通过某种形式进入固体基材中，导致了基材的脆性开裂，其产生条件在镀锌高强钢的电阻点焊过程中容易得到满足。2020 年的 C-Ⅲ专委会会议有近一半的电阻焊报告聚焦了这一热点问题，因此对其单独进行评述。

加拿大滑铁卢大学的 DiGiovanni 等人[6] 综述了目前公开的文献中镀锌高强钢电阻点焊 LME 的研究方法。他们指出，目前对镀锌钢的 LME 研究主要有电阻点焊试验及热模拟高温拉伸试验两种方式，但由于研究团队分布在世界各地，团队间的试验方法不尽相同，这导致了很难对文献中的结论进行横向比较，甚至在一些文献中出现了相互矛盾的结果。因此，他们认为有必要对 LME 的研究方法进行标准化，制定一些指导方针。例如：①热拉伸中使用的试验程序需要能够反映点焊中的实际情况；②不同测试中的试验结果应该是可匹配的；③试验结果需要进行量化。为了实现这些目的，研究人员认为，在热拉伸试验中，加热速度应设置为 500 ~ 5000℃/s，应变速率应设置为 0.1 ~ $1/s^{-1}$，高温停留时间应小于 1.5s。而在电阻点焊试验中，应该制定一个标准的熔核直径，焊接电流则应基于这个标准熔核直径进行设置。这种方法能够降低母材本身对焊接电流选择的影响。标准熔核直径应该等于或略大于电极端面直径，这样可以保证焊接电流在飞溅电流之上，可以促进接头中 LME 裂纹的形成。此外，甚至可以选用特定的钢材作为标准试样，比如镀锌 22MnB5 钢，这能够让不同研究团队的研究成果具有横向可比性。

如何对点焊接头中 LME 裂纹进行评估是一个研究难点，因为大部分 LME 裂纹是无法被肉眼观察到的，所以研究人员通常通过截取点焊接头的横截面进行金相观察来对裂纹的数量和深度等信息进行统计，但是横截面上的这些裂纹信息很大程度上取决于横截面截取的位置。加拿大滑铁卢大学的 DiGiovanni 等人[7] 研究了金相截取位置对 LME 裂纹严重性评估结果准确性的影响程度。他们使用了两种方法进行金相试样的截取，即特定面截取法和任意面截取法，如图 7 所示。特定面截取法即截取面通过表面可见的裂纹，任意面截取法即任意选取截取面。两种截取法所获得的横截面金相试样裂纹统计结果如图 8 所示。可以看出，使用特定面截取法获得的横截面金相试样中的 LME 裂纹严重性远远高于任意面截取法获得的横截面金相试样，这说明横截面的选择会大大影响对点焊接头中 LME 裂纹严重性的判断。通过大量的重复试验，研究人员发现，要想将对某种焊接工艺下对应的 LME 裂纹严重性判断的不确定性降低到 10% 以下，使用特定面截取法只需评估 3~4 个焊点，而使用任意面截取法需要评估 30 个焊点以上，这会大大增加工作量。该研究工作对于今后制定点焊接头 LME 裂纹严重性评价标准有一定的指导意义。但需要注意的是，对于很多点焊接头，LME 裂纹是无法在表面观察到的，这会给特定面截取法的采用带来困难。

从在镀锌高强板电阻点焊中发现 LME 裂纹

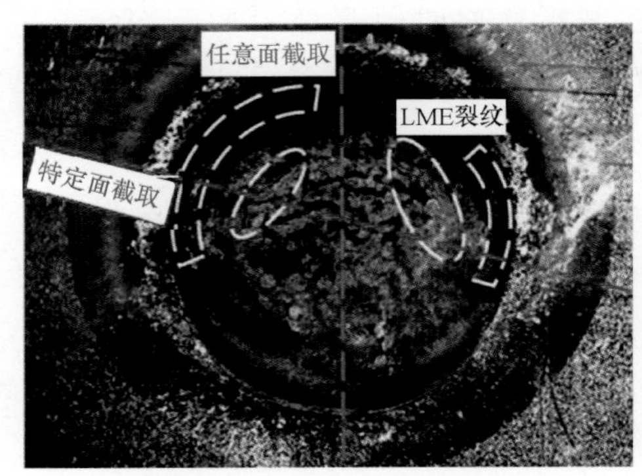

图 7　金相试样横截面截取方法

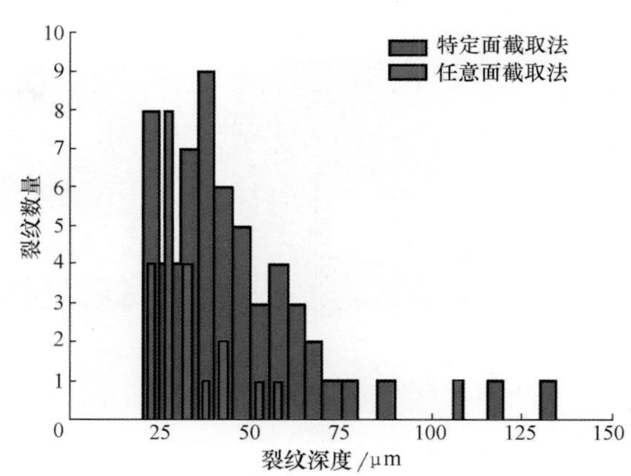

图 8　两种截取法获得的横截面金相试样裂纹统计结果

以来，其产生机制一直存在争议，其中最大的争议就是熔化的镀锌层是通过何种方式进入钢中导致裂纹产生的。人们普遍认为存在两种可能的机制，一是锌通过原子扩散的方式进入钢的晶界中，导致晶界弱化从而在拉伸应力的作用下开裂；二是锌通过液态金属渗透的方式进入钢的晶界中，降低了原子键合力从而导致开裂。韩国东义大学的 Murugan 等人[8] 对 LME 裂纹的机制进行了研究，研究人员通过室温三点弯曲试验打开了点焊接头中的 LME 裂纹，如图 9 所示，从而得到了包含 LME 裂纹开裂面的断裂横截面。对断口的扫描电镜观察结果如图 10 所示，可以看到区域Ⅰ断口表面完全被锌所覆盖，区域Ⅱ断口部分被锌覆盖，而区域Ⅲ断口被锌覆盖的区域较少。但是值得注意的是，在区域Ⅲ的高分辨扫描电镜图片下，可以看到断裂后的晶粒表面存在锌的残留物，研究人员认为这是液态锌进入晶界，在晶界开裂后液态锌凝固的产物。研究人员据此判断熔化的锌应该是以液态金属渗透的方式进入晶界的。该研究中通过室温三点弯曲试验打开 LME 裂纹的方式获得了可以直接观察 LME 裂纹开裂面的试样，这是一种研究点焊 LME 裂纹非常有意义的方法，可以揭示很多通过横截面分析 LME 裂纹无法获得的信息，研究人员也恰恰是通过这种方法对锌进入钢材晶界的方式做出了判断。但是由于试验数据量较少，关于点焊 LME 的产生机制还需要进一步研究。

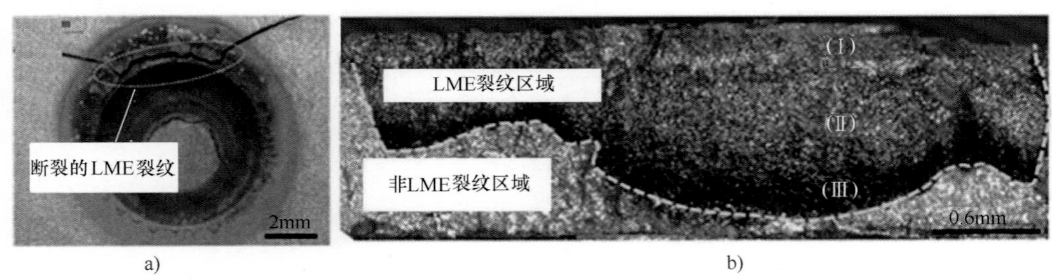

a)　　b)

图 9　点焊接头中的 LME 裂纹

a）焊点表面的 LME 裂纹　b）被打开的点焊 LME 裂纹

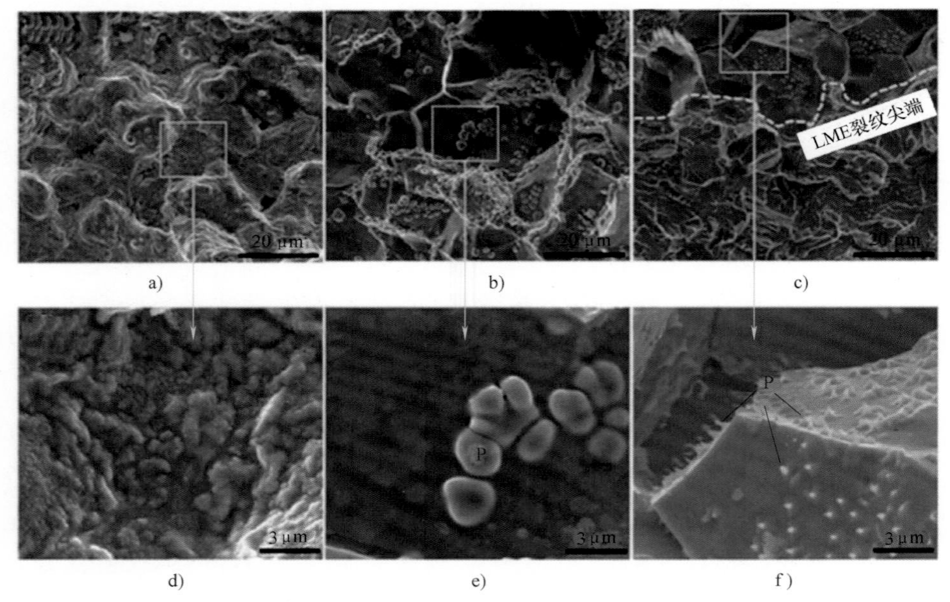

a)　　b)　　c)

d)　　e)　　f)

图 10　LME 裂纹的扫描电镜照片

a）、d）区域Ⅰ　b）、e）区域Ⅱ　c）、f）区域Ⅲ

除此之外，韩国东义大学的 Kim 等人[9] 还通过热模拟的方法研究了点焊工艺条件下钢板镀锌层及 LME 裂纹的组织演化。研究表明，δ 相（$FeZn_{10}$）是初始镀锌层中的主要组成相，同时存在一层很薄的 Γ 相（Fe_3Zn_{10}）。经历点焊过程之后，镀锌层由 α-Fe（Zn）相、Γ 相及 δ 相共同组成，它们的含量取决于其在点焊接头中的位置。而 LME 裂纹中有液态锌的存在。

美国的 Tumuluru[10] 研究了第三代超高强钢中 Si 含量对超高强钢 LME 敏感性的影响。首先使用热拉伸的方法测试了不同 Si 含量的镀锌/不镀锌超高强钢，通过比较镀锌与不镀锌钢在热拉伸时表现出的力学性能，可以得出 LME 的严重程度。图 11 所示为三种不同 Si 含量（w_{Si} = 0.4%、w_{Si} = 0.9%、w_{Si} = 1.4%）超高强钢热拉伸试验的结果，可以明显看到，镀锌钢力学性能的下降程度随着 Si 含量的增加而升高，即 LME 敏感性随着 Si 含量的增加而增加。研究人员又对不同 Si 含量的超高强钢进行了电阻点焊试验，发现母材中 Si 含量增加后，焊缝区的大角度晶界比例也增加了，如图 12 所示。由于 LME 通常展现出沿晶开裂的特征，而大角度晶界具有更高的能量，容易成为 LME 裂纹扩展的路径，因此大角度晶界越多，LME 敏感性越高，研究人员认为这是 Si 含量的提高增加 LME 敏感性的主要原因。当然，关于 Si 对 LME 的影响及

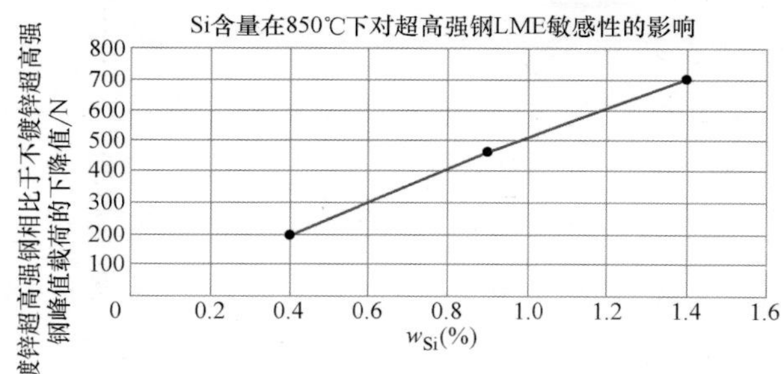

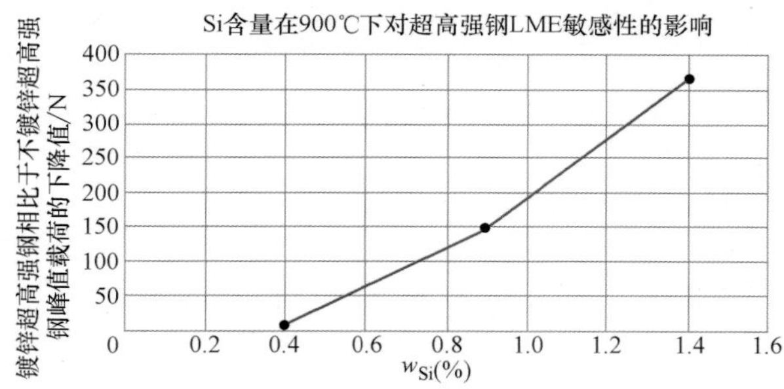

图 11　不同 Si 含量超高强钢热拉伸试验结果

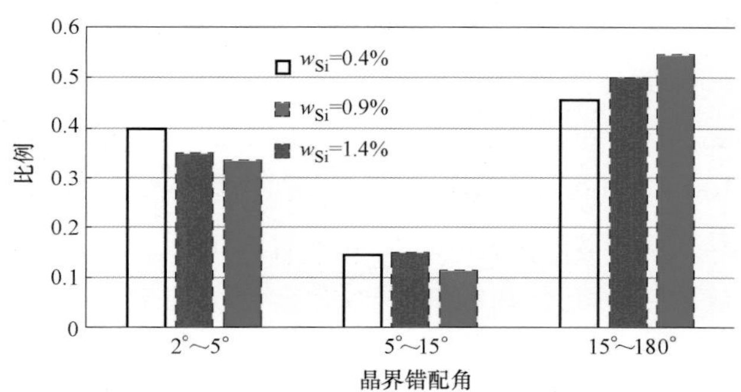

图 12　不同 Si 含量超高强钢点焊接头中的晶界比例

机理还有待该领域的专家做进一步的研究考证。

1.4　其他电阻焊

除了用得较普遍的常规电阻点焊工艺，本届会议还报道了微型电阻点焊（微电阻焊）、闪光对焊等其他电阻焊工艺的研究进展。

微电阻焊是一种重要的微连接技术，其基本原理与常规电阻焊相同，但通常将焊件尺寸小于0.2~0.5mm的电阻焊称为微电阻焊，在微电子、微机电系统（MEMS）、航空航天和医疗器械制造领域得到了广泛的应用。在与微电阻点焊过程相关的众多工艺变量中，电极运动是微电阻点焊过程的一种典型机械响应，大量研究证明其与接头质量有密切关系。韩国明治大学的 Cho 等人[11]提出一种利用电极运动作为反馈信号的 PID 反馈控制系统，并在实际微电阻点焊机上实现了该控制算法，采用嵌入式微机来控制伺服驱动电极力。首先对能够得到优良焊接接头的焊接过程进行电极运动的信号采样，并将该信号输入微机中，在此后的焊接过程里，使用输入的信号与实际采样信号的偏差进行控制，使得电极始终能够按照输入的信号进行运动。使用该反馈控制方法能够得到性能稳定的焊接接头。

德国奥托·冯·格里克马格德堡大学的 Schreiber 等人[12]研究了电阻螺栓焊工艺，螺栓和螺母等紧固件的焊接在车身制造中有很多应用，各种紧固件具有与安全相关的功能，如安全带的连接、电气装置接地等。研究人员主要提出了一种电阻螺栓焊工艺窗口的确定标准，该确定方法和传统的方法较为类似，即下限电流通过满足力学性能的最低要求值来确定，上限电流通过出现严重飞溅来确定，该研究不存在显著创新性。

闪光对焊是将两个焊件相对放置装配成对接接头，接通电源并使其端面逐渐接近达到局部接触，利用电阻热加热这些触点并使之熔化（产生闪光），直至端部在一定深度范围内达到预定温度时，迅速施加顶锻力，依靠焊接区本身的高温塑性金属的大变形和电阻热形成焊件的有效途径。印度理工学院的 Das 等人[13]进行了 IF 钢闪光对焊的研究，获得的接头形貌如图 13 所示，其中 FL 代表熔合线，HAZ 代表热影响区，PM 代表母材。可以看出，和一般的电阻焊

图 13　IF 钢闪光对焊接头

不同，闪光对焊接头并不存在明显的熔化区，连接区域为一条熔合线，因此接头的力学性能与熔合线密切相关。研究人员发现，熔合线区域存在的 Fe-Mn-Si-Al 形成的氧化物会导致接头提前失效，因此需要控制这些氧化物在熔合线附近的形成，这可以通过优化焊接工艺的方式实现。

2 摩擦焊研究进展

2.1 搅拌摩擦焊

FSW 因其突出的冶金优势，目前已被成功应用于航空航天、轨道交通等领域中重要金属材料构件的制造。由于 FSW 的固有特性，致使焊缝金属在前进侧 AS 和后退侧 RS 经历非对称的局部高应变速率、大应变和剧烈温度变化的高度非线性热力耦合行为。同时，由于异种铝合金高温力学性能、强化相的热力敏感性、缺陷积累和物相转换存在较大差异，致使异种铝合金 FSW 焊缝金属在 AS 和 RS 流动的非均匀性急剧增加，给高质量 FSW 接头性能控制带来巨大挑战。此外，在应用于角焊缝及 T 形焊缝复杂结构件的焊接时，受搅拌工具的限制，FSW 技术在实现这些结构件焊接时还存在较大的困难。目前，国内外学者对 FSW 开展了较多的研究工作，主要涉及焊接参数、接头组织及力学性能等方面的研究，这仍然是本次会议的一个研究热点，FSW 原理示意图如图 14 所示。

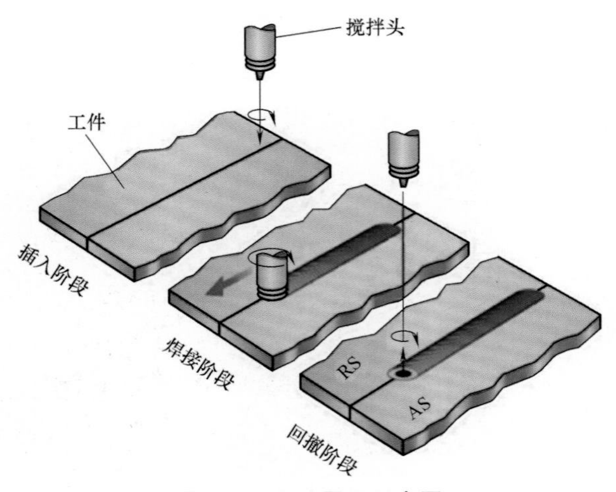

图 14 FSW 原理示意图

来自巴西圣卡洛斯联邦大学的 Batistão 等[14]研究了转速和双面焊对 AA5083-O 铝合金和 GLA36 钢 FSW 的影响。结果表明，以 300r/min 的转速进行单面焊接时，可获得质量较好的接头。此外，转速的提高和双面焊的应用增加了铝合金搅拌区（SZ）中分散钢晶粒和接头缺陷的数量。尽管 SZ 出现了铝晶粒的细化，但所有焊接区的硬度都是相似的，仅在界面附近的钢晶粒由于加工硬化而硬度显著增加，如图 15 所示（图中，FSW300 代表转速 300r/min 单面焊，FSW300-2P 代表 300r/min 双面焊接）。除此之外，研究范围内的焊接条件对接头的力学性能影响不大，所有试样的抗拉强度均非常相似，这是由于在铝/钢界面通过相互扩散形成了金属间化合物层（IMC）。此外，采用了带能量色散 X 射线能谱的扫描电子显微镜（SEM）对不同转速下的单面焊和双面焊接头进行了分析，结果表明，在整个焊缝界面存在由富铝相 Fe_2Al_5 或 $FeAl_3$ 组成的连续分布的 IMC 层，厚度约为 300～400nm。图 16 所示为转速为 300r/min 的双面焊接头 EDS 结果，可以看出 IMC 层包含大量的铝钢混合物，其中铝合金中分布着少量的镁、锰和硅，为 Al_6（Mn，Fe）Si 弥散体和 β 沉淀物（Al_3Mg_2），这些产物会促进晶间腐蚀的形成。

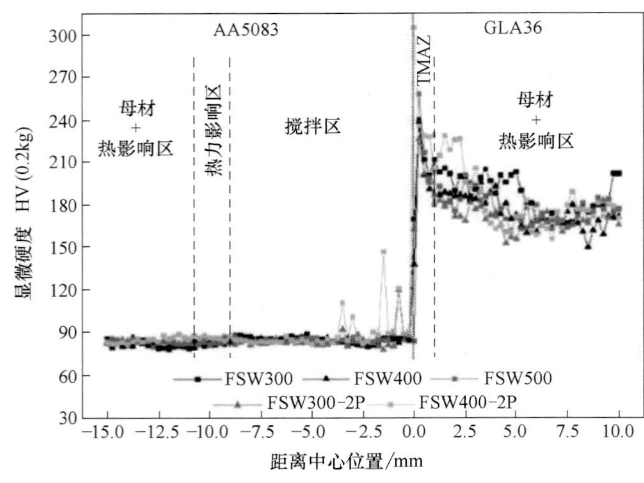

图 15 接头显微硬度分布

由于 FSW 是一种固相焊接工艺，其焊接质

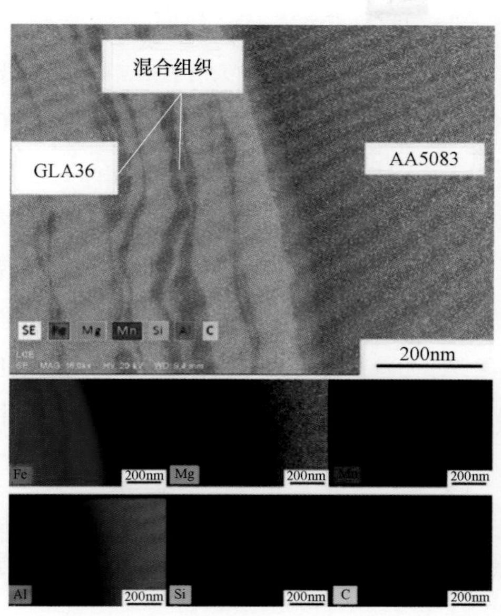

图 16　转速 300r/min 双面焊 FSW 接头 EDS 元素分布

量相对稳定，不易受外界影响。因此，在焊接参数固定的情况下，通常采用轴向力或位移控制焊接过程。然而，由工件、间隙公差、刀具磨损或机床/刀具缺陷等引起的外部和内部工艺扰动却很少能被监测到，而且目前没有工艺数据与焊缝质量相关性的结论。来自德国亚琛工业大学的 Rabe 等[15] 提出一种在焊接过程中基于力反馈的 FSW 质量监控分析算法，即通过检测焊缝断面与力数据之间的相关性，基于解析算法对焊缝质量进行监控。该监测系统能够准确识别出完好的焊缝和内部（孔洞）或外部（飞边）有缺陷的焊缝。

来自马来西亚特克诺洛大学的 Azmi 等[16] 研究了搅拌头形状和转速对 AA7075 和 AA5083 铝合金 FSW 接头力学性能和微观组织的影响。通常，转速和搅拌头形状会对焊缝区的材料流动造成较大影响，带螺纹的锥形搅拌针在较高的转速下可以使金属材料实现更均匀的混合。焊接过程中 AA5083 铝合金位于前进侧，AA7075 铝合金位于后退侧，焊缝区域存在明显的孔洞缺陷。结果表明，在不同的转速下，搅拌头形状和焊接参数对接头力学性能具有较大影响，如图 17 所示。当采用螺纹圆锥形搅拌头且转速为 800r/min 时，可以获得抗拉强度为

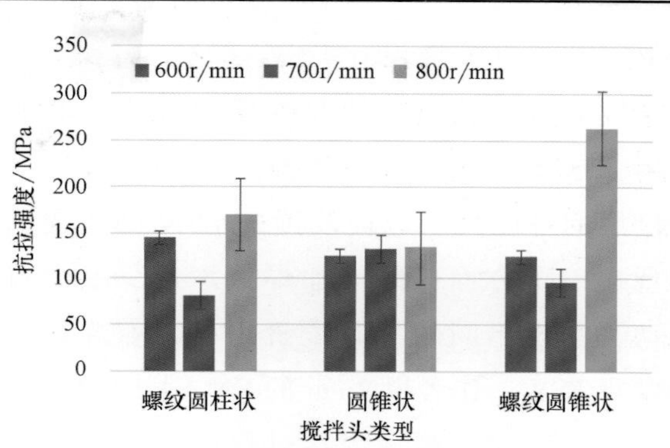

图 17　不同搅拌头类型和转速下接头的强度

263MPa 的无缺陷接头。

在 FSW 过程中，金属材料在高温和高应变率下短时间内发生了显著的塑性变形，这不同于一般意义上的准静态材料的状态。了解材料在此特定加工条件下的演变行为可以更好地理解焊接工艺优化和力学性能提高的内部机制。来自德国亥姆霍兹吉斯达赫材料与海洋研究中心（HZG）的 Reimann 等[17] 介绍了一种摩擦焊接条件下的材料性能测试方法，试验装置如图 18 所示。具体是通过测试旋转工具和铝合金试样摩擦接触时的力和扭矩，分析摩擦焊接过程中母材成分和性能对能量输入的影响。此外，对摩擦条件和流动应力的发展进行了基本分析，该方法可以识别出高应变率变形引起的沉淀硬化和加工硬化等影响流动应力发展的因素。研究结果强调了在准静态试验条件下的力学性能不足以解释或预测沉淀硬化铝合金摩擦焊接条件下的材料性能。

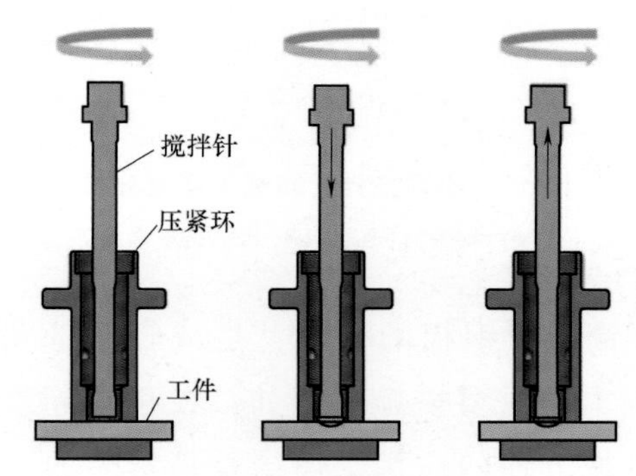

图 18　分析材料高剪切塑性变形行为的试验装置

来自德国伊尔梅瑙工业大学的 Grätzel 等[18] 提出了一种新型 FSW 主轴叠架结构。通过额外

的伺服电动机扩展现有 FSW 系统，实现轴肩和搅拌针的分开控制，从而改变旋转速度和旋转方向，这就增加了调整摩擦产热及多种工具配置应用的可能性。这种改进式 FSW 的主要优点体现在三个方面，即增加焊接深度、减少机器振动及实现不同的工具配置组合，如静止轴肩和常规 FSW。作者以 2mm 的 EN AA 5754 H22 试板为研究对象，测量焊接过程中的温度和力来确定不同工艺条件对接头的影响，通过拉伸试验和金相分析对其力学性能和微观组织进行了表征，不同搅拌针转速下的温度分布如图 19 所示。

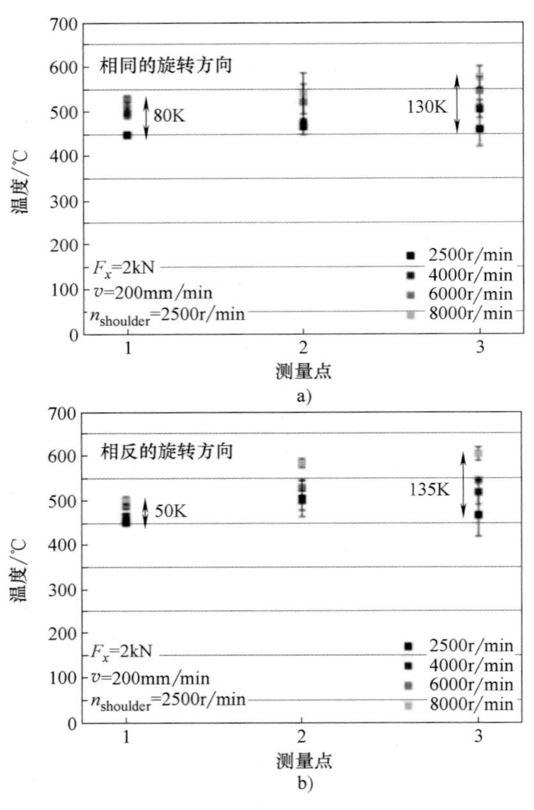

图 19　不同搅拌针转速下温度分布

a）和轴肩同向　b）和轴肩反向

超高强度钢板的开发，是减轻重量和降低制造成本的重要措施，例如，在移动起重机和重型机械方面的应用。焊接是最常用的生产方法，但熔焊通常难以精确控制钢材的微观结构，且对接头的力学性能是不利的，尤其是熔合线附近的冲击韧性通常较差。来自芬兰阿尔托大学的 Sorger 等[19] 针对淬火和回火的高强度钢板（厚度为 6mm，屈服强度为 1100MPa），研究其双面 FSW 接头的焊接性。作者对焊接试样的力学性能和显微组织进行了测试分析，重点研究了接头的冲击韧性，在 −80℃ 对接头的不同区域进行了夏比冲击韧性测试。试验结果表明，所有焊接区测试位置的冲击韧性都比母材高出 1.77~2.29 倍。随后利用扫描电镜（SEM）对断口表面进行了断口形貌扫描分析，并对断口裂纹扩展方向进行了评价。同时，进行了抗拉强度与硬度测试，抗拉强度为 807MPa，明显低于母材，这是由于受到接头热影响区局部软层的影响。

近年来，人们也对钛合金与碳纤维增强复合材料的不同焊接方式进行了广泛的研究，因为人们希望通过不同的焊接方式，充分发挥两种材料的优势，弥补各自的缺陷。来自日本大阪大学的 Choi 等[20] 开展了钛合金与碳纤维增强复合材料（CFRP）的 FSW 研究，通过优化刀具转速等焊接参数实现良好连接的异种接头。通过对 Ti-CFRP 接头界面微观组织及其力学性能的测试，研究了不同搅拌摩擦强度下的最佳界面温度。

来自西北工业大学李文亚教授团队的博士生 Su 等[21] 针对 Ti-4Al-0.005 钛合金，实现了 T 形接头 FSW 的连接。接头由三块试板通过两道焊缝拼接形成，其中两块试板作为底板，另一块试板作为筋板。母材为典型的轧制组织，由沿轧制方向变形的晶粒组成。热影响区晶粒比母材略微粗大，而热影响区晶粒沿剪切方向发生明显变形。在焊接过程中，当焊接温度高于 β 相转变线时，搅拌区最终生成了片层状的 α 相组织。当焊接温度低于 β 相转变线时，由于搅拌区充分的动态再结晶，在搅拌区生成了等轴状的 α 相晶粒。第一次焊接的显微硬度在第二次焊接后有一定程度的减小，且硬度最低的区域出现在第一道焊缝前进侧的 HAZ。在拉伸试验中，抗拉强度随着转速的增大而先增大后减小，如图 20 所示。

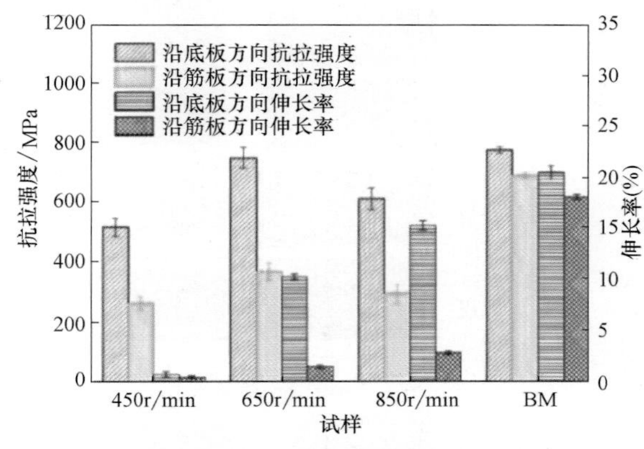

图 20　各参数下接头的拉伸性能

2.2　搅拌摩擦点焊

搅拌摩擦点焊（Friction Stir Spot Welding, FSSW）是在传统 FSW 基础上发展起来的一种固态点连接新技术，其原理是通过高速旋转的搅拌头和工件挤压，利用产生的摩擦热使材料达到塑性状态，从而在搭接板材上形成焊点，完成焊接过程。该方法的出现，能在一定程度上替代传统电阻点焊、铆接等点连接方法，被广泛应用于汽车、造船和航空航天等行业。FSSW 方法具有常规 FSW 方法的优点，如接头质量高、变形小、环境清洁等。目前，FSSW 方法主要包括直插式、无针式、回填式和摆动式。

北京工业大学的李红副教授等[22] 研究了回填式搅拌摩擦点焊（Refill Friction Stir Spot Welding, RFSSW）转速对铝合金/复合材料（短切碳纤维增强）异种材料结合界面的宏观与微观形貌的影响，如图 21 所示（图中 TMAZ 为热力影响区），并在此基础上分析了接头的承载能力。结果表明，AA6061 与 CF-PPS（碳纤维增强-聚苯硫醚）的连接是机械联锁和粘接共同作用的结果。转速会影响 AA6061 与 CF-PPS 界面的孔隙率，而界面孔隙率又影响接头的抗剪强度。当转速为 1200r/min 时，接头的剪切力可达 1460N。

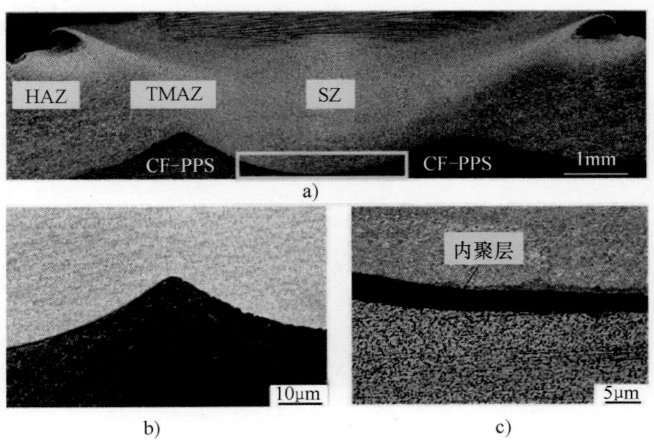

图 21　接头微观组织形貌（图中各字母含义同前）

在 RFSSW 过程中，刀具的磨损现象不容忽视。来自奥地利格拉茨科技大学的 Carvalho 等[23] 研究了 AA6061-T6 铝合金 RFSSW 过程中工具磨损对焊点力学性能的影响。通过试验设计（DoE）对焊接参数进行优化，获得了搭接接头的最大剪切力，并利用优化后的焊接参数对刀具的材料损失和重量损失进行评价。此研究加深了读者对 RFSSW 过程中刀具磨损机理的理解，具有较大的科学意义。

此外，来自德国大众汽车集团的 Lauterbach 等[24] 以 EN AW5182，EN AW6016 和 EN AW7021 为研究对象，基于大量 RFSSW 点焊实验，同样阐述了点焊工具的磨损情况。图 22 所示为 RFSSW 焊具的示意图（图 22a）及材料流动情况（图 22b），可以发现在焊接过程中，塑性金属容易进入三种间隙，分别是套筒和压紧环间隙、焊具和工件间隙及搅拌针和套筒间隙。图 23 所示为套筒的形貌，图 23b 为焊接完 1600 个点后套筒的磨损情况，可以看到在距离套筒表面 2mm 处，发生了严重的磨蚀。此外，套筒正面的几何形状也发生了改变，边缘出现了沟槽。针对该问题，作者提出了可行性改善措施：一方面，通过局部硬化（渗氮）增加端面的抗变形能力，储存在边界的氮还可以减缓铝向搅

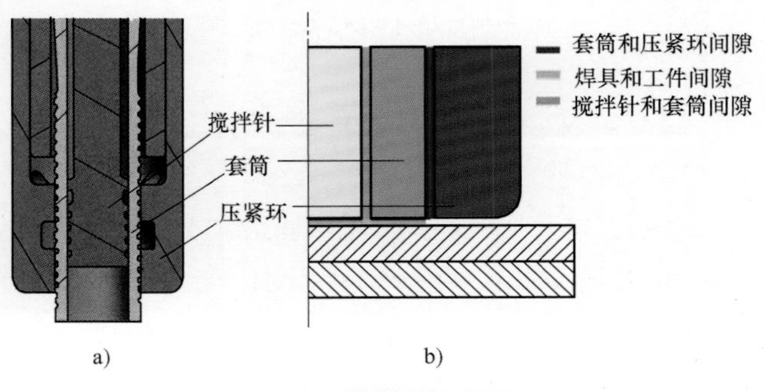

图 22　搅拌头示意图

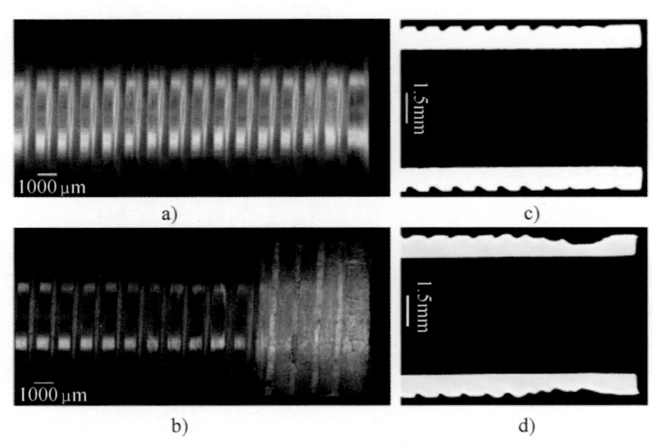

图 23　套筒形貌

a）新套筒　b）焊完 1600 个焊点后的套筒
c）新横截面形貌　d）旧横截面形貌

拌工具的扩散；另一方面，通过在工具上涂敷特殊涂层来隔离铁和铝，从而阻止金属间化合物的形成。4 种不同涂层对套筒的保护效果如图 24 所示。

来自西北工业大学李文亚教授团队的博士生 Zou 等[25] 以 2195 和 2219 异种铝合金为研究对象，揭示了 RFSSW 过程中旋转速度及下压量对接头宏观成形、微观组织和力学性能的影响规律。研究发现，随着下压量的增加，横截面缺陷增多，如图 25 所示。当旋转速度为 1600r/min、下压量为 2.5mm 时，接头的力学性能最高，为 6.5kN。在拉剪过程中，接头呈现两种不同的断裂模式，分别为混合型断裂和塞型断裂。断裂机理如图 26 所示，裂纹从原始搭接界面处产生，沿着 TMAZ/SZ 界面向上扩展的同时，向焊点内

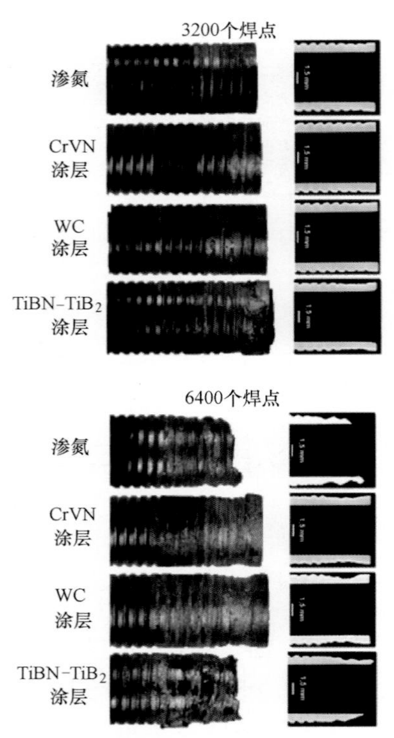

图 24　带有不同涂层的套筒焊后及横截面形貌（分别为 3200 个焊点和 6400 个焊点）

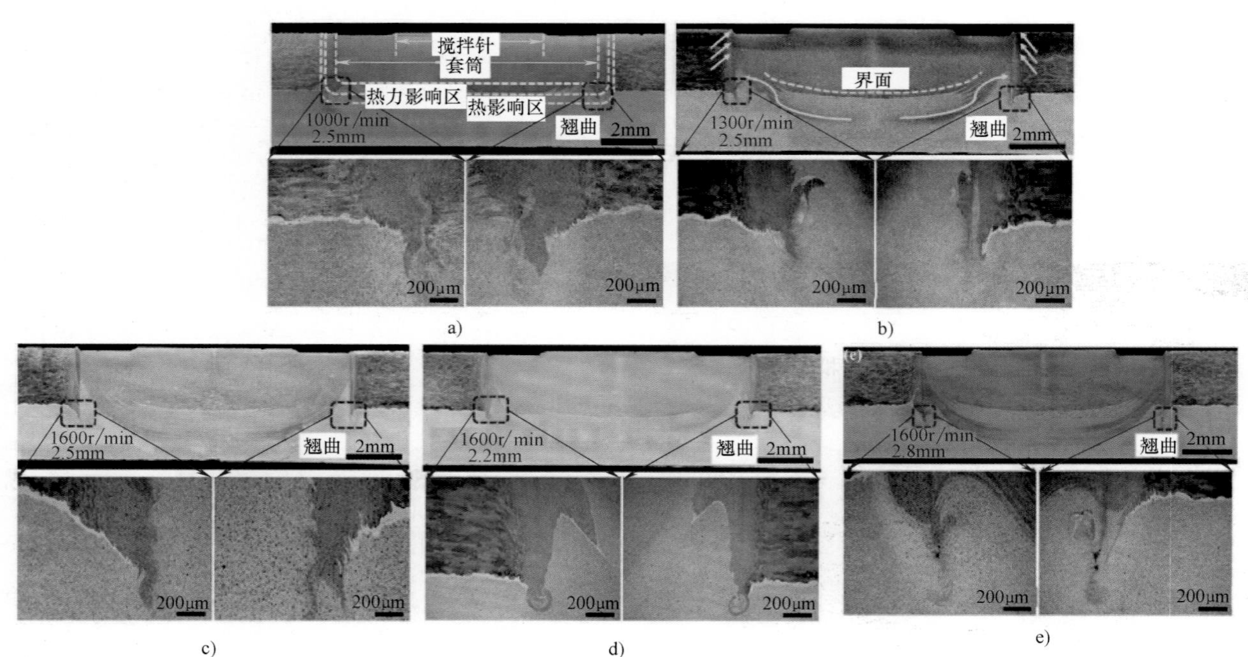

图 25　RFSSW 接头的横截面形貌

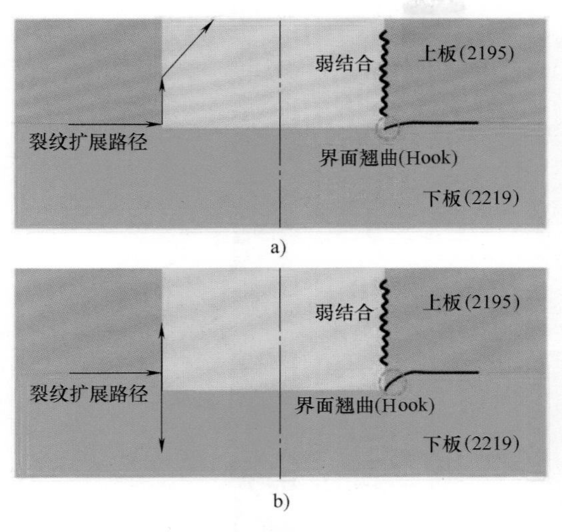

图 26 接头断裂模式

a）混合型断裂 b）塞型断裂

侧扩展，最终到达焊点上表面，发生混合型断裂。当下压量较大时，裂纹沿着翘曲（Hook）缺陷向板厚方向扩展，引起焊点失效，发生塞型断裂。

2.3 其他摩擦连接方法

本届会议上，除了常规 FSW 及 FSSW 以外，也有一些关于其他摩擦焊方法的报道。其中，摩擦铆接是一种利用铆钉的旋转摩擦而实现固相连接的方法，同时保留了传统铆接的变形自锁特性。根据待处理材料的不同，摩擦铆接可以分为金属型和非金属型。两种摩擦铆接都是利用摩擦生热与塑性变形实现连接的。来自奥地利格拉茨科技大学的 Cipriano 等[26] 利用 ABAQUS 模拟软件对 AA2024-T351 铝合金和聚醚酰亚胺进行了金属型摩擦铆接的数值模拟研究。设置铆钉直径从最初的 5mm 增加到 6.2mm、7.0mm 和 9.3mm，分别记为条件 1、条件 2 和条件 3。将试验结果、计算结果和模拟结果进行对比发现，在不同条件下，三者的温度变化均具有较高的一致性，如图 27 所示。此外，作者还给出了摩擦阶段结束时三种条件下的温度分布和变形情况（见图 28，图 28a ~ c 分别对应条件 1 ~ 条件 3）。

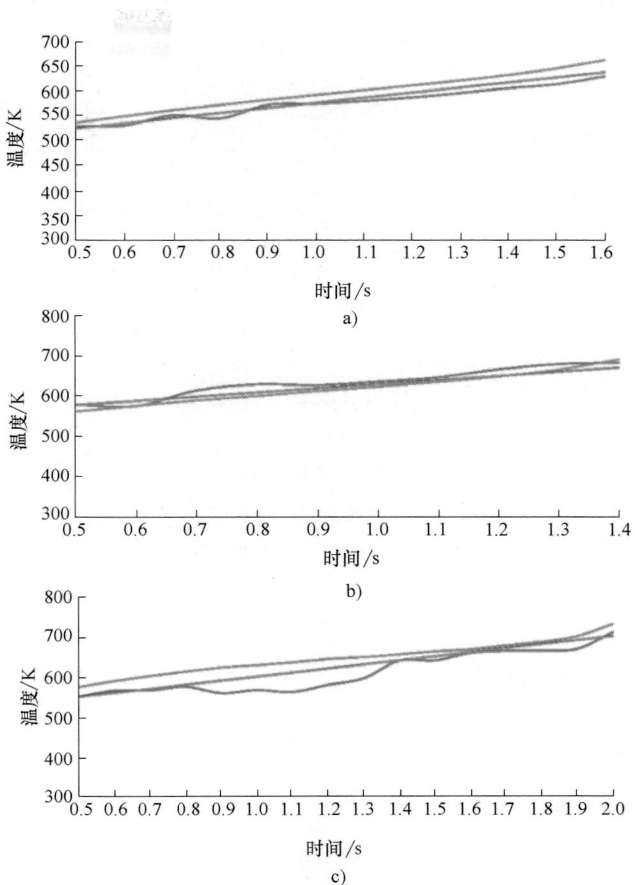

图 27 摩擦阶段工艺温度

a）条件 1 b）条件 2 c）条件 3

—— 试验分析 —— 统计模型 —— 数值模拟

自冲铆接（Self-Piercing Riveting，SPR）技术是通过液压缸或伺服电动机提供动力将铆钉直接压入待铆接板材，待铆接板材与铆钉在压力作用下发生塑性变形，成形后充盈于铆模之中，从而形成稳定连接的一种板材机械连接技术。在自冲铆接的基础上，上海交通大学的 Li 等人[27] 提出了一种全新的自冲摩擦铆焊（Friction Self-Piercing Riveting，F-SPR）技术，该技术在传统自冲铆接的基础上引入了搅拌摩擦点焊的思想，即在半空心铆钉压入板材过程的同时高速旋转，通过“摩擦软化”和“进给顶锻”两阶段完成整个连接过程，如图 29 所示。在摩擦软化阶段，铆钉高速旋转产生的摩擦热软化金属，并在板材之间形成固相连接；在进给顶锻阶段，通过铆钉停转并快速进给，避免热量在铆钉附近过度累积，提升铆接力、增大机械互锁，最终实现机械-固相复合连接。

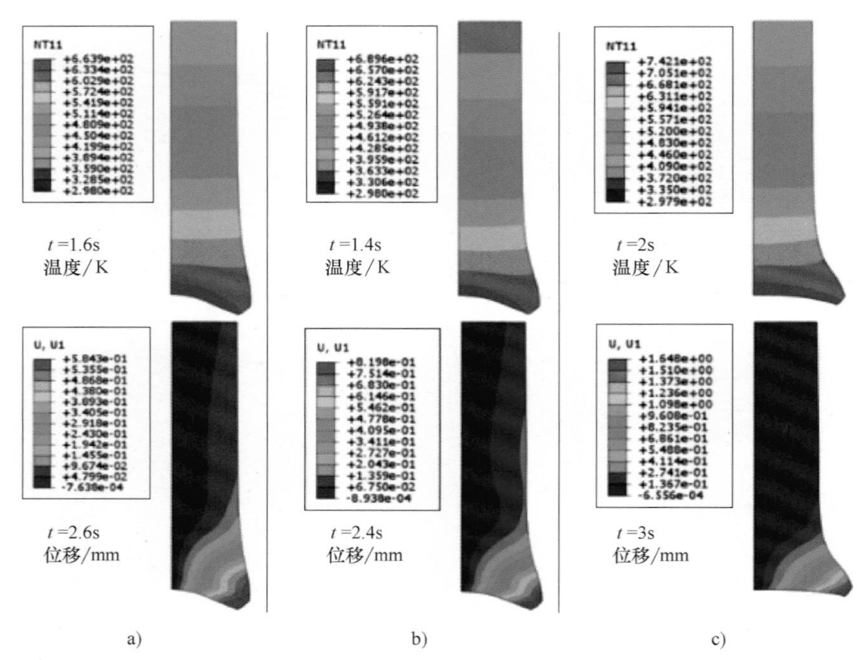

图 28　不同条件下接头的温度场和位移分布

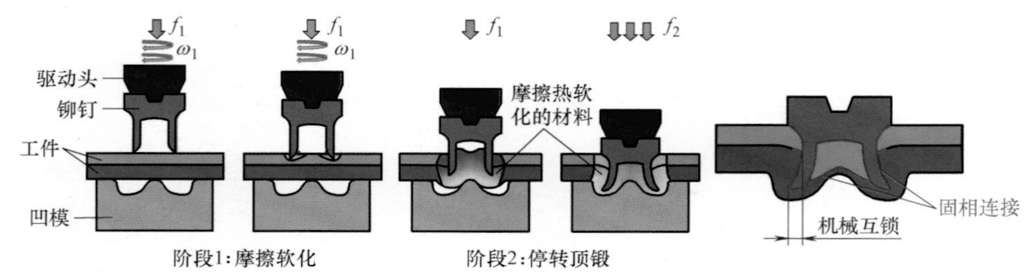

图 29　自冲摩擦铆焊（F-SPR）工艺原理

研究人员对 SPR 和 F-SPR 工艺在连接铝合金 AA5182-O 板材时的工艺特征和接头性能进行了系统比较。结果表明，由于使用 F-SPR 技术时产生的摩擦热可以软化板材，所以 F-SPR 工艺与 SPR 工艺相比在实现相同机械互锁的前提下铆接力降低了 63%。铆接力的降低不仅能够减缓铆接设备和模具损耗，还有助于提升工艺稳定性。此外，SPR 过程仅形成了铆钉与板材间的机械互锁，而 F-SPR 过程在铆钉与板材机械互锁的基础上实现了板材与板材之间的固相连接，如图 30 所示。在机械-固相复合连接的协同作用下，F-SPR 接头准静态抗剪强度相比于 SPR 接头提升了 25.1%；F-SPR 接头在 10^5 和 10^6 疲劳寿命对应的载荷幅值与 SPR 相比分别提升了 18.4%和 14.5%，如图 31 所示。

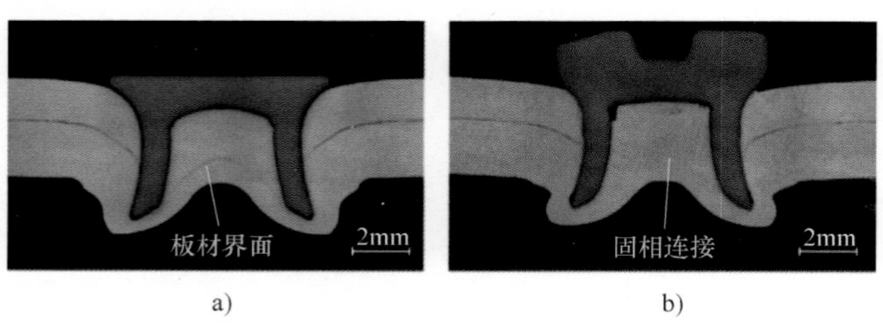

图 30　铝合金 AA5182-O 板材 SPR 和 F-SPR 接头宏观形貌比较

a）SPR 接头　b）F-SPR 接头

F-SPR 技术已经成功应用于 2 系、5 系、6 系、7 系铝合金，铸造铝合金、镁合金等轻金属，以及工程塑料、碳纤维增强复合材料等非金属材料连接。尤其对于 SPR 技术认为“不可铆”的超高强、低延展性轻合金，F-SPR 工艺能

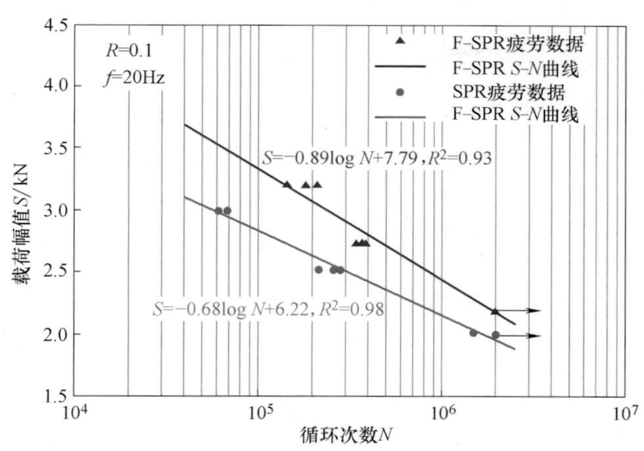

图31　铝合金AA5182-O板材SPR和F-SPR接头疲劳试验 *S-N* 曲线

够有效解决因材料变形能力差导致的接头开裂和机械互锁不足等问题，突破了传统SPR工艺的性能极限和技术瓶颈。

针对传统FSW接头底部温度较低，塑性变形能力较差等问题，来自中山大学的Hu等[28]以2219-T6铝合金为研究对象，利用超声辅助技术对底板进行处理，如图32所示。结果表明，超声处理后接头的抗拉强度和伸长率均高于未处理接头。此外，超声处理过程对动态再结晶和沉淀强化起到促进作用。在超声辅助FSW（UFSW）过程中，半共格θ′相的成核速率和生长速度明显提高，同时还检测到高密度的螺旋位错和棱柱位错环，这表明空位密度明显增加。作者首次通过正电子湮灭谱和分子动力学模拟试验证实了超声通过降低空位形成能量来诱导FSW中的多余空位。空位迁移和凝聚在原有的

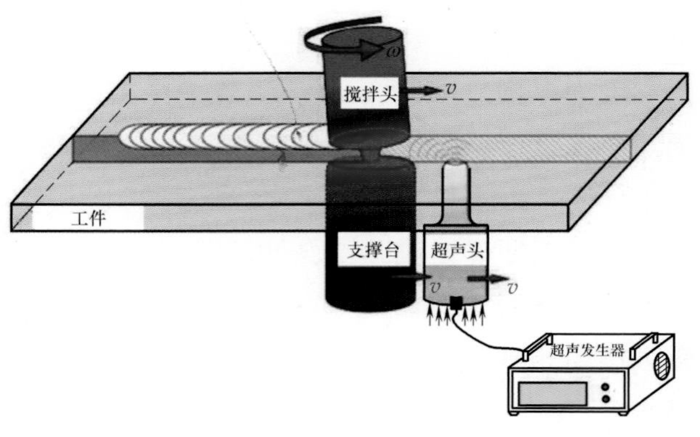

图32　底部施加超声辅助搅拌摩擦焊示意图

相界面上，可以减轻共格应变，使析出物快速不受限制地生长，从而促进了沉淀强化。

当FSW的焊接参数不合适时，接头中容易产生孔洞缺陷。当孔洞缺陷沿焊缝分布时就形成了连续隧道。受此启发，搅拌摩擦隧道复合加工技术（Hybrid Friction Stir Channeling，HFSC）得以诞生和发展。来自芬兰阿尔托大学的Karvinen等[29]用HFSC技术对8mm厚的AA5083和3mm厚的无氧铜组成的多材料体系进行了加工，其中铝合金叠放在铜板上方。在无缺陷焊缝的接头中，位于铝合金一侧产生了宽9.6mm、高3.3mm的大通道。整个接头的纳米压痕硬度分布如图33所示（图中黑色窗口区为通道，上层为铜板），局部硬度的增加与IMC层的形成有关。

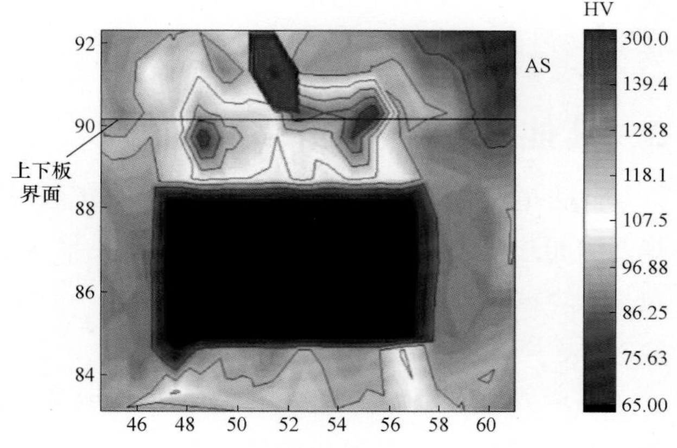

图33　硬度分布

来自圣彼得堡理工大学的Polyakov等人[30]以AA2024-T4铝合金为研究对象，分析了脉冲搅拌摩擦焊（I-FSW）和高速搅拌摩擦焊（HS-FSW）两种方法对接头组织和力学性能的影响，并将其与常规FSW方法所获接头进行对比。结果表明，随着脉冲参数（振幅和频率）的变化，接头的拉伸性能和显微硬度均有所提高。在HS-FSW过程中，由于热输入不足或材料混入不足，导致焊缝区形成缺陷，如隧道效应和氧化物线。因此，在HS-FSW过程中，改变工具的配置可以有效提高对材料的搅拌作用。

来自日本大阪大学的Liu等[31]研究了Ti-

6Al-4V 钛合金与 SUS316L 不锈钢的摩擦焊，并对焊接参数进行了优化，最终获得了较好的异种接头。为了阐明异种合金材料 Ti-6Al-4V 和 SUS316L 摩擦焊接头的连接机理，对接头的微观组织演变和力学性能进行了研究。通过改变摩擦压力，成功降低了焊接温度，从而抑制了金属间化合物厚层的形成。但 Ti-6Al-4V/SUS316L 的机械混合层表现为硬、脆的特征，特别是容易在焊缝边缘形成裂纹和孔洞，使接头的力学性能发生显著的恶化。机械混合层的形成是由于两种材料在焊接界面具有较高的升温速度和剪切变形速度造成的。降低转速和液态 CO_2 冷却被应用在整个处理过程中，可以降低升温速率及两种材料之间的剪切变形速度，从而抑制焊接界面边缘处有害机械混合层的形成，最终获得了高质量 TC4/SUS316L 异种材料摩擦焊的接头。

3 其他压焊研究进展

除去电阻焊及摩擦焊这两大类外，其他压焊及固相连接方法在本次会议中也有相关报道，包括超声波焊、电磁脉冲焊和热压焊等。

3.1 超声波焊

超声波焊是利用高频振动波传递到两个需焊接的物体表面，在加压的情况下，使两个物体表面相互摩擦而形成分子层之间熔合的焊接方法，特别适用于薄板材料的连接。

德国伊尔梅瑙工业大学的 Köhler 等人[32] 研究了铜表面的镀镍层对铝/铜超声波焊接头长期性能的影响，其中接头长期性能的评估方式采用了汽车工业的标准，包括对接头施加长期热载荷和长期电载荷。施加热载荷的方法为将接头加温到 140℃/180℃并保温 500h/750h/1000h，施加电载荷的方法为对接头通以 330A 的电流，通电方式为连续通电 45min 接着断电 15min，如此循环 21 天。研究表明，施加长期热载荷后对镀镍与不镀镍的超声波焊接头无显著影响，镀镍与不镀镍接头的性能也无显著差别。而在施加长期电载荷后，镀镍与不镀镍的超声波焊后接头力学性能均会下降。研究结果表明，是否有镀层并不会对铝/铜超声波焊接头性能产生显著影响，对接头性能影响最大的是焊接参数。使用裸铜板能够简化生产步骤并降低成本，因此，在实际生产中有需要重新考虑是否有必要对铜进行镀镍处理。

超声波焊在汽车工业中的一个重要应用就是焊接铝合金电缆及铜基板，在焊接过程中，不仅要考虑到接头的性能，还要考虑到铝合金电缆能否压实的问题，因为铝合金电缆是由很多股细的铝合金线组成的。德国伊尔梅瑙工业大学的 Pöthig 等人[33] 研究了超声波焊时超声波焊头施加的压力对铝合金电缆/铜基板连接性能的影响。研究表明，当压力较小时，铝合金电缆无法被压实，接头力学性能较差；随着压力的增加，电缆被逐渐压实，接头性能提高。但如果压力过大，会出现电缆过度压实的现象，接头性能反而下降。所以在实际焊接时需要谨慎选择焊头压力。

超声波焊在汽车工业中的另一个应用是焊接电动汽车的电池组，但是焊接过程中出现的金属颗粒物被认为是一个严重的焊接缺陷，会对接头性能产生不利影响。韩国汉阳大学的 Park 等人[34] 对电池超声波焊中出现的这种金属颗粒物进行了分析与观察，其中超声波焊接头及接头中的金属颗粒物电镜照片如图 34 所示。研究表明，超声波焊中的焊接时间、焊头振幅以及焊头压力均会对颗粒物的出现产生正相关的影响，即这些参数越大，颗粒物出现越多，影响程度为焊接时间>焊头振幅>焊头压力。可以通过合理设计焊接参数来减少颗粒物的产生。

3.2 电磁脉冲焊

电磁脉冲焊是利用高压电磁力在瞬间产生的撞击，使两焊件焊合的一种新型焊接方法。该方法在异种金属的焊接方面具有较大的应用潜力。

重庆理工大学的 Liang 等人[35] 研究了 2mm

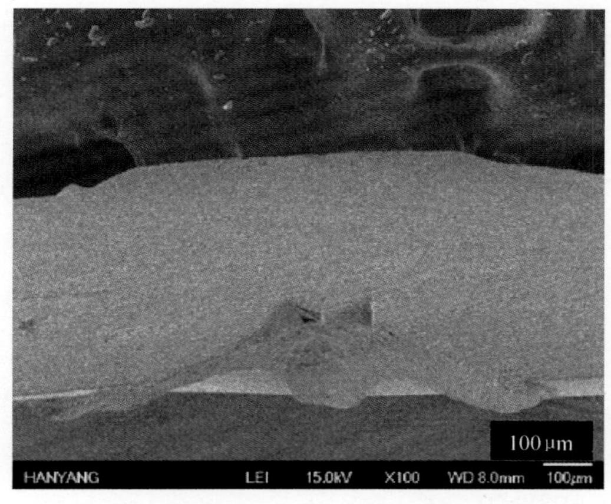

图 34　超声波焊接头中的金属颗粒物

厚的铝合金/钢的异种金属电磁脉冲焊，其焊接接头界面如图 35 所示。通过优化焊接工艺，研究人员发现最优的焊接参数为放电电压 16kV，焊接电流 750kA，频率 18kHz，搭接间隙 2mm，搭接长度 20mm。在优化的焊接参数下，接头在拉伸测试中的断裂均发生在铝合金母材。在铝合金/钢异种焊接中，界面处的金属间化合物层是决定接头性能的一个关键因素，过厚的金属间化合物层会导致脆性断裂。研究人员发现，

图 35　铝合金/钢电磁脉冲焊接头界面

如果在钢表面镀钴，焊接接头铝合金/钢界面的金属间化合物层会变薄，能够使得接头强度从 122.22MPa 提高到 137.78MPa。

德国德累斯顿工业大学的 Bellmann 等人[36]同样研究了铝/钢/铜异种金属管状套接电磁脉冲焊工艺。研究人员发现，通过在钢表面镀镍，铝和镍的界面在焊接过程中能够起到附加产热的作用，从而能够在相同的功率下获得更大的连接区域，或是使用更小的功率获得相同的连接区域，这可以有效防止电磁线圈的损耗。电磁脉冲焊能够得到性能良好的铝/钢异种金属接头，通过了冷热冲击下的密封性试验。

3.3　热压焊

除了金属与金属之间的连接外，金属与聚合物之间的连接近年来也得到一些关注。与金属/金属之间形成的接头不同，金属/聚合物之间难以形成牢固的原子键合，因此其性能较难得到提升。而表面改性是提高金属/聚合物接头性能常用的方法。

上海交通大学陈科副教授的博士生 Zou 等人[37]提出了一种新的低粗糙度值表面微观形貌设计的方法，以提高 TC4 钛合金与聚对苯二甲酸乙二醇酯（PET）的结合强度。试验所设计与使用的热压焊工艺装置如图 36 所示。在焊接过程中，先使用底部两侧的碳刷将金属板材固定。两侧碳刷连接直流电源并通过电加热提供热输入，通过调节输入电流的大小（80～300A）可以控制热输入速度的大小。高分子板材固定于上部的压头下方，该压头连接的伺服电动机可精确控制压头在垂直方向的移动速度与深度，最大的力输出达到 2000N。碳刷加热的方法可以使金属与高分子的连接界面受热较为均匀，且温和的热输入量使高分子不至于发生过热分解从而影响接头性能。该研究通过化学处理对 TC4 的表面形貌进行了修饰，得到了低粗糙度值的表面。此外，讨论了表面粗糙度值与搭接抗剪强度的关系。HF 腐蚀获得的低粗糙度值（$Ra=0.18\mu m$）表面可显著提高 TC4/PET 接头的结合

强度，从 4.7MPa（无表面处理）提高到 10.5MPa，与喷砂处理的（11MPa）基本一致。通过研究酸蚀接头中的连接机理发现，表面氧化物颗粒表现出强烈的锚定效应，表面氧化钛与 PET 之间可能存在化学键合。而喷砂形成的高粗糙度值表面（$Ra = 3.7\mu m$），结合机理主要是机械咬合。研究表明，表面粗糙度并不是决定界面结合强度的唯一因素。

图 36　热压焊工艺装置示意图

1—待连接钛合金板　2—待连接 PET 板　3—导电用碳刷及固定装置　4—导电用铜板　5—热压焊压头

4　结束语

纵观 2020 年 IIW C-Ⅲ专委会的报告发现，压焊的研究内容及范围正在不断地拓展，传统的电阻焊研究聚焦于轻质、高强材料及异种材料的连接工艺和机理研究，并引申出与新材料应用相关的材料性能及断裂机理（如镀锌高强钢电阻点焊 LME 裂纹），以及与微型件应用相关的微电阻焊控制等研究；摩擦焊方面除了聚焦近年来的研究热点搅拌摩擦焊和搅拌摩擦点焊外，还引申出摩擦铆接、自冲摩擦铆焊、超声辅助搅拌摩擦焊、脉冲搅拌摩擦焊及搅拌摩擦隧道复合加工等新技术。另外，除了电阻焊和摩擦焊外，超声波焊、电磁脉冲焊和热压焊等也都有新的研究进展及应用。

致谢：本章评述撰写得到了凌展翔、苏宇、邹阳帆博士的大力协助，在此一并表示感谢！

参考文献

[1]　LEE J H, PARK S C. Mechanical properties of resistance spot welded joints between aluminum and steel [Z]//Ⅲ-1969-20. 2020.

[2]　GÜNTER H, MESCHUT G. Joining of high-strength steel grades in lightweight structures using single stage resistance element welding on conventional resistance spot welding machines [Z]//Ⅲ-1999-20. 2020.

[3]　HAN D K. Resistance spot weldability of AlSi-coated hot press forming steels [Z]//Ⅲ-1988-20. 2020.

[4]　WOHNER M, MITZSCHKE N, JUTTNER S. Resistance spot welding with variable electrode force - Development and impact of a force profile to extend the weldability of 22MnB5 + AS150 [Z]//Ⅲ-1970-20. 2020.

[5]　SATO A, FURUSAKO S, NISHIKAWA I, et al. Formula for predicting hardness distribution of resistance spot welded high-strength steel sheets applied tempering treatment [Z]//Ⅲ-1976-20. 2020.

[6]　DIGIOVANNI C, BIRO E. Review of LME testing for spot welding - the problem of wearing two watches [Z]//Ⅲ-2003-20. 2020.

[7]　DIGIOVANNI C, HE L, HAWKINS C, et al. Significance of cutting plane in liquid metal embrittlement severity quantification [Z]//Ⅲ-2001-20. 2020.

[8]　MURUGAN S P, JEON J B, JI C W, et al. Liquid zinc percolation induced intergranular brittle cracking in resistance spot welding of zinc coated advanced high strength steel [Z]//Ⅲ-1973-20. 2020.

[9]　KIM J U, MURUGAN S P, KIM J, et al. Microstructural evolution of Zn-coating and liquid metal embrittlement cracking during resistance spot welding of advanced high strength steel [Z]//Ⅲ-1972-20. 2020.

[10]　TUMULURU M. Effect of silicon and grain bound-aries on LME cracking behavior of GEN3

steels [Z]//Ⅲ-1975-20. 2020.

[11] CHO K, LIN H, RAASH M, et al. In-process electrode movement control system for weld quality assurance in micro resistance spot welder [Z]//Ⅲ-2010-20. 2020.

[12] SCHREIBER V, WOHNER M, MITZSCHKE N, et al. Investigations on the process and properties of short-time resistance welded joints of welded square nuts using MFDC inverter technology [Z]//Ⅲ-2014-20. 2020.

[13] DAS I M, SHAJAN N, ARORO K S, et al. Investigating the effect of chemistry on the flash butt weldability of steels through a combination of experiments and modelling [Z]//Ⅲ-1993-20. 2020.

[14] BATISTÃO B F, BERGMANN L A, ALCÃ-NTARA N G, et al. Effect of rotational speed and double-sided welding in friction stir welded dissimilar joints of aluminum alloy and steel [Z]//Ⅲ-1981-20. 2020.

[15] RABE P, SCHIEBAHN A, REISGEN U. Force feedback based quality monitoring of the friction stir welding process utilizing an analytic algorithm [Z]//Ⅲ-1997-20. 2020.

[16] AZMI M H, HASNOL M Z, ZAHARUDDIN M F A, et al. Effect of tool pin profile on friction stir welding of dissimilar materials AA5083 and AA7075 aluminum alloy [Z]//Ⅲ-1974-20. 2020.

[17] Reimann M, ENTRINGER J, SANTOS J F. Analysis of the flow stress development and friction condition during friction welding of precipitation hardening aluminum alloys [Z]//Ⅲ-1982-20. 2020.

[18] GRÄTZEL M, SIEBER F, SCHICK-WITTE K S, et al. Advances in Friction Stir Welding by separate control of shoulder and probe [Z]//Ⅲ-1995-20. 2020.

[19] SORGER G, TERO T, VILAÇA P. Friction stir welding of an ultra high-strength steel plate with a minimum yield strength of 1100 MPa: Metallurgical and mechanical characterization of the joint [Z]//Ⅲ-2005-20. 2020.

[20] CHOI J W, MORISADA Y, LIU H, et al. Dissimilar friction stir welding of pure Ti and carbon fiber reinforced plastic [Z]//Ⅲ-2013-20. 2020.

[21] SU Y, LI W, LIU X, et al. Strengthening mechanism of friction stir welded alpha titanium alloy specially designed T-joints [Z]//Ⅲ-2016-20. 2020.

[22] LI H, LIU X, ZHANG Y, et al. Influence of the rotation speed on the interface microstructure and joining quality of aluminum alloy 6061/CF-PPS joints produced by refill friction stir spot welding [Z]//Ⅲ-2008-20. 2020.

[23] CARVALHO W S, VIOREANU M C, LUTZ M R A, et al. The influence of tool wear on mechanical performance of AA6061-T6 refill friction stir spot welds [Z]//Ⅲ-2011-20. 2020.

[24] LAUTERBACH D, KEIL D, HARMS A, et al. Tool wear behaviour and the influence of wear-resistant coatings during refill friction stir spot welding of aluminium alloys [Z]//Ⅲ-2000-20. 2020.

[25] ZOU Y F, LI W Y, WU D, et al. Formability and mechanical property of refill friction stir spot welded dissimilar 2195 and 2219 aluminum alloys joints [Z]//Ⅲ-2015-20. 2020.

[26] CIPRIANO G P, VILAÇA P, AMANCIO-FILHO S T. Thermomechanical modelling of the metallic rivet in friction riveting of amorphous thermoplastics [Z]//Ⅲ-1977-20. 2020.

[27] LI Y, MA Y. A comparative study of friction self-piercing riveting (F-SPR) and self-piercing riveting (SPR) of aluminum alloy AA5182-O [Z]//Ⅲ-2007-20. 2020.

[28] HU Y，LIU H，FUJII H. Ultrasonic assisted friction stir welding of 2219-T6 aluminum alloy and mechanism of acoustoplastic effect [Z]//Ⅲ-2006-20. 2020.

[29] KARVINEN H，MEHTA K P，TERO T，et al. Application of hybrid friction stir channeling to Cu-AA5083：metallurgical characterization [Z]//Ⅲ-1978-20. 2020.

[30] POLYAKOV P，MOROZOVA L，ALKHALAF A A，et al. Modified friction stir welding of Al-Mg-Cu（AA 2024 T4）aluminum alloy [Z]//Ⅲ-2009-20. 2020.

[31] LIU H，AOKI Y，AOKI Y，et al. Fabrication of high-quality joint in dissimilar friction welding of Ti-6Al-4V alloy and SUS316L stainless steel [Z]//Ⅲ-2012-20. 2020.

[32] KÖHLER T，GRÄTZEL M，KLEINHENZ L，et al. Influence of different Ni coatings on the long-time behavior of ultrasonic welded EN AW 1370 cable/ EN CW 004A arrestor dissimilar joints [Z]//Ⅲ-1996-20. 2020.

[33] PÖTHIG P，RODER K，PETZOLDT F，et al. Characterization of compaction during ultrasonic welding of aluminum stranded wires（EN AW 1070）and copper terminals（EN CW004A）[Z]//Ⅲ-1998-20. 2020.

[34] PARK J S，PARK J M，RHEE S H. A study on the analysis and monitoring of metal particles generated during ultrasonic welding secondary batteries [Z]//Ⅲ-1979-20. 2020.

[35] LIANG S，TIAN M，CAO H，et al. Research on interface microstructure and mechanical properties for electromagnetic pulse welding joint of aluminum/steel [Z]//Ⅲ-2002-20. 2020.

[36] BELLMANN J，SCHETTLER S，SCHULZE S，et al. Improving and monitoring the magnetic pulse welding process between dissimilar metals [Z]//Ⅲ-1994-20. 2020.

[37] ZOU X，SARIYEV B，CHEN K，et al. Utilizing surface particles formed by etching to enhance bonding strength between TC4 and PET [Z]//Ⅲ-2004-20. 2020.

作者简介：

1. 王敏，女，1960 年出生，博士，上海交通大学材料科学与工程学院教授、博士生导师。主要从事新材料电阻焊机理及过程模拟、搅拌摩擦点焊技术研究。发表论文 100 余篇，授权发明专利 10 项。Email：wang-ellen@ sjtu. edu. cn。

2. 李文亚，男，1976 年出生，博士，西北工业大学材料学院教授、博士生导师。从事摩擦焊及冷喷涂技术研究。发表论文 280 余篇，授权发明专利 17 项。Email：liwy@ nwpu. edu. cn。

审稿专家：陈怀宁，男，1962 年出生，博士，中国科学院金属研究所研究员。从事焊接接头应力和性能分析、材料可靠性连接技术方面的研究与开发。发表论文 120 余篇，授权发明和实用专利 20 余项，主编或参编国家标准 5 项，参编专著 5 部。Email：hnchen@ imr. ac. cn。

高能束流加工（IIW C-Ⅳ）研究进展

陈俐[1] 黄彩艳[2]

（1. 中国航空制造技术研究院 高能束流加工技术国防重点实验室，北京 100024；
2. 哈尔滨焊接研究院有限公司，哈尔滨 150028）

摘 要：2020 年 IIW 高能束流加工专委会（Commission Ⅳ “Power Beam Processes”）以高能束加工高可靠制造技术发展为主题组织了线上年度学术会议。学术报告主要来自欧美学者，既有面向宏观制造的电子束焊接和激光焊接技术研究，也有面向微观制造的电子束精密焊接和激光表面造型技术的研究，并展现了各国政府和企业对高能束加工技术研究的关注和支持，以及建立产学研一体化创新研发中心对技术研发的促进作用。研究报告体现了技术融合是高能束流技术发展的趋势，传感检测技术、信息技术和计算机技术与工艺基础研究结合，深入挖掘工艺数据中的质量控制信息是解决工程问题的关键，进而在绿色制造和智能制造发展主流下发挥高能束流加工技术的先进性和优势。本文主要针对年度学术报告进行综述和评述，以供国内研究者参考。

关键词：高能束流加工；电子束焊接；激光焊接；激光电弧复合焊接；激光增材制造

0 序言

2020 年新冠肺炎疫情使得 IIW 第 73 届年度学术会议由线下改为线上进行，高能束流加工专委会 IIW C-Ⅳ（Commission Ⅳ “Power Beam Processes”）在专委会主任 Herbert Staufer 博士组织下，顺利完成了线上学术报告交流，虽然互动性受到限制，但也能从中了解技术研究的进展和发展动向。来自德国、美国、英国、瑞典、匈牙利的学者呈现了他们近期的项目研究，共有 9 篇学术报告，集中在高能束焊接，其中 5 篇报告涉及电子束焊接，5 篇报告涉及激光焊接[1]。报告涉及的项目均为企业和政府的联合资金资助，研究内容体现出工艺基础更加关注工艺细节，这与传感检测技术、信息技术和计算机的发展密切相关，也是连续几届年会技术交流报告呈现的主题。

今年学术报告涉及宏观制造和微观制造两方面的研究。宏观制造主要面向航空航天、舰船、核能工业领域结构轻量化制造的电子束焊接和激光焊接技术，尤其是新型高强钢、超高强钢和新型镍基高温合金厚板的焊接。微观制造主要利用高能束流的特点实现精密制造，如新能源车动力驱动电动机定子绕组的铜丝端电子束精密焊接、发动机气缸表面微结构激光精确造型等。近年的 IIW 年度学术会议中，高能束流加工专委会的报告所呈现的工艺研究，不仅强调物理环境的工艺试验与虚拟环境的数值模拟仿真相结合，强调加工过程物理现象数据信息获取与新型传感检测技术的结合，而且更关注将物理学家研究的数学方法和计算机信息研发的软件工具应用于高能束流加工技术工艺研究和产品制造中。工艺问题分析立足于工程问题的提出，以支撑高可靠性制造实施的高能束流加工装备研制，提升高能束流加工技术与数字化、智能化技术深度融合的能力。今年的报告更是明确基于工艺的计算工具对高能束流加工技术发展与提升的重要性。来自美国俄亥俄大学学者的报告就是基于美国制造与材料连接创新中心（Ma2JIC）的美国国家科学基金资助项目“Development of Computational Tools for LBW and EBW”。该项目以高能束焊接计算工具开发为目标开展电子束焊接和激光焊接的系统性工艺基础研究[2,3]。来自比利时的 Assuncao 教授的报告是关于欧盟 2020 地平线基金项目 PROMETHEUS（Pulsed Rapid Ultra-Short Laser Surface Texturing for Manufacture of Flexible and Customised Products）的进展，该项目针对结构表面自清洁性、抗菌性、疏水性和耐摩擦磨损性需求开展超短脉冲激光表面精确造型技术研发[4]，项目目标不仅仅是建立高功率超短脉冲激光表面处理的市场需求和制造生产线之间的关联性，而且要保持欧盟在光制造领域的创新领导力地位。在光制造时代，光电技术可能就是实现工业 4.0 的制胜环节，软件技术将成为设备研发的核心，从表面功能设计、高效精确表面造型工艺设计，到激光源、激光束流调控和造型过程质量监控集成的装备，软件技术将贯穿于产品制造链的各个环节。

基于年会报告，本文从厚板结构电子束焊接、扁铜丝电子束精密焊接、厚板结构激光窄间隙焊接，以及面向软件工具的高能束流焊接工艺基础研究四个方面进行总结和评述。

1　厚板结构电子束焊接

在航空航天、舰船、核能工业领域，电子束焊接一直被视为最具应用潜力的高效低成本厚板焊接技术，这与电子束功率密度高、一次焊接熔深大、束流密度分布易于实现数字化柔性调控等优势密不可分。近年专委会涉及电子束焊接技术的报告已涵盖了各种新材料及异种材料的焊接，而与核能压力容器相关的高强钢电子束焊接研究热度是最高的，欧盟已将电子束焊接技术作为第四代核反应堆及小型模块化反应堆低成本制造的重点研发技术。

由于高强钢及超高强结构钢具有优异的材料性能和可接受的焊接性，故其研究有利于促进各工业领域关键结构的减重制造。Rolls-Royce 公司与英国焊接研究所（TWI）长期合作，致力于发动机结构、压力容器结构高强钢电子束焊接技术研究，一方面是为了促进局部真空电子束焊接及焊接过程在线监测技术的应用，另一方面是通过工艺数据积累，挖掘大厚度新型高强钢关键结构的电子束焊接制造潜力。今年 TWI 学者 Pinto 报告了热等静压成形 SA508 高强钢厚板电子束焊接技术[5]，该报告基于 Rolls-Royce 公司和 TWI 合作的 FAST（Future Advanced Structural Technologies）项目。英国商务、能源和工业战略部（BEIS）与 Rolls-Royce 公司联合发起的核能创新专项计划“先进制造和先进材料”，目标是为新一代核电压力结构关键部件研发厚截面热等静压成形的 SA508 高强钢，FAST 项目就是评估厚截面热等静压高强钢 SA508 的电子束焊接性，并为热等静压高强钢结构件的创新应用提供技术支持的。SA508 高强钢锻件具有良好的电子束焊接性，而热等静压结构因材料制备过程必然导致材料残留气体存在，这将不可避免地影响电子束焊接工艺的稳定性及焊缝质量。图 1a 和图 1b 显示了热等静压件残留气

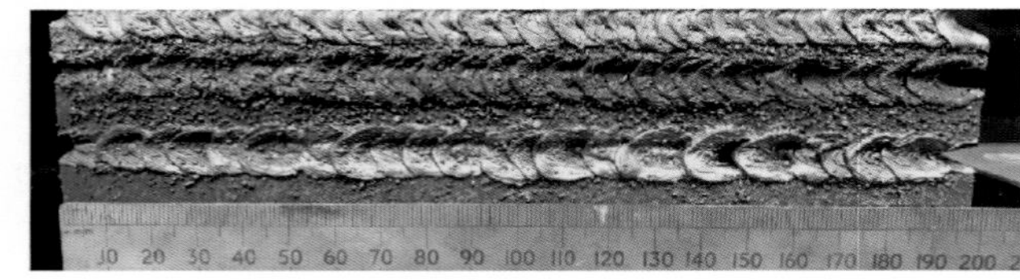

a)

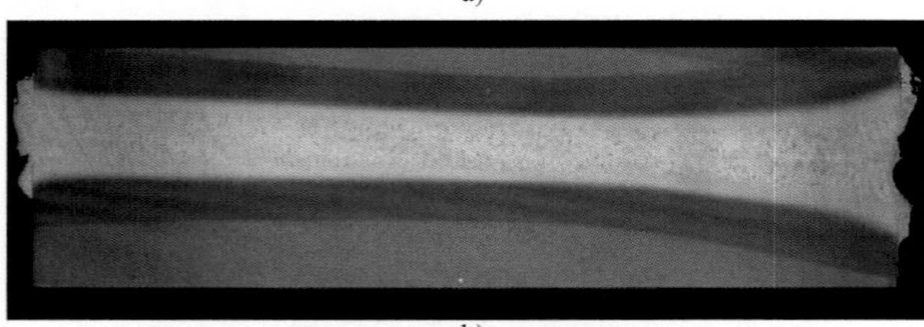

b)

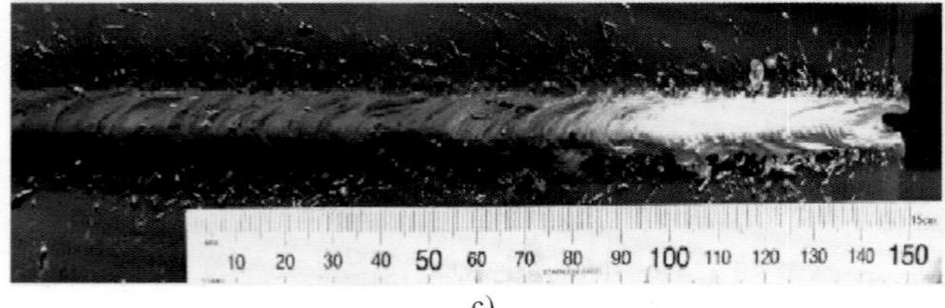

c)

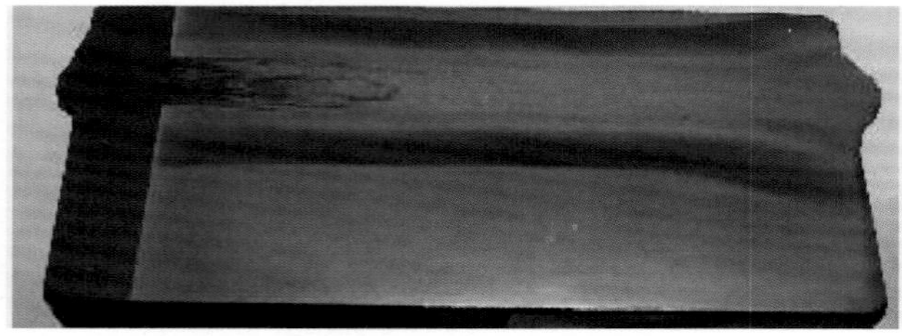

d)

图 1　SA508 高强钢电子束焊焊缝表面及截面特征[5]

a）无熔覆层焊接表面　b）无熔覆层焊缝截面

c）有熔覆层焊接表面　d）有熔覆层焊缝截面

体对焊接性的影响，焊缝表面塌陷且质量差，焊缝成形过程不稳定；图 1c 和图 1d 是在母材表面熔覆 316L 不锈钢层后再实施电子束焊接，表面熔覆层为母材厚度的 10%，焊缝表面成形明显改善。根据报告，有无涂层的焊缝均未检测到明显的焊缝气孔，新工艺可以克服残留气体对焊缝表面成形的影响，但不锈钢对高强钢焊缝成分的稀释控制将是需要进一步解决的问题。基于此初步研究，TWI 研究团队还将进一步评估氩气等气体残留量对电子束焊接接头质量和性能的影响，以及粉末性能、热等静压和后热处理对高强钢电子束焊接性的影响。

对 S960QL 超高强钢高能束焊接性的研究近年来比较多，匈牙利米什科尔茨大学的 Sisodia 博士报告了 15mm 厚 S960QL 超高强钢电子束焊接适用性和焊接性评价的研究[6]，目的是通过焊接工艺基础性研究获得焊接接头质量控制的方法，是欧盟与匈牙利政府联合的促进产学合作框架协议资助项目。研究采用 150kV 高压电子束焊接，装配间隙 0.15mm，焊接速度 10mm/s，束流电流 49mA，束斑直径 0.4mm。为了评价电子束焊接焊缝成形和接头性能，与焊接热输入相当的熔化极氩弧焊接头进行了对比，如图 2 所示，电子束焊接热输入为 661.5J/mm，熔化极氩弧焊的热输入为 700J/mm，但弧焊接头的 $t_{8/5}$ 冷却时间为 5～6s。Sisodia 博士给出了焊缝熔深、熔宽、热影响区宽度、热影响区面积、焊缝面积等焊缝几何特征细节对比，电子束焊接头热影响区宽度和面积约是氩弧焊的 1/3，焊缝宽度和面积约是氩弧焊的 1/10，而两接头的抗拉强度均与母材强度相当（1053MPa）。当热输入为 1000J/mm，$t_{8/5}$ 冷却时间为 10s 时，熔化极氩弧焊接头强度降为 977MPa，显然对于焊接接头强度的保证，电子束焊接更有利，而无须填充焊丝。电子束焊接头在-40℃的夏比 V 型缺口冲击试验显示，母材、热影响区和焊缝冲击吸收能量分别为 162J、44J 和 45J，各区显微硬度分别为 347 HV、416 HV 和 415 HV，冲击吸收能量变化与显微硬度变化对应。通过冲击力-位移曲线、断面横向收缩量分析，Sisodia 博士认为 S960QL 超高强钢接头韧性改善应减少焊接热影响区宽度，电子束焊接具有优势。Sisodia 博士的工作还显示，在工艺基础研究中，对各种焊接现象的数据挖掘需要更多的关注。

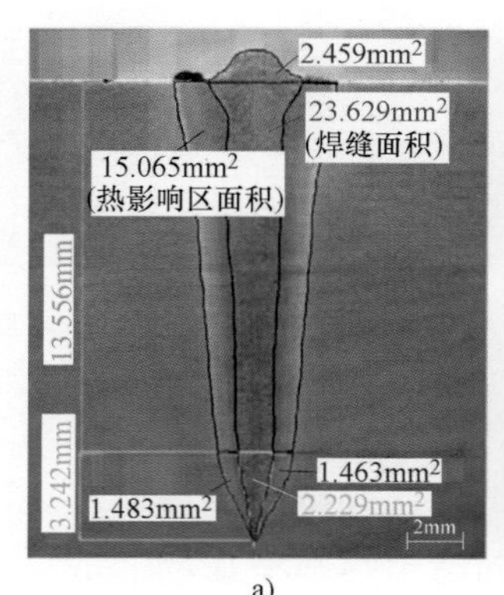

a)

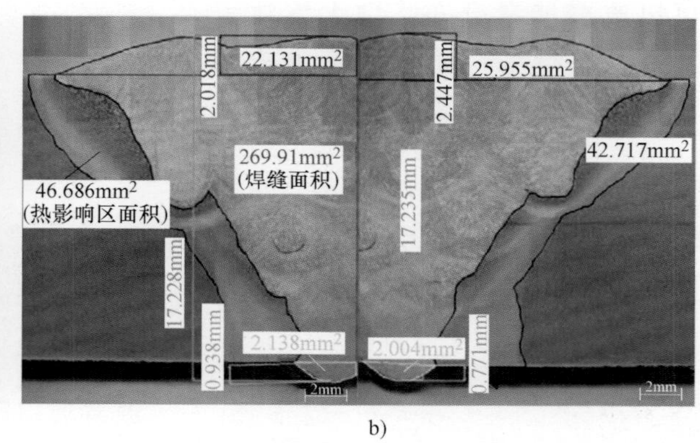

b)

图 2　S960QL 超高强钢焊缝截面几何特征[6]

a）电子束焊焊缝截面　b）氩弧焊焊缝截面

2　扁铜丝电子束精密焊接

高能束流焊接不仅在大尺度结构制造方面具有优势，在微结构精密焊接方面也得到了工业界的关注。德国学者已连续几年报告电子束精密焊接技术方面的研究。来自德国布伦瑞克工业大学的 Tóth 博士介绍了与 Pro-beam 公司的合作项目，即发夹式定子绕组（Hairpin Winding

Technology）中扁铜丝端的电子束焊接技术[7]。新能源车的核心部件之一是驱动电动机，发夹式定子绕组新技术应用将大大提升驱动电动机的性能，这对定子绕组扁形铜丝扦插装配和铜丝端部高效优质焊接提出了挑战，激光焊接替代钎焊和电阻焊可提高效率，但铜的高光反射性和铜的残留气体影响焊接质量，而这恰好是真空电子束焊接的优势。图 3 所示为扁铜丝电子束焊接示意图及焊缝成形，焊接工艺研究是在模拟铜丝扦插装配夹具上进行的，扁铜丝截面积为 4.3mm×2.33mm，电子束在铜丝端面按图中 1、2、3、4 顺序往复扫描四次形成焊缝。束流偏摆轨迹控制是电子束精密焊接的常用方法，为保证焊缝质量，扁铜丝焊缝长度要求控制在 2.4~2.8mm 范围内。通过束流品质分析获得束斑尺寸散焦变化规律、束流椭圆度，为采用圆形振荡图形轨迹的束流偏摆与焊接方向关系的确定和焊缝长度的控制提供了依据。基于 μ-CT 扫描的气孔三维分布分析，通过束斑散焦距离、束流扫描频率和扫描幅度对焊缝成形和焊缝气孔影响的正交试验优化工艺研究，结果显示，电子束动态束流振荡可以在很大程度上减少气孔，散焦工艺可以改变能量分布，增大熔池表面而保证焊缝长度。无氧铜（也可称无氧电子铜）Cu-OFE（5×10^{-6} O_2）焊缝实现无气孔焊接，含氧铜 Cu-ETP（400×10^{-6} O_2）焊缝气孔可控，需调控束流振荡频率、幅度和焦点位置。显然，高能束精密焊接对束流品质的精确分析对工艺控制和焊缝质量保证是非常有利的。

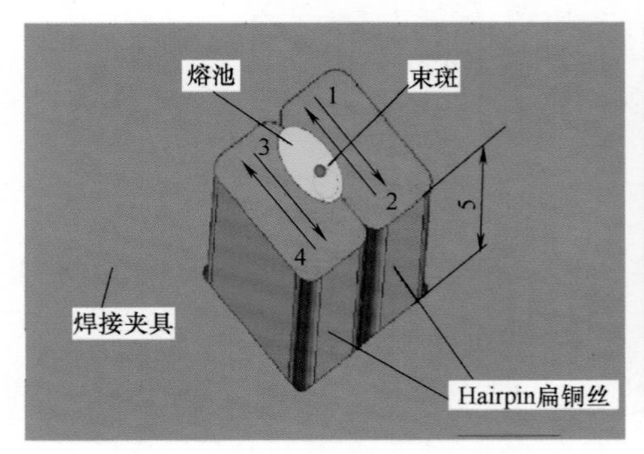

图 3　Hairpin 扁铜丝电子束焊接示意图[7]

3　厚板结构激光窄间隙焊接

随着大功率激光技术出现，国内外学者就致力于厚板结构激光焊接应用研究，其中之一就是窄间隙激光焊接技术。高能束流加工专委会每年的学术会议都有学者展示窄间隙激光焊接的研究成果或进展，研究材料涉及低碳钢、不锈钢、铝合金、钛合金和高温合金，应用激光则以高功率的光纤激光、碟片激光为主。据 Kessler 博士统计分析，目前窄间隙激光焊接实际应用激光功率不超过 9kW，光斑直径为 300~700μm，焊接速度为 0.2~1m/min，送丝速度一般是焊接速度的 10 倍[8]。图 4 所示为统计的单道多层窄间隙激光焊接已实现的焊接厚度，焊缝层数与焊接速度、熔化效率和被焊材料相关，图中最大焊接厚度是 100mm 的 SUS304 不锈钢，由中国学者实现。

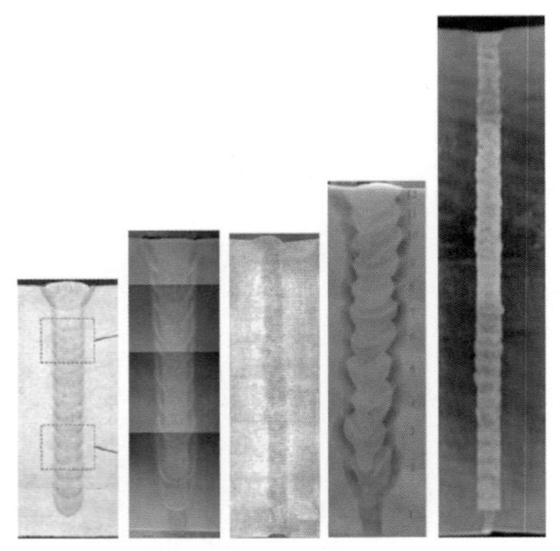

图 4　窄间隙激光焊接已实现的厚度示例[8]

对于窄间隙激光焊接，板厚增大，侧壁未熔合和气孔工艺问题更为凸显。解决问题的途径是改善坡口间隙中熔池金属的润湿性和流动性，除选择合适的焊丝外，就是要使激光束在超窄间隙中偏摆或旋转，方法一是通过电动机驱动现有激光加工头实现，方法二是光路传输路径采用振镜实现，同时还需考虑离焦量变化的影响。德国弗劳恩霍夫应用研究促进协会发起联合协作项目开展了针对方法二的相关研究，形成了窄间隙激光填丝焊接技术（Laser-Multi-Pass Narrow-Gap，Laser MPNG），研制出了专用焊接头 Remoweld® MPNG。图 5 所示为 Laser MPNG 的工艺过程原理图，间隙坡口为 V 形或 U 形，根部焊缝为激光自熔焊接，利用激光束振荡及填丝焊接后续的填充层。图 6 所示为研究所涉及的材料和板厚。

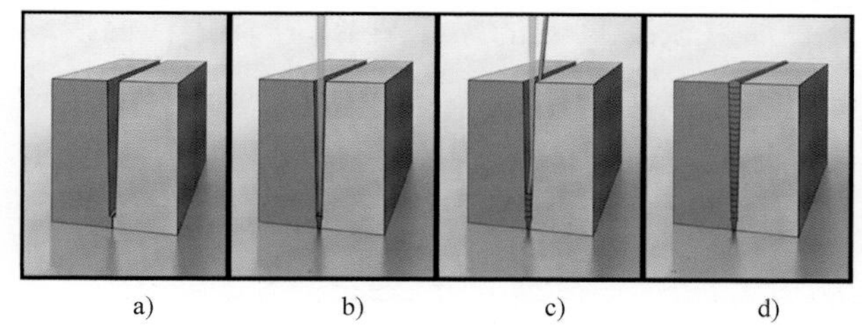

图 5 Laser MPNG 技术工艺原理示意图[8]

a）U 形或 V 形坡口准备 b）根部焊缝激光焊接

c）间隙激光填丝焊接 d）焊缝完成示意图

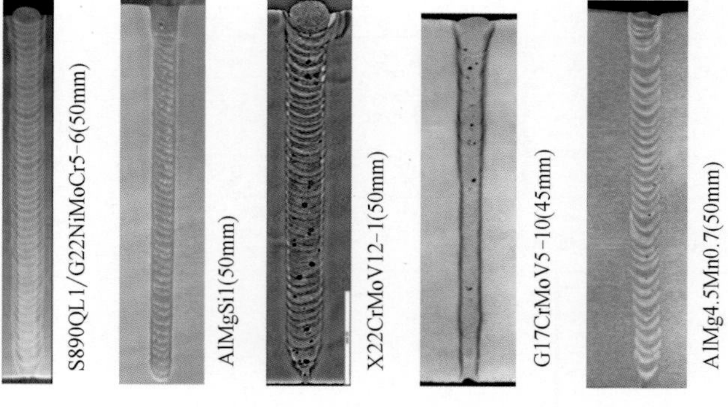

图 6 Laser MPNG 技术焊接实现的厚度示例[8]

Kessler 博士此次报告是 140mm 厚 617occ 镍基高温合金 Laser MPNG 焊接工艺研究[8]，该合金是基于 NiCr23Co12MoB 成分优化研发的新材料，晶粒尺寸为 ASTM 标准的 3~4 级，与 617B 高温合金相比具有良好的蠕变断裂和疲劳性能。窄间隙激光焊接技术 Laser MPNG 应用于 617occ 镍基高温合金厚板，不仅要考虑侧壁未熔合和气孔，还要考虑高温合金的焊接热裂纹敏感性和接头高温性能的降低。为此，在 Laser MPNG 技术基础上采用了新工艺策略。研究过程采用 IPG YLR 4000 激光器，芯径 50μm 的传输光纤，准直镜焦长 85mm，聚焦镜焦长 500mm，光斑直径约 300μm，焊丝为 NiCr22Co12Mo9（ENISO-18274-S-Ni6617），焊丝直径 1.2mm，焊接过程焊丝在前置，焊接参数和光束偏摆幅度随填充层高的增加进行调节，激光功率范围 2~4kW，焊接速度范围 0.5~1m/min，送丝速度范围 1~3m/min，垂直于焊接方向光束偏摆幅度调节范围 0.5~3mm。沿板厚方向，窄间隙焊缝截面分为三段工艺模式，如图 7 所示，即根部焊缝、单层单道焊和单层双道焊，单层双道焊厚度约为 25mm，光束振荡偏摆幅度调节范围缩小至 0.5~1.6mm。图 7 还显示沿板厚激光功率密度分布，根部焊接热输入约为 1kJ/cm，上层焊缝的热输入为 5kJ/cm。此工艺策略不仅保证了焊缝侧壁熔合，也避免了热裂纹产生。

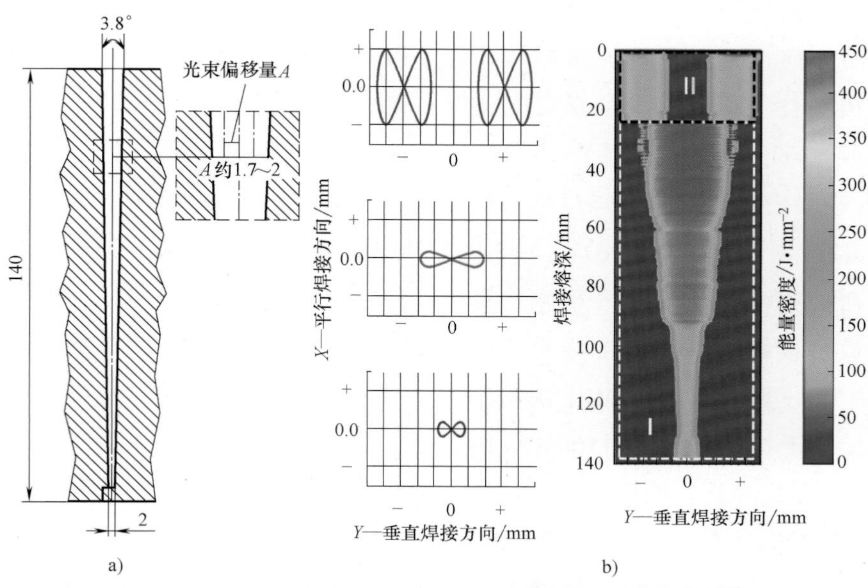

图 7 140mm 厚板的 Laser MPNG 工艺坡口及工艺策略[8]

a）焊接坡口中束流偏移 b）光束偏摆轨迹密度分布

图 8 所示为焊缝截面显微硬度分布，根部焊缝和单层单道焊接区域硬度在 200~220 HV 范围波动，单层双道焊接区域硬度则在 300~330 HV 范围波动，与上层焊接的热输入较大有关，但总体板厚方向硬度差异不大，焊后热处理即可达到均匀化。采用新工艺策略的 Laser MPNG 技术首次实现了 140mm 厚板镍基高温合金的低激光功率、低热输入窄间隙激光焊接，焊接接头组织性能也表明，焊缝及热影响区未发生元素明显烧损，蠕变强度和低周疲劳（LCF）抗力与母材相当。Kessler 博士认为，对于大厚度高强结构钢激光焊接，焊接质量保证的关键首先是激光光束 2D 高频偏转设计，如图 7 所示，即调节 X 和 Y 两个方向的频率比，使两谐波振荡合理叠加来获得最大的振荡频率[11]。光束偏摆轨迹、频率与激光功率密度的匹配可使坡口侧壁局部加热充分，以确保在激光束几乎掠入射的情况下熔池金属的润湿铺展性。

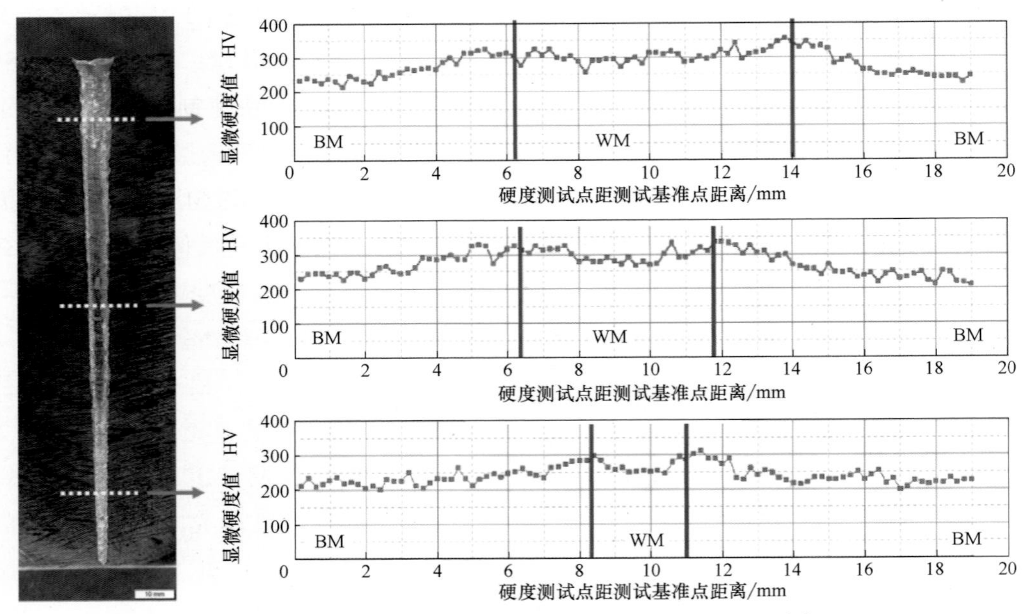

图 8　140mm 厚 Laser MPNG 焊接接头显微硬度分布[8]

极端环境下高强钢结构，其焊接接头韧性评价至关重要，而如何快速且准确评价厚板窄间隙激光焊接的接头性能引起工业界关注。瑞典吕勒奥理工大学 Volpp 教授的报告是关于 12mm 厚 S1100QL 高强钢窄间隙激光焊接接头性能的评价[9]，是瑞典创新局（VINNOVA）SIP 战略创新项目的研究进展，涉及焊丝研制、焊接热过程检测和数值模拟，以及焊接接头韧性快速评价方法。通常，强度高于 960MPa 的钢不易匹配等强焊丝，对于抗拉强度达 1500MPa 的 S1100QL 高强钢更难匹配焊丝。该项目基于强度为 950MPa 的林肯 LNMMoNiCr 焊丝进行 MC MoNiCr 药芯焊丝研制，通过强度和低温冲击吸收能量分析确定 Mo+Ni+Cr 的成分组含量，如图 9 所示，图中显示的是成分组含量对焊缝金属强度和 −40 ℃ 冲击吸收能量值相对百分比值的影响，其基值分别为 1160MPa 和 81J。

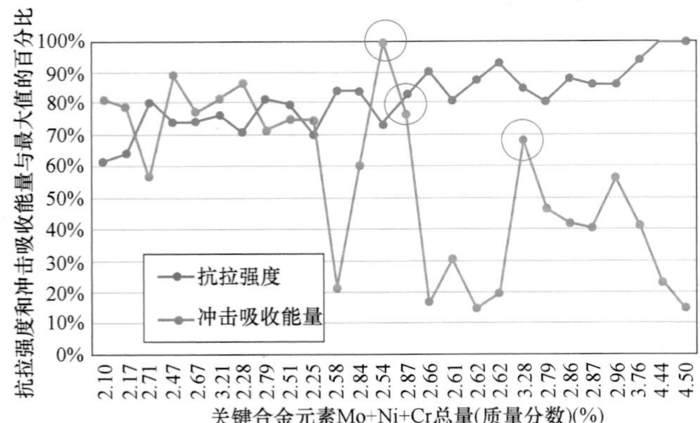

图 9　Mo+Ni+Cr 成分组对焊丝抗拉强度和冲击吸收能量的影响[9]

高强钢焊接接头的韧性与焊缝组织密切相关，而焊缝组织可由填丝化学成分和焊接热循环进行调控。Volpp 教授的研究就是探讨窄间隙激光焊接条件下如何调控焊缝成分和控制焊接热循环。首先利用高速成像、热电偶检测，与数值模拟结合了解熔池金属流动行为和焊接区域的热过程，进而预测组织相变行为和焊接接头性能，使得焊丝成分的确定适合于焊接热循环的需求，从而保证焊接接头的性能与质量。Volpp 教授认为，熔池金属中焊丝成分熔合分布均匀性影响高强钢焊缝韧性，多层焊比单层焊更利于焊缝成分的均匀化，因而改善了焊缝金属的组织及韧性；焊缝 Ni 含量分析也表明沿焊缝厚度方向是均匀的。据估算，氩弧焊 $t_{8/5}$ 为 9s，激光电弧复合焊 $t_{8/5}$ 为 1~5s，埋弧焊 $t_{8/5}$ 为 15s，而窄间隙激光焊为 1.51s。如图 10 所示，模拟采用 Ansys CFX，焊接速度为 0.3m/min，激光功率为 3000W，光斑直径为 1.6mm，焊丝采用了特殊的导向装置。快速冷却对焊缝韧性是不利的，因此激光电弧复合焊接呈现较高的韧性，而多层焊接中后焊接层对前焊接层的回火作用将会改善焊缝韧性。

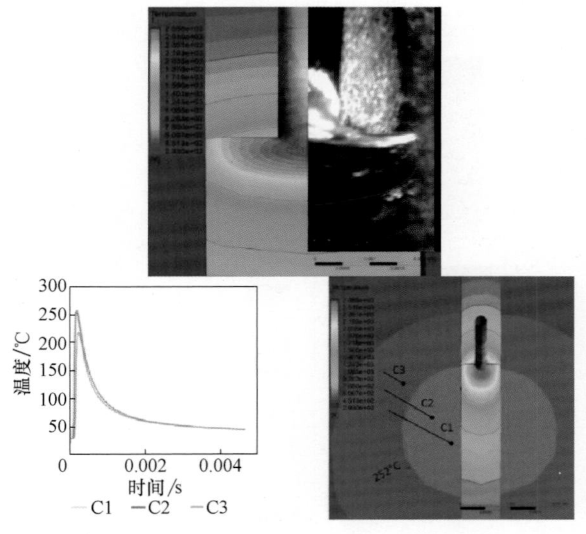

图 10 S1100QL 高强钢窄间隙激光焊热过程测试与模拟[9]

焊接接头韧性评价通常采用 CVN（缺口冲击韧性）和 CTOD（断裂韧性）测试法，前者测试速度快，后者可获得裂纹萌生与扩展的细节，但测试耗时。Volpp 教授对 S1100QL 高强钢窄间隙激光焊接接头性能的评价采用了改进型的快速 CTOD 测试法，试样缺口尖端用 EDM 制备 1mm 深裂纹，而不是通常的疲劳预制裂纹法，对三点弯曲试验结果进行 J 积分和 J_{prop} 积分分析，后者对从裂纹萌生的最高载荷值到最高载荷值 20%的裂纹扩展能的积分评估。图 11 所示为在不同焊接条件及不同填充焊丝下的窄间隙激光焊接焊缝的快速 CTOD 测试分析，J_{prop} 最大值是在采用药芯焊丝、水平焊接条件获得的。Volpp 教授认为，快速韧性测试方法可用于评价焊丝成分和工艺策略，窄间隙激光焊缝的高韧性可以被认为源于均匀元素分布和短热循环促进焊缝形成了回火马氏体和贝氏体组织。

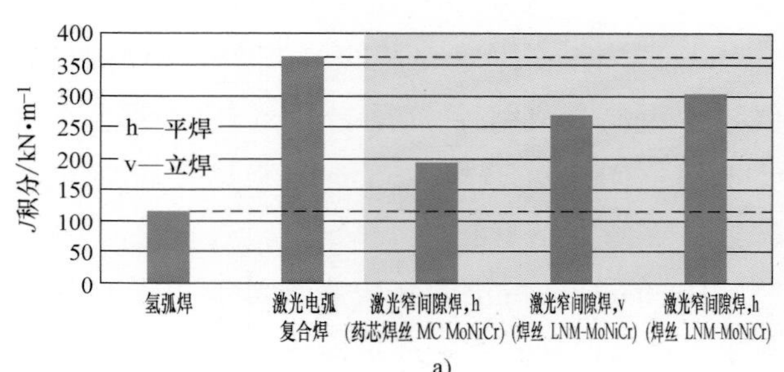

a)

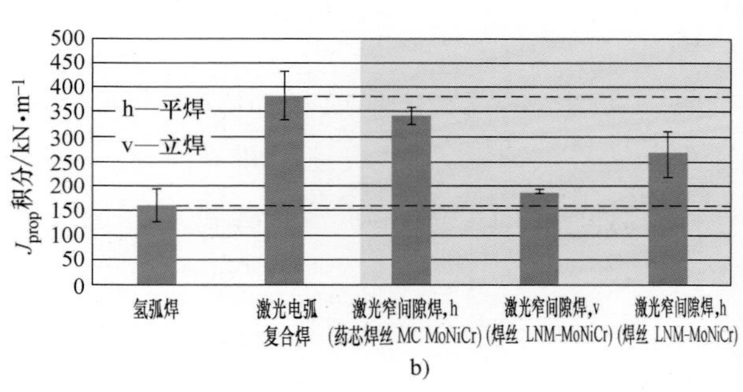

b)

图 11 不同工艺条件下焊缝的快速 CTOD 测试的韧性[9]

a）不同焊接接头的 J 积分 b）不同焊接接头的 J_{prop} 积分

4 面向软件工具的高能束流焊接工艺基础研究

对于关键结构的高质量高能束流焊接，如果焊后检验难以实施，就需要能够准确预测焊透和熔合区特性，以确保达到足够的焊接质量。

因此通过深入的工艺基础研究，揭示高功率密度和材料性能与焊缝几何特征和焊缝组织演变的相关性是焊接质量预测的最根本基础，其核心是软件工具开发，所以融入工艺设计和数字化的先进高能束焊接技术是当下乃至未来发展的重要方向。美国国家科学基金资助的“产学研合作研究中心（I/UCRC）”通过“制造与材料连接创新中心（Ma2JIC）”正在开展“Development of Computational Tools for LBW and EBW”项目。俄亥俄州大学的 Hochanadel 博士参与了此项目，其研究工作是激光焊接和电子束焊接工艺的系统性比较，此次报告是基于 304 不锈钢的工艺比较[2]，未来还将针对双相不锈钢、铝合金、钛合金、高强钢及镍基高温合金进行相关研究，最终目的是建立焊接参数、材料性能与焊缝几何形状及微观组织相关联的预测工具“图”。国内很多学者也提出了相关方面的研究，但缺少顶层规划和研究平台，且产学研协作落实不到位，这对于国内高能束流焊接智能化及软件工具开发是不利的。

Hochanadel 博士的报告主要涉及电子束焊接与激光焊接两种方法的焊接参数对 304L 不锈钢焊缝几何特征及焊缝组织的影响。激光焊接与电子束焊接的焊缝成形原理是相近的，但两种束流特性不同，就需对两种焊接方法的热效应进行比较，因此工艺研究首先是从束流特征分析开始，以便在束斑直径相同条件下进行工艺比较，同时也可通过工艺研究验证束流测试方法。激光焊接设备为 IPG YLS-4000 和 IPG YLS-10000，PRIMES 焦点检测仪分析激光光束，电子束焊采用 K10-HVE-BW 焊机，Pro-beam 电子束诊断工具分析电子束束流。根据所需的功率密度及束流分析，选取束斑直径 500μm 以确定两种焊接方法的工艺参数，电子束焊接功率为 200~800W，焊接速度为 20~90mm/s，工作距离为 208mm。激光焊接的激光功率为 400~2400W，焊接速度为 10~150mm/s，焦点工作距离为 207.5mm。报告表明，现有研究是为后期焊缝几何预测、焊缝凝固特征预测、接头相组织转变预测的计算工具研发积累数据。

图 12 是在功率不变条件下，焊接速度对 304L 不锈钢焊缝成形的影响，其中电子束焊接功率为 800W，激光焊接功率为 1400W。图 13 是在焊接速度为 25mm/s 时，焊接功率对焊缝成形的影响。根据效率计算发现，在小孔焊接效应条件下，焊缝面积与激光功率呈线性，与焊接速度呈反比关系。两种焊接方法对比，尽管焊

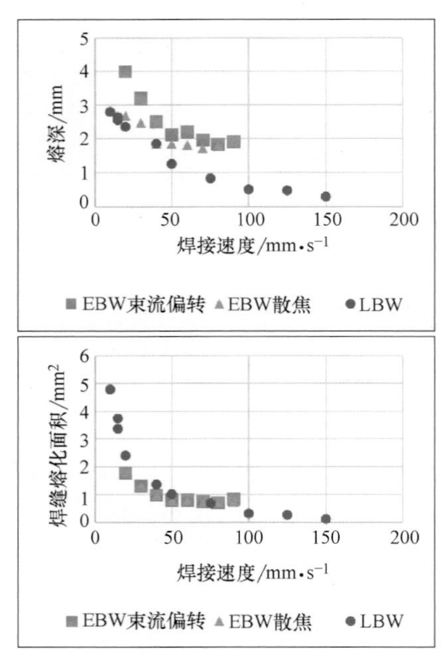

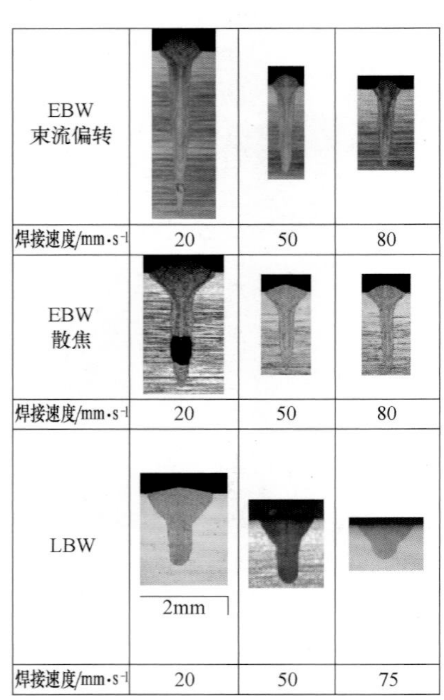

图 12 焊接速度对电子束焊和激光焊焊缝成形的影响[2]

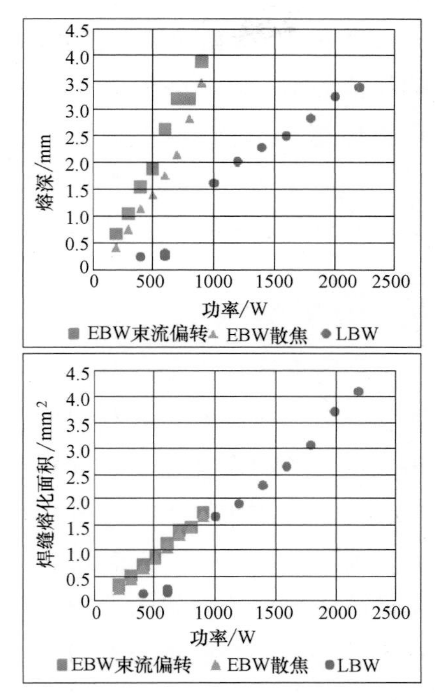

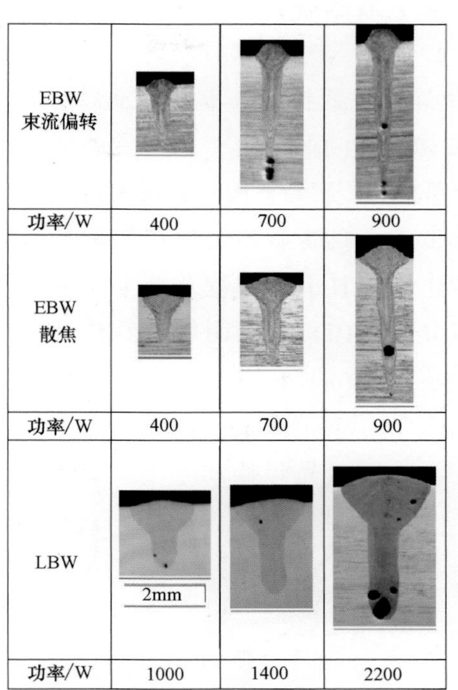

图 13　焊接功率对电子束焊和激光焊焊缝成形的影响[2]

接条件接近，但焊接参数对熔深的影响呈现明显的不同，而熔化面积变化趋势相近，表明两种焊接方法在小孔效应下焊接的熔化效率是相近的。焊缝组织凝固和相变与已有脉冲激光焊接的趋势一致，组织变化是凝固速度和冷却速度的函数。

对于高能束流焊接软件工具的研发，既需要系统性规划工艺基础研究，也需对已有的研究工作进行分析和总结。Patterson 教授认为应从工艺、材料和设备多维度、全方面地开展分析总结，其中也包括了多名中国学者的研究工作。具体规划涉及以下几个方面[3]：

1）高能束流焊接焊缝成形机理，涉及热导焊接模式、小孔焊接模式对焊缝成形的影响，并强调了过渡区焊接模式的作用。

2）高能束流焊接的冶金特性，包括熔池金属流动、小孔行为，以及受其影响的焊缝凝固特点、晶粒生长与取向特点、固态相变特点，还包括高能束流焊接特有的汽化效应对焊接冶金的影响，如图 14 所示。

3）电子束焊接熔深形成及数值模拟，涉及设备、束流物理特性、能量参数等多种因素的考虑。

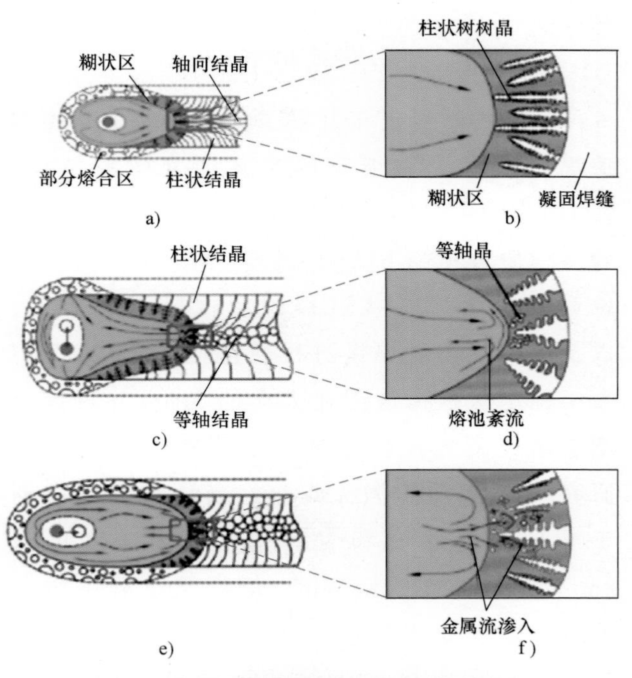

图 14　高能束流焊接熔池流动对焊缝凝固及组织转变的影响[3]

4）激光焊接熔深形成及数值模拟，包括 CO_2 激光、YAG 激光、半导体激光、碟片激光和光纤激光，与电子束焊接一样，需考虑多种因素的影响。

5）高能束流焊接过程检测技术，涉及最新的OCT线相干成像技术（图15），以及红外成像、高温检测、声发射、声光检测、金属蒸汽与分析、束流分析工具、焊缝监测及反馈控制技术等。这些技术往往是对工艺参数及细节工艺因素的数据提取分析的关键，也制约着软件工具的可应用性。

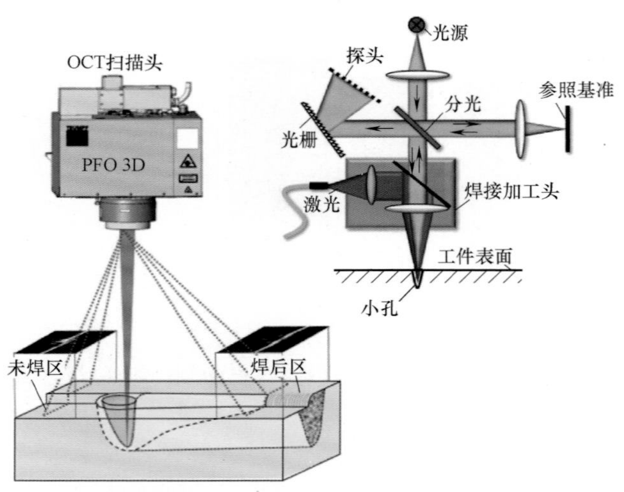

图15　焊接过程检测的OCT技术[3]

德国的学者近年开展了大量的对于高能束流焊接过程更为细节的工艺因素研究工作。在IIW 2019年度学术会议上，来自德国布莱梅射线研究所（BIAS）的学者报告了飞溅现象对激光深熔焊接过程稳定性影响的研究，以及保护气体对焊接过程稳定性影响的研究。今年德国伊尔梅瑙工业大学的Schmidt教授介绍了高速激光焊接条件下的飞溅控制技术的研究[10]。大功率激光焊接，高功率密度有利于提高焊接速度和生产率，焊接速度可从8m/min提高到20m/min，但焊接过程飞溅和焊缝质量变差成为新的问题。Schmidt教授通过对低、高速焊接飞溅的形成机理的研究，发现控制飞溅形成的关键在于平衡压力，根据他的研究，局部保护气流的精确控制可防止飞溅的产生[12]。该研究基于Truism激光，光斑直径为274μm，利用高速成像捕获飞溅的形成和局部气体的流动，采用质量损失量化飞溅情况进行焊接工艺优化，通过局部保护气流设计明显降低不锈钢未熔透焊缝和全熔透焊缝焊接过程的飞溅。下个阶段还将开展镀锌板对接与搭接焊接飞溅影响评估和局部保护气流控制的研究。

5　结束语

高能束流加工已成为关键结构高质量高可靠性制造不可或缺的技术，尤其是高能束流焊接技术。在智能化制造发展的时代，各国政府及全球的企业十分关注高能束流加工智能化提升，关注与数字化、智能化技术的深度融合，其重要的体现就是政府与企业联合的项目规划和资金支持。而高能束流加工智能化发展不仅急需进行基于数字化和信息化明确高能束流加工智能化的内涵研究，而且急需进行基于工艺数据积累和挖掘的工艺基础研究。近些年的技术报告已体现工艺基础研究中数值模拟和在线检测融合进行工艺优化，探索高能束流加工知识的产生与传承过程的技术研究，而获取知识需求分析工具，今年报告则更加表明了高能束流加工分析工具开发的迫切需求。

随着智能制造理念的深化，智能化技术的发展，高能束流加工技术研究应关注工艺线、信息线和设备线的融合与并进，解决从工艺分析到知识分析，再到工程实施的系统问题。关键技术一是反映加工过程本质的物理信息、工艺信息的提取与数字化表征，建立束源与材料热力耦合效应的理论数值分析与工艺过程仿真和预测的桥接作用，实现高能束流加工过程的“数字孪生”模型的计算、交互和控制策略。关键技术二是先进传感技术、信息分析技术与高能束流加工装备的融合，形成加工过程实时感知和数据提取技术，以及过程建模和仿真运行技术，实现过程工艺稳定性评价与调控，最终在高能束流加工技术应用中从产品设计到产品呈现全周期形成软件工具链。

参考文献

[1] STAUFER H. Draft Agenda Commission Ⅳ “Power Beam Processes” [Z]//C-Ⅳ-1465-20.

[2] HOCHANADEL J, PATTERSON T, LIPPOLDJ, et al. Influence of Focus and Deflection when Comparing Electron Beam Welds to Laser Welds at Varying Parameters in 304 SS [Z]//C-Ⅳ-1463-20.

[3] HOCHANADEL J, PATTERSON T, SUTTON S, et al. Review of Process Control for Electron Beam and Laser Beam Welding [Z]//C-Ⅳ-1455-20.

[4] ASSUNCAO E, BARBOSA D, BOLA R, et al. Prometheus impact in Europe [Z]//C-Ⅳ-1461-20.

[5] WARNER E, JONES G, PINTO T, et al. Electron Beam Welding of Hot Isostatic Pressed High Strength Low Alloy Steel for Pressure Vessels [Z]//C-Ⅳ-1457-20.

[6] SISODIA RAGHAWENDRA P S. Electron beam welding of S960QL high strength steel - Microstructural evolution & Mechanical properties [Z]//C-Ⅳ-1460-20.

[7] TÓTH T, HENSEL J, THIEMER S, et al. Electron beam welding of rectangular copper wires applied in electrical drives [Z]//C-Ⅳ-1459-20.

[8] BENJAMIN K. Extension of the process limits in laser beam welding of thick-walled components using the example of the nickel-based alloy Alloy 617 [Z]//C-Ⅳ-1464-20.

[9] VOLPP J, JONSEN P, RAMASAMY A, et al. Toughness properties at multi-layer welding of high-strength steels [Z]//C-Ⅳ-1453-20.

[10] SCHMIDT L, SCHRICKER K, BERGMANN J P. Effect of local gas supply on melt pool dynamics and keyhole formation in partial and full penetration laser beam welding at high welding speeds [Z]//C-Ⅳ-1458-20.

[11] BENJAMIN K, BRENNER B, DITTRICH D. Laser-multi-pass-narrow-gap-welding of nickel superalloy—Alloy 617OCC [J]. J. Laser Appl. 2019 (31), 022412.

[12] SCHMIDT L, SCHRICKER K, BERGMANN J P. Effect of gas flow on spatter formation in deep penetration welding at high welding speeds. [Z]//Lasers in Manufacturing Conference 2019.

作者简介：陈俐，女，1966 年出生，博士，中国航空制造技术研究院研究员。主要从事新材料激光焊接性及结构激光焊接质量控制技术科研工作。发表论文 50 余篇。Email：ouchenxi@ 163. com。

审稿专家：李铸国，男，1972 年出生，博士，上海交通大学材料科学与工程学院教授。主要从事激光焊接与表面工程领域的基础研究和应用研发。发表论文 100 余篇，申请国家发明专利 30 余项。Email：lizg@ sjtu. edu. cn。

焊接结构的无损检测与质量保证（IIW C-V）研究进展

马德志

（中冶建筑研究总院有限公司，北京　100088）

摘　要：本文基于国际焊接学会（IIW）2020年第73届年会第五委员会（IIW C-V）的相关报告，对焊接结构无损检测与质量保证方面的研究进展进行了整理。主要包括焊缝X射线检测、超声检测和基于电磁检测原理的焊缝无损检测方法与技术的研究进展，人工智能、结构健康监测（Structural Health Monitoring，SHM）、模拟仿真在无损检测和可靠性评估中的应用，以及无损检测标准化工作研究进展等内容。最后对焊接无损检测相关研究工作的特点和未来发展方向进行了评述和展望。

关键词：国际焊接学会；无损检测；焊接结构；质量保证；标准化；人工智能

0　序言

国际焊接学会（IIW）第73届年会于2020年7月15—25日在线上举行。在本次年会上，负责焊接结构无损检测与质量保证的第五委员会（IIW C-V：NDT and Quality Assurance of Welded Products）学术交流会议[1]于北京时间7月20—21日19：00~22：00进行。

7月20日，专委会主席Marc Kreutzbruck主持会议开幕式，介绍会议议程并做IIW C-V委员会年度工作报告[2]。报告介绍了过去一年来第五委员会在文献出版方面的进展、2019年布拉迪斯拉发会议议程和决议、第五委员会的组织结构、网站成员名单和2020年代表名单等内容。第五委员会的组织机构图如图1所示。

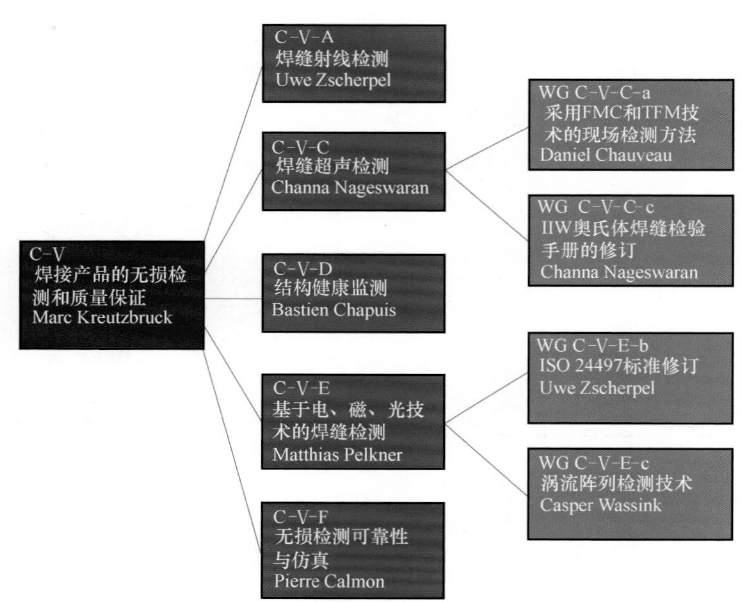

图1　国际焊接学会第五委员会（IIW C-V）组织机构图

会议听取了C-V专委会委各分委会2019年度的工作报告，主要聚焦在：①射线成像、焊缝超声全矩阵捕捉/全聚焦方法（Full Matrix Capture/Total Focusing Method Technique，TFM/

FMC）检测技术以及电磁检测技术；②基于结构健康监测（SHM）系统的导波检测与监测技术、用于管道腐蚀监测的无源弹性导波断层扫描检测技术；③相关国际标准的制定和修订；④结构健康监测、无损检测仿真与可靠性等方面的工作进展。来自多个国家和地区的30余位专家代表参加了交流。

会议还讨论了与其他委员会联合召开会议的计划和议题，包括增材制造中的无损检测、教育和在线学习、机器学习和无损检测中人的影响因素等，积极推进与国际标准化组织（ISO）在无损检测、结构健康监测标准化等方面的合作，寻求与世界无损检测委员会（The International Committee for Non-Destrcutive Testing, ICNDT）进行合作的机会。会议决定将两项标准草案ISO FDIS 23865、23864提交ISO审核，预计将于2021年发布。

本文主要根据此次年会期间各分委会的报告，对相关研究进行了整理。

1 无损检测技术发展

1.1 射线检测（Ⅴ-A分委会）

Ⅴ-A分委会主席、德国联邦材料研究与测试研究所（Bundesanstalt für Material forschung und prüfung, BAM）的Uwe Zscherpel做了分委会年度报告[3]，主要介绍了分委会在工业数字射线检测方面工作的情况。

1）焊接检测的新技术和标准。在采用柔性荧光体成像板（Imaging Plate, IP）的计算机X射线（Computed radiography, CR）技术和采用数字探测器阵列（Digital Dectect Array, DDA）的数字X射线（Digital Radi, DR）技术等方面与ASTM、CEN、ISO机构开展合作，对国际标准ISO 17636《无损检测——焊缝射线检测》第1部分（胶片）的修订进行了准备，将于2021年投票。

ISO 20890《轻水反应堆主冷却液回路部件的在用检验指南》标准于2020年6月发布，其中的射线检测部分被取消。

ASTM E 3168《低对比度射线底片评定》出版。

2）在国际原子能机构和无损检测协会的支持下，开展工业数字射线检测（Digital, Industrial Radiology, DIR）的培训工作。

3）参照ISO 5817《焊接——钢、镍、钛及其合金的熔化焊接头（束焊除外）——缺欠质量等级》和ISO 10042《焊接——铝和铝合金的弧焊接头——缺欠质量分级指南》的缺陷目录，计划将1985版的IIW焊缝射线图集以电子图片的形式发布，以用于科研和教育。

随后，Zscherpel教授又做了题为“用于焊缝射线检测的光子计数和能量辨别探测器”的技术报告[4]。光子计数器（Photon Counting Detector, PCD）是一种直接探测极微弱光的脉冲检测设备，如图2所示。它利用光电倍增管的单光子检测技术，通过对电子计数器鉴别并测量单位时间内的光子数，从而检测离散微弱光脉冲信号功率。根据对外部扰动的补偿方式，光子计数器分为三类：基本型、背景补偿型和辐射源补偿型。

图2 光子计数器

光子计数技术最早在医疗领域开始应用，作为新一代的射线成像技术，融合了核医学检测技术、探测技术、专用集成电路技术、先进半导体封装技术等众多学科的成果，能有效降低入射射线剂量，在减少X射线辐射伤害的同时还能保证成像效果，特别适用于对剂量敏感的成像领域。将光子计数技术引入到工业X射线检测，可以有效解决中厚板特别是大厚度板X

射线检测的难题。许多科学家一致认为，光子计数技术将是 X 射线成像未来的发展方向，目前我国还处于 X 射线光子计数技术应用与商业化的初级阶段，发展较为缓慢。PCD 直接探测成像与闪烁计数器间接探测成像的技术原理对比如图 3 所示。

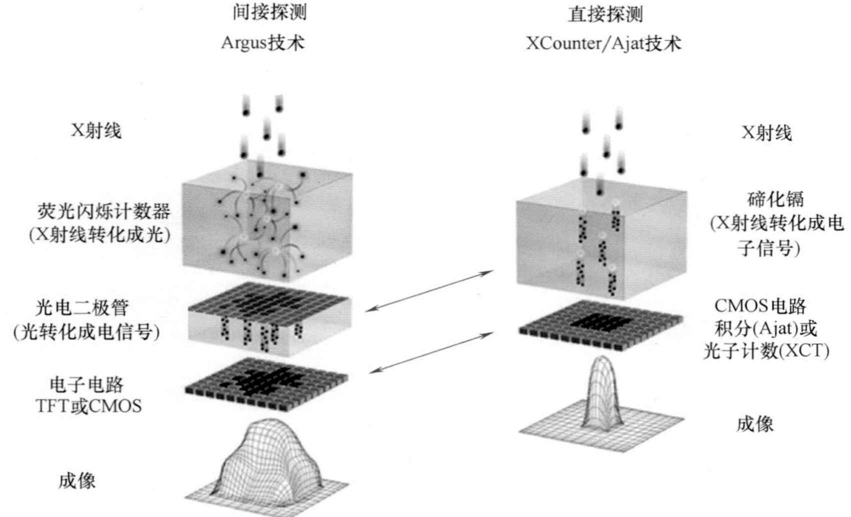

图 3　PCD 直接探测与闪烁计数器间接探测技术原理对比

光子计数技术的特点见表 1，其成像质量与间接探测技术对比如图 4 所示。

表 1　光子计数技术的特点

优点	局限
图像锐利 不读出噪声 高对比敏感度 高动态范围 适合大厚度检测	单晶尺寸限制（碲化镉最大 12mm×25mm） 成本高（碲化镉单晶价格高昂） 校准容易受到外界因素影响（光、温度）

光子计数技术可应用于大厚度板焊缝的检测、碳纤维增强塑料、双能成像等方面。

由于对单个 X 射线光子响应的像素簇更大，因此相对于高能 X 射线来说，其分辨率更好，图 5 为 70mm 厚板检测结果，［管电压为 270kV（ISO 17636—2 推荐为 600kV），功率为 300W，单帧为 4800，帧频为 2Hz，最大计数为 10000］采用本技术获得图像质量与标准要求对比见表 2。

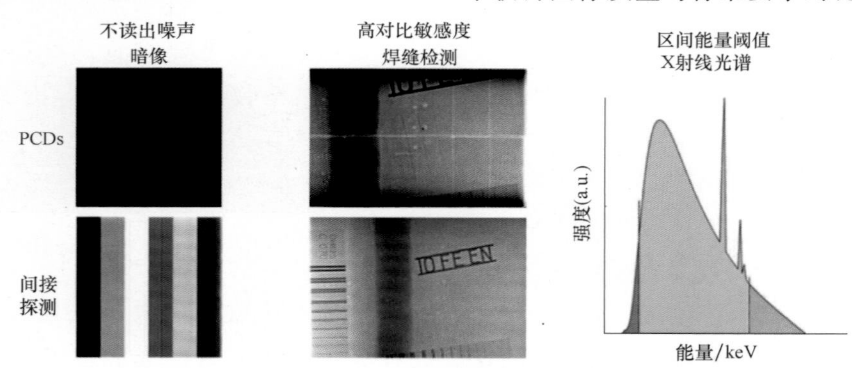

图 4　PCD 直接探测与闪烁计数器间接探测成像质量对比

表 2　光子计数技术检测图像质量与标准要求的对比

图像质量	ISO 17636—2（B 级）标准要求	直接转换光子计数
焊缝归一化信噪比（SNR_N）	70	105
单丝型像质计（对比灵敏度）	W10	W11
双丝型像质计（基本空间分辨率）	D10 （0.2 mm）	D10 （0.2 mm）

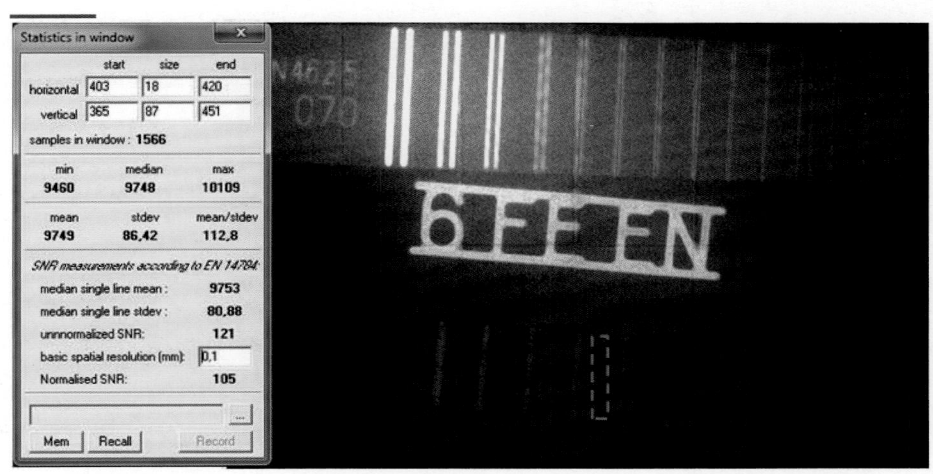

图 5　采用光子计数技术的 70mm 厚板检测结果

1.2　超声检测（Ⅴ-C 分委会）

Ⅴ-C 分委会主席、法国焊接研究所的 Daniel Chauveau 做了分委会年度报告[5]，介绍了目前Ⅴ-C分委会关注的超声检测（UT）标准，包括 ISO 17640：2018、ISO 22825：2017、ISO 13588：2019、ISO 20601：2018、ASME BPVC. Ⅴ—2019 等，以及 2020 年的分委会活动，主要包括提交 ISO 23864 和 ISO 23865 标准的最终国际标准草案（FDIS 稿）；在对 API RP 941 附录 E“高温氢腐蚀（HTHA）的检测”的修订中，将无损评估（Non-Destructive Evalution，NDE）相关内容迁移到新的 API RP 586 标准中，然后介绍了分委会在裂纹缺陷定量和人工智能方面的工作。

最后介绍了分委会当前和今后的工作：①完成标准 ISO 23864 和 ISO 23865 的所有工作；②继续进行由国际焊接学会编辑出版的第 3 版《奥氏体手册》的修订工作；③编写裂纹缺陷定量的指南、标准、推荐工艺、最佳程序；④推动人工智能/机器学习（AI/ML）在超声检测中的应用，包括存在困难、优势分析和标准化等方面的工作。

（1）裂纹缺陷定量　在裂纹缺陷定量的研究中，通过标准缺口试样的疲劳试验介绍了裂纹扩展的实时成像方法和大小测量的过程（图 6、图 7）与结果（图 8）。

（2）人工智能　人工智能 AI（Artificial Intelligence），是研究、开发用于模拟、延伸和扩展人的智能的理论、方法、技术及应用的一门技术科学，人工智能的发展对现代社会的进步有着重要意义。机器学习是大多数领域人工智能（包括超声检测）广泛研究的一个重要领域，

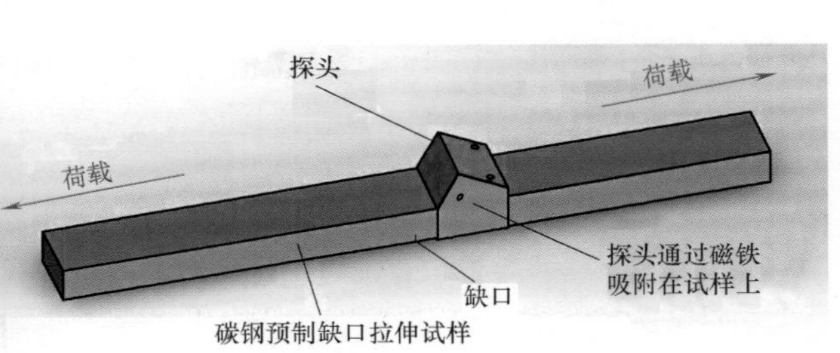

图 6　标准缺口试样疲劳试验和超声检测的装置

图 7 裂纹扩展过程监测

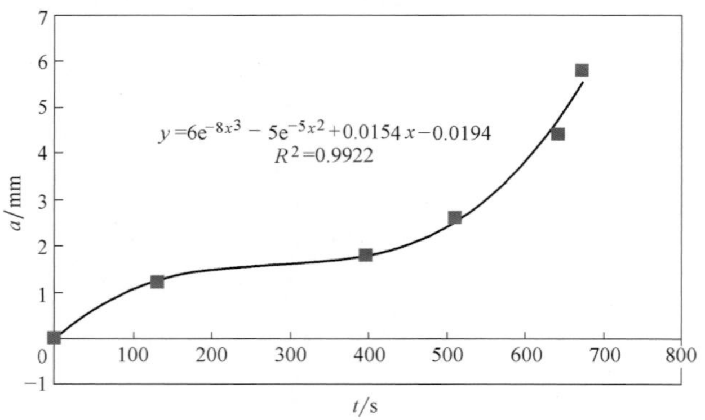

图 8 基于 Paris 公式（Paris′Law）的 a-t 曲线

这里的所谓“机器”即计算机，通过模仿人脑的“神经网络”，基于大量“训练”，积累数据或经验，生成算法并以此做出判定。图 9 所示为具有三层结构的典型神经网络结构图。

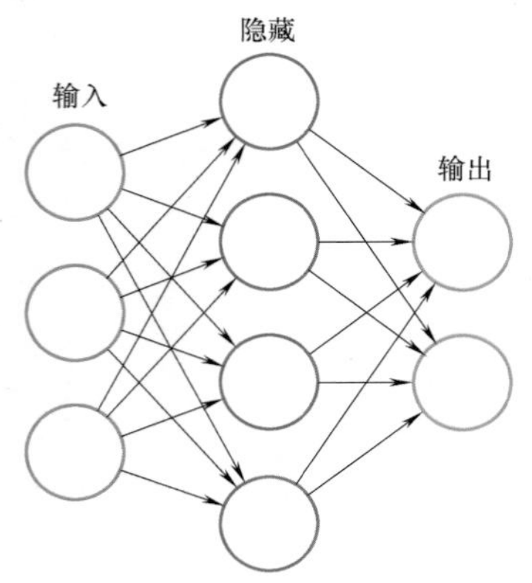

图 9 三层结构的典型神经网络结构图

（3）焊缝 FMC/TFM 超声检测工作[6][7][8][9]

FMC/TFM 是用于相控阵超声检测的信号采集和处理方法。全矩阵采集方法（Full Matrix Capture，FMC）为信号采集方法，全聚焦处理方法（Total Focusing Method，TFM）为信号处理方法，其基本原理如图 10 所示。FMC/TFM 技术近年来发展很快，涉及此技术的两个 ISO 标准，ISO 23864、ISO 23865 已进入最终国际标准版草案（Final Draft International Standard，FDIS）阶段。

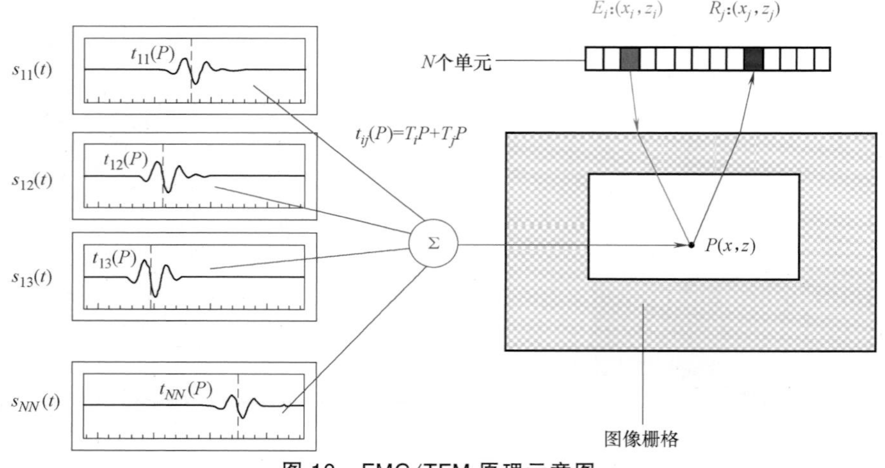

图 10 FMC/TFM 原理示意图

a）全矩阵采集（FMC）N×N 信号 $s_{ij}(t)$ b）全聚焦处理方法（TFM）捕捉信号幅值求和 $t_{ij}(P)$

1）FMC（全矩阵采集）。FMC 是 TFM 技术的先决条件（TFM 也可以处理其他的数据矩阵，如半矩阵数据、稀疏矩阵等）。FMC 数据产生的过程：在一个采集周期内，探头中的每个阵元依次发射一次声波，形成 n 个次序的发射。对于每个次序的发射，每个阵元都接收一个 A 扫信号。从而得到 n 行发射、n 行接收组成的 n^2 个 A 扫信号。图 11 显示的是以 4 个阵元为例，得到的 4×4 个 A 扫信号 A_{ij}。对于平面内任何位置处，发射和接收时间之和相等的点，采用同一种颜色表示。对 A 扫信号进一步处理，得到 ROI（Region of Interest）区域内的图像。

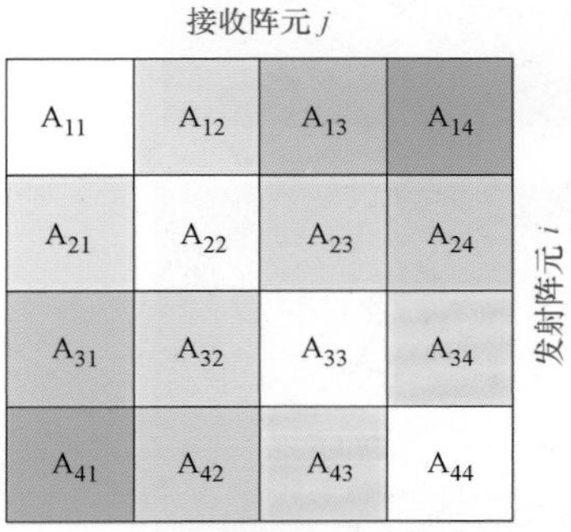

接收阵元 j

A_{11}	A_{12}	A_{13}	A_{14}	发射阵元 i
A_{21}	A_{22}	A_{23}	A_{24}	
A_{31}	A_{32}	A_{33}	A_{34}	
A_{41}	A_{42}	A_{43}	A_{44}	

图 11　全矩阵采集（FMC）

2）ROI（检测区域）。操作者可以定义平行于阵元方向的横截面区域尺寸，但是，必须确保该区域位于阵元声场的有效区域内。我们假定反射体 P 位于 ROI 中。激发阵元 1，阵元 1～n 都接收来自 P 点的回波信号。可以计算 P 点对应的声时 TOF，并测量不同声时对应的阵元接收到的回波信号幅值 a_{11}，a_{12}，a_{13}，…，a_{1n}。对阵元 2，3，…，n 分别重复该计算步骤和测量步骤，最终得到 n^2 个幅值信号。将这 n^2 个幅值信号进行叠加，得到 P 点的幅值信号。

3）图像重构。采用幅值确定的调色板，将 P 处信号叠加之后的幅值转换成相应的颜色，并在成像区域中 P 处显示该颜色。随后，系统将开始下一次的数据采集周期，并发送原始数据，重构图像。

4）声束覆盖。在 FMC 中，每个阵元都发射和接收信号，并且由于阵元的宽度小，单个阵元产生的声场扩散角大，采用发射-接收技术，整个探头声场覆盖的角度随着阵列长度的增加而增加，从而对倾斜的反射体具有更好的检测能力，相比常规的相控阵，TFM 不仅提高了图像的分辨率，而且覆盖的区域非常大，PAUT（相控阵超声检测）和 FMC/TFM 的核心操作程序对比如图 12 所示。图 13 所示为采用 FMC/TFM 对 HIC/SWC（氢致开裂/阶梯裂纹）的成像结果。

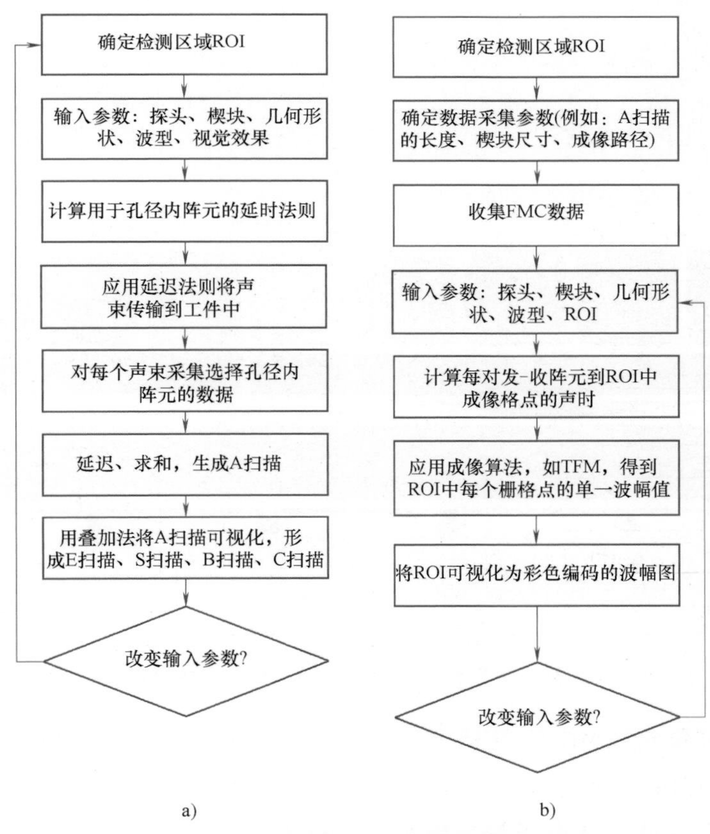

图 12　PAUT 和 FMC/TFM 的核心操作程序对比

a）PAUT　b）FMC/TFM

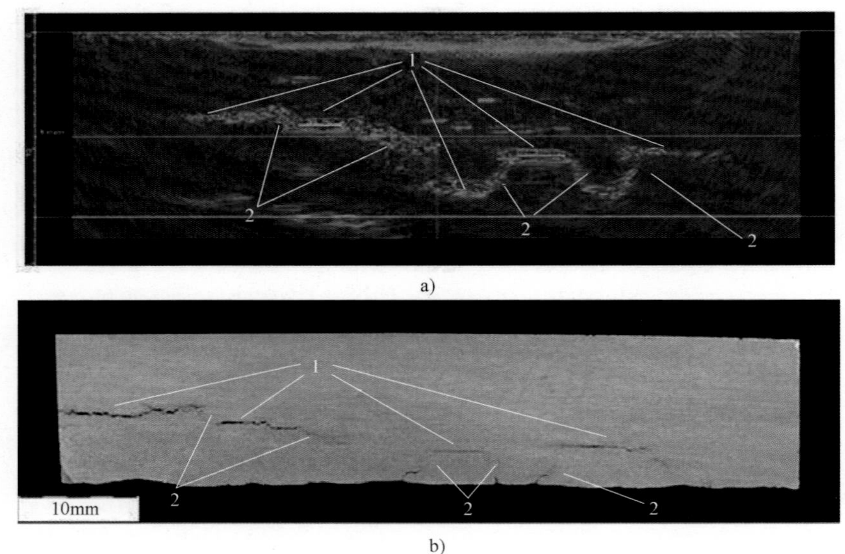

图 13 HIC/SWC 裂纹及对应的 FMC/TFM 检测图像

a）FMC/TFM 图像 b）与 FMC/TFM 图像对应的试样宏观图像

1—HIC（氢致开裂） 2—SWC（阶梯裂纹）

1.3 基于电、磁、光学方法的焊缝检测（Ⅴ-E 分委会）

Matthias Pelkner 做了题为“基于电、磁、光学方法的焊缝检测技术”的 V-E 小组专委会年度报告[10]。首先回顾了 2019/2020 年涡流矩阵（Eddy Current Arrays，ECA）工作组的活动，并介绍了金属磁记忆（Metal Magnetic Memory，MMM）标准 ISO 24497—1 和 24497—2 的修订情况；然后介绍了未来行动计划，即在欧洲无损检测联盟（European Federation for NDT，EFNDT）的倡议下成立增材制造无损检测工作组，主要致力于“增材制造无损检测”的相关技术及标准化研究。

1）增材制造无损检测工作组（WG6）的工作内容如图 14 所示。

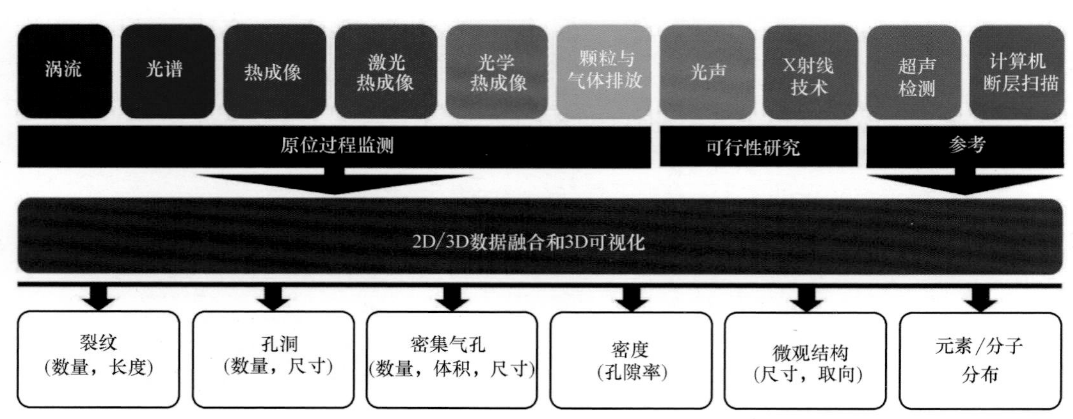

图 14 增材制造工作组（WG6）的工作内容

2）ECA 工作组成立的提案[11]在 2019 年于布拉迪斯拉发举办的第 72 届 IIW 年会上提出并通过，组长为 Casper Wassink，在本次会议做了年度报告[12]。

表面检测涡流矩阵主要有三种类型，包括交替平板线圈（Alternating Pancake Coils）、交流电磁场测量（Alternating Current Field Measurement，ACFM）阵列和线圈磁力计（Meandering

Winding Magnetment，MWM）阵列。ECA 检测分辨率取决于阵列的拓扑结构，如图 15 所示。图 16~图 19 为各种方法检测概率（Probability of Detection，POD）的对比，可以看出，与磁粉检测（MPI）和渗透检测（PT）相比，ECA 对于裂纹、埋藏深度达 0.5mm 的嵌入性缺陷以及局部硬点等缺陷具有很高的灵敏度，同时与传统涡流相比增加了检测的穿透深度。

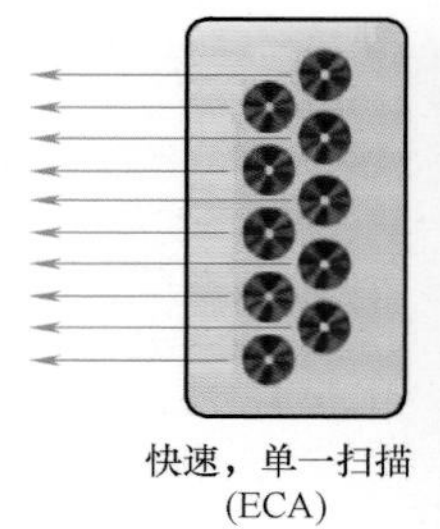

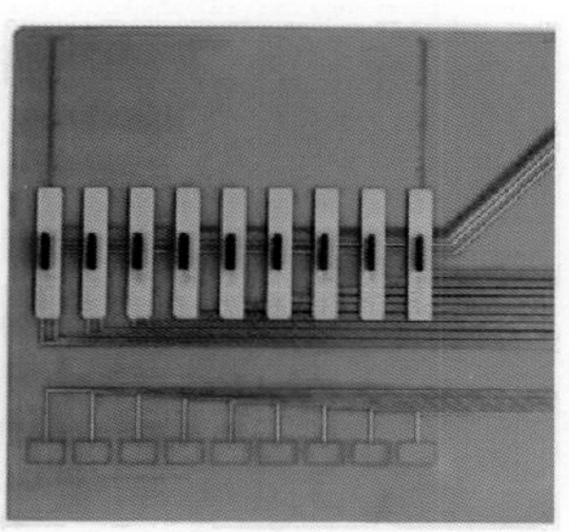

图 15　涡流矩阵检测技术的传感器阵列

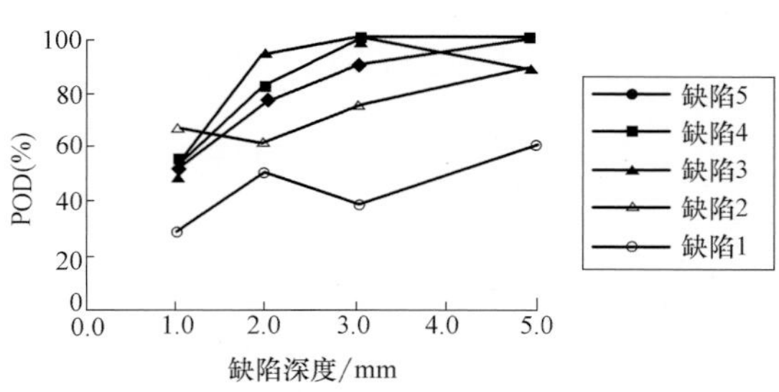

图 16　表面缺陷 MPI 检测概率（POD）

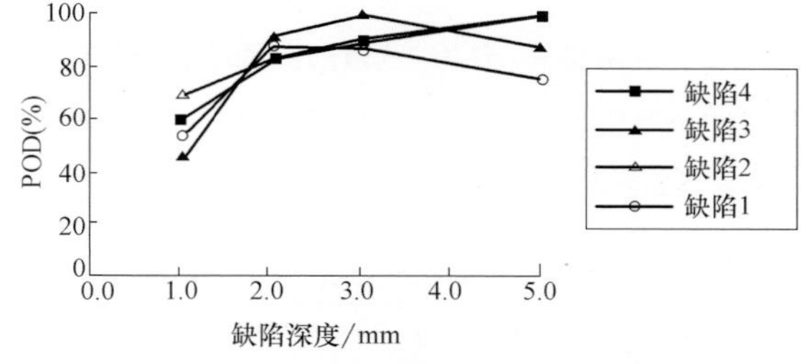

图 17　表面缺陷 ACFM 阵列检测概率（POD）

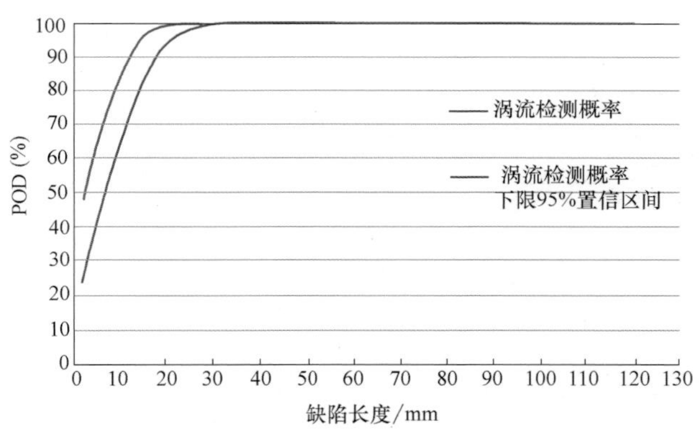

图 18　ECA 的检测概率

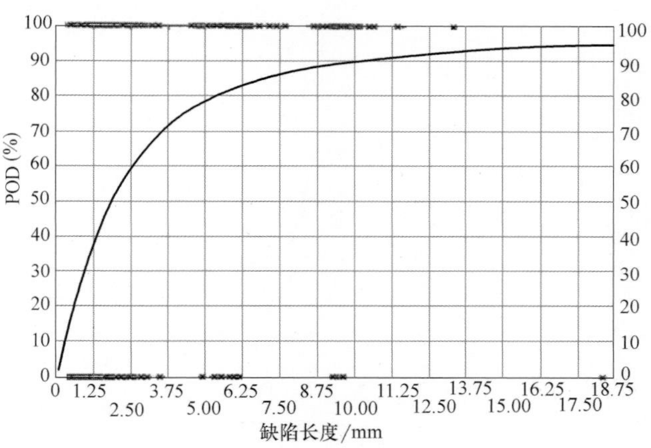

图 19　PT 的检测概率

3）S. M. Kolokolnikov 介绍了金属磁记忆法（MMM）技术诊断参数的试验证明过程[13]。试验采用 MMM 法对钢试样在不同拉伸荷载的条件下（小荷载、大荷载）的自磁场进行测量，得到不同加载阶段的磁特性。结果表明，试样的自磁场变化与拉伸应变存在对应关系，从而得到在裂纹形成时自磁场与力学性能（应力、应变）的定量相关性，根据此相关性，即可在实际诊断中确定裂纹形成时金属的极限状态。

① 通过对不同钢种、不同形状的试件，在不同拉伸试验机上进行不同应变条件下的拉伸试验（图 20），得到了钢的磁特性和力学特性之间关系的一般规律。同时发现，试样的自磁场变化曲线与拉伸力学性能曲线高度相关，如图 21 和

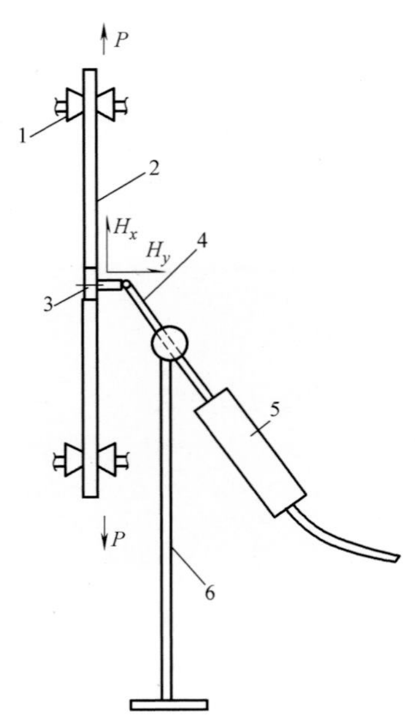

图20　试件自磁场 H_y 和 H_x 分量的测量试验布置示意图

1—拉伸试验机钳口　2—试样　3—检测部位　4—传感器　5—电子组件　6—传感器支架　P—拉力

图22所示，两图中的 $A\sim H$ 点的数据一一对应。

② 试验证实了MMM方法中使用的诊断参数与拉伸应变和力学特性 σ_{pc}、σ_{02}、σ_t 和 σ_{lim} 的定性和定量相关性。

③ 在设备实际诊断过程中，可以根据拉伸试验获得的磁特性和应变关系式，通过测量被检对象的磁参数来确定金属在裂纹形成时的极限状态。

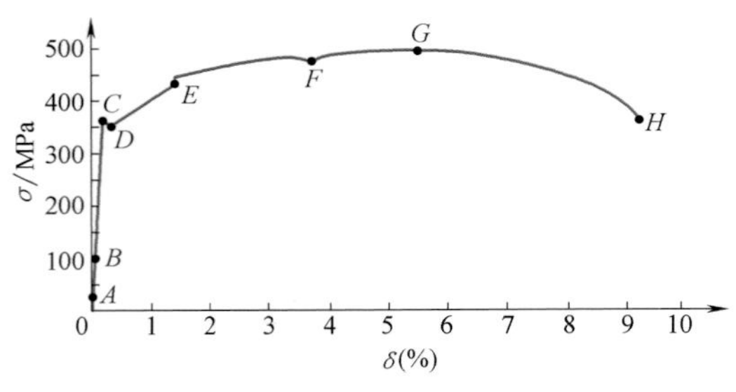

图21　试样拉伸的应力-应变曲线

σ—应力　δ—应变

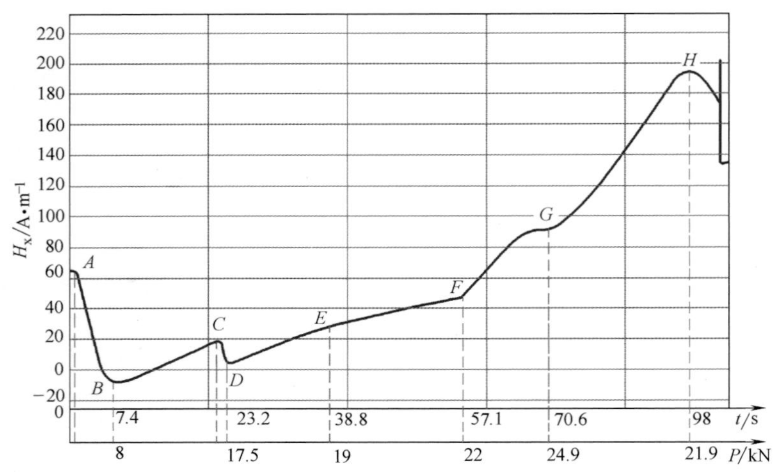

图22　试样拉伸的 H_x-P 曲线

H_x—自磁场　P—荷载　t—时间

2　结构健康监测（V-D分委会）

7月21日，Bastien Chapuis做了“结构健康监测”V-D小组分委会年度报告[14]，介绍了在模型辅助检测概率（Model Assisted POD，MA-POD）评估方法中所做的工作和取得的进展，主要包括以下内容。

1）结构健康监测的概念：通过在构件上预置传感器采集数据并分析来评估结构健康的过程。《固定翼飞机结构健康监测实施指南》ARP 6461首次对结构健康监测（SHM）的术语和方法进行了标准化定义（用于航空领域），结构健康监测系统示意图如图23所示，其与传统无损检测的比较见表3。

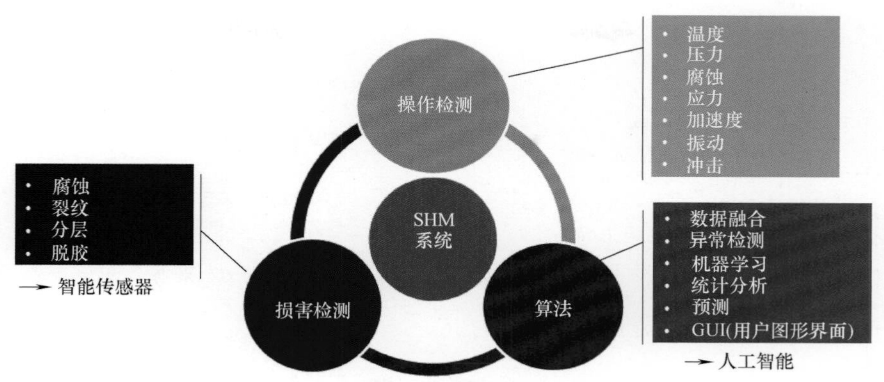

图 23　结构健康监测系统

表 3　结构健康监测与无损检测的比较

内容		NDT	SHM
传感器	类型	在操作过程中可以使用不同的传感器	在操作过程中不能改变传感器
	位置	可在表面移动	固定位置
测量		依靠已校准设备的当前检测	传感器的数据与基础数据对比
分析		各次检测的数据独立	各次检测的数据相关

2）Bastien Chapuis 在报告里还推荐了 MAPOD 评估方法，与常规试验方法相比，MAPOD 具有以下特点：

① MAPOD 主要目的是用数值模拟代替大型或实施困难的试验，通过改变模型输入参数，使用仿真输出的变化再现无损评价（NDE）结果的分散性。

② 可获得更多的数据。

③ 可以获得超越基于试验的“标准”方法的分析，也可以评估替代的分析方法。

④ 可以更系统地研究影响参数的变化（对检测结果的影响）。

实现 MAPOD 需要建立试验验证的数值模型，确定有效的计算策略以及各影响参数变化规律的先前得到验证的知识。总之，MAPOD 将是 SHM 可靠性评估的一个关键方法。

3）Bastien Chapuis 又介绍了基于 POD 评估方法的仿真试验，试验装置如图 24 所示，试验铝板中心孔预制缺口如图 25 所示，试验变量分布如图 26 所示。

在板的两端施加循环拉力载荷，根据裂纹扩展长度，通过逸捕法（Pitch-Catch）和裂纹长度检测概率法确定损伤指数（Damage Index，DI）。图 27 和图 28 所示分别为独立损伤指数和非独立损伤指数。

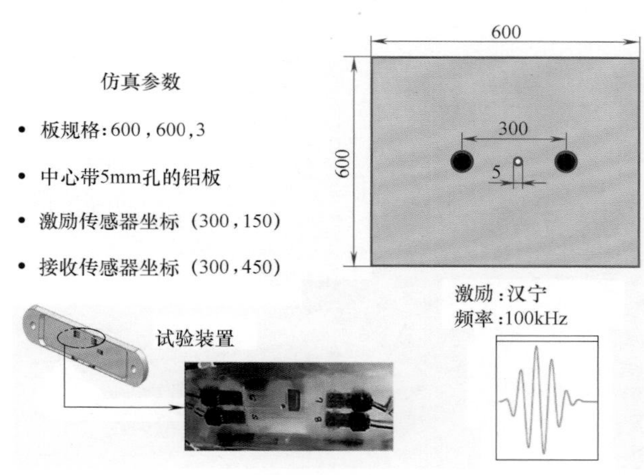

图 24　仿真试验装置

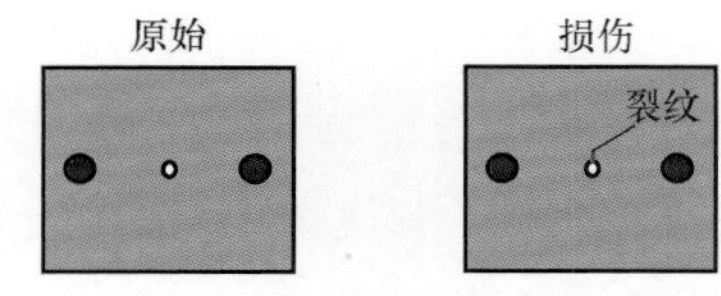

图 25　试验铝板中心孔预制缺口示意图

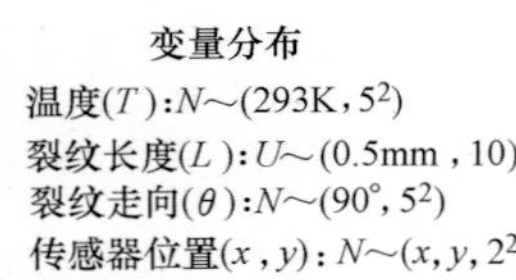

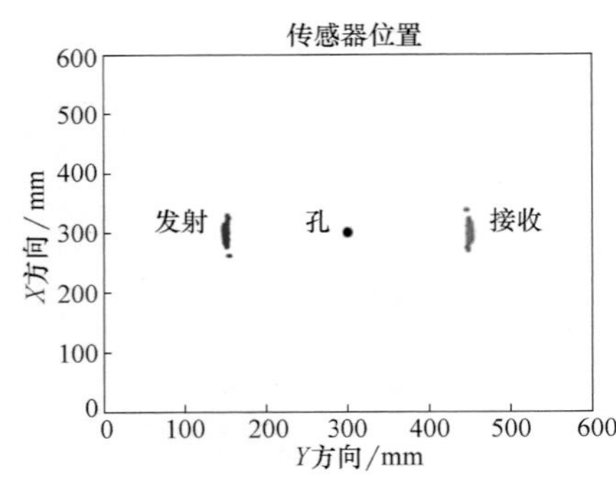

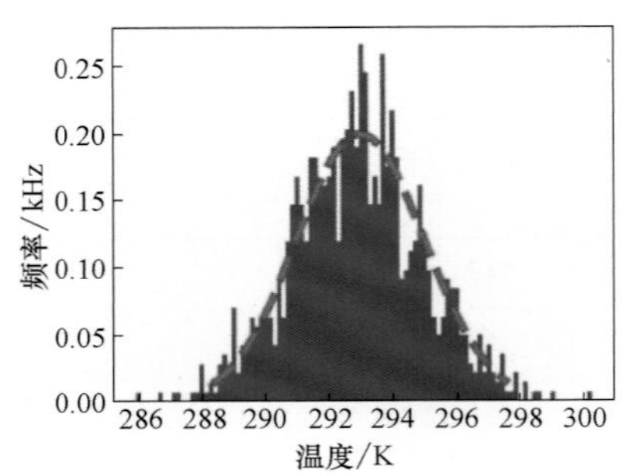

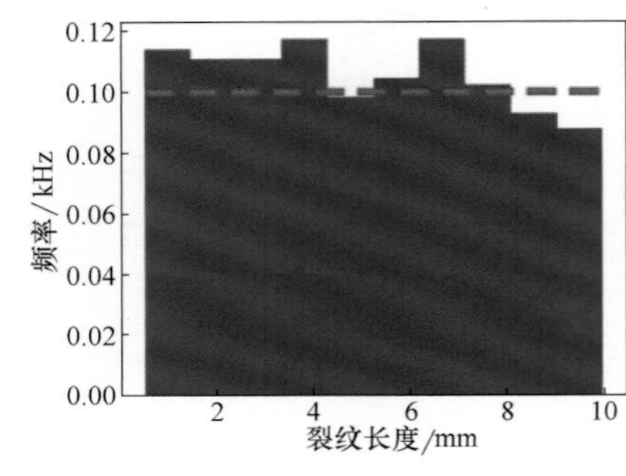

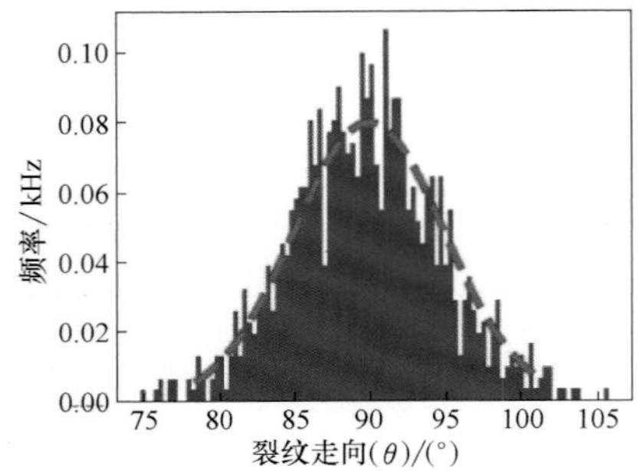

图 26　仿真试验变量分布

1000个试样

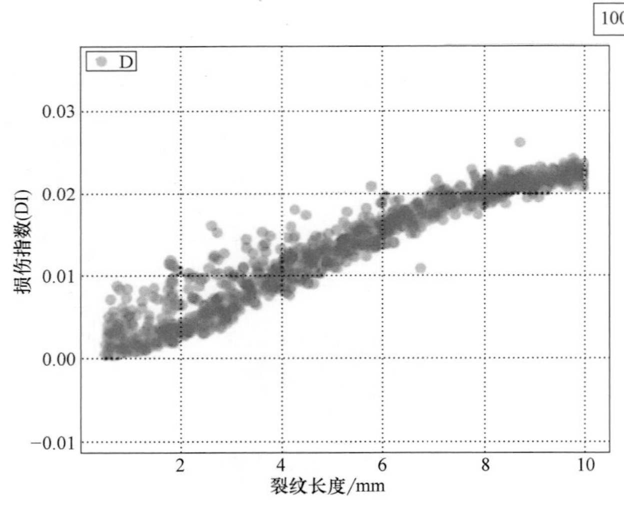

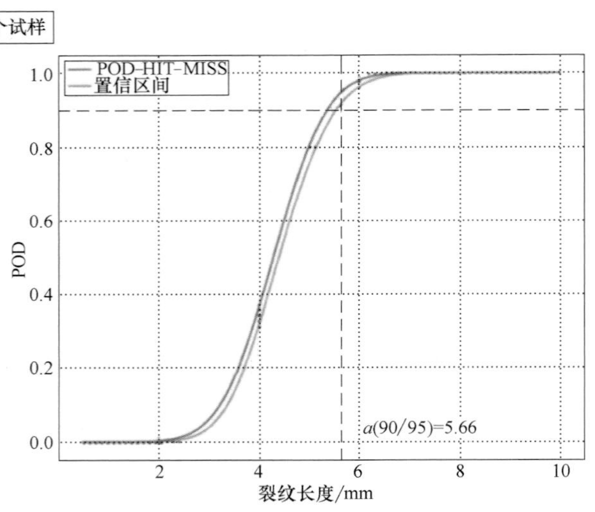

图 27　独立损伤指数

根据图 29 比较，检测长度 LaD 的正态分布也可以用威布尔分布来代替，图 30 比较了基于非独立数据集的威布尔分布 LaD-POD 曲线和经典的基于独立数据集的“击中击不中”（HIT-MISS）-POD 曲线，初步的结果表明 LaD-POD 即使在假设的条件没有得到完全满足的情况下，所得到的结果依然与 HIT-MISS-POD 相差不大。因此，在修订的《结构健康监测系统检测能力评估指南》ARP 6821 中推荐使用 LaD 和随机效应模型，当然这需要更多的工作来验证建议的方法。

4）Roberto Miorelli 做了“基于 SHM 系统的复合材料导波检测缺陷定性的深度学习”的报告[15]，介绍了应用于结构健康监测原始信号的导波成像，通过延迟叠加（Delay and Sum，DAS）算法对原始信号进行后处理创建图像，为被检样

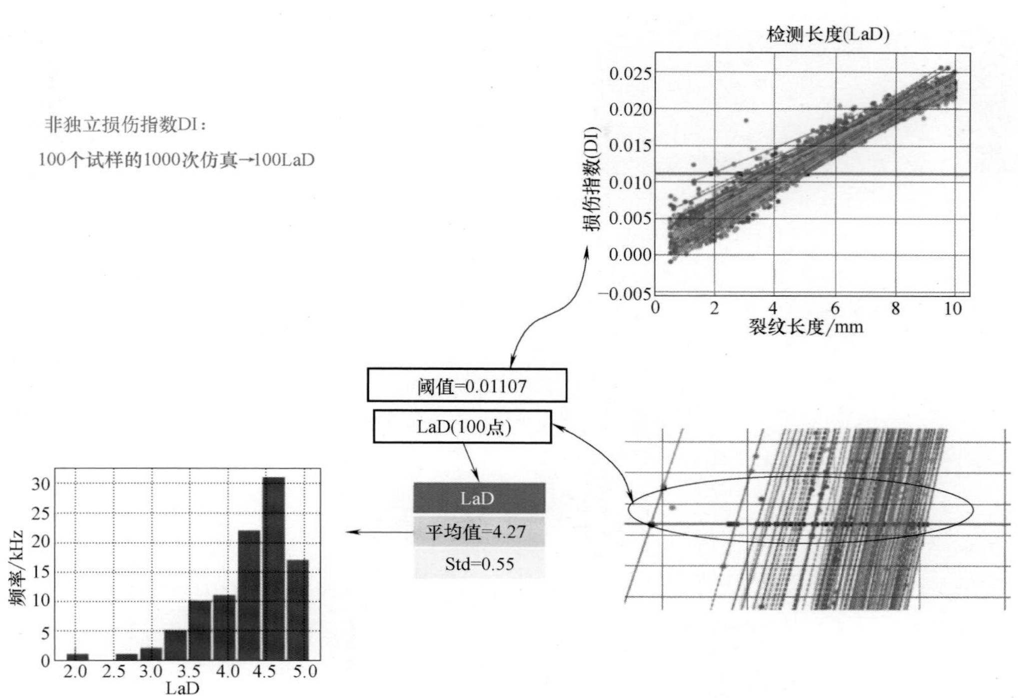

图 28　非独立损伤指数（假设 LaD 为正态分布）

DI—损伤指数（Damage Index）　LaD—检测长度（Length at Detection）　Std—标准差（Standard Deviation）

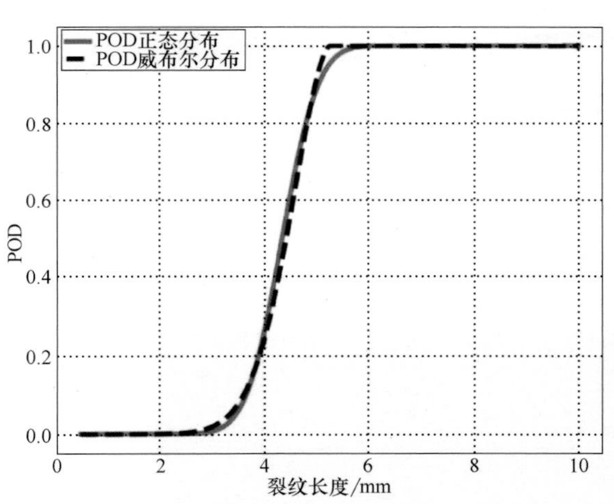

图 29　LaD 正态分布 POD 曲线和威布尔（Weibull）分布 POD 曲线比较

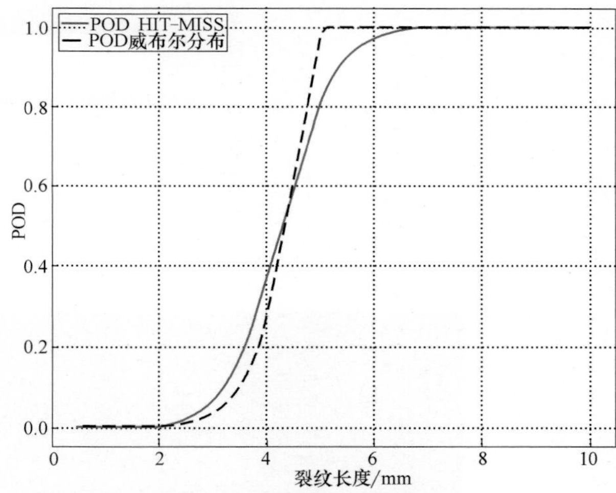

图 30　威布尔分布 LaD-POD 和 HIT-MISS-POD 的比较

（独立数据：1000DI；非独立数据：100LaD）

本提供健康指数，其工作原理如图 31 所示。

报告还介绍了模型驱动的深度学习模式，包括数据集和深度学习模型的生成、用于缺陷定位和定量的卷积深度神经网络结构的应用，以及 CRFP 板分层的定位和尺寸评估试验，获得了很好的检测结果。

5）Huu Tinh Hoang 做了“用于管道腐蚀监测的无源导波层析成像技术”的报告[16]。该技术利用导波在固定频率的条件下，波速的变化仅与管道壁厚有关的特点，对管壁腐蚀程度进行监测，其工作原理如图 32 所示。

有源信号（Active Signals）和无源信号（Passive Signals）的对比如图 33 所示。

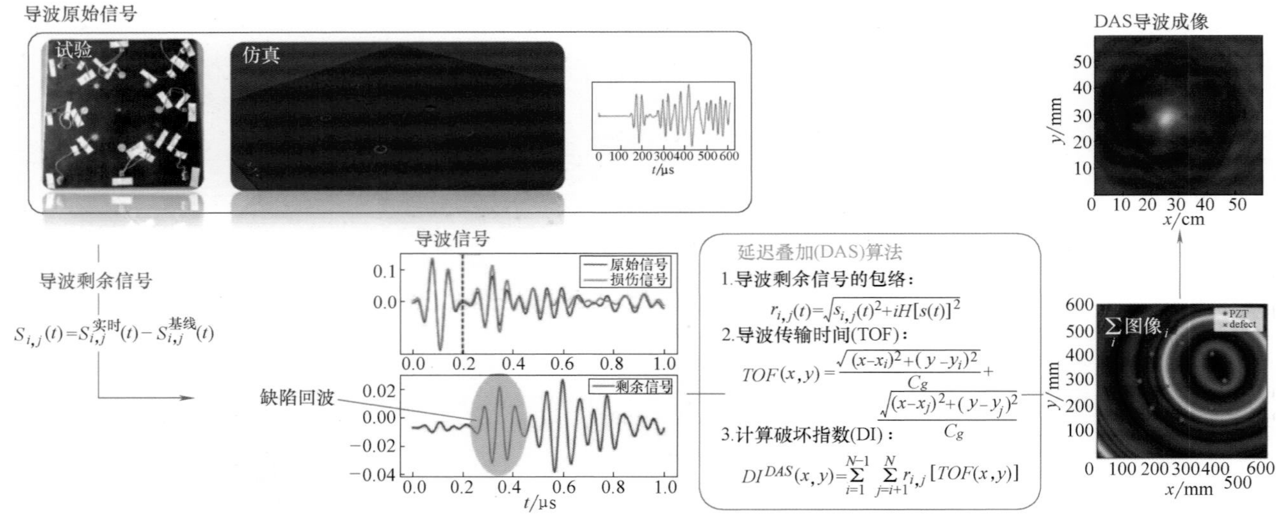

图 31　导波成像原理

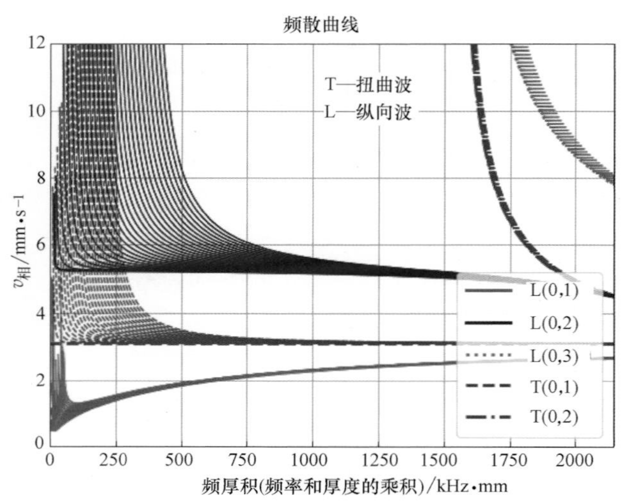

图 32　管道腐蚀导波监测原理

腐蚀→壁厚减薄→传播时间（声速）、相位和幅值变化

无源信号不需要发射声波，可在运行中进行检测，同时具有良好的信号重建性能。该技术利用管道中可用的噪声源（无源信号），如管道内流体循环引起的湍流即可对管壁腐蚀进行监测（图 34）。

无源导波检测结果如图 35 所示，结果表明，利用流体在管道中产生的噪声，采用无源导波方法具有良好的层析成像性能，验证了管道腐蚀检测的可行性。

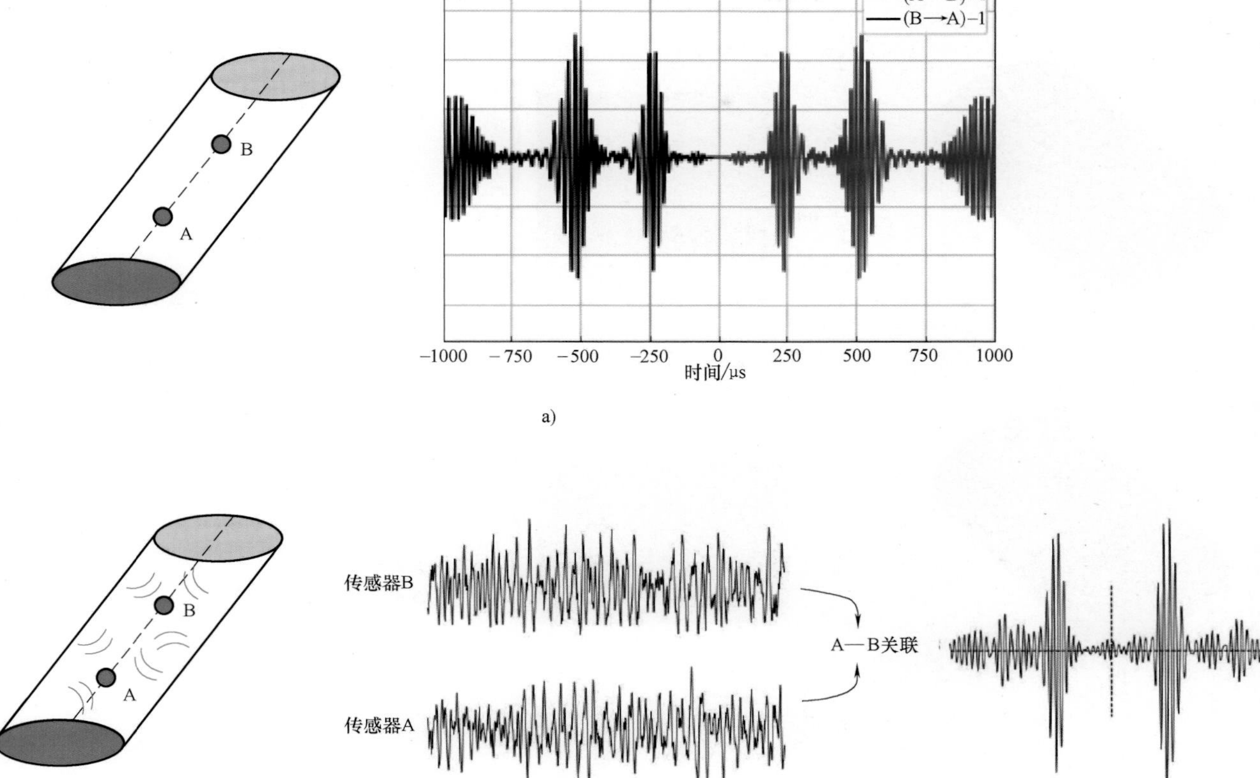

图 33　有源信号和无源信号

a）有源信号（A 发射，B 接收，反之亦然）　b）无源信号（通过关联不同位置的噪声记录）

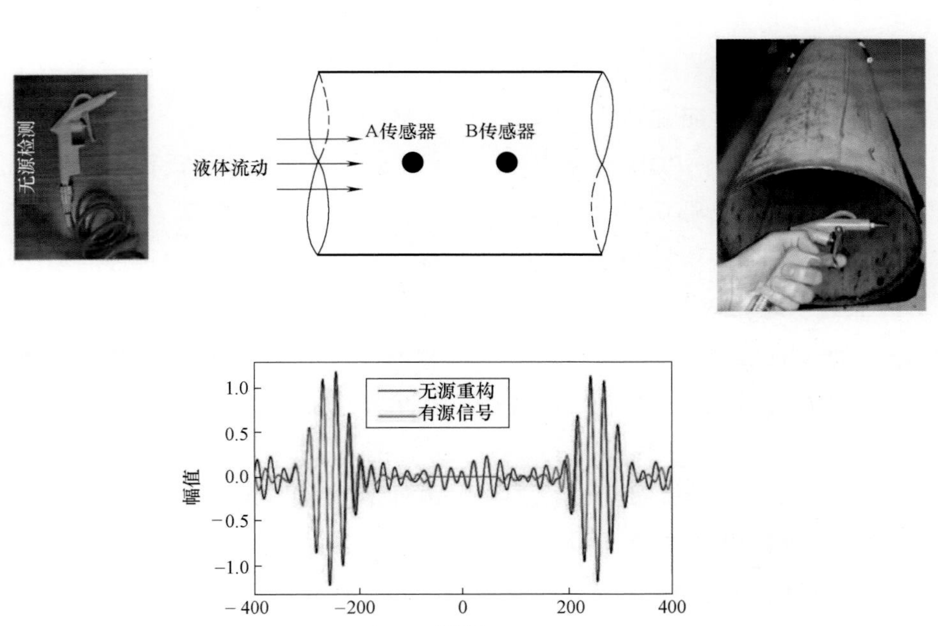

图 34　无源导波检测

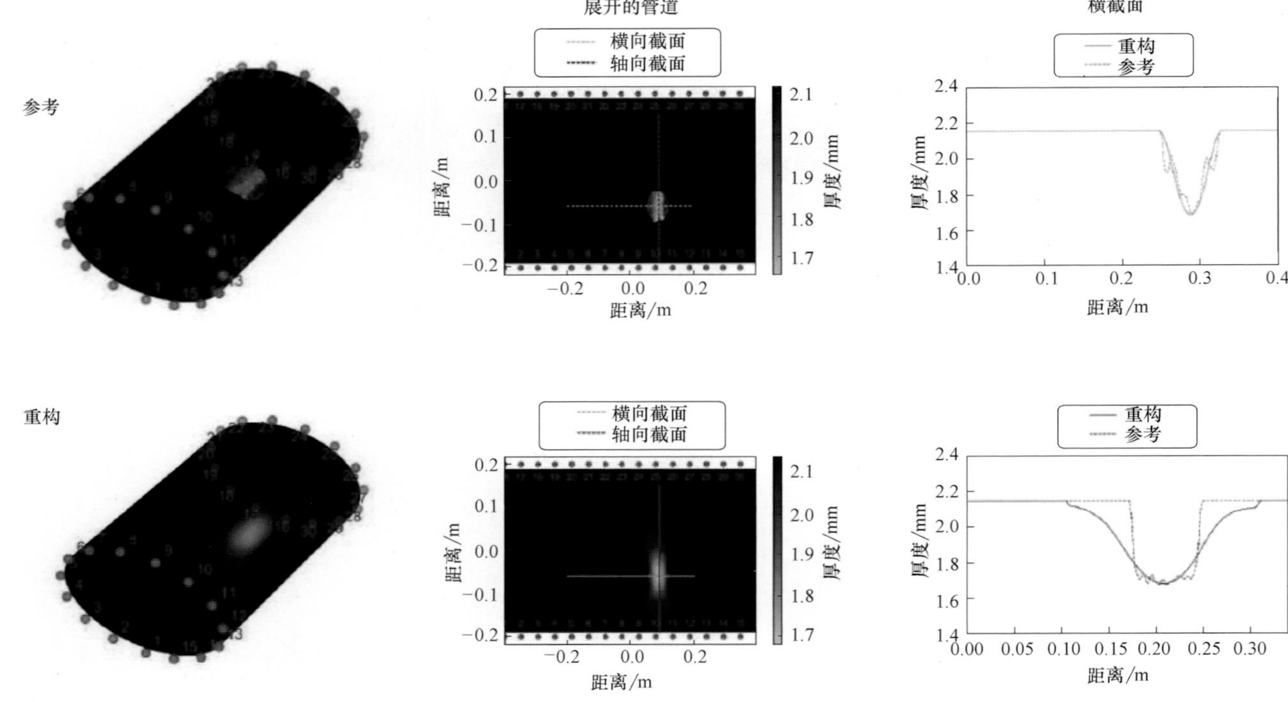

图35　无源导波检测结果

3　无损评估可靠性（Ⅴ-F分委会）

Pierre Calmon做了题为"包含仿真技术的无损评估可靠性"的Ⅴ-F分委会年度报告[17]，介绍了分委会的工作，内容如下。

在分委会创建之初，仿真（验证）和POD（MAPOD）评估的应用是主要课题，2013年编写了《NDT仿真的使用和验证建议》IIW—2363—13，2016年编写了《关于POD研究中使用仿真的最佳实践》（2017年成册）。从那时起，计算工具（Computational Tools）被广泛使用，近年来出现了新的课题：超声阵列成像（TFM，与Ⅴ-C分委会合作）；反演，基于模型的诊断，数据分析；人为因素和可靠性，虚拟无损评价等。

3.1　建模与仿真

介绍了建模与仿真的新用途和挑战，包括不确定度定量化和灵敏度分析、基于模型的诊断/反演、在线自动诊断、虚拟无损评价（训练，FOH分析）和SHM中的具体挑战（见Ⅴ-D分委会报告），这方面新的研究集中在以下几个方面：

1）多尺度、多物理量和混合建模。

2）元模型（Metamodels）：从数据库中进行机器学习。

3）基于物理的模型和数据驱动的模型。

4）云计算、集群、多核/GPU、嵌入式等方式。

在UT建模和奥氏体焊缝检测的研究（《奥氏体手册》修订仿真部分）方面，具体面临的问题包括：多晶体（Polycrystalline）材料对超声波的影响，如各向异性、非均质材料，声束分裂和偏移（图36），微结构引起散射而导致的衰减和信噪比下降，以及小缺陷的检测能力等。

这些对建模带来的困难包括：微观结构和弹性性能的不确定性，由于波长和晶粒尺寸的不均匀带来传播时间计算的困难，针对微观尺度和宏观尺度的多尺度建模问题，以及需要进行敏感性分析/统计研究以应对微观结构和性能的变化。

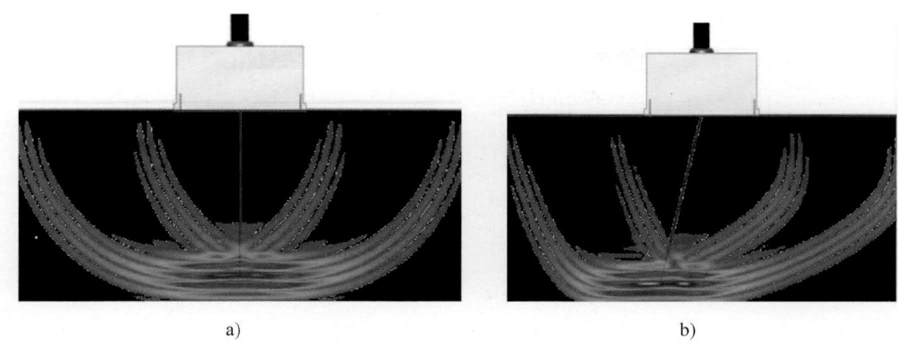

a)　　b)

图 36　超声波在材料中的传播

a）晶体（Crystalline）材料　b）多晶体（Polycrystalline）材料

欧洲原子能共同体（Euratom）“欧盟 Horizon2020（地平线计划）”项目 ADVISE（Advanced Inspection of Complex Structures）的整体目标，是加强复杂结构材料的超声检测，以满足不断提高第 2 代和第 3 代核反应堆安全性和可靠性的需要。通过项目开展，提高对复杂结构和超声检测建模的水平，开发材料表征的新工具及先进的检测方法、评估方法和辅助诊断技术。

在 ADVISE 项目的资助下，开展了复杂结构材料超声检测的研究。开发了用于焊缝宏观建模的有限元方法，采用域分解和声束耦合的高阶有限元方法，在计算机上以 3D 模式，通过克服声线的局限性（表面波、焦散和阴影效应）改善基于声束的模型，由宏观图像/微观结构分析导出的性能参数实现对焊缝的综合描述（图 37）。

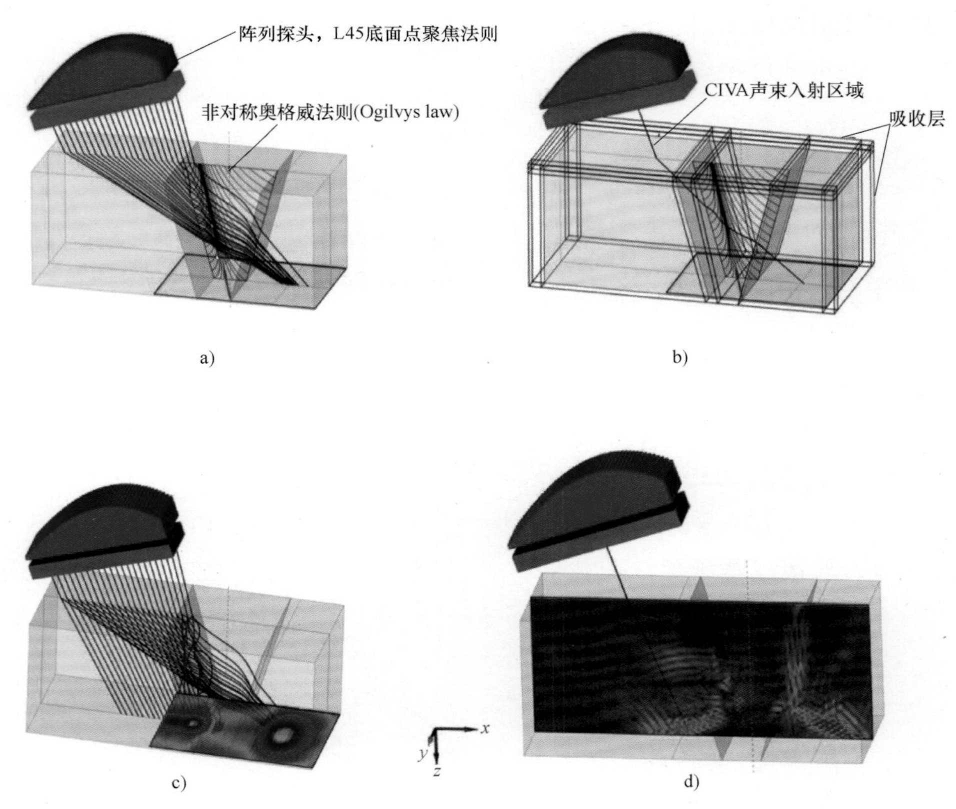

a)　　b)　　c)　　d)

图 37　焊缝仿真建模

a）V 坡口焊缝　b）相应的有限元（FEM）计算　c）位移模量图　d）快照（单帧扫描图像）

3.2 可靠性评估和概率检测（POD）

性能评估是飞机工业、石油、天然气和核工业等领域的一个关键问题，不同领域和国家采用不同的标准和方法，包括确定性（最差情况）方法和概率性（检测概率：Probability of Detection，POD）方法，无论哪种方法，关键问题都是处理影响参数的可变性。

目前，在欧洲核工业领域，仿真建模友好性已成为检验资格认证的一个指标。2016年出版的IIW最佳实践文件中，汇总了采用POD的仿真辅助评估方法（图38）。

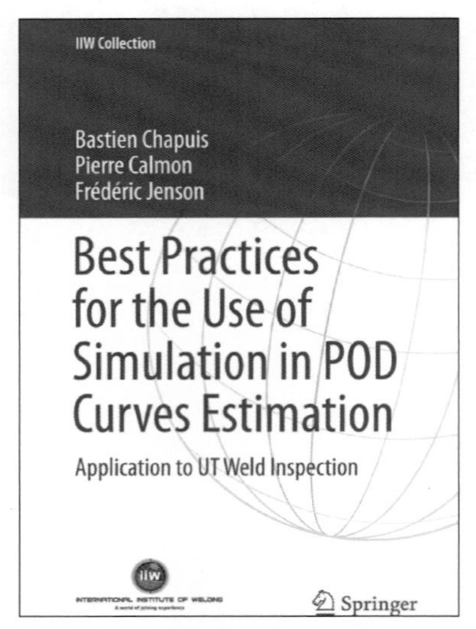

图38 在POD曲线评估中使用仿真的最佳实践

在可靠性评估中将人的因素作为一个输入量是未来研究的挑战之一（图39、图40），这一课题已得到世界范围内越来越多的关注。

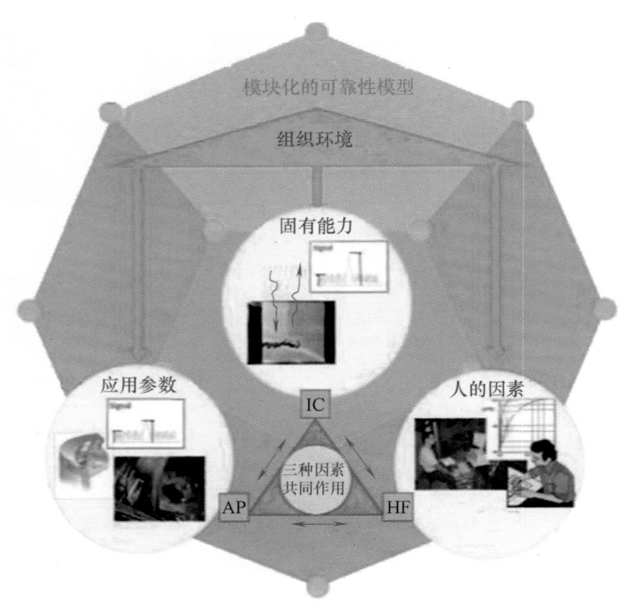

图39 考虑人的因素的模块化可靠性模型

法国在2017年启动了一个由国家资助的相关项目，其目标是监测检测过程中人的行为，捕捉操作者位姿的变化，然后将监测结果作为实际变量（探头位姿）输入MAPOD，并耦合到实时仿真中，在有代表性的条件下进行POD研究，而不再需要实物模型。图41所示为NDE检测人员操作仿真示意图。相应的工作组于2020年在法国无损检测协会成立。

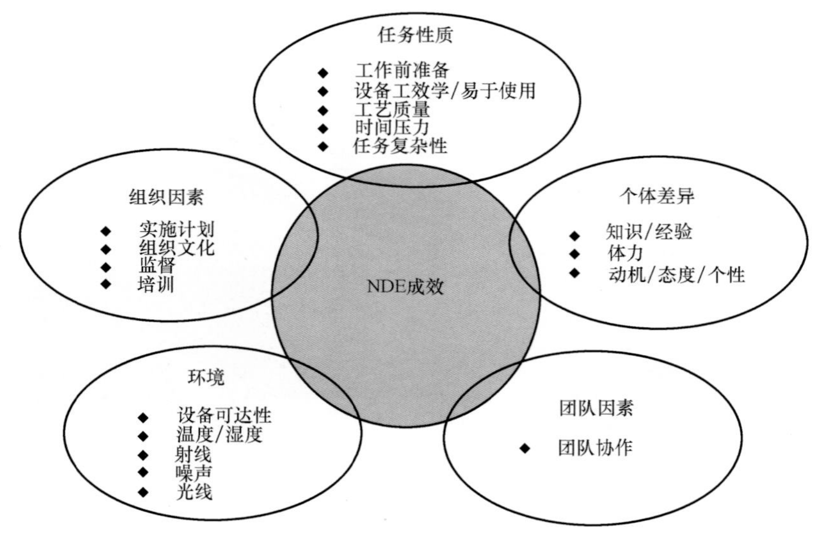

图40 NDE成效影响因素

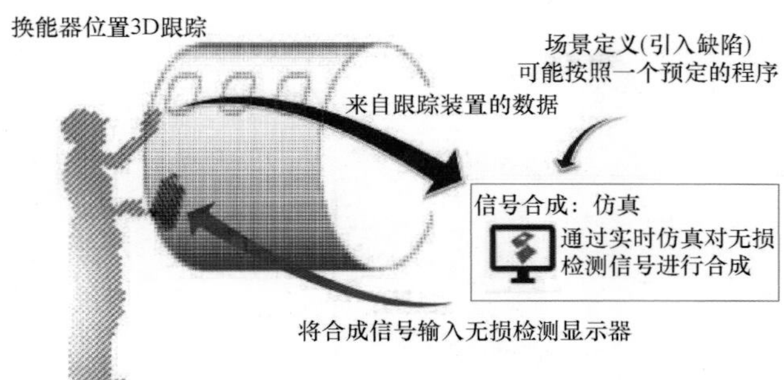

图 41　NDE 操作仿真示意图

3.3　结构健康监测（SHM）系统的可靠性（和 V-D 分委会共同课题）

开发 SHM 系统可靠性评估方法是结构健康监测未来发展的一个重要课题，该工作的特殊性和面临的挑战如下：

1）需要进行更复杂和广泛的试验。

2）对于成长型缺陷，所获得的数据是相关的。

3）环境的影响（温度、湿度）。

4）使用过程中，传感器性能可能发生变化（退化）。

5）缺陷损伤指数的定义更加复杂（需要与原始数据的比较、多信号处理、机器学习等）。

6）SHM 系统需要表现出与无损检测相同的效果。

目前，工作组已经达成一致意见：基于试验的标准 POD 方法并不直接适用，仿真将是开发 SHM 系统可靠性评估方法的一个不可或缺的手段。

4　IIW《奥氏体和异种材料焊缝超声检测手册》的修订

4.1　修订目的

《奥氏体和异种材料焊缝超声检测手册》[18]如图 42 所示。本次修订的目的是指出奥氏体材料焊缝检测中由于材料的声学特性所造成的限制，旨在为特定应用的工艺准备提供指导，而不是对具体的焊缝提供详细的检测工艺。该手册是为参与奥氏体焊缝检测的技术人员、工程师和科学家编写的，尤其适用于负责准备检测程序的人员。

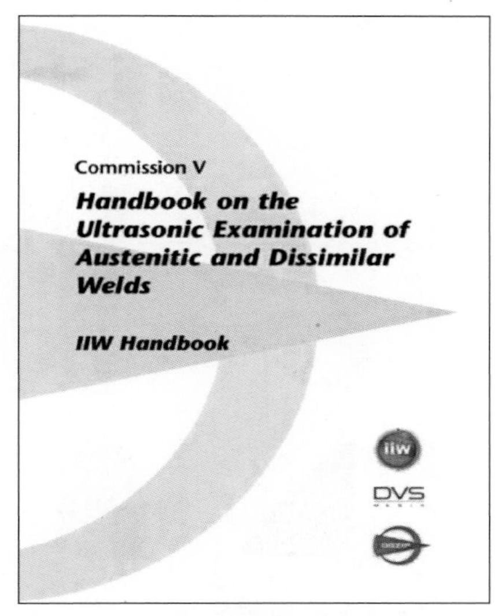

图 42　《奥氏体和异种材料焊缝超声检测手册》

4.2　修订内容

1）仿真独立成章。

2）增加两章内容：超声相控阵技术 PAUT（图 44、图 45）和成像。

3）其他正在编写或修订的章节：

第 4 章　超声波在奥氏体焊缝中的传播。

第 5 章　仿真（图 43）。

第 6 章　影响检测能力的因素。

第 7 章　超声技术。

第 8 章　常用的超声探头。

为保证手册的实用性与可操作性，所有章节在技术、工艺、试块（图 46）等方面都尽量与现行标准协调一致，特别是 ISO 22825、ISO 13588、ISO 18563—3、ISO 23864、ISO 23865 等标准。

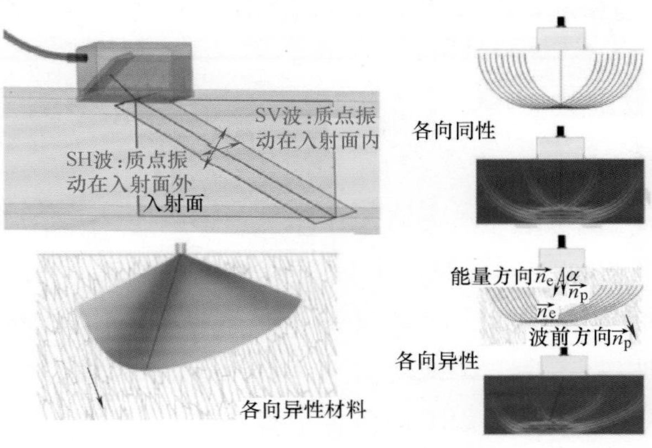

图 43　超声仿真演示（手册第 5 章）

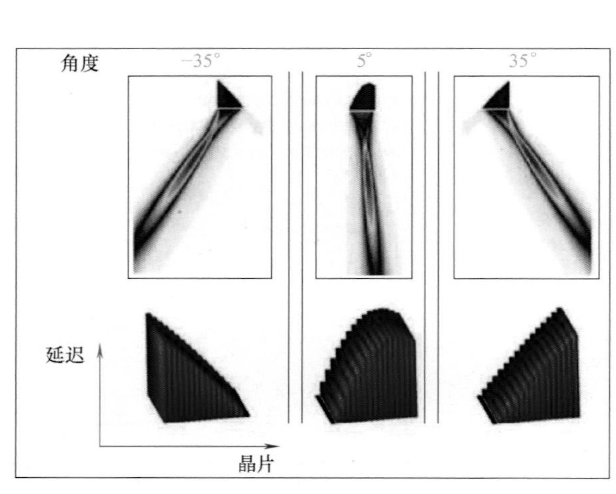

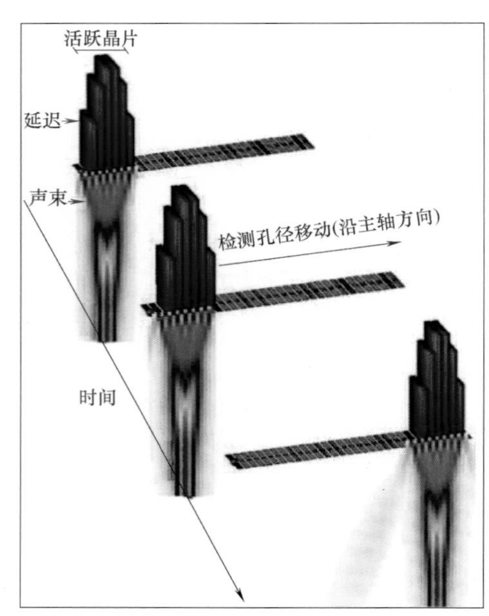

图 44　超声相控阵技术（手册第 9 章，新增章）

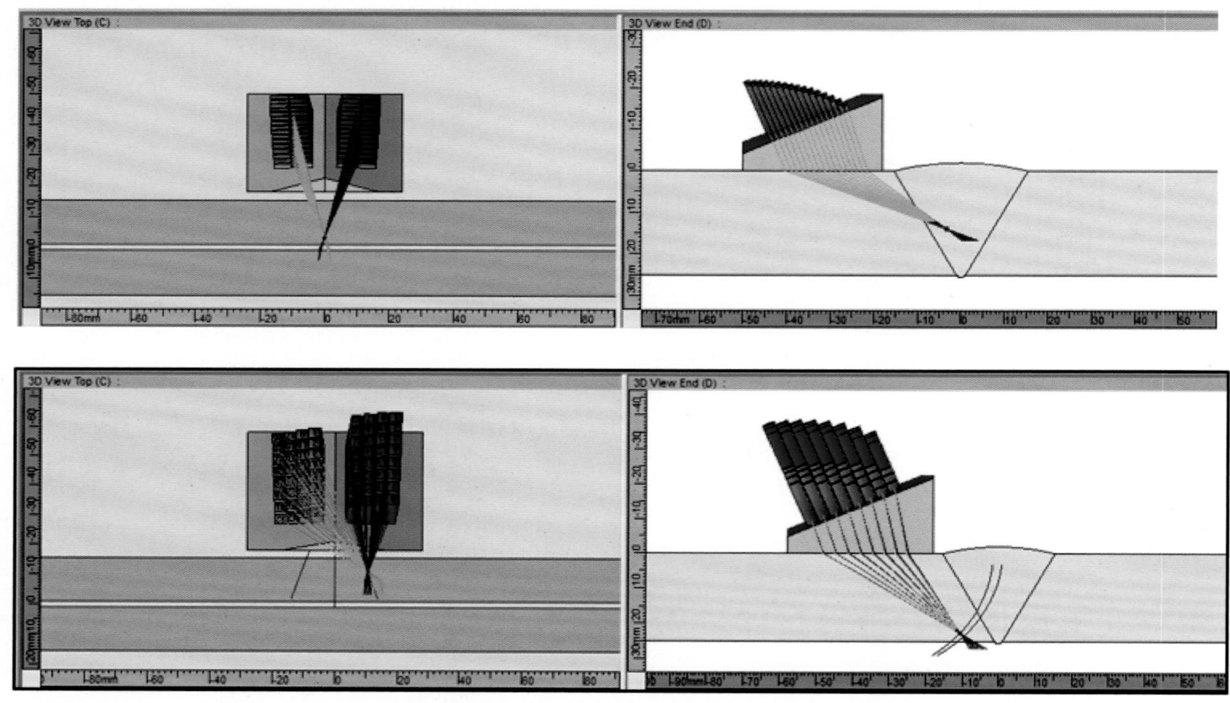

图 45　双阵列探头（手册第 9 章，新增章）

4.3　核心研究项目（CRP）成果

1）根据所需达到检验质量的要求（包括检测、定量、定性、定位、信噪比、判定准则），推荐选择合适的焊接参数（包括母材、焊材、坡口设计、焊接方法、焊接位置、焊缝厚度等），表 4 为本项目研究中焊接变量和对应的检测参数选择示例。

表 4　焊接变量和对应的检测参数选择

焊接变量	检测参数
材料牌号：304L，316L	探头频率：1～10MHz
焊接方法：MMA，窄间隙 TIG	信噪比
	声束偏移
焊接位置：PA，PC，PF	缺陷定量能力

注：1. 固定的参数：材料厚度（60mm），探伤角度（45°）；
2. MMA—焊条电弧焊；PA—平焊；PC—横焊；PF—立焊。

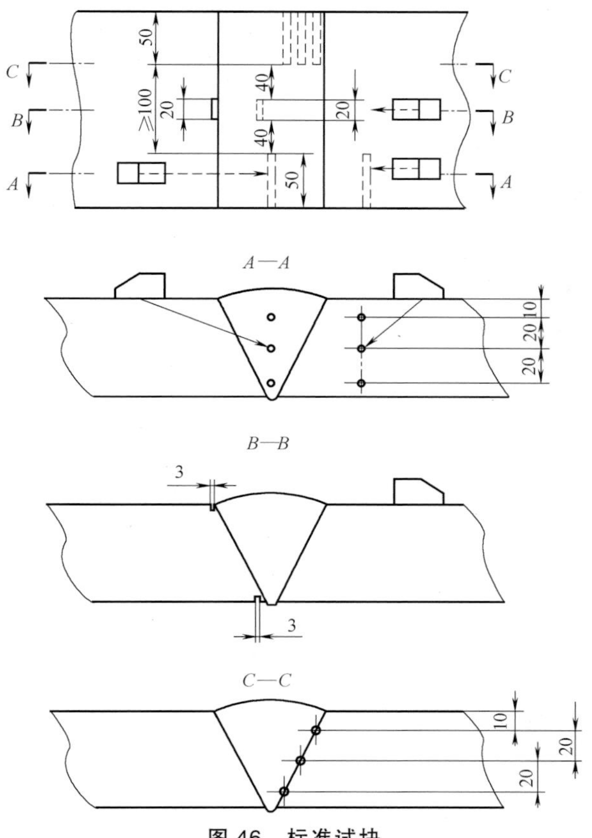

图 46　标准试块

2）声束轮廓分析试验。试验装置如图 47 所示，使用针式水听器（Needle Hydrophone）进行焊缝中声波传输的测量，其中发射探头固定，背面接收器进行二维光栅扫描，试验结果如图 48 所示。可以看到以下现象：图像大小和形状随频率发生变化；声束在焊缝边界（熔合线）发生分裂；在焊缝（横焊试板）不同侧（先焊侧和后焊侧）得到的图像也不相同。

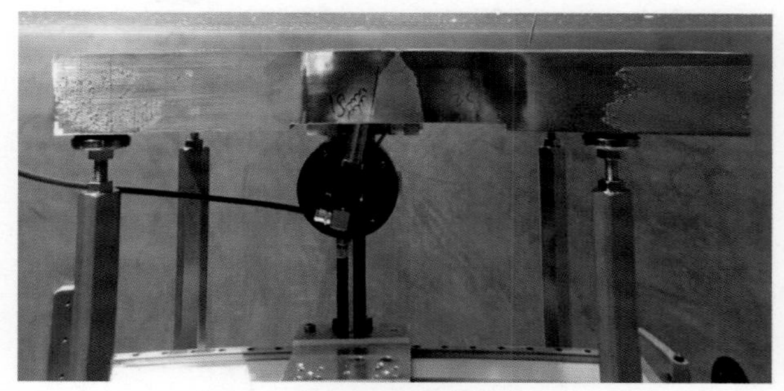

图 47　声束轮廓分析试验

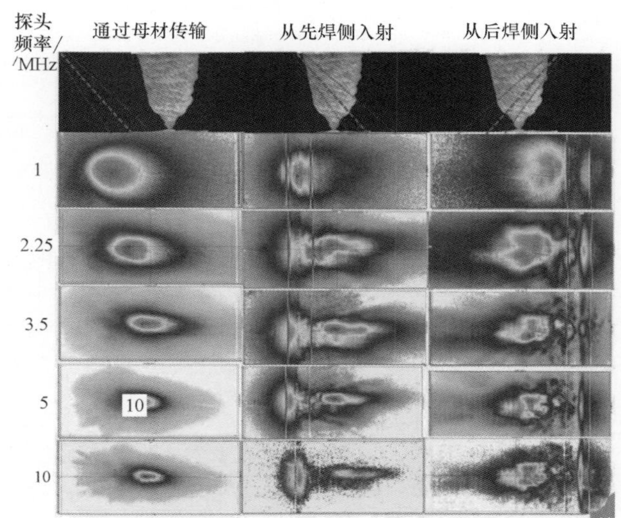

图 48　声束轮廓分析试验结果

3）缺陷检测能力对比。采用不同 UT 技术对典型焊接缺陷进行检测，通过检测结果的对比研究，对不同方法的检测能力进行评价，结果如图 49 所示。

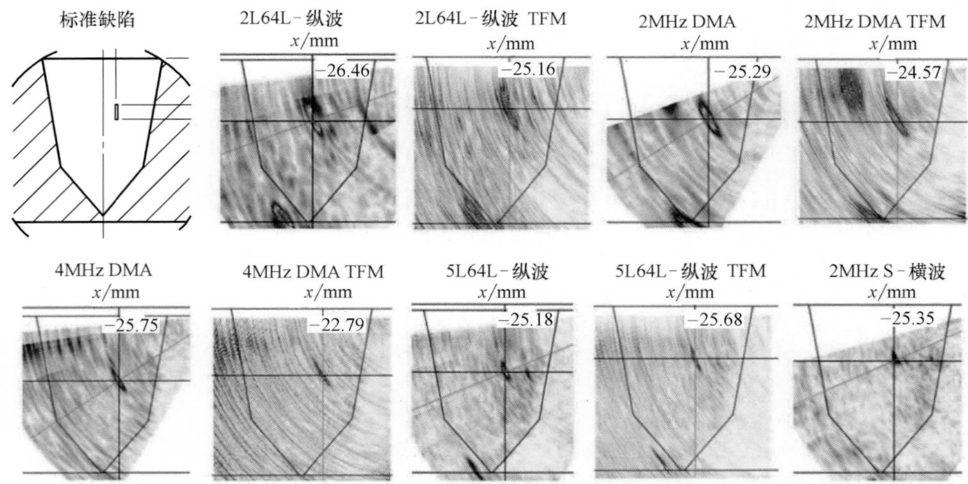

图 49　不同 UT 技术检测能力对比

DMA—双阵列探头　TFM—全聚焦方法

5 第五委员会标准化工作

第五委员会正在进行或关注的标准见表 5。

表 5 第五委员会正在进行或关注的标准

序号	标准编号	标准名称	分委会	所处阶段	备注
1	ISO 17636	NDT——Radiographicinspection of Welds 《无损检测——焊缝射线检测》(第 1、2 部分)	V-A	准备	
2	ASTM E 3168	Standard Practice for Determining Low-Contrast Visual Acuity of Radiographic Interpreters 《低对比度射线底片评定标准实践》	V-A	出版	
3	ISO 23864	Non-Destructive Testing of Welds——Ultrasonic Testing——Use of Automated Total Focusing Technique(TFM) and Related Technologies 《焊缝无损检测(超声检测) 自动全聚焦技术/方法(TFM)和相关技术的应用》	V-C	FDIS	
4	ISO 23865	Non-Destructive Testing——Ultrasonic Testing——General Use of Full Matrix Capture/Total Focusing Technique(FMC/TFM) and Related Technologies 《焊缝无损检测(超声检测) 全矩阵采集/全聚焦技术(FMC/TFM)和相关技术的一般应用》	V-C	FDIS	
5	ISO 17640:2018	Non-Destructive Testing of Welds——Ultrasonic Testing——Techniques Testing Levels and Assessment 《焊缝无损检测(超声检测) 技术检测等级和评定》	V-C	出版	
6	ISO 22825:2017	Non-Destructive Testing of Welds——Ultrasonic Testing——Testing of Welds in Austenitic Steels and Nickel-Based Alloys 《焊缝无损检测(超声检测) 奥氏体钢和镍基合金焊缝检测》	V-C	出版	
7	ISO 13588:2019	Non-Destructive Testing of Welds——Ultrasonic Testing——Use of Automated Phased array technology 《焊缝的无损检测(超声检测) 自动相控阵检测技术应用》	V-C	出版	
8	ISO 20601:2018	Non-Destructive Testing of Welds——Ultrasonic Testing——Use of Automated Phased Array Technology for Thin-Walled Steel Components 《焊缝的无损检测(超声检测) 薄壁钢构件的自动相控阵检测技术应用》	V-C	出版	
9	ASME BPVC. V-2019	Boiler and Pressure Vessel Code Section V:Nondestructive Examination 《锅炉压力容器规范 V卷 无损检测》	V-C	出版	
10	API RP 941	Steels for Hydrogen Service at Elevated Temperatures and Pressures in Petroleum Refineries and Petrochemical Plants Annex E on Inspection for High Temperature Hydrogen Attack (HTHA) 《石油炼化厂高温高压(容器)氢用钢 附录 E 高温氢腐蚀(HTHA)的检测》	V-C	出版	将 NDE 内容转移到新的 API RP 586 标准
11	ARP6461	Guidelines for Implementation of Structural Health Monitoring on Fixed Wing Aircraft 《固定翼飞机结构健康监测实施指南》	V-D	出版	
12	ISO 24497	NDT——Metal Magnetic Memory 《无损检测金属磁记忆》	V-E	出版	
13	在 ISO 17635 框架下制定三项标准	Non-Destructive Testing of Welds——General Rules for Metallic Materials《焊缝的无损检测金属材料检测的一般规则》 ——General Testing Standards《通用检测标准》 ——Specific Weld Testing Standard《专用的焊缝检测标准》 ——Acceptance Criteria《评判准则》	V-E/ECA	计划	增加 ECA 相关标准内容

（续）

序号	标准编号	标准名称	分委会	所处阶段	备注
14	ISO 17637:2016	Non-Destructive Testing of Welds——Visual Testing of Fusion-Welded Joints 《焊缝的无损检测　熔焊接头的目视检测》	Ⅴ-E	出版	ISO/TC 44/SC 5
15	ISO 17638:2016	Non-Destructive Testing of Welds——Magnetic Particle Testing 《焊缝的无损检测　磁粉检测》	Ⅴ-E	出版	ISO/TC 44/SC 5
16	ISO 17643:2015	Non-Destructive Testing of Welds——Eddy Current Testing of Welds by Complex-Plane Analysis 《焊缝的无损检测采用复平面分析的焊缝涡流检测》	Ⅴ-E	出版	ISO/TC 44/SC 5
17	ISO 19828:2017	Welding for Aerospace Applications——Visual Inspection of Welds 《航空航天设施焊接　焊缝的目视检测》	Ⅴ-E	出版	ISO/TC 44/SC14（航空）
18	ISO/DIS 3452—1	Non-Destructive Testing——Penetrant Testing—Part 1: General Principles 《无损检测　渗透检测　第 1 部分：一般原则》	Ⅴ-E	DIS	ISO/TC 135/SC 2
19	ISO/DIS 3452—2	Non-Destructive Testing——Penetrant Testing—Part 2: Testing of Penetrant Materials 《无损检测　渗透检测　第 2 部分：渗透检测材料》	Ⅴ-E	DIS	ISO/TC 135/SC 2
20	ISO 12718:2019	Non-Destructive Testing——Eddy Current Testing——Vocabulary 《无损检测　涡流检测　术语》	Ⅴ-E	出版	ISO/TC 135/SC 4
21	ISO 15549:2019	Non-Destructive Testing——Eddy Current Testing——General Principles 《无损检测　涡流检测　一般原则》	Ⅴ-E	出版	ISO/TC 135/SC 4
22	ISO17296-3:2014	Additive Manufacturing——General Principles——Part 3: Main Characteristics and Corresponding Test Methods 《增材制造一般原则　第 3 部分：主要特性和相应的检测方法》	Ⅴ-E	出版	ISO/TC 261
23	ISO/ASTM DTR 52905	Additive Manufacturing——General Principles—Non-Destructive Testing of Additive Manufactured Products 《增材制造一般原则　增材制造产品的无损检测》	Ⅴ-E	正在制订	ISO/TC 261
24	ISO/ASTM CD TR 52906	Additive Manufacturing——Non-Destructive Testing and Evaluation——Standard Guideline for Intentionally Seeding Flaws in Parts 《增材制造　无损检测和评估　一般原则　人工缺陷指南》	Ⅴ-E	正在制订	ISO/TC 261

6　结束语

通过对国际焊接学会 2020 年会期间无损检测领域的报告进行整理分析可以看出，无损检测技术近年来与各种新技术（人工智能、机器学习、建模仿真）和新工艺（如增材制造技术）不断融合，正向着智能化、数字化和小型化的方向发展，主要有以下几个特点：

1）纯粹的技术创新鲜有突破性进展，不同学科之间融合创新、协作创新的意愿强烈，体现在模拟仿真、人工智能、检测成像等领域，各分委会之间乃至Ⅴ委与其他委员会之间的合作日趋频繁，合作范围也更加广泛。

2）X 射线检测方面，采用 IP 板的 CR 技术和采用 DDA（数字探测器阵列）的 DR 技术将是主要趋势；在本次会议中介绍的光子计数技术可以显著降低入射射线剂量，在减少 X 射线辐射伤害的同时还能保证成像效果，特别适用于对剂量敏感的成像领域，同时也可有效解决中厚板特别是大厚度板 X 射线检测的难题，将是 X 射线成像未来的发展方向之一。

3）超声检测方面，FMC/TFM 技术发展迅速并逐步成熟，相关国际标准即将颁布执行；裂纹缺陷定量和扩展实时监测的研究得到更多关注；基于卷积神经元网络的人工智能和机器学习将会给超声检测带来“革命”性的发展。

4）MMM 技术方面，通过系列试验，得到了材料自磁场与力学性能（应力、应变）之间的定量相关性，在实际检测中，通过测量被检对象的磁参数来确定金属在裂纹形成时的极限状态，该成果在在役结构的健康监测中具有重要意义；鉴于 ECA 技术与传统涡流技术以及 MPI 和 PT 技术相比所具有的显著优势，成立了 ECA 工作组，致力于相关技术的研究和标准化的工作。

5）随着数字化时代的到来，建模仿真技术在在线自动诊断、不确定度和灵敏度分析、基于模型的诊断/反演以及虚拟 NDE 中得到越来越多的应用，MAPOD、计算机诊断等都是当前研究的重要内容。

6）开发 SHM 系统可靠性评估方法是结构健康检测未来发展的一个重要课题，仿真将是开发 SHM 系统可靠性评估方法的一种不可或缺的手段；在可靠性评估中把人的因素作为一个输入量是未来研究的挑战之一，这一课题已得到越来越多的关注。

7）在 SHM 导波检测成像方面，模型驱动的深度学习模式和卷积神经元网络在复合材料导波检测缺陷定性、定位和定量中获得良好的应用；无源导波方法利用流体在管道中产生的噪声（管道内流体循环引起的湍流），通过信号重建，对管道腐蚀情况进行层析成像，可实现对管道腐蚀的在役检测，具有较好的发展前景。

8）委员会标准化活动非常活跃，新技术、新工艺上升到普遍认可的标准规定的需求迫切，与 ISO、ASME、CEN、DIN 等组织合作全面、深入，随着新标准的不断推出，势必对无损检测新技术的推广应用起到促进作用。

参考文献

[1] Terms of Reference for Commission Ⅴ “NDT and Quality Assurance of Welded Products” [Z]//The 73rd IIW Assembly，Ⅴ-1924-20.

[2] KREUTZBRUCK M. Annual Report C-Ⅴ 2020 Online-meeting [Z]//The 73rd IIW Assembly，Ⅴ-1905-20.

[3] ZSCHERPEL U，EWERT U. Annual report of sub commission Ⅴ-A “Radiography-based weld inspection” [Z]//The 73rd IIW Assembly，Ⅴ-1906-20.

[4] ZSCHERPEL U，EWERT U，SCHUMACHER D，et al. Photon counting & energy discriminating detectors for radiographic weld inspection [Z]//The 73rd IIW Assembly，Ⅴ-1907-20.

[5] NAGESWARAN C. Report on ultrasonic testing to sub-commission Ⅴ-C [Z]//The 73rd IIW Assembly，Ⅴ-1908-20.

[6] CHAUVEAU D，NAGESWARAN C，WASSINK C，et al. Progress in standardization dealing with FMC/TFM ultrasonic technique and related technologies [Z]//The 73rd IIW Assembly，Ⅴ-1909-20.

[7] Minutes of IIW FMC-TFM -working group [Z]// Conf call-13th meeting，May 26th，2020，Ⅴ-1911-20.

[8] ISO/FDIS 23864：2020（E）. Non-destructive testing of welds—Ultrasonic testing—Use of automated total focusing technique（TFM）and related technologies [S]//The 73rd IIW Assembly，Ⅴ-1921-20.

[9] ISO/FDIS 23865：2020（E）. Non-destructive testing—Ultrasonic testing—General use of full matrix capture/total focusing technique（FMC/TFM）and related technologies [S]//The 73rd IIW Assembly，Ⅴ-1922-20.

[10] PELKNER M. Sub-commission VE annual report 2019/2020，Electrical，Magnetic，and Optical Methods [Z]//The 73rd IIW Assembly，Ⅴ-1912-20.

[11] Minutes of IIW eddy current array working group teleconference held on [Z]//The 73rd IIW Assembly，Ⅴ-1903-20.

[12] WASSINK C. Annual report working group ECA-

Eddy current arrays [Z]//The 73rd IIW Assembly, Ⅴ-1914-20.

[13] DUBOV A, KOLOKOLNIKOV S, et al. Experimental substantiation of diagnostic parameters used in the metal magnetic memory method [Z]//The 73rd IIW Assembly, Ⅴ-1913-20.

[14] CHAPUIS B. Annual report of sub-commission C Ⅴ-D: Structural Health Monitoring [Z]//The 73rd IIW Assembly, Ⅴ-1915-20.

[15] MIORELLI R, FISHER C, et al. Deep learning for defect characterization using guided waves based SHM system in composites [Z]//The 73rd IIW Assembly, Ⅴ-1916-20.

[16] HOANG H T, CHAPUIS B, DRUET. Passive guided elastic waves tomography for pipe corrosion monitoring [Z]//The 73rd IIW Assembly, Ⅴ-1917-20.

[17] CALMON P. Annualreport of sub-commission Ⅴ-F [Z]//The 73rd IIW Assembly , Ⅴ-1918-20.

[18] NAGESWARAN C. Revision of the IIW Austenitic Inspection Handbook [Z]//The 73rd IIW Assembly, Ⅴ-1910-20.

作者简介：马德志，男，1971 年出生，教授级高级工程师，中冶建筑研究总院有限公司首席专家。主要从事钢结构焊接技术、钢材焊接性、焊接工艺评定及无损检测和人员培训等方面的科研与应用工作。发表论文 50 余篇，出版专著 9 部，主编或参编标准 20 余项，获国家科技进步二等奖 1 项，中国专利优秀奖 1 项，其他省部级奖 15 项。Email：247691318@ qq. com。

审稿专家：韩赞东，男，1969 年出生，博士，清华大学副教授、博士生导师、成形装备及自动化研究所副所长。主要从事焊接设备和无损检测方面的研究工作。已发表 SCI/EI 论文近百篇，获国际发明专利 4 项，国家发明专利 20 余项。Email：hanzd@ tsinghua. edu. cn。

微纳连接（IIW C-Ⅶ）研究进展

邹贵生

（清华大学 机械工程系，北京 100084）

摘　要：本次国际焊接学会微连接和纳连接专委会（IIW C-Ⅶ）线上学术研讨会于2020年7月22日举行。共收到9篇学术报告摘要，内容涉及微纳连接的新材料、新工艺及激光微纳制造新技术。本文针对这些报告，从“采用纳米材料作为连接材料的微纳连接技术”“纳米线的连接技术”“微连接新技术”“激光微纳制造新技术”4个方面，简要评述IIW 2020微纳连接/微纳制造研究及应用新进展。

关键词：微连接；纳连接；新方法；新材料；激光微纳制造

0 序言

微连接和纳连接涉及纳-纳、纳-微、纳-宏、微-微、微-宏、纳-微-宏跨尺度的材料或元器件的互连与集成，是微纳电子元器件及其系统、微/纳光机电系统、医疗器械等制造的关键技术之一。其中，近10多年来兴起的纳连接在未来将广泛用于新能源、交通、航空航天等领域的新型微纳器件封装制造及其系统集成之中。微纳连接特别是纳连接的新方法与理论、新型连接材料、接头可靠性评估等是该领域的研究重点和热点。

IIW C-Ⅶ致力于微连接和纳连接新方法、新材料研究及其在微纳器件和系统封装中的应用研发。其下设3个分委员会：C-ⅦA（采用纳米材料的微纳连接分委员会）、C-ⅦB（激光微纳连接分委员会）、C-ⅦC（微纳连接新技术分委员会）。在本次于北京时间7月22日19：00—22：00举行的IIW C-Ⅶ会议期间，由IIW秘书处技术负责人Elisabetta Sciaccaluga组织选举，经投票，清华大学邹贵生教授当选为该专委会主席。同时，经专委会主席建议和专委会委员表决，哈尔滨工业大学田艳红教授、清华大学刘磊副教授分别当选C-ⅦC分委会和C-ⅦB分委会的主席、副主席，刘磊副教授还担任IIW C-Ⅶ专委会秘书。新的IIW C-Ⅶ专委会委员任期是2020—2023年。新任主席邹贵生教授发表了简短的就职演说，向各位委员和各国代表的支持表示感谢。他还介绍了专委会未来几年工作的重点，表示将结合IIW的战略目标，继续推进C-Ⅶ专委会的工作，与各位国际同仁携手，共同努力，推动微纳连接技术与应用持续发展。

来自中国、日本、加拿大、瑞士、韩国、德国、美国、意大利等国家的38位专家学者参加了本次线上学术研讨会。共收到9篇学术报告摘要，内容涉及微纳连接的新材料、新工艺及激光微纳制造新技术，其中中国4篇、日本2篇、瑞士1篇、韩国1篇、美国1篇，报告题目包括：①超快激光沉积Ag-Pd合金纳米颗粒薄层及SiC器件封装应用；②纳米复合多层膜用于焊接的短程扩散机理；③Sn-Ag-Cu纳米复合焊膏高可靠性封装连接工艺；④电镀Cu纳米线的连接及其在高性能透明电极中的应用；⑤基于Ag_2O热分解连接Ag/Si的界面形成；⑥复合焊膏（Sn3Ag0.5Cu合金颗粒+Cu颗粒+有机溶剂）TLPS烧结连接机理及其电子互连应用；⑦NiTi/不锈钢之间的电磁冲击微连接；⑧TiO_2飞秒激光微纳加工机理与模型；⑨抗氧化铜基结构的激光一步法图形化。做报告的中国代表分别是哈尔滨工业大学田艳红教授、清华大学刘磊副教授和闫剑锋副教授，以及北京航空航天大学博士生周兴汶。

下文针对上述报告内容，从4个方面简要评

述微纳连接/微纳制造研究及应用的最新进展。

1 采用纳米材料作为连接材料的微纳连接技术研究

采用纳米材料的微纳连接是指在微纳连接过程中采用具有纳米尺度特征的材料作为中间层连接材料，主要包括：

1）纳米金属及其合金和复合材料或者具有纳米多孔结构的金属薄片。目前主要包括：①纳米金属 Ag、Cu、Ag-Cu 颗粒焊膏及其机械混合而成的复合焊膏；②基于脉冲激光沉积（Pulsed Laser Dseposition，PLD）的纳米纯金属颗粒或合金颗粒或复合材料颗粒的薄膜/膜结构；③烧结连接时低温原位反应生成纳米颗粒的微米级氧化物颗粒，如 Ag_2O、CuO 等；④具有纳米多孔结构的 Ag 薄片等。

2）纳米多层膜（Nanomultilayer，NML）。基于被连接母材的特性，设计并在被连接的母材上气相沉积纳米级厚度金属层与纳米级厚度惰性阻隔层组合的复合层，这种复合层为多层甚至多达几百层，用该复合层作为中间层连接材料，可以降低连接温度。目前 NML 体系主要包括：①非反应型 NML 体系，如 Ag/AlN、Cu/AlN、Ag-Cu/AlN、Al-Si/AlN 等；②反应型 NML 体系，如 Ni/Al、Ti/Al、Ni/Ti、Ni-Ti/Ti、Pt/Al、Ni/Zr、Ru/Al、Cu/W、Ag-Cu/W 等。

3）钎料中添加纳米强化颗粒的软钎焊焊膏（纳米颗粒强化复合焊膏）。目前主要包括：纳米金属间化合物（IMC），如 Cu_6Sn_5、Cu_3Sn、Ag_3Sn 或 Ni_3Sn_4 和 Fe、Al_2O_3、TiO_2、碳纳米管（CNTs）等纳米颗粒强化的软钎焊用复合焊膏。

1.1 脉冲激光沉积制备的纳米金属颗粒薄膜作为中间层连接材料

近十几年来，采用纳米金属颗粒或其复合材料颗粒组成的焊膏以及采用纳米金属或其复合材料颗粒薄膜作为中间层的相关研究，其核心思想是：基于纳米尺寸效应，实现低温固态烧结连接后高温服役的效果，以满足一些特殊的器件封装既需要低温连接又能满足高温环境使用的迫切需求，特别的应用前景是第三代半导体如 SiC、GaN 的耐高温器件（功率器件、高温传感器等）封装互连、复杂电气器件或系统的多级封装的前级封装互连（可实现三维复杂封装工艺的前后工艺兼容）。

在此领域，纳米金属颗粒或其复合材料颗粒组成的焊膏的合成及其应用是研究重点，国外的德国弗劳恩霍夫（Fraunhofer）研究所、德国贺利氏公司、日本三菱公司、美国弗吉尼亚理工大学、美国橡树岭国家实验室、加拿大滑铁卢大学、日本大阪大学等，以及我国的清华大学、天津大学、哈尔滨工业大学、北京航空航天大学等相关课题组均在此方面开展了较系统的研究。到目前为止，相关公司研发的焊膏已在部分产品中小范围应用。值得注意的是，虽然目前国内外相关公司和知名研究机构相继研发了纳米 Ag、Cu 及其合金和机械混合纳米金属颗粒焊膏，并已在实验室环节甚至元器件的小面积互连封装中实现了低温连接（≤300℃）高温服役（≥250℃甚至 300℃以上）的目标，但其最大的问题是：由于焊膏中含有有机物，在大面积（$100mm^2$ 以上）互连封装时由于有机物不能充分分解、排出而导致互连层质量下降，甚至影响元器件及其系统的可靠性[1]。

为解决上述纳米金属焊膏烧结后有机物残留所带来的性能劣化问题，清华大学邹贵生教授和刘磊副教授课题组在国际上率先采用超快激光在被连接材料如芯片和基板上沉积无任何有机物的纳米金属或复合材料颗粒薄膜，采用此纳米颗粒薄膜代替常规的纳米金属焊膏，成功地实现了大面积封装结构的低温烧结连接。该新方法的核心技术是：脉冲激光沉积（PLD）制备纳米颗粒薄膜系统的搭建、适合于互连封装的纳米颗粒薄膜结构的设计、针对不同种类靶材的 PLD 工艺设计与纳米薄膜性能表征及其质量控制、基于纳米颗粒薄膜的低温互连工艺设计与优化、互连接头/互连元器件的性能检测及其服役失效机理与可靠性评估等[1-4]。

Ag 是最容易发生迁移的金属，长期服役可能会引起器件短路，从而影响纳米 Ag 封装器件的可靠性。Ag 中添加贵重金属如 Pd、Au 等元素，能够明显改善 Ag 抗电化学迁移的能力。为克服纯 Ag 纳米金属颗粒薄膜在封装应用中存在的不足，清华大学邹贵生教授和刘磊副教授课题组在已有的关于 PLD 制备 Ag 纳米颗粒薄膜及其封装研究的基础上[1-4]，进一步利用脉冲激光沉积手段，成功制备了 Ag-20% Pd 纳米合金颗粒薄膜，以用于 SiC 芯片与镀银散热基板的封装，并对纳米合金沉积态微观组织以及烧结性能进行了详细的微观表征；同时借助分子动力学手段，计算了纳米合金颗粒烧结过程中的扩散系数以及激活能，阐明了 Ag-Pd 纳米合金烧结的机理，并与纯 Ag 纳米颗粒烧结性进行了对比。研究表明，该纳米合金成功改善了 Ag 纳米颗粒容易发生电化学迁移的问题。与纯 Ag 颗粒烧结连接层相比，Ag-Pd 纳米合金烧结连接层的抗电化学迁移性能提高了 113%，这对改善功率电子器件在潮湿、高温等恶劣工况下的服役可靠性具有重要意义。目前，为获得理想的接头强度，Ag-Pd 纳米合金的烧结连接温度和压力分别为 300～400℃、20MPa，相较于 Ag 纳米颗粒的烧结连接参数（温度和压力一般为 200～250℃、2～5MPa）工艺条件略为苛刻，如图 1～图 4 所示[5]。

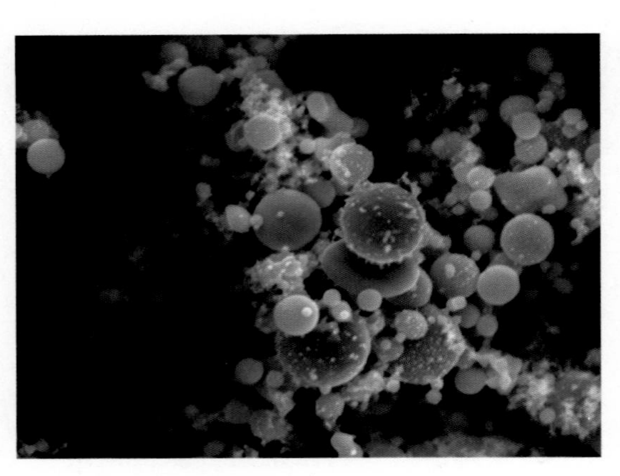

a)

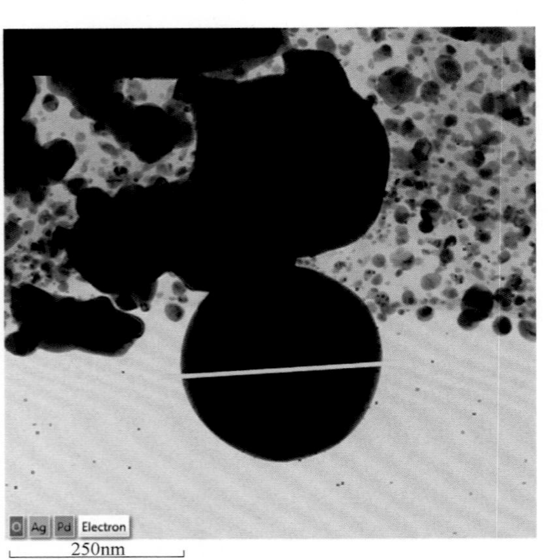

b)

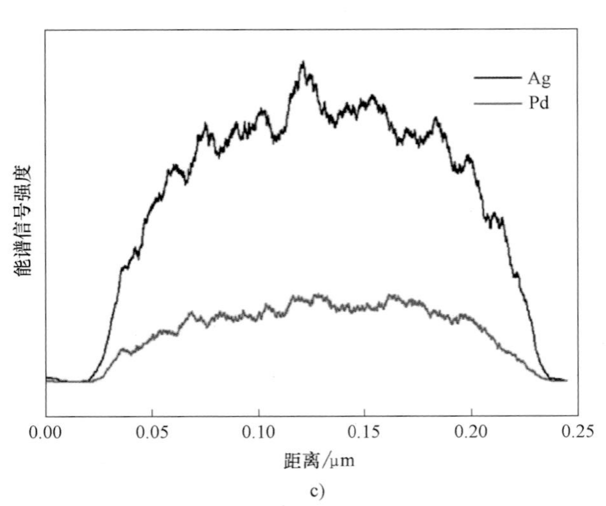

c)

图 1　脉冲激光沉积制备 Ag-Pd 纳米合金颗粒薄膜形貌及元素分布[5]

a）沉积态 SEM 微观组织　b）沉积态 TEM 微观组织　c）元素分布

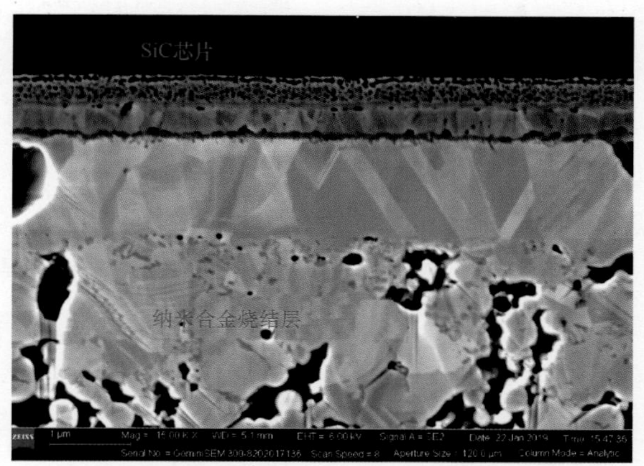

图 2　Ag-Pd 纳米合金与 SiC 芯片可靠连接界面[5]

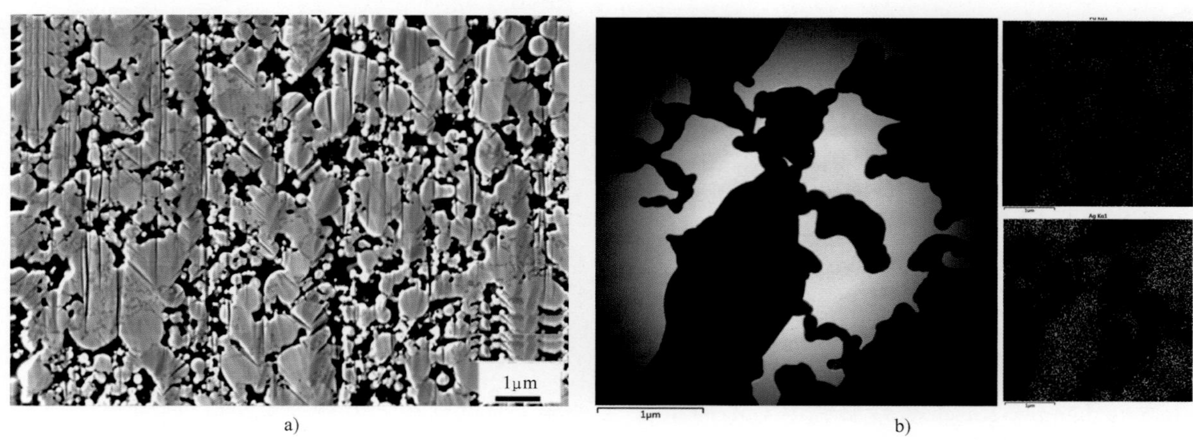

图 3　Ag-Pd 纳米合金烧结组织及成分分布[5]

a）400℃纳米合金烧结截面 SEM　b）烧结态合金 TEM 组织及成分分布

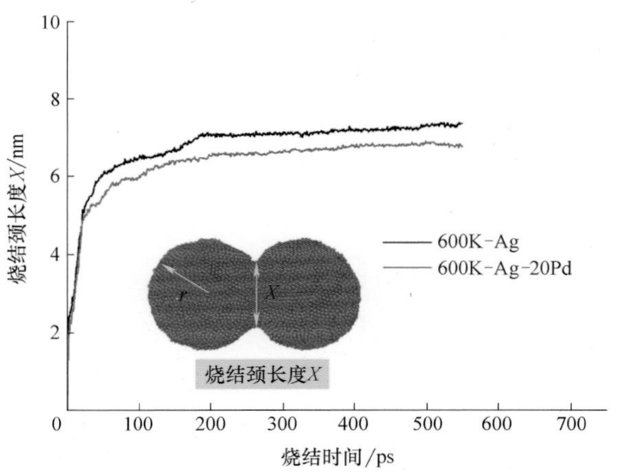

图 4　分子动力学模拟 Ag-Pd 纳米合金颗粒烧结颈长度随时间的变化[5]

1.2　采用纳米多层膜的微纳连接

由于纳米多层膜（NML）结构材料具有多样化的材料组合，独特的晶粒与界面特征，以及纳米尺度引起的效应，其被用作降低连接［包括钎焊、扩散焊、过渡液相扩散连接（Transient Liquid Phase Bonding，TLPB）等连接方法］温度的中间层连接材料，并在近年来得到了越来越广泛的研究与应用。瑞士联邦材料科学与技术研究所（EMPA）的 Jolanta Janczak-Rusch 教授研究组在已有的多层纳米膜结构的系统研究基础上，对多层结构中金属材料的快速扩散成因及其作为低温连接材料应用于异种材料的连接进行了系统性报道。

由于 NML 材料制备过程的特殊性，纳米尺度的材料将会展现出显著的尺寸效应，即熔点降低及扩散速率的显著提高，从而使其能够用于温度敏感型及热膨胀系数有明显差异的异种材料间的连接。在 NML 结构中，金属的扩散过程主要以短程的晶界与界面扩散为主，而由于制备的 NML 结构中具有高密度的缺陷及异质界面，相比于在块体中的扩散，其在 NML 中的扩散速度将得到极大增加。如图 5 所示（图中 GB 为 Grain Boundary，晶界）。NML 中铜的扩散长度远大于块体中的自扩散。同时研究显示，纳米尺度下金属原子在金属-陶瓷界面的扩散速度与晶界扩散速度相当，从而可以得知金属原子在 NML 结构中在低温下即可达到极大的扩散速度。

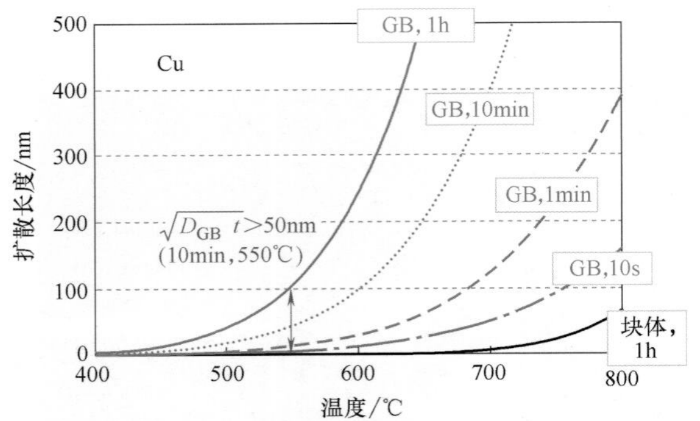

图 5　NML 结构中铜的晶界扩散长度与块体中铜的自扩散长度对比[6]

Jolanta Janczak-Rusch 教授研究组对不同组合的 NML 结构（如 Ag/AlN、Cu/AlN、Ag-Cu/AlN、Al/Si 等）进行低温热处理后发现，在远低于金属块体熔点的温度下，在极短的时间（30s）内即可在金属表面获得大量的颗粒结构，而金属表面的颗粒结构正是由于内部金属材料向外扩散得到的（图 6）。同时由于 NML 中金属材料向结构表面迁移，多层膜内部结构将出现材料的重新分配，而纳米尺度材料的高活性使得 NML 内部也能形成致密的结构。原位高温 XRD 测定结果显示，对于纳米多层膜结构，金属原子开始向外扩散的起始温度约为 300℃，而随着内部结构的变化，NML 结构中的应力状态也相应地改变。

深入的研究表明，NML 结构中的残余应力状态将极大地影响材料的迁移速度，而由于多层膜结构的制备过程中会带来极高的晶格缺陷密度、界面、杂质等，从而使得 NML 中的残余应力状态变得十分复杂。以纳米层厚度均为 10nm 为例，Ag/AlN 纳米多层膜结构中金属层中

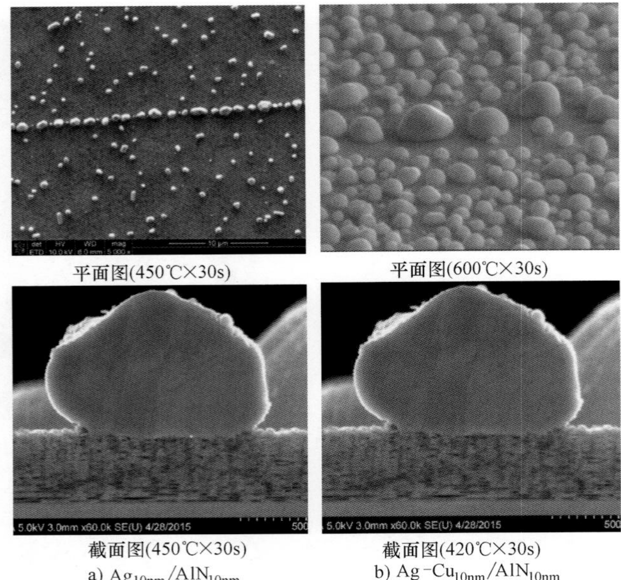

a) Ag_{10nm}/AlN_{10nm}　b) $Ag-Cu_{10nm}/AlN_{10nm}$

图 6　热处理后的不同 NML 结构的表面与界面状态[6]

a）厚度均为 10nm 的 Ag/AlN 多层纳米膜结构，热处理温度和时间分别为 450℃ 和 30s

b）厚度均为 10nm 的 Ag-Cu/AlN 多层纳米膜结构，热处理温度 600℃（上）和 420℃（下），时间 30s

的残余应力将达到（−260±50）MPa，呈现出压应力状态；而 Ag-Cu/AlN 纳米多层膜中的残余应力则为（1135±100）MPa，为拉应力；同样呈现拉应力状态的包括 AgGe/AlN 结构，其残余应力为（493±100）MPa。由于制备的 NML 材料中残余应力的差异，其内部结构以及受热后迁移至表面的金属材料量也有较大的差异。

该研究组进一步以 Cu/W 多层纳米膜结构为例，研究了结构中内部应力的变化与金属材料扩散迁移之间的关系。结果显示，随着温度的升高，Cu 金属层中的应力状态将会从压应力转变为拉应力，转变温度范围为 400～600℃；而在此过程中 NML 的内部结构发生急剧变化，同时结构表面出现铜的析出物。通过经典与优化的 Hwang Balluffi 模型对应力状态分别进行建模分析显示，由于 NML 结构中存在较高的残余压应力，使得 Cu 沿着 W 晶界扩散的有效活化能提升了 1.5 倍，从而明显减缓了 Cu 的扩散（图 7）。相比之下，通过选择性的调整 NML 结构中的应力状态，使得局部呈现较大的应力梯度，该部

分的金属原子迁移将会得到显著增强。因此，通过设计与调整 NML 多层膜结构内部残余应力状态，将有效地促进其作为连接材料应用于低温异质材料的连接。

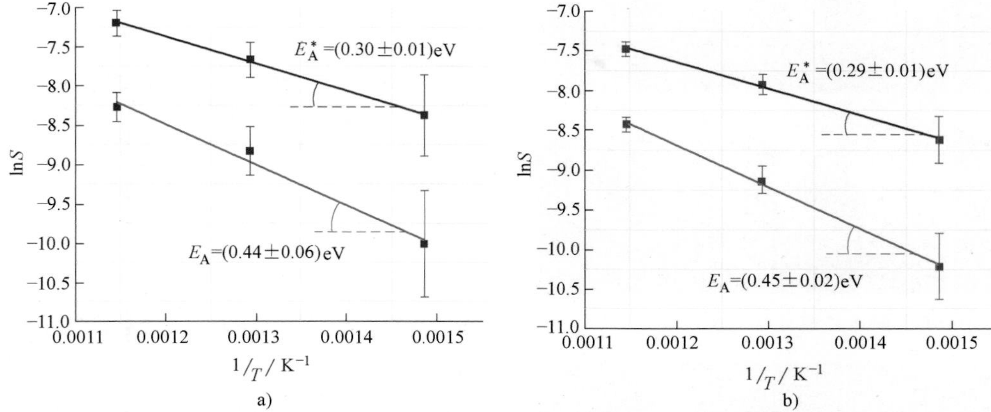

图 7 基于经典与优化的 Hwang Balluffi 模型计算得到的 Cu 沿 W 晶粒扩散的反应活化能[6]

a）纳米层厚度均为 5nm 的 Cu/W 多层膜结构 b）纳米层厚度均为 3nm 的 Cu/W 多层膜结构

2 纳米线的连接研究

由于金属纳米线具有优异的导电性能、机械柔性及低廉的成本，因此已经被广泛应用于印刷电子、柔性电子、生物传感等诸多领域。采用金属纳米线作为导电介质取代氧化铟锡（ITO）制备透明电极是其重要的应用方向之一，但其应用仍受限于接触电阻较大、稳定性较差等问题。为突破上述瓶颈，哈尔滨工业大学田艳红教授课题组采用在铜纳米线表面共电沉积惰性银金合金防护层的方式进行了性能改善。研究结果表明，惰性金属原子将选择性沉积于铜纳米线表面，从而实现铜纳米线之间的可靠连接，将松散的搭接接头连接为牢固的冶金接头（图 8），从而大幅降低接触电阻，提高导电性（图 9）。经过仅 6s 的沉积处理后，电极方阻值由 513Ω/sq 下降至 14.2Ω/sq，透光率仅稍稍下降（图 10），最优品质因数达 237.5。此外，惰性金属防护层还可以显著提高铜纳米线的抗氧化性能、抗化学腐蚀性能以及抗电化学腐蚀性能，并基于此制备了柔性电致变色、能量存储双功能器件（图 11）。此研究为金属纳米线透明电极在高电学性能需求、苛刻环境下服役电子产品中的应用奠定了基础。

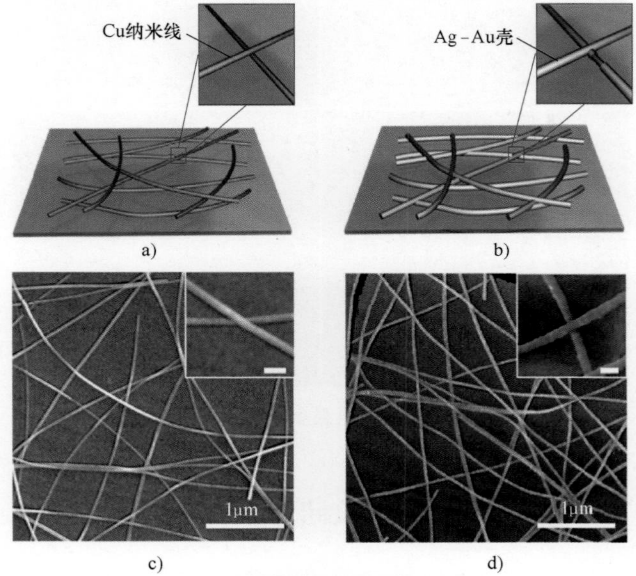

图 8 电沉积法连接铜纳米线[8]

a）连接前铜纳米线示意图 b）连接后铜纳米线示意图

c）连接前铜纳米线 SEM 图 d）连接后铜纳米线 SEM 图

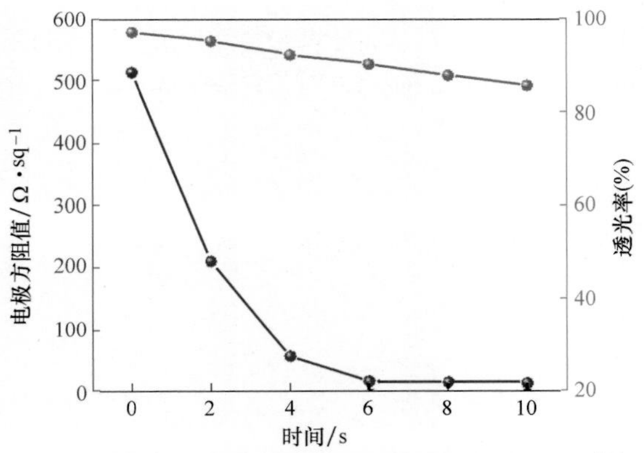

图 9 电极透光率和电极方阻值随时间变化曲线[8]

图 10　不同沉积时间电极透光性能光学照片[8]

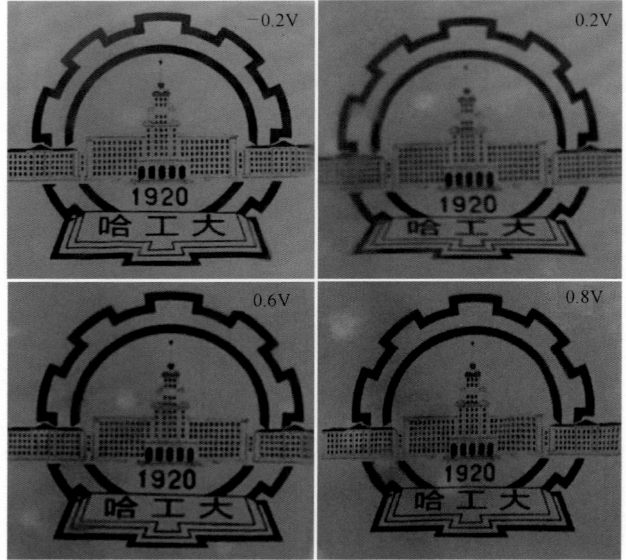

图 11　不同电压下电致变色器件颜色响应[8]

3　微连接新技术研究

3.1　基于 Ag_2O 热分解连接 Ag/Si 界面的形成

传统的电子封装互连工艺中需要对陶瓷基板进行表面金属化处理，以实现陶瓷基板与金属材料间的可靠连接。日本大阪大学的 Tomoki Matsuda 教授课题组基于自研的 Ag_2O 焊膏热分解体系，在 300~500℃条件下，首次实现了多种不同的无金属化的陶瓷材料与金属材料的银烧结连接（图 12）。该研究重点阐明了无金属化的硅基材料与金属材料的微观连接过程和影响因素。

透射电镜的结果显示，在 300℃的连接温度下，烧结后的 Ag 通过一层薄的非晶态氧化硅中间层很好地连接在硅基材料上（图 13）；而在 500℃的连接温度下，烧结后的 Ag 通过含 Ag 纳米颗粒的氧化硅层与硅基材料结合（图 14）。通过对比 Ag_2O 焊膏的热重曲线（图 15a）和不同烧结温度下的透射电镜图像（图 15b），认为这种界面结构的变化是由残余 Ag_2O 的热分解行为导致的。

对上述现象综合分析认为，为获得更好的连接效果，需要减少烧结过程中 Ag_2O 的残余量。作者提出的策略是缩短预加热的时间，在连接层中保留足够的还原性有机物。基于透射电镜显微分析可以看出，短时预热条件下，500℃连接温度下的氧化硅层并没有出现 Ag 纳米颗粒（图 16）。该研究表明，预热过程中，可通过控制 Ag_2O 焊膏中有机溶剂的量来控制界面结构，为电子器件的无金属化硅基材料封装工艺优化提供了理论解释和研究思路。

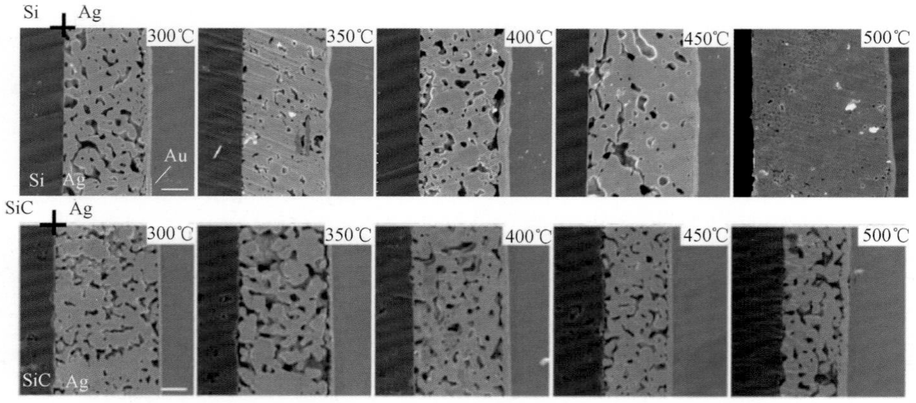

图 12　不同烧结温度下烧结后的 Ag 与硅基材料截面结构（SEM）图[9]

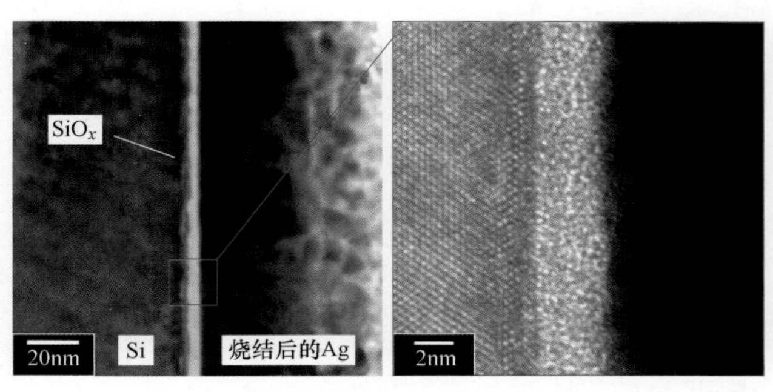

图 13　300℃烧结条件下烧结后的 Ag 与硅基材料界面位置微观结构透射电镜（TEM）图[9]

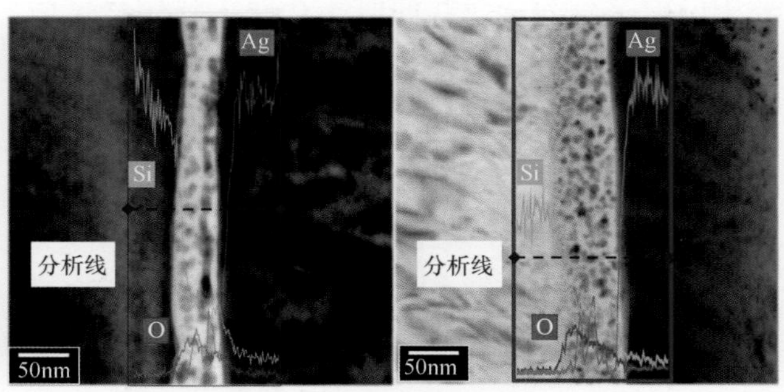

图 14　500℃烧结条件下烧结后的 Ag 与硅基材料界面位置微观结构与成分分析透射电镜（TEM）图[9]

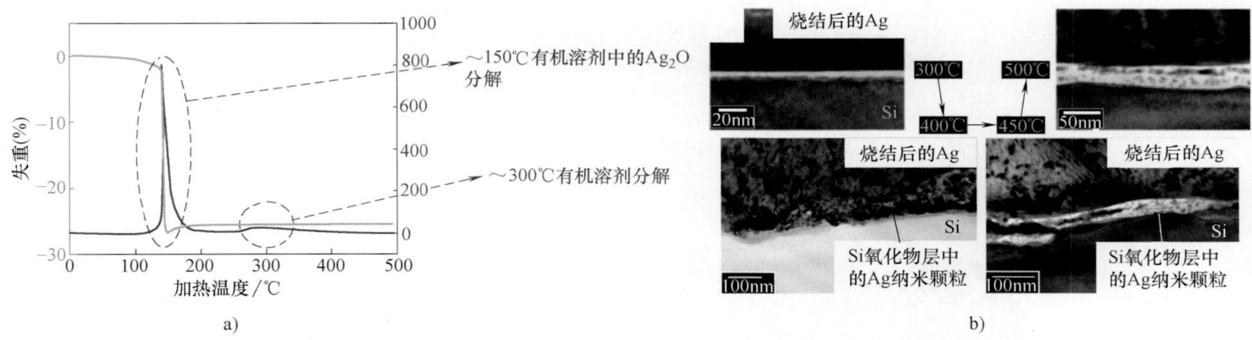

图 15　Ag_2O 焊膏热重特性及其烧结连接接头的界面微观结构

a）Ag_2O 焊膏热重曲线　b）不同烧结温度下烧结后的 Ag 与硅基材料界面微观结构透射电镜（TEM）图[9]

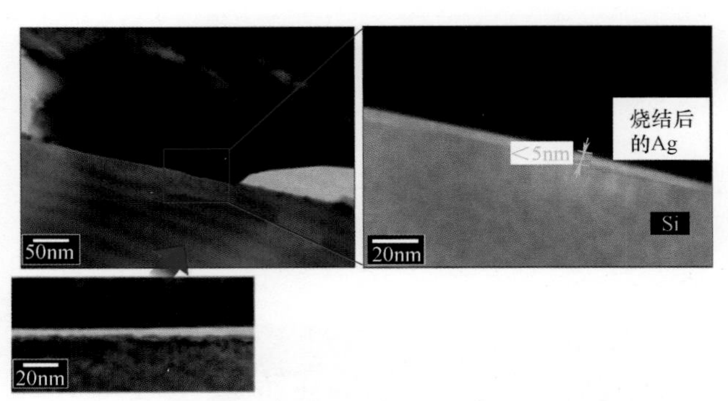

图 16　采用短预热温度策略时 500℃烧结条件下烧结后的 Ag 与硅基材料界面微观结构透射电镜（TEM）图[9]

3.2　复合焊膏（Sn3Ag0.5Cu 合金颗粒+Cu 颗粒+有机溶剂）TLPS 烧结连接机理及其电子互连应用

过渡液相烧结连接技术（Transient Liquid Phase Sintering，TLPS）广泛采用以铜、锡及其合金为主要成分的钎料或成分类似的微/纳米颗粒焊膏，经过低温烧结后可以获得包含金属间化合物（Intermetallic Compounds，IMC）的耐高温焊点。该方法可以满足宽禁带半导体电子器件封装时“低温连接高温服役”的普遍需求，同时也可以有效降低材料成本，易于实现批量化生产，在功率电子器件贴片封装领域有较为广泛的应用前景。然而，传统的 TLPS 方法形成的接头普遍存在硬度过高、容易产生脆性裂纹而导致失效的问题。针对此问题，日本大阪大学的 Akio Hirose 教授团队在 Sn3Ag0.5Cu 与微米铜颗粒的复合焊膏中加入聚酰亚胺类的柔性热固树脂，开发出了一种可在 250℃条件下无压烧结形成低硬度接头的新型复合焊膏。Akio Hirose 教授团队针对该焊膏的烧结行为与接头微观组织的演变过程展开了研究，重点研究了加入柔性热固树脂后焊膏的烧结温度变化情况、金属间化合物的形成与分布情况，并利用扫描电镜照片对连接层的微观组织进行三维影像重构，进而通过数值模拟研究焊点在拉伸试验中的力学行为。与此同时，开展了热循环试验对使用新型复合焊膏的烧结试样的可靠性测试研究，并将测试结果与使用 Sn3Ag0. 5Cu（SAC305）钎料的对照组进行了比较。研究结果表明，该焊膏可在 250℃条件下烧结形成一种同时包含 Cu-Sn 金属间化合物、纯铜微纳米颗粒和固化后的聚酰亚胺树脂的复合网状结构，其烧结过程如图 17 所示。利用三维影像重构的模型进行数值模拟，得出该网状结构的等效模量为 11GPa，明显低于 Cu 的等效模量 100GPa 和 Cu_6Sn_5 的等效模量 102GPa，如图 18 所示。热循环测试结果表明，测试过程中该新型焊膏烧结焊点可有效抑制裂纹扩展现象，且微观组织在 1200 个循环后没有发生明显变化，如图 19 所示。该研究为解决传统 TLPS 技术的可靠性问题提供了一种新颖且易于实现的解决方案，具有良好的产业化前景。

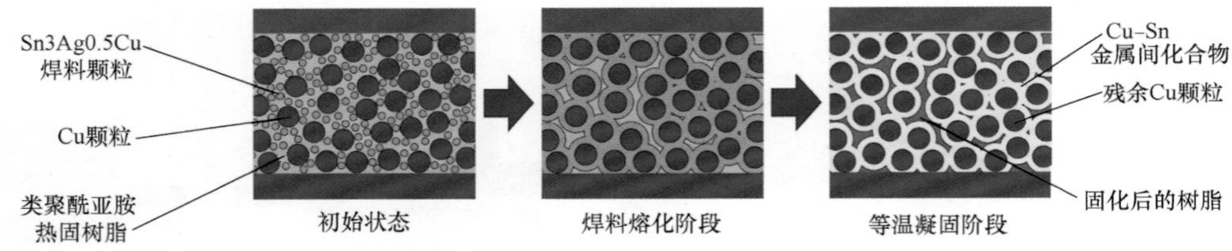

图 17　新型复合焊膏烧结过程与微观组织演变过程示意图[10]

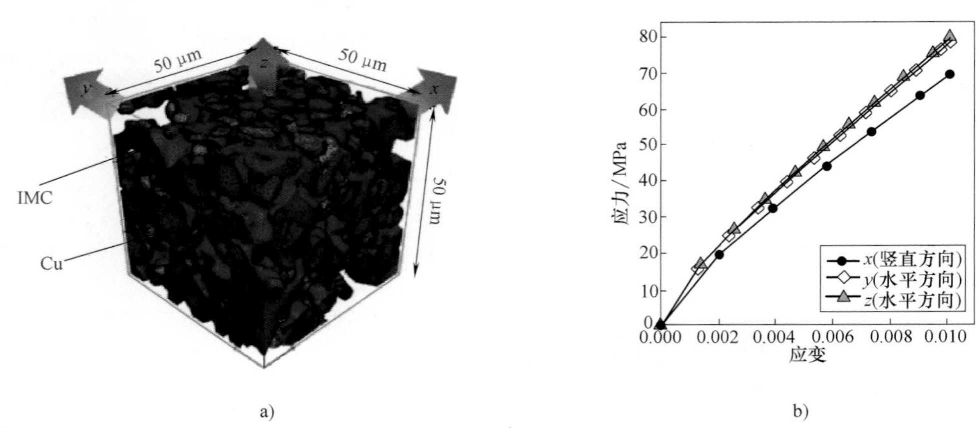

图 18　复合焊膏烧结后微观组织重构模型及其拉伸树脂模拟试验中的应力—应变曲线

a）复合焊膏烧结后微观组织的三维影像重构模型　b）重构模型的拉伸树脂模拟试验中的应力—应变关系曲线[10]

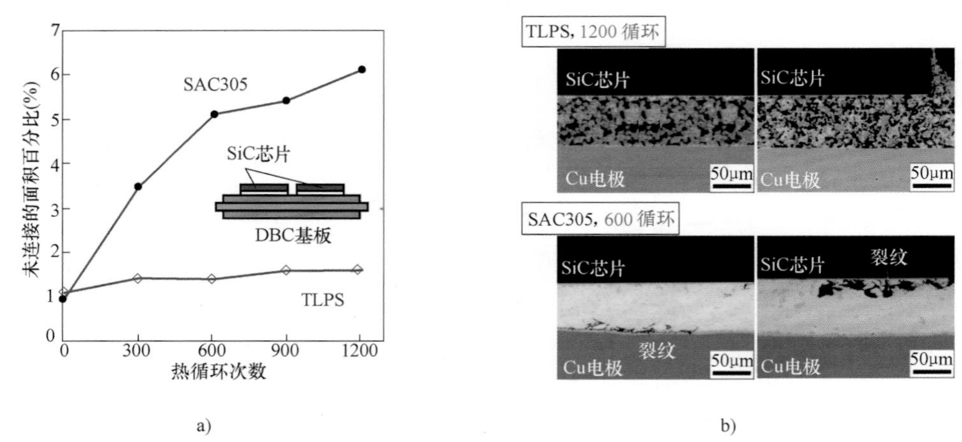

图 19　两种连接材料相应焊点在热循环测试过程中的连接率和微观组织变化

a）复合焊膏与 SAC305 钎料焊点在热循环测试中的连接率变化情况　b）复合焊膏与 SAC305 钎料焊点在热循环测试中的微观组织变化情况[10]

3.3 NiTi/不锈钢之间的电磁冲击微连接

镍钛形状记忆合金具有形状记忆效应、伪弹性和良好的驱动力-重量比等优良特性，在生物医学、汽车业、航空航天等领域的应用非常广泛。不锈钢是常见的医疗器件等高性能结构中使用的材料。将镍钛形状记忆合金和不锈钢两种合金连接起来可综合两者优点，具有广泛的应用前景。然而，由于这两种合金的物理和化学性质不同，焊接这两种合金存在着诸多困难。为了实现这两种合金高力学性能的连接，俄亥俄州立大学 Boyd Panton 助理教授课题组的李建雄等人将电磁冲击微连接技术用于镍钛形状记忆合金与不锈钢之间的焊接。作者利用蒸发箔致动器焊合法（VFAW）将镍钛形状记忆合金与 436 不锈钢连接并形成了高强度固态连接接头。同时，采用光子多普勒测速法（PDV）对碰撞速度和碰撞角等焊接工艺特性进行了测算。研究表明，焊缝组织沿焊缝方向在原位微观结构上具有较强的空间变异性；焊接接头发生了应变硬化，但没有生成脆性金属间化合物，各组分也没有发生熔化或混合。初始循环试验显示了连接接头在 100 次循环后仍具有低应变软化和低塑性应变累积，性能接近母材。与其他传统焊接技术如激光钎焊、摩擦焊和激光焊相比，电磁冲击微连接在连接镍钛形状记忆合金与不锈钢（SS）时具有更高的焊接效率，如图 20~图 24 所示[11]。

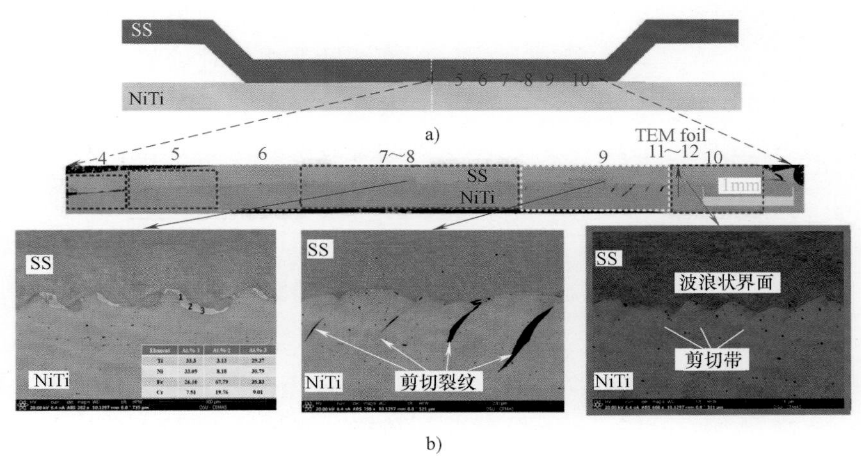

图 20 典型的镍钛/不锈钢冲击焊接界面微观结构[11]

a）NiTi 记忆合金/不锈钢冲击焊缝整体界面组织示意图 b）焊接界面微观结构横截面光学显微图像

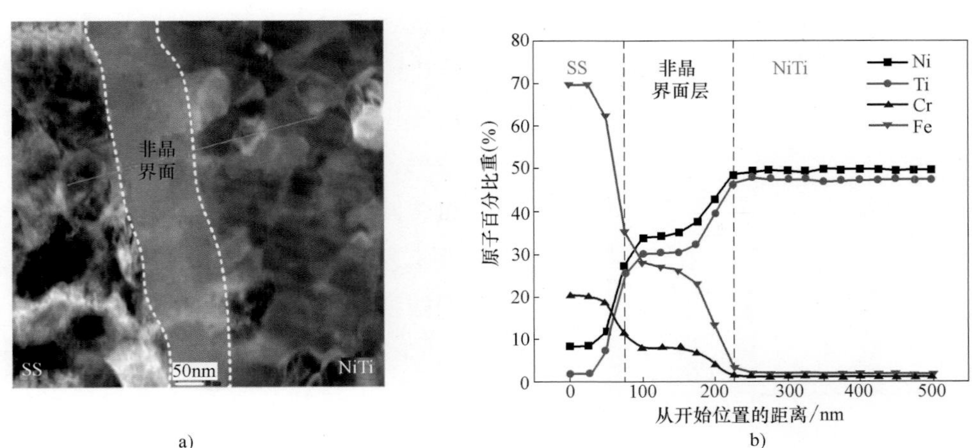

图 21 沿不锈钢/NiTi 记忆合金界面的 EDS 线分析[11]

a）不锈钢/NiTi 记忆合金焊缝的明场图像 b）EDS 线能谱分析

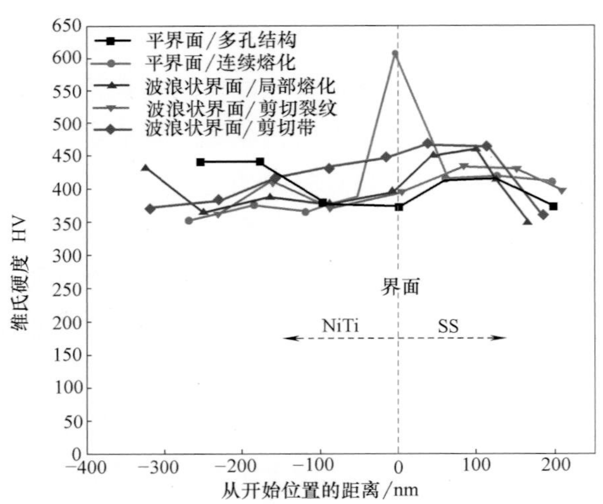

图 22 沿不锈钢/NiTi 记忆合金接头界面的维氏显微硬度分布的比较[11]

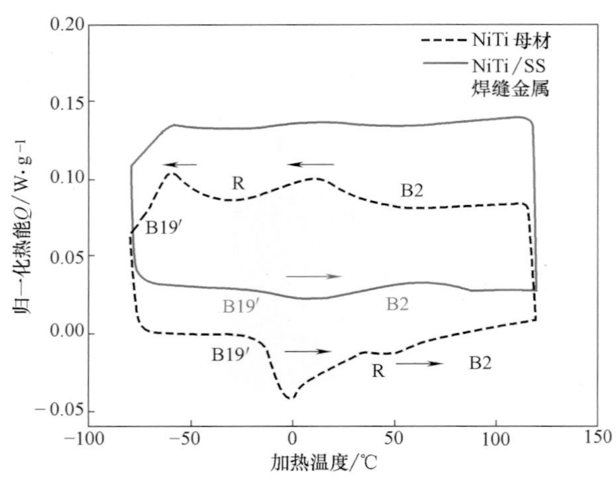

图 23 NiTi 记忆合金母材和不锈钢/NiTi 记忆合金焊缝相变特性的差示扫描量热仪（DSC）曲线对比[11]

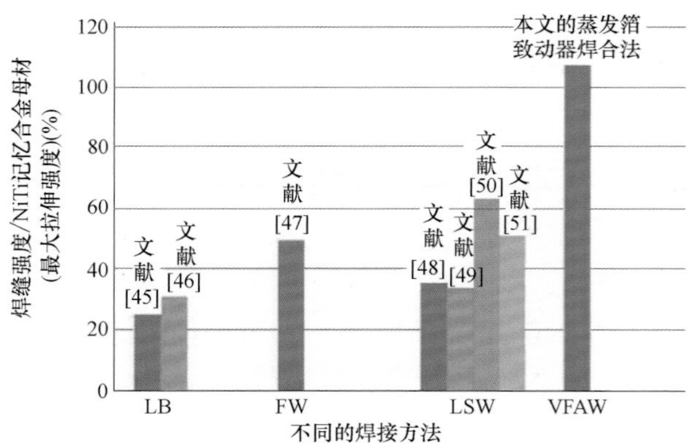

图 24 不同焊接方法所获得的接头强度比

（接头焊缝强度/NiTi 记忆合金母材强度）[11]

4 激光微纳制造新技术

4.1 TiO_2 飞秒激光微纳加工机理与模型

二氧化钛（TiO_2）因储量丰富、稳定性高、无毒、低成本而被公认是理想的半导体催化剂。飞秒激光微纳制造是一种新的材料加工方法，有望用于二氧化钛加工以提高其催化活性。因此，有必要研究飞秒激光与 TiO_2 之间相互作用的机理。清华大学闫剑锋副教授根据 TiO_2 的材料特性建立了双脉冲飞秒激光与 TiO_2 作用的等离子体模型并开展了实验研究。该研究利用所建立的等离子体模型计算了在飞秒激光作用下激光功率密度、自由电子密度时域特性、材料瞬态反射率和峰值自由电子密度空间分布。计算结果表明，时域整形超快激光脉冲序列可以实现对材料加工过程的调控。通过将理论计算结果与实验结果对比，发现二氧化钛发生烧蚀现象时具有相同的电子密度，即存在临界电子密度。阈值附近烧蚀坑直径随激光能量通量的提高而呈线性增大，如图 25～图 27 所示[12]。

4.2 抗氧化铜基结构的激光一步法图形化

Cu 纳米材料因其优良的导电性能及低廉的价格，有望替代贵金属（如 Au、Ag、Pt 等）纳米材料用于微电子器件中导电结构的制造。然而，合成后的 Cu 纳米材料容易在大气环境下发生氧化，导致其导电性降低。在 Cu 纳米材料的合成过程中引入额外材料形成复合结构（如 Cu@C、Cu@Ag 等）是提高 Cu 纳米材料抗氧化性的常用方法。在完成抗氧化 Cu 基纳米材料的合成后，通常需要进一步的工艺完成导电结构的组装及结构化。这必然提高了结构的制造成本及工艺复杂性。北京航空航天大学彭鹏副教授课题组采用激光直写一步法在柔性基板上完成了 Cu 导电结构及 Cu@C 抗氧化结构的合成与图形化。上述激光直写技术利用聚焦激光辐照液态前驱体所引起的光热化学反应合成纳米材料，并通过激光烧结作用将其原位连接为导电结构。经参数优化后，Cu 结构及 Cu@C 结构的最优电阻率分别达到 4μΩ·cm 及 10μΩ·cm（图 28），均具有良好的导电性。由于 Cu@C 结构孔隙率高于 Cu 结构，其电阻率略有降低（图 29），但 Cu@C 结构的抗氧化性显著提升，这归功于所形成的包覆结构（图 30）。在 100℃ 氛围下存放一周后，Cu@C 结构的相对电阻几乎恒定，而 Cu 结构的电阻增加约 3.4 倍（图 31）[13]。

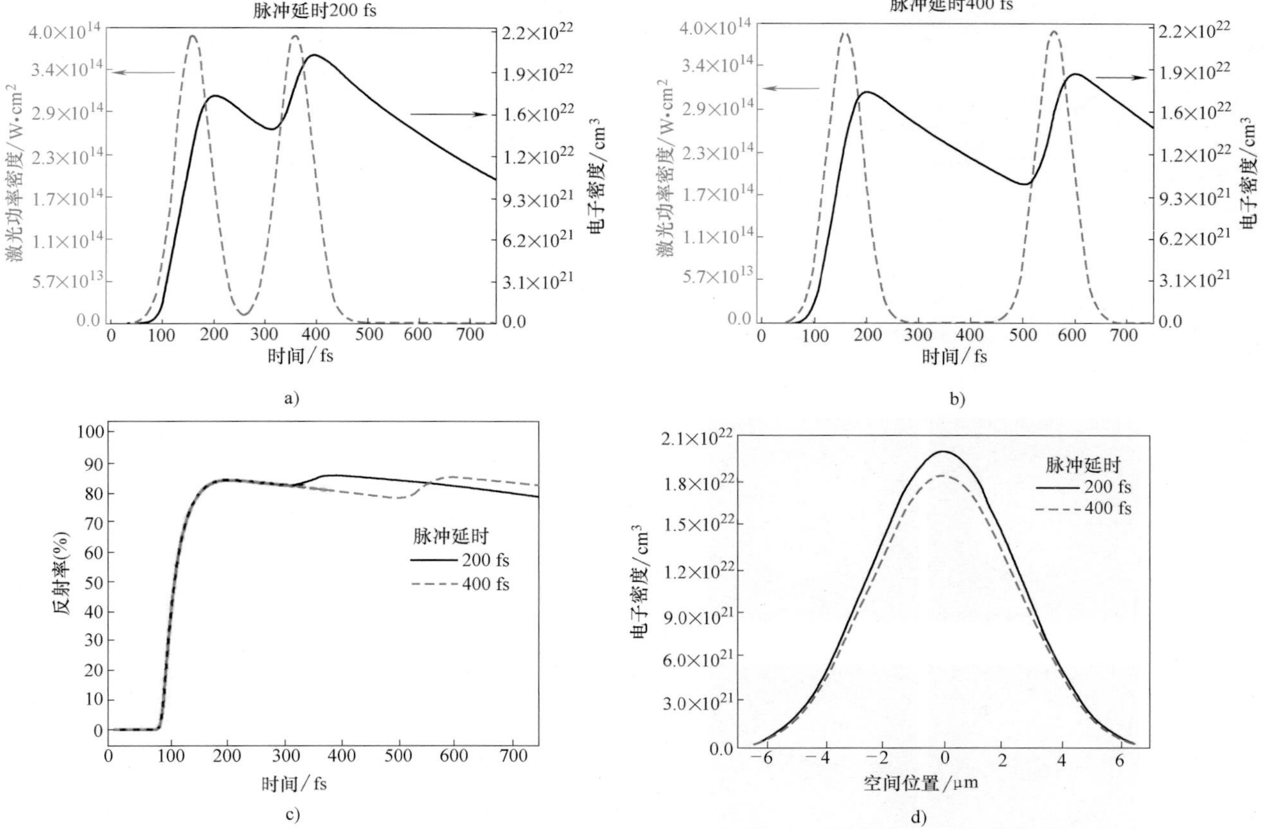

图 25　双脉冲飞秒激光与二氧化钛作用过程中产生的自由电子密度与材料瞬态反射率数值计算结果

a)、b) 利用等离子体模型计算得到的激光功率密度和电子密度　c) 材料瞬态反射率　d) 峰值电子密度空间分布[12]

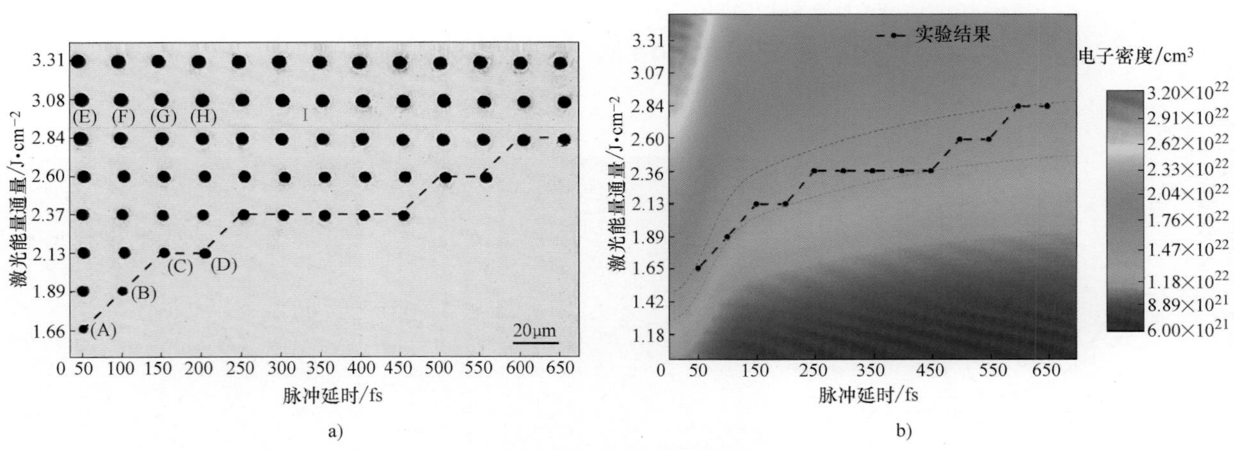

图 26　脉冲延时对自由电子密度、烧蚀阈值的影响规律[12]

a) 不同脉冲延时和激光能量通量飞秒激光烧蚀二氧化钛表面的光学显微镜图　b) 计算自由电子密度分布图

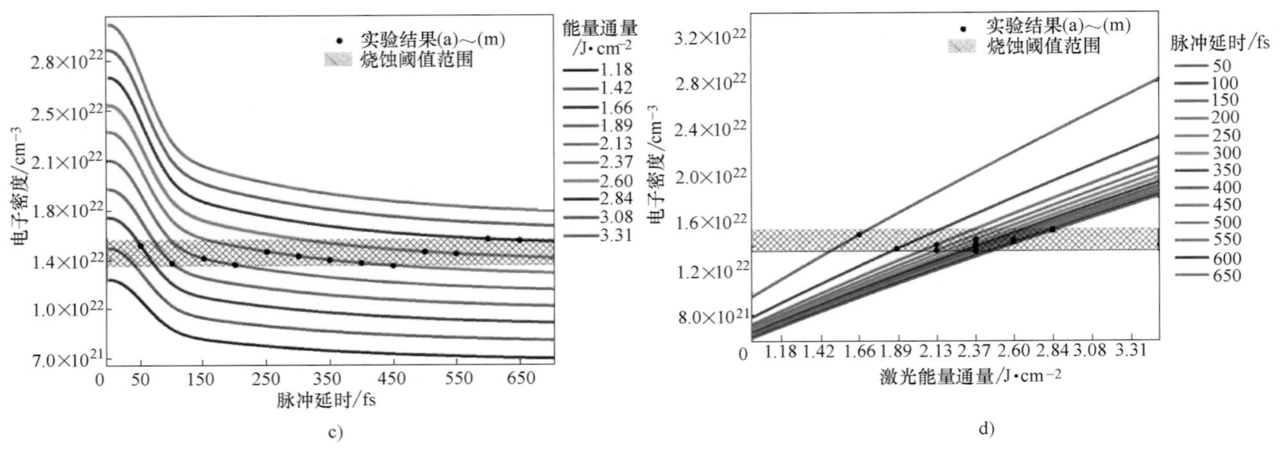

图 26　脉冲延时对自由电子密度、烧蚀阈值的影响规律[12]（续）

c）脉冲延时对自由电子密度的影响　d）激光能量通量对自由电子密度的影响

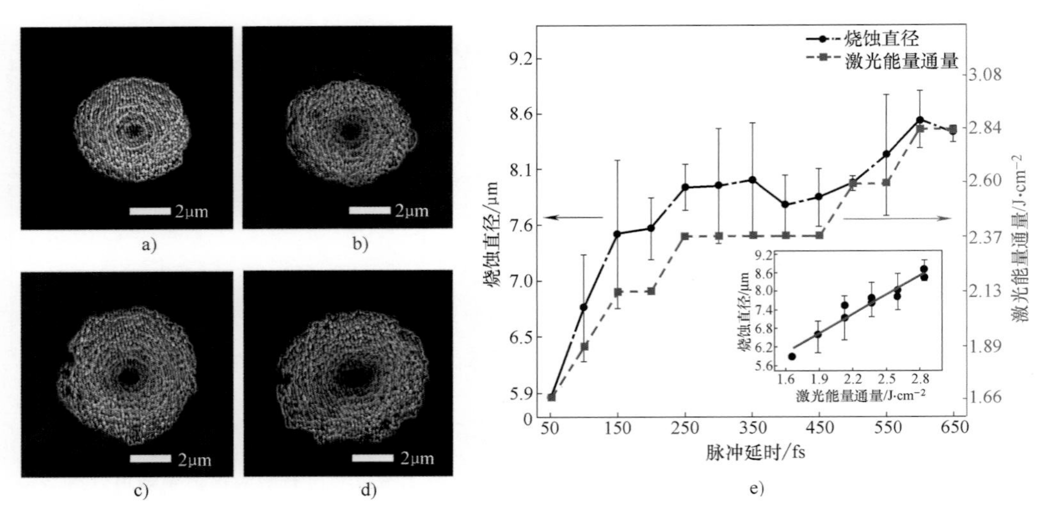

图 27　脉冲延时对烧蚀效果、烧蚀直径及激光能量通量的影响

a）～d）脉冲延时为 50 fs、100 fs、150fs、200 fs 的烧蚀效果 SEM 图

e）脉冲延时与烧蚀直径和激光能量通量的关系[12]

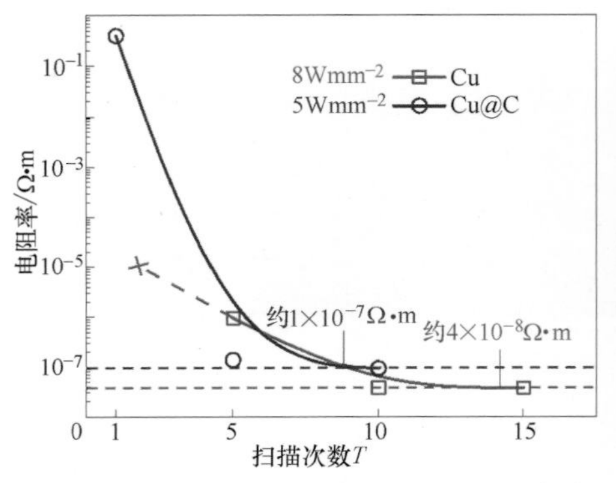

图 28　结构电阻率随扫描次数的变化[13]

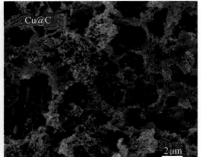

图 29　典型 Cu 及 Cu@C 结构的微观形貌[13]

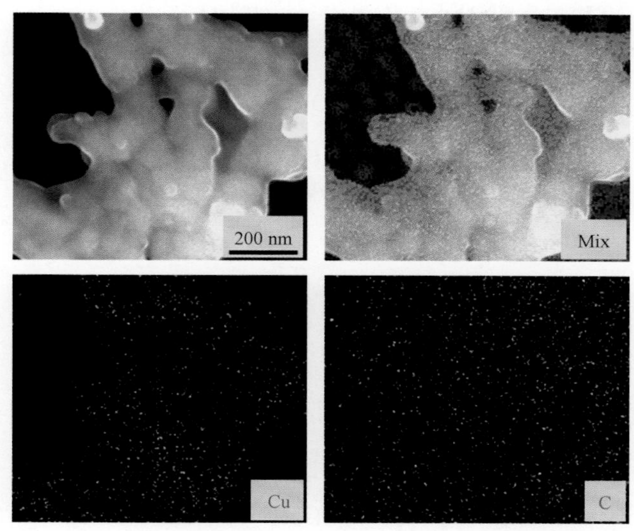

图 30 Cu@C 结构的典型形貌及 EDS 成分分析[13]

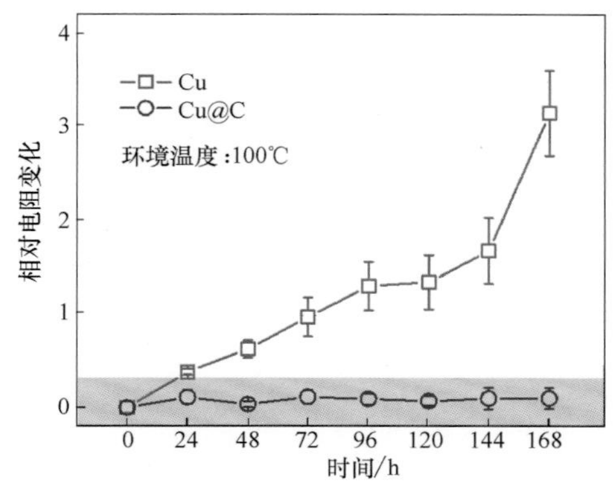

图 31 Cu@C 结构及 Cu 结构的抗氧化性比较[13]

5 结束语

2020 年 IIW 年会 C-Ⅶ的研究进展主要体现在如下方面：①采用纳米材料作为连接材料的微纳连接技术，包括超快激光沉积 Ag-Pd 合金纳米颗粒薄层及 SiC 器件封装应用、纳米复合多层膜用于焊接的短程扩散机理、Sn-Ag-Cu 纳米复合焊膏高可靠性封装连接工艺；②纳米线的连接技术，包括电镀 Cu 纳米线的连接及其在高性能透明电极中的应用；③微连接新技术，包括基于 Ag_2O 热分解连接 Ag/Si 的界面形成、复合焊膏（Sn3Ag0.5Cu 合金颗粒+Cu 颗粒+有机溶剂）TLPS 烧结连接机理及其电子互连应用、不锈钢 NiTi 记忆合金之间的电磁冲击微连接；④激光微纳制造新技术，包括 TiO_2 飞秒激光微纳加工机理与模型、抗氧化铜基结构的激光一步法图形化。

微纳连接特别是纳连接的新方法与理论、新型连接材料、接头可靠性评估等是该领域的研究重点和热点。

致谢：感谢如下专家和博士研究生的大力帮助和支持，他们在本文的撰写过程中，针对相应的报告，分别撰写了相应文字并提供了相应的图表。包括：清华大学闫剑锋副教授和刘磊副教授，北京航空航天大学彭鹏副教授和博士后张宏强及博士生周兴汶，哈尔滨工业大学博士生张贺，瑞士联邦材料科学与技术研究所玛丽-居里学者奖获得者博士后林路禅，以及清华大学博士生贾强、任辉、王文淦和霍金鹏。

参考文献

[1] 李晓延. 国际焊接学会（IIW）2019 研究进展［M］. 北京：机械工业出版社，2020：80-100.

[2] JIA Q，ZOU G S；WANG W G，et al. Sintering Mechanism of a Supersaturated Ag - Cu Nanoalloy Film for Power Electronic Packaging［J］. ACS Applied Materials & Interfaces，2020，12：16743-16752.

[3] MZ N S，ZHANG H Q，ZOU G S，et al. Large-area die-attachment sintered by organic-free Ag sintering material at low temperature［J］. Journal of Electronic Materials，2019，48（11）：7562-7572.

[4] FENG B，SHEN D Z，WANG W G，et al. Cooperative Bilayer of Lattice-Disordered Nanoparticles as Room-Temperature Sinterable Nano-Architecture for Device Integrations［J］. ACS applied materials & interfaces，2019，11：16972-16980.

[5] JIA Q，LIU L，ZOU G S，et al. Pulsed laser deposited Ag-Pd nanoalloy for SiC devices packaging［Z］// Ⅶ-0191-20.

[6] JANCZAK-RUSCH J，CANCELLIERI C，DRUZHININ A V，et al. Short-circuit diffusion in nanomultilayers for joining applications［Z］//

Ⅶ-0188-20.

[7] HARINI R S, HWANG S J, KANG H J. Nano-composite Sn-Ag-Cu solders for the reliable soldering technology: ZrO_2-added Sn-3.5Ag-0.5Cu [Z] // Ⅶ-0187-20.

[8] ZHANG H, TIAN Y H. Joining of copper nanowires by electrodeposition method for high-performance transparent electrode [Z] // Ⅶ-0189-20.

[9] MATSYDA T, INAMI K, MOTOYAMA K, et al. Formation process of interfacial structure in Ag/Si joint during Ag_2O decomposition [Z] // Ⅶ-0192-20.

[10] TATSUMI H, YAMGUCHI H, MATSUDA T, et al. Transient Liquid Phase Sintered (TLPS) Cu-Sn Skeleton Microstructure for Electronics interconnections [Z] // Ⅶ-0190-20.

[11] LI J, PANTON B, LIANG S, et al. Micro-impact welding of NiTi and stainless [Z] // Ⅶ-0193-20.

[12] YAN J F. Processing of TiO_2 with femtosecond laser [Z] // Ⅶ-0194-20.

[13] ZHOU X W, GUO W, PENG P. One-step laser patterning of anti-oxidative copper-based structures [Z] // Ⅶ-0195-20.

作者简介：邹贵生，男，1966 年出生，博士，清华大学长聘教授，博士生导师。研究领域主要包括：微纳连接与器件、超快激光材料精密加工、纳米材料合成及应用、电子封装材料与技术、焊接冶金与理论等。发表期刊和会议论文 300 余篇，其中 SCI/EI 收录 130/150 余篇。Email：zougsh@ tsinghua. edu. cn。

审稿专家：田艳红，女，1975 年出生，博士，哈尔滨工业大学长聘教授，博士生导师。研究领域主要包括：纳米材料与器件、电子封装及可靠性、微纳连接方法及基础研究等。发表期刊和会议论文 230 余篇，其中 SCI/EI 收录 100/130 余篇。Email：tianyh@ hit. edu. cn。

焊接健康、安全与环境（IIW C-Ⅷ）研究进展

石玗　张刚
（兰州理工大学省部共建有色金属先进加工与再利用国家重点实验室，兰州　730050）

摘　要：焊接健康、安全与环境是焊接科学研究和工程应用领域的重要组成部分，一直备受全球焊接领域专家、学者的高度青睐，并长期持续不断地开展了相关研究工作。本文基于第 73 届 IIW 国际焊接年会 C-Ⅷ专委会线上学术交流报告内容，重点对焊接烟尘中有害物质检测及与尘肺等职业病的相关性，基于数字动态知识平台的弧焊过程生命周期评估，焊接健康与环境、安全评估及优化设计，各国就焊接健康、安全与环境方面所制定的标准和法律法规文件的实施状况等研究进展进行了梳理总结，并对焊接健康、安全与环境研究工作的未来发展方向进行了评述和展望，以供国内研究者参考。

关键词：IIW；焊接烟尘；电弧焊；焊接健康；生命周期评估

0　序言

国际焊接学会（International Institute of Welding，IIW）健康、安全与环境（Health，Safety and Environment，HSE）C-Ⅷ专委会主要研究焊接过程中影响健康、安全与环境的因素，确保焊接生产中对人身和环境的保护。C-Ⅷ专委会的任务包括焊接健康与安全有关内容的交流；定期对可能影响健康及安全的物理和化学制剂进行评估；分享与焊接健康、安全有关的法律法规和信息；制定焊接健康、安全和环境管理的最佳实践方案等指导文件，从而帮助企业用户建设安全的生产环境。2020 年 7 月 22—24 日，第 73 届 IIW 年会在线上召开。本届年会上，C-Ⅷ专委会共报道了学术论文 9 篇。从各个国家投稿情况来看（以第一作者为准），英国报告论文最多（3 篇），加拿大、匈牙利、中国、瑞典、法国各 1 篇，此外 PSA Mangualde 公司提交交流论文 1 篇。从报告内容来看，专家、学者对焊接烟尘颗粒中高溶解度六价铬的分布及其与焊接工作者诱发职业病（尘肺）的相关性关注度较高，且重点讨论了欧盟关于焊接设备制造生态化设计规范的颁布和实施方案。本文将此次会议收集到的会议资料梳理归纳为三部分，主要包括：焊接烟尘颗粒及铬离子检测、基于数字动态知识平台的弧焊工艺过程生命周期评估、焊接设备和工作环境生态化设计规范及实践。在此基础上，对焊接健康、安全与环境领域未来的研究趋势进行了展望。

1　电弧焊烟尘及有害物质检测研究

焊接烟尘是在焊接生产过程中形成的能够长时间浮游于空气中的固体微粒。在高温电弧作用下，焊条端部及母材被熔化，熔液表面剧烈喷射由药皮、焊芯产生的高温高压蒸气（蒸气压为 66～13158Pa），并向四周扩散。当蒸气进入周围空气中时被氧化并冷却，部分凝结成固体颗粒，形成气体和固体微粒混合物。焊接烟尘是一种十分复杂的物质，目前已在烟尘中发现的元素达 20 种以上[1]，其中含量最多的是 Fe、Ca、Na 等，其次是 Si、Al、Mn、Ti、Cu 等。焊接烟尘中的主要有害物质为 Fe_2O_3、SiO_2、MnO、HF、Cr（Ⅵ）等，其中含量最多的为 Fe_2O_3，一般占烟尘总量的 35.56%，其次是 SiO_2，其含量占 10%～20%，MnO 占 5%～20%。它们是污染作业环境、损害劳动者健康的主要

诱导因素，可引起包括尘肺在内的多种职业性肺部疾病。

英国焊接研究所（TWI）Vishal Vats 博士[2]做了题为“基于傅里叶变化的焊接烟尘高溶解度六价铬红外光谱成像分析可行性研究”报告。研究指出焊接烟尘由金属氧化物和气体组成；在焊接不锈钢金属材料时产生的铬主要以三价态和六价态存在；在低合金钢中铬元素含量通常小于1%，但在不锈钢中铬元素含量为1%~10%，特殊应用环境下可高达20%；采用不同焊接方法所产生的焊接烟尘中六价铬含量不同，通常 TIG<MIG<MAG<MMA<FCAW。报告进一步指出，目前焊接烟尘研究存在的主要问题是如何定量表征分析六价铬元素。Vishal 博士提出采用傅里叶变换红外光谱分析法，通过辨别红外光谱信号识别被检测材料特性，进而确定焊接烟尘中六价铬的含量。相比于传统的离子色谱表征分析方法，该方法具有无损检测、无须准备样件、无须试剂、快速灵敏等优势，为研究钨极氩弧焊焊接烟尘形成机理提供了一种有效的新手段。

瑞典皇家理工学院（KTH）Yolanda Hedberg[3] 研究了 FCW 焊接烟尘的成分组成，分析了 Mn、Na、K、F 与 Cr（Ⅵ）的相关性及对哺乳动物 DNA 损伤的关联性。研究结果表明，焊接烟尘中 Cr（Ⅵ）溶解度与细胞的毒性和 DNA 损伤强度密切相关；Mn 元素含量决定了焊接烟尘中活性氧的产生量；磷酸盐缓冲液（Phosphate Buffered Saline，PBS）溶解度试验能够预测六价态铬对体细胞毒性的严重程度。元素相关性研究进一步表明，焊接烟尘氧化物中的 Na、K、F 与 Cr（Ⅵ）溶解度无直接关系。相反，随着粒子氧化物含量的增加，它们能够间接地影响铬的溶解度；采用 NaF 能够制造出极低 Cr（Ⅵ）溶解度的 FCW 电极材料，在很大程度上减小了对焊工 DNA 的损伤。在该研究报告中，Yolanda Hedberg 同时对比分析了 FCW 焊丝焊接烟尘成分与实芯焊丝焊接烟尘颗粒含量分布情况（图 1）。对比分析发现，含有 Na/K-F 的 FCW 焊丝焊接烟尘中铬元素所占的比重明显要高于实芯焊丝所产生的烟尘颗粒中铬元素所占比重，进一步证实了粒子氧化物 Na/K/F 在一定程度上间接增加了六价态铬的溶解度。

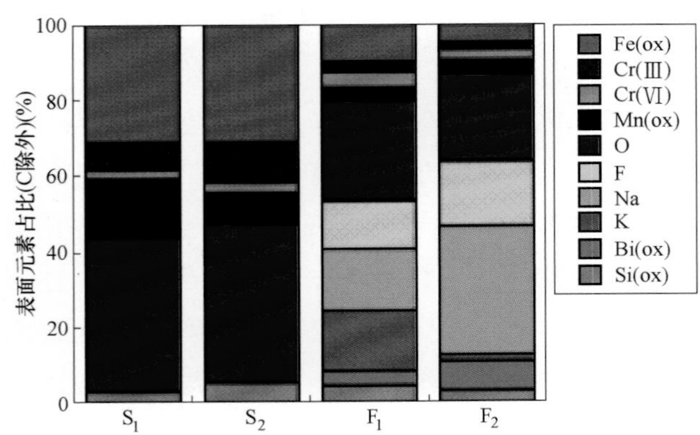

图 1　焊接烟尘颗粒占比（S_1、S_2 为实芯焊丝烟尘；F_1、F_2 为 FCW 焊丝烟尘）

在上述研究结果基础上，Yolanda 博士采用循环伏安法分析了收集的焊接烟尘颗粒表面的化学形态，如图 2 所示。所有数据测量都从开路电位点（Open Circuit Potential，OCP），即系统的等电位点开始。当产生氢（-1.4V）时，烟尘颗粒被还原，当产生氧（0.2V）时，烟尘颗粒被氧化。从图中可以看出，在电位为-1.4V 时，出现 4 种烟尘颗粒的还原峰；在电位为-0.5V 时，颗粒被氧化，出现氧化峰。当还原峰在电位为-0.75V 消失时，通过循环伏安测量曲线可以排除游离态 Cr（Ⅵ）化合物（铬酸盐或重铬酸盐）的存在。但对于本试验条件下一些不导电的金属及其合金（如 Si 等），利用该技术是无法观察到烟尘中六价铬的存在与否。

另外，报告人总结了现有关于焊接烟尘 Cr（Ⅵ）对不同细胞类型的毒性和对 DNA 损伤的研究成果，细胞的毒性随着六价铬释放含量的变化关系如图 3 所示。基于此研究基础，Tox Tracker 等人在《细胞》杂志上在线报道的铬元素对 DNA 损伤趋势相近。从图中变化曲线可以发现，六价铬对人体细胞毒性呈线性增加关系，且当释放含量达到 20μg/mg 以上时，细胞的毒性程度大大增加。由此可见，焊接烟尘中 Cr

（Ⅵ）的含量对焊工的身体健康具有非常大的影响，因此，在实际大烟尘焊接环境下，排气通风系统优化设计和焊工自身保护及焊接材料成分优化显得非常重要且具有实际应用价值。

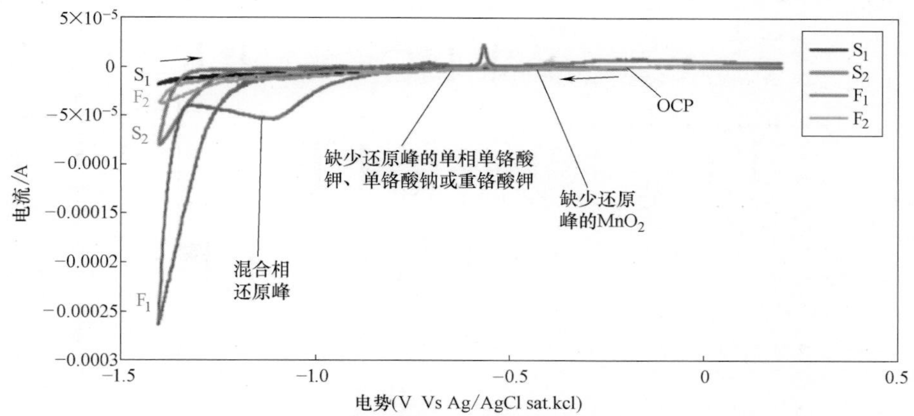

图 2　烟尘颗粒的循环伏安曲线

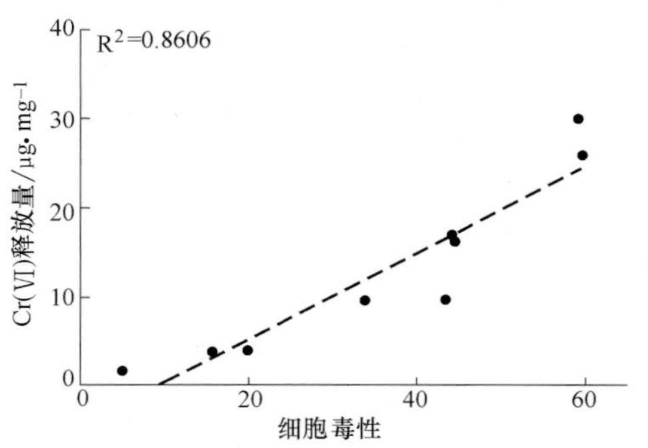

图 3　六价铬释放量与细胞毒性的关系

通过化学物相形成建模分析发现，在磷酸盐缓冲液（Phosphate Buffered Saline，PBS）中 NaF 对 Cr（Ⅵ）的溶解度没有任何影响，但氧化电位是 Cr（Ⅵ）溶解的必要条件。进一步研究表明，高锰酸盐能够稳定 Cr（Ⅵ）的溶解度。

2　焊接健康、安全与环境的评估及优化设计

先进的焊接技术正与现代制造工业同步快速发展，也为国民经济发展做出了重要的贡献。但同时，焊接烟尘、有毒废气、辐射、电磁干扰、噪声和触电等危害因素与焊接生产如影随形，直接威胁着焊接行业工作者的身体健康和生存环境。因此，进一步加强焊接过程中有害物质产生的类型、机理、与身体相互作用等方面的研究，制定相关焊接行业标准、优化焊接工艺及焊接材料等，采用有效措施和方法减少或消除焊接有害物质对焊接行业工作者的健康所带来的不良影响，既有紧迫性，又有长远战略意义。

C-Ⅷ专委会主席 Geoff Molten 博士[4] 做了题为“基于数字动态知识平台的弧焊工艺过程生命周期评估研究”报告。首先介绍了 Weldgalaxy 平台，该平台将动态知识管理、不断更新的数据库、智能功能分析和人工智能进行了有机融合集成。该平台利用已创建的高度可见和透明的数字 B2B 在线平台，将终端用户与设备和消耗品制造商、供应商、分销商、技术和服务提供商有机地联系起来，为焊接生产上、中、下游链条提供更好的服务。其次，报告引入并介绍了生命周期评价方法（Life Cycle Assessment，LCA），其基本模型如图 4 所示。报告还提出利用生命全周期建模并计算分析和预测环境因素变化造成的生命周期参数动态变化的方法，主要包括流体分析、材料和能量分析、成本核算、内外流动和环境影响等因素。在此基础上详细介绍了基于数字动态数据库平台的生命周期评估方法应用到电弧焊工艺过程的可行性和有效性。利用 LCA 重点研究了不同种类的电弧焊接过程中电极材料、焊接材料、保护气体等对环境的影响，旨在衡量焊接过程变化对周围环境的作用大小。

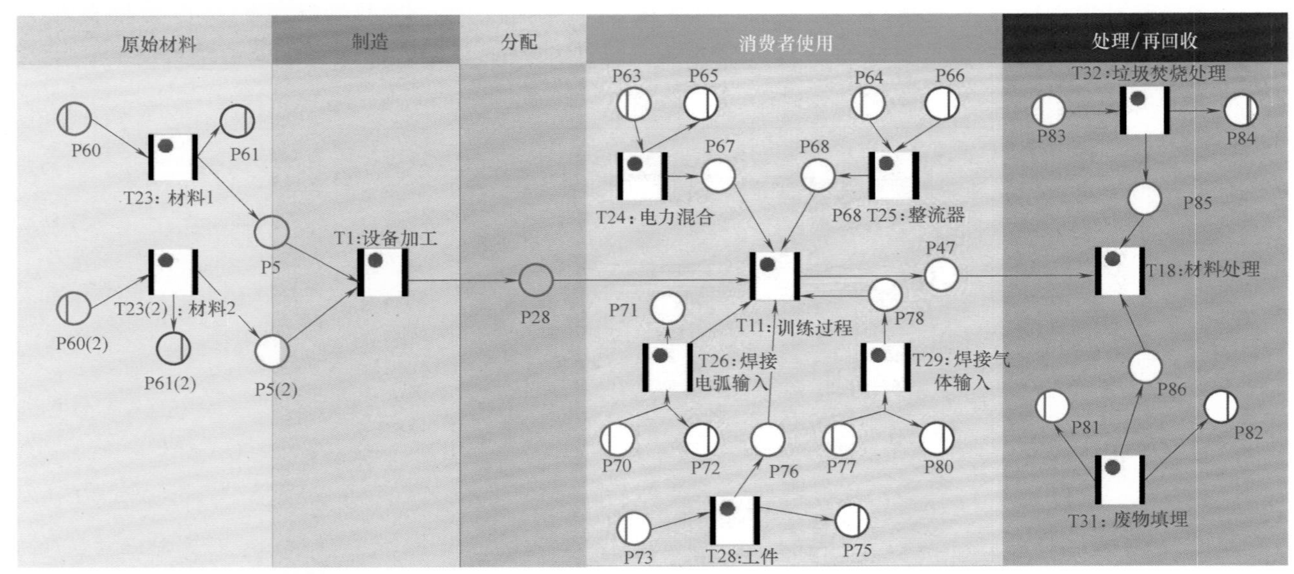

图 4　焊接过程生命周期评估基本模型

某些突出的社会问题折射为影响焊接生产的重要因素，也成为焊接健康、安全与环境领域值得重点关注的热点。例如，随着欧洲人口老龄化加剧，致力于优化工作环境/场所、减轻工作负担成为既能防止年轻工人过早疲劳，又能使年长的工人工作更轻松、效率更高的有效措施，尤其从事焊接行业工作的工人。为年长工人创造良好的工作场所，设计使用最佳的焊材配方，最大限度地降低或消除焊接烟尘给身体健康所带来的伤害迫在眉睫。专委会 Eurico Assuncao 博士[5] 报告了英国 PSA 集团 Mangualde 公司为老龄化工人更好地服务于公司钢铁工业生产，专门提出了优化工作条件的设计方案。为此，该公司首先优先考虑工作场所的灵活性。比起那些有更多假期的工作，员工们更喜欢灵活性强的工作。在可能的范围内，给工人在时间、工作条件、工作组织、工作地点和工作任务上具有一定的主导权。其次，避免长时间久坐工作。可以考虑坐立两用工作站和跑步、行走两用工作站。提供可以进行简单体育活动的机会或联系低成本的活动区域。再次，提供和设计人体工学友好型工作环境，包括工作站、使用工具、工作场所地板表面、可调节座椅、更光亮的照明、较少眩光的屏幕等。利用团队和团队合作策略来解决与年龄相关的问题。提供促进健康的生活方式或干预措施，包括体育活动组办、健康膳食选择、戒烟协助、风险因素降低和筛查、指导和现场医疗护理。在工作场所提供自我医疗服务，并留出时间进行健康检查。最后，投资培训和培养工人的技能，帮助老员工适应新技术。主动帮助安排合理住宿和生病或受伤后的返工流程。培养老龄化工作管理技能，包括噪声、滑倒或绊倒危险和物理危险的应对措施——这些因素会对老龄化劳动力的正常发挥形成更大的威胁。

对焊接及其相关制造工艺中有害物质（各种微粒和气体等）的有效识别和对其危害和风险的评估，是构建焊接安全生产技术和理论体系的重要研究部分。C-Ⅷ专委会多年来一直专注于不同焊接工艺的烟尘和废气排放的采集与分析，尤其是在焊接烟尘组成、颗粒形态和结构（超细粒子的特殊效应等）等方面进行了卓有成效的研究。基于已有研究结果对特定危害健康的诱因进行了辨别审查。专委会前主席 Wolfgang Zschiesche 博士[6] 在本次会议中报告了电弧焊过程中所释放出的特殊有害物质及现代工作场所出现的危害健康的新物质。报告中列出了部分特殊有害物质及对身体的影响见表 1。

表 1　焊接过程中特殊有害物质及对身体的影响

有害物质	对身体的影响
有毒物质	
一氧化氮(NO)	气体刺激黏膜引发肺水肿(危及生命)
氰化氢(HCN)	有毒——阻碍细胞代谢氧气导致中毒(危及生命)
一氧化碳(CO)	有毒——阻碍氧气在血液中的传输,导致头疼、中毒、失去意识、呼吸系统瘫痪
异氰酸酯(如甲苯二异氰酸酯)	刺激呼吸道或免疫系统,导致支气管哮喘、肺炎等疾病
致癌物质	
醛类,如甲醛(CH_2O)	有致癌作用——对黏膜有强烈刺激
臭氧(O_3)	有致癌作用——有毒-刺激性气体刺激黏膜,导致急性中毒引发肺水肿
二氧化氮(NO_2) 碳酰氯(碳酰氯)($COCl_2$)	有致癌作用——有毒-刺激性气体,刺激黏膜,导致中毒、延迟肺水肿(危及生命)

Wolfgang 博士[7] 统计了焊接过程中呈微颗粒分布的有害物质及其对焊工身体健康损害的部位。如表 2 所示，氧化物（FeO，Fe_2O_3，Fe_3O_4）一直被认为是没有毒性或致癌作用的物质。但长期摄入高浓度的氧化物会使肺部沉积灰尘，有可能会诱发铁质尘肺或铁尘肺。若氧化物经过长期暴露，其浓度将进一步增加，颗粒沉积肺部将引起肺纤维化，危及生命。氧化铝（Al_2O_3）也会导致肺内灰尘沉积，并在某些情况下引起铝中毒（尘肺病，肺纤维化），也有可能引起呼吸道疾病。氧化钾（K_2O）、氧化钠（Na_2O）、二氧化钛（TiO_2）都会增加肺的负荷，使肺内沉积而造成肺衰竭，严重者有可能造成呼吸停止。因此，对以上有害物质的防护和消除需要引起足够的重视。

表 2　焊接及其相关工艺中特殊微颗粒有害物质及其影响

有害物质	影响
肺压力	
普通焊接烟尘	肺中沉积灰尘
氧化铝	肺中沉积灰尘,导致高铝血症、肺纤维化
氧化铁	肺中沉积灰尘,导致肺铁质化、肺铁质纤维化
有毒物质	
钡化物、可溶性	有毒——恶心,可能是钾缺乏,神经和肌肉毒性
氟化物	有毒——刺激黏膜,骨损伤(氟中毒)
氧化铜	有毒——疑似引起金属蒸气烟雾病(黄铜病)
氧化锌	有毒——引起金属蒸气烟雾病(锌烟雾病)
氧化铅	有毒——恶心,怀疑有致癌作用,引起贫血、肠胃紊乱、神经和肾脏损伤
致癌物质	
氧化铍	致癌——引起急、慢性铍病(铍病)
氧化镉	致癌——刺激胃黏膜,有毒——导致肺水肿(肺气肿)、损害肾脏
铬(Ⅵ)化合物	致癌(呼吸道)——刺激黏膜
氧化钴	致癌——损伤上呼吸道
氧化镍	致癌(呼吸器官)——刺激肺和呼吸道
放射性物质	
二氧化钍	放射性——辐射会对支气管和肺有致癌作用

3 绿色焊接制造技术研究

绿色焊接是焊接行业一直追求发展建设的重点方向之一，也是符合国家发展绿色工业、清洁友好型环境和经济可持续发展的要求。国内北京工业大学栗卓新教授团队在绿色焊接方面进行了持续研究和创新。本届线上会议中，该团队李红副教授[8]代表中国学者从焊材的绿色制造及优化设计角度做了题为“可持续发展与绿色焊材和制造技术”的学术交流报告，介绍了焊材的绿色发展背景、无镀铜特殊涂层实芯焊丝设计制造与性能研究，并对焊材的绿色发展趋势进行了展望。重点介绍了纳米复合润滑剂、焊接条件对无镀铜实芯焊丝导电嘴磨损性能的影响，分析了导电嘴在冷态、热态和焊态条件下的磨损机制。基于LCA方法对比了镀铜和无镀铜实芯焊丝在能量消耗、二氧化碳排放及固废物产生量等方面的差别，如图5所示。无镀铜纳米涂层成分设计及对导电嘴磨损率的影响，分别如表3、图6所示。焊丝对导电嘴内表面磨损形貌如图7所示。同时，对比分析了不同焊材企业生产的无镀铜焊丝腐蚀速率情况，如图8所示。研究结果表明：在450～500℃时导电嘴摩擦界面上形成了保护润滑膜，其主要由FeO、MoO_3和$FeMoO_4$组成；电弧焊接是导致接触管磨损的主要原因，导电嘴磨损率随着热输入的增加而增加。当导电嘴由轻度磨损向重度磨损转变时，临界热输入为9114J/cm，磨损机制由疲劳剥落、氧化磨损和磨粒磨损转变为磨粒磨损和电弧烧蚀；所研制的无铜包覆实芯焊丝电弧稳定性好、抗锈性好、耐磨性好，可与同类无铜包覆实芯焊丝相媲美，优于同类无铜包覆实芯焊丝。在此基础上，李红副教授认为，降低普通焊接耗材的产量比，增加高强钢、高合金钢等高附加值焊材的研发和生产是国内绿色焊接制造发展的趋势之一；在国内焊接材料行业总产量不变或微下降的前提下，应该保持焊接材料产值不变或提高国际市场份额；抓住焊接材料绿色发展机遇，做大做强可持续发展的焊接材料产业。

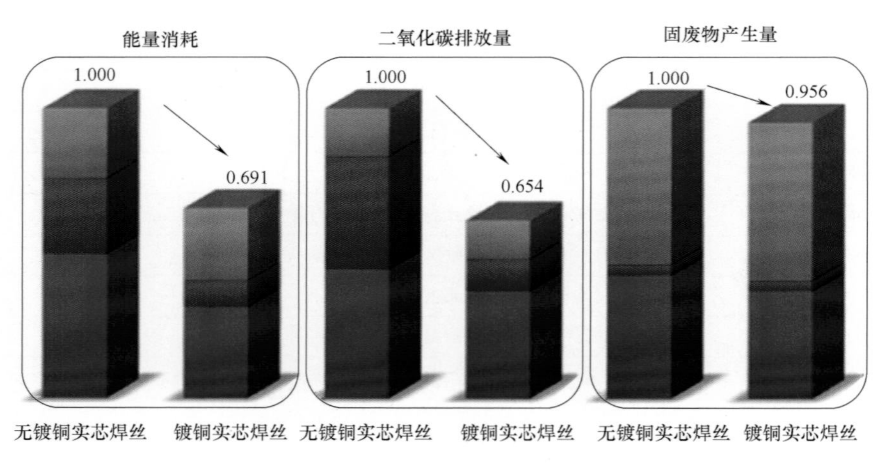

图5 基于LCA的镀铜和无镀铜实芯焊丝综合评估分析

表3 无镀铜实芯焊丝纳米涂层成分设计

序号	主要固体润滑剂成分(%)(质量分数)				增加量(%)(质量分数)	防锈油
	N-Graphit	$N\text{-}MoS_2$	$N\text{-}Fe_3O_4$	$N\text{-}Fe_2O_3$		
A	40	0	40	0	20	CWL FX1
B	35	10	35	0	20	
C	30	20	30	0	20	
D	40	0	0	40	20	
E	35	10	0	35	20	
F	30	20	0	30	20	

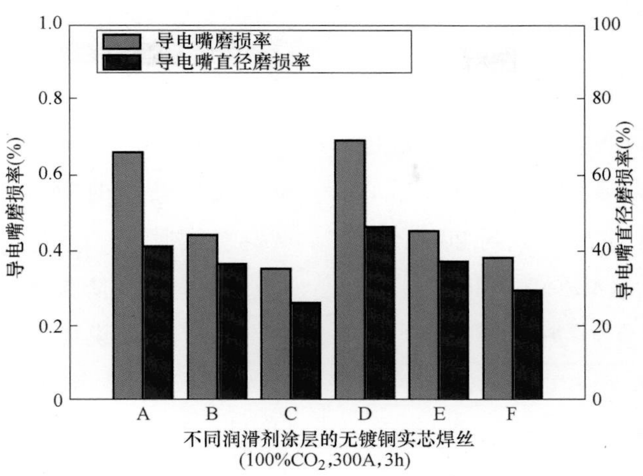

图 6　无镀铜焊丝对导电嘴的磨损对比结果

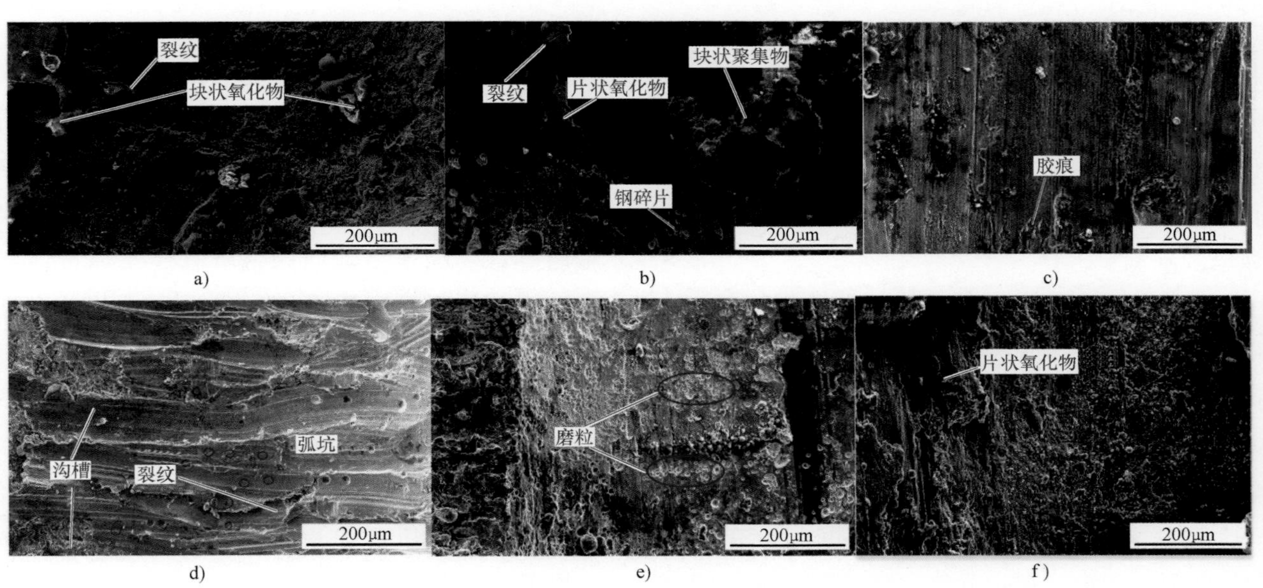

图 7　不同焊丝成分下导电嘴磨损形貌

a）焊丝 A 的导电嘴　b）焊丝 B 的导电嘴　c）焊丝 C 的导电嘴

d）焊丝 D 的导电嘴　e）焊丝 E 的导电嘴　f）焊丝 F 的导电嘴

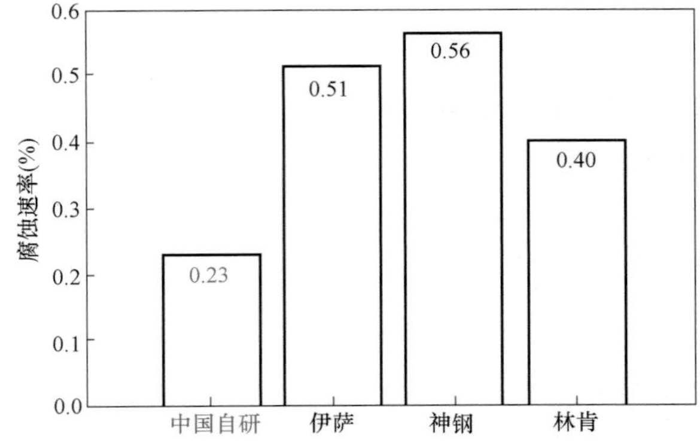

图 8　焊丝腐蚀速率对比结果

4　HSE 指导文件更新与实施报告

在本届 IIW 年会上，来自英国、匈牙利、加拿大的代表就自己国家在焊接健康、安全和环境方面的政策性文件/规范制定及实施情况做了报告，并进行了线上讨论。

C-Ⅷ专委会主席、英国焊接研究所 Geoff Melton 博士[9] 首先介绍了欧盟关于焊接仪器设备生态化设计规范性文件颁布及实施情况。该文件在 2009 年已作为欧盟指导性文件开始实施，并通过实施预期在以下方面将会产生显著作用，具体见表 4。

（1）对环境健康直接性的潜在贡献　到 2030 年，可节约用电量 260TW・h，减少 CO_2 排放量 100Mt。

（2）焊接设备能量消耗方面　到 2030 年，可节约 6TW・h，CO_2 排放量减少 2.4Mt。

表 4　到 2023 年焊接设备能源消耗期望值

电源类型	能源效率(%)	待机功耗/W
三相直流	85	50
单相直流	80	50
交流输出	80	50

同时，欧盟通过立法来限制电弧焊能源利用量，进一步提升能量利用率。法律文件中所涉及的主要领域有焊材、保护气、零部件修复、维护、回收再利用及重要原材料储量等。明确了电源能源利用效率、基础能源利用效率等内容。

从 2021 年开始，在资源效率要求方面，要求生产制造商必须确保其产品能够顺利进行存取，比如必要的检查、清理、维修及第三方进行功能作用升级等。而且要求专业的售后维护机构必须在产品投放市场的两年内进行注册运行，售后服务内容包括：控制面板、电源、设备外护、电池、焊枪、保护软管、气体调节阀、送丝机构、风扇、供电线缆、软件操作平台等。在焊接耗材方面，要求提供必要的基于标准测量单元的使用记录；焊丝使用的具有代表性的焊接规范和程序；保护气使用的典型规范和程序。在其他方面也做了相关规定要求，比如信息分解、数据删除、软件升级、设备故障诊断、大量关键原材料等。在市场监督方面，各成员国要遵守草案制定的统一市场标准（CENELEC TC26、CEN TC121）；在试验过程及参数定义方面要遵守 BS EN IEC 60974-1（电弧焊设备及弧焊电源）标准，严格要求电源效率和空载率及对环境的辐射率。

David Hisey 博士[10] 代表加拿大报告了焊接、切割及相关工艺过程中须遵守的 CSAW117.2 安全标准，主要包括以下几个方面：

（1）电子火警监控　检测区域至少覆盖 10 个；监控使用有效的红外和热成像系统装置；单一人员操作的中心区域与多人操作的繁杂区域链接互通。

（2）焊工防护服安全检测、许可及分类标准　纸质讲义说明书，13.3.5 服装检测及许可规范；13.3.6 分类要求一、二、三类；ISO 11611—2015 为对防护服的规定。

（3）焊接烟尘和官方制度　主要意见和问题由官方机构提出，中碳钢焊接烟尘将作为致癌诱因的来源之一。

英国焊接研究所 Geoff Melton 博士[11] 代表英国做了年度国家报告。重点介绍了几乎所有焊接烟尘包括中碳钢烟尘在内的引起肺癌的新科学证据，提出了控制焊接烟尘外放与 HSE 实施期望直接的不平衡问题；所有涉及焊接活动的企业必须要保证焊接烟尘产生与排放的合理性。在控制烟尘致癌方面，要求合理地对封闭环境焊接工程实施控制，采用合适的呼吸保护装置（PRE）以避免残余烟尘对焊工肺部的影响。雇佣焊工公司方的管理者必须要清楚呼吸保护装置的使用要求及操作规程，并对户外作业焊工进行长期有效的培训。在没有任何防护检测的场所，HSE 将不会接受任何焊接活动项目，焊接烟尘防护及合理排放是焊接工程实施的前提。

匈牙利代表 Csaba Kovago 博士[12] 报告了其国家在焊接安全方面所做的相关工作。基于欧盟相关规范制定了新的化学材料工作安全规范（2020 ITM），主要包括：

（1）对周围局部空气中的烟尘浓度进行了限定　非可溶解 Cr 浓度小于 $2mg/m^3$；Cr（Ⅵ）浓度小于 $0.01mg/m^3$；热切割下 Cr（Ⅵ）浓度小于 $0.025mg/m^3$；其他含 Cr 混合物中小于 $2mg/m^3$；Ni 浓度小于 $0.01mg/m^3$；ZnO 浓度小于 $5mg/m^3$；Mn 浓度小于 $0.2mg/m^3$。

（2）对周围局部空气中的废气浓度进行了限定 O_3 浓度小于 0.2mg/m^3；NO 浓度小于 0.96mg/m^3；NO 浓度小于 2.5mg/m^3；CO_2 浓度小于 9000mg/m^3；CO 浓度小于 23mg/m^3。

在此基础上，他们也正在开展 TIG 焊烟尘亚慢性毒性小鼠呼入性试验研究。试验设计共分三块（百分数为不同类型的试验量在整个试验工作中的占比）：烟尘呼入性试验（60%），金属烟尘燃烧试验（20%），臭氧呼入试验（10%）。

5 结束语

IIW 焊接健康、安全与环境专委会近年来主要关注焊接烟尘与焊接工作者身体健康与环境安全相关的科学研究，以及对可能影响焊接工作者健康与环境安全的物理和化学制剂评估和有关焊接健康、安全的法律法规的制定与实施，最佳管理实践方案等指导文件的发表与修改等。从本届交流的学术报告和呈现的相关法律法规文件来看，研究进展主要体现在以下六方面。

1）在焊接烟尘方面，目前国际上重点关注研究了弧焊过程中 Cr（Ⅵ）形成机理、与细胞的毒性和肺癌发生率的相关性，并首次采用红外光谱傅里叶变化方法将 Cr（Ⅵ）从焊接烟尘中进行了成功识别。但目前尚未对 Cr（Ⅵ）与细胞的毒性、DNA 损伤进行定量化的表征，建立起定量化数学模型。

2）基于 Weldgalaxy 平台的焊接过程生命周期评估方面的研究，目前只考虑了焊接上游焊材销售，中游焊接工作实施，下游焊接工程质量维护等环节的联系，为各环节提供有效的大数据共享服务，尚未实现真正意义上的绿色焊接制造。

3）在焊接标准、相关法律法规的制定和实施方面，欧盟组织的活动非常频繁，且不定期进行修正完善，但参与活动的主要是工业发达国家，在本次年会上我国焊接工作仍未涉及标准等相关领域。

4）本文作者认为，绿色焊接制造是以传统制造技术为基础，结合环境科学、材料科学、能源科学、控制技术等新技术为一体的先进制造技术，是一种综合考虑环境影响和资源效益的现代化制造模式，其目标是使焊接产品从设计、制造一直到报废处理的整个产品生命周期中对环境的负面影响最小，资源利用率最高。因此，基于此目标，焊接健康、安全与环境绿色发展必须要实现学科交叉融合发展，建立环境科学、材料科学、能源科学、控制技术等新技术进行深度融合的知识与研究体系。

5）从当前国际焊接健康与环境安全相关研究来看，存在研究范围窄、覆盖领域小等不足，现有相关工作几乎都集中在电弧焊领域，对诸如激光焊、压焊、摩擦焊和增材制造等过程的安全健康及对环境影响的因素涉及较少，而且都是针对焊接工作者身体健康的关注与指标机制和预防研究，从未涉及焊接工作者对于现在焊接环境与安全存在的心理问题及预防措施或办法，因此，焊接研究者需加强与临床医学或职业医学研究领域的交叉与结合，在充分讨论和全面认识现存焊接健康与环境安全问题的基础上，建立起焊接工作者身心健康的评估诊断体系和预防措施。

6）在我国焊接健康与环境安全研究工作方面，进一步制定相关严格标准和法律法规文件并监督实施，尤其在焊材设计、工艺实施过程中对焊接废气、废物和废水的严格控制，对焊接工作者身体健康、环境安全、国家可持续绿色发展战略实施具有非常重要的意义，应该受到重点关注与发展。

参考文献

[1] JENKINS N, GEGAR T. Chemical analysis of welding fume particles [J]. Welding Journal, 2005, 87 (6): 87-93.

[2] VISHAL V. Investigation on the feasibility of using FTIR for hexavalent chromium analysis in welding fume [Z] //IIW-Ⅷ-2298-20.

［3］ YOLANDA H, et al. On search for culprits of high solubility hexavalent chromium in some welding fume particles ［Z］ //IIW-Ⅷ-2296-20.

［4］ MAHFUZA A, CHOWDHURY M, GEOFF M, et al. Weld galaxy-Life Cycle Assessments (LCA) of arc welding processes ［Z］ //IIW-Ⅷ-2295-20.

［5］ EURICO A, et al. Optima steel-optimum working conditions for ageing workers at group PSA mangualde plant ［Z］ //IIW-Ⅷ-2294-20 and IIW-Ⅷ-2294a-20.

［6］ WOLFGANG Z, et al. New health hazards at workplaces ［Z］ //IIW-Ⅷ-2299-20.

［7］ WOLFGANG Z, et al. Hazardous substances in welding and allied processes ［Z］ //IIW-Ⅷ-2188R11-20.

［8］ LI H, LI Z X, et al. Sustainability of welding consumables and manufacturing technology ［Z］ //IIW-Ⅷ-2293-20.

［9］ GEOFF M, et al. Eco-design regulations for welding equipment. EU commission regulation (EU) 2019/1784 ［Z］ //IIW-Ⅷ-2293-20.

［10］ DAVID H, et al. Canada national reports ［Z］ //IIW-Ⅷ-2292-20.

［11］ GEOFF M, et al. UK national reports ［Z］ //IIW-Ⅷ-2283-20.

［12］ CSABA K, et al. Hungary national reports ［Z］ //IIW-Ⅷ-2293-20.

作者简介：石玗，男，1973 年出生，博士，甘肃省“飞天学者”特聘教授，博士生导师。研究领域主要包括先进焊接方法、焊接物理、焊接过程传感与智能控制、激光表面加工理论与技术及异种金属连接等。发表高水平学术论文 120 余篇，其中 SCI/EI 收录 80/100 余篇。Email：shiyu@ lut. edu. cn。

审稿专家：李永兵，博士，上海交通大学教授，博士生导师，国家杰出青年科学基金获得者。研究领域为载运工具薄壁结构先进焊接与连接技术。发表论文 100 余篇，授权发明专利 35 项，获省部级一等奖 1 项，二等奖 2 项。Email：yongbinglee@ sjtu. edu. cn。

金属焊接性（IIW C-Ⅸ）研究进展

吴爱萍

（清华大学机械工程系，北京　100084）

摘　要：IIW2020 年第 73 届国际焊接年会采用线上交流的方式进行。金属焊接性专委会（IIW C-Ⅸ）共收到论文和摘要或 PPT 演讲稿 15 篇，全部安排线上交流。本次会议交流的论文虽然不多，但也有一些特点，如高气压环境电弧焊的应用研究、增材制造体的焊接性研究、药芯焊丝冷金属过渡（Cold Metal Transter，CMT）增材制造的研究、焊后火焰矫正对组织和性能影响的研究，以及镀镍层对异种材料超声焊接影响的研究。本文主要根据这些论文、摘要和 PPT 演讲稿，介绍金属焊接性方面的研究进展并进行简要评述，为我国焊接工作者关注金属材料及其焊接性的发展和先进研究方法的应用提供参考。

关键词：金属焊接性；组织与性能；国际焊接学会

0　序言

国际焊接学会金属焊接性专委会（IIW C-Ⅸ）下设 4 个分委会，分别为低合金钢接头分委会（Commission Ⅸ-L）、不锈钢与镍基合金的焊接分委会（Commission Ⅸ-H）、蠕变与耐热接头分委会（Commission Ⅸ-C）和有色金属材料分委会（Commission Ⅸ-NF）。2020 国际焊接年会采用线上方式进行，金属焊接性专委会共收到论文、摘要和 PPT 演讲稿 15 篇，安排交流 15 个报告。其中，低合金钢接头分委会 8 个报告，不锈钢与镍基合金的焊接分委会 5 个报告，有色金属材料分委会 2 个报告，蠕变与耐热接头分委会今年没有论文投稿。第一作者来自德国 5 篇，瑞典 3 篇，日本 2 篇，韩国、芬兰、奥地利、匈牙利、比利时各 1 篇。

1　低合金钢的焊接性研究

本届年会低合金钢焊接性方面交流的论文有 8 篇，第一作者来自德国 3 篇，日本、韩国、奥地利、匈牙利、芬兰各 1 篇。内容涉及通过焊芯表面镀合金元素使焊缝金属合金化以改善焊缝性能，试板振动对熔池流动的影响，药芯焊丝在增材制造中的应用，火焰矫正对高强钢组织与性能的影响，高效焊接焊缝局部脆性层的特征，无损检测（Non-Destructive Test，NDT）测试时间考虑氢致裂纹的延迟性，接头坡口设计对组织与性能的影响，以及高气压条件对接头焊缝成形和组织性能的影响。

钢材结构的轻量化通常受限于焊接接头，因为焊接接头的性能难以达到母材的性能。例如，先进细晶结构钢材的屈服强度可以达到 1300MPa，但其焊缝性能难以达到母材性能，故需要开发相应的焊接材料。焊缝合金化可以起到提高焊缝性能的作用，而通过焊丝表面涂层进行合金化可以避免因合金化造成的拔丝困难和通过药芯焊丝进行合金化的局限性。现代细晶结构钢 Mn4Ni2CrMo 焊丝或焊芯表面物理气相沉积（Physical Vapor Deposition，PVD）可以将焊缝性能提高 30%，Ti、Nb、V、Y 等是可以提高焊缝性能的常用涂层元素。

德国克劳斯塔尔工业大学（TU Clausthal）的 T. Gehling 等人[1]，在之前焊丝表面涂敷 Nb 或 Ti 等研究基础上，又扩展研究其他合金元素涂层如 Y、V 等，以及多种元素涂层（V、Ti、Y）和复合涂层（先涂 V 后涂 Ti、V、Y）对工艺及焊缝组织、性能的影响，另外还探讨了一种连续制备涂层的方法。作者采用磁控溅射PVD方法，在直径1.2mm的Mn4Ni2CrMo的GMAW焊丝表面沉积不同元素的涂层（PVD系统见图1）。采用多层多道熔覆，纵向取拉伸试样，横向取缺口冲击试样，评定焊缝金属的性能。显微组织分析发现，Y、Ti、V等涂层元素不仅可以细化焊缝组织，而且能增加针状铁素体含量，因而可以提高屈服强度。焊丝表面PVD涂敷各种单质涂层时，焊缝的屈服强度如图2所示：涂敷0.9μm的Y涂层（质量分数为0.09%）时，其焊缝的屈服强度可从原来的855MPa提高到1087MPa，提高了27%；涂敷0.7μm的V涂层（质量分数为0.09%）时，焊缝屈服强度提高15%；涂敷1.0μm的Ti涂层（质量分数为0.1%）时，焊缝屈服强度提高13%。PVD涂敷复合元素和复合涂层时焊缝的屈服强度如图3所示：1.3μmV+Ti+Y（质量分数为0.14%）复合元素涂层的焊缝，屈服强度提高了20%；涂敷0.4μmV（质量分数为0.05%）+1.3μmTi+V+Y（质量分数为0.14%）的多层复合涂层时，焊缝的屈服强度提高30%。但是，焊缝强度提高的同时，冲击韧度有一定的降低，无涂层的焊缝冲击吸收能量为70J，而有涂层的焊缝冲击吸收能量为37J。另外，作者还通过高速摄像记录电弧燃烧情况及记录电弧电流和电压变化，观察涂层对焊接过程的影响。结果表明，涂层元素的蒸发会影响电弧等离子体，从而影响电弧稳定（图4）。研究结果表明，表面涂层合金化焊丝焊芯未来在特殊应用中有一定市场。

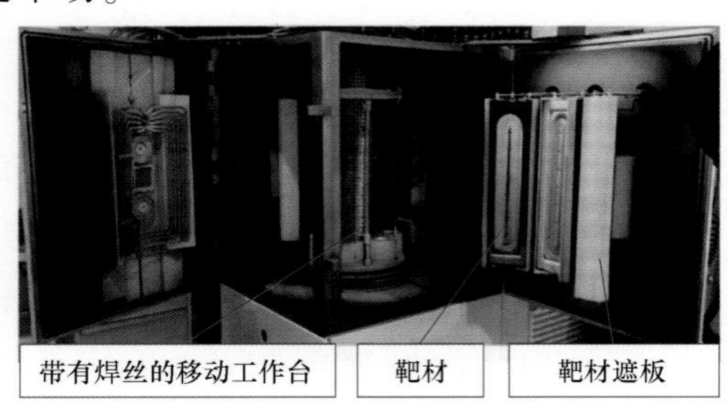

图1　PVD系统

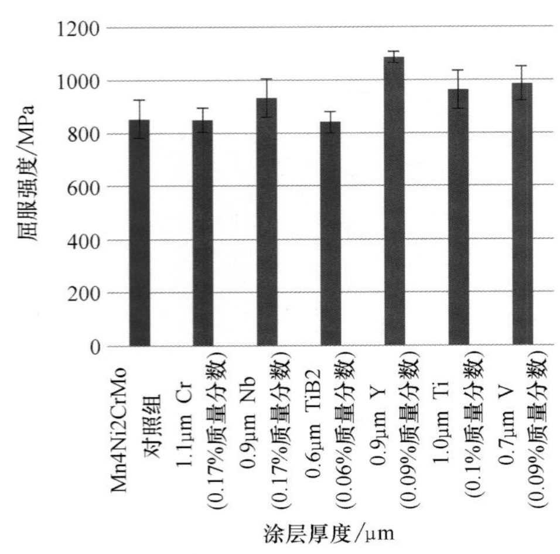

图2　各单质涂层焊丝的焊缝屈服强度

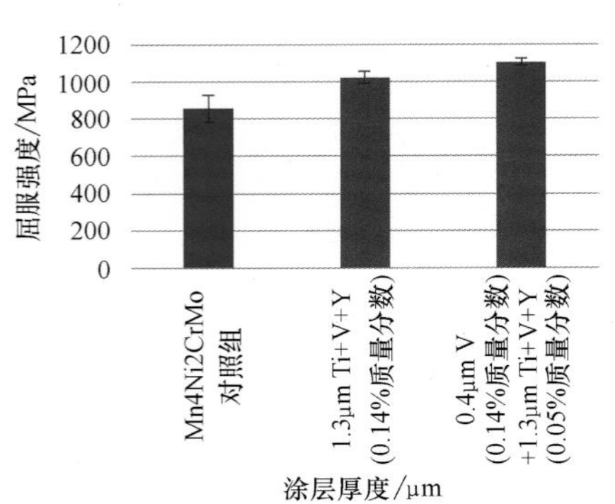

图3　复合元素涂层及多层复合涂层焊丝的焊缝屈服强度

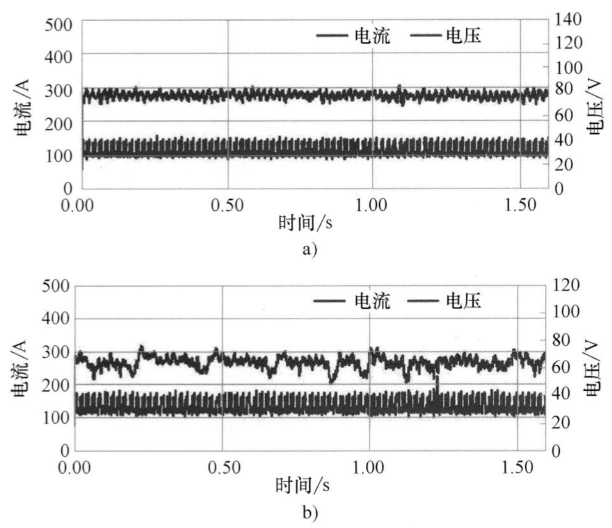

图4　焊接过程的电压、电流

a）Mn4Ni2CrMo无涂层　b）Mn4Ni2CrMo+0.4μmV（0.05%质量分数）+1.3μm的Ti+V+Y（0.14%质量分数）

与传统单丝焊接相比，多丝熔化极气体保护焊可以提高生产率和熔覆效率，采用脉冲电弧焊可以获得无飞溅条件。但熔深形状和热影响区（HAZ）组织还不尽如人意，如中等电流范围通常出现指状熔深，影响接头的力学性能，一些研究希望施加振动辅助焊接或通过改变电流波形来调控熔深。工件振动是一种可以控制焊缝和热影响区组织、减小残余应力、改善接头性能的振动辅助焊接工艺。之前偶然发现，单丝脉冲熔化极活性气体保护焊施加纵向正弦模式的工件振动时，指状熔深可以变为平底锅形状；进一步在多丝串行脉冲熔化极活性气体保护焊（Tandem-Pulsed Gas Metal Arc Welding Process，TP-GMAW）中施加工件振动时，也发现特定的振动频率可以获得最佳的平锅底熔深。目前多丝串行脉冲熔化极活性气体保护焊时深指状熔深产生的机理还不清楚，只是发现表面张力对熔深形状有很重要的影响。但是，针对熔化极气体保护焊，采用数值模拟的方法研究各种因素的影响有其优势，先是采用有限差分方法求解质量、动量、能量守恒方程，之后进一步采用流体体积（Volume of Fluid，VOF）方法捕捉熔池的自由表面，通过精确定义输入变量来不断改善模拟。目前模拟结果可以与实测结果达到很好的吻合程度，但在复合焊和特殊条件下熔池的数值模拟还需要进一步改善。

日本大阪大学接合科学研究所的 Habib Hamed Zargari 等人[2] 建立了三维模型，模拟多丝串行脉冲熔化极气体保护焊过程，研究存在振动和活性元素表面张力情况下的热传输和材料流动行为，并通过试验验证模拟结果。试验系统如图 5 所示，两个焊丝通过两个焊枪分别送进，采用两个电源，电源通过反相同步防止两个电弧相互干扰。保护气体是 82%Ar+18%CO_2，基体材料是热轧低碳钢 IS 2062—2011（相当于 ASTM A1011），其组织是铁素体和珠光体。焊丝是直径为 1.2mm 的 ER 70-s。振动是沿焊接方向连续正弦模式振动，频率为 250Hz。试验参数见表 1，计算流体力学（Computational Fluid Dynamics，CFD）分析模型如图 6 所示。模拟时，流体为牛顿不可压缩层流，熔池受到电磁作用力、浮力和表面张力影响，四个控制方程分别是物质连续性方程、动量守恒方程、能量守恒方程和 VOF 方程，四个控制方程一起求解。采用 FLOW-3D 商业软件分析热传输和熔池形状，该软件采用拉格朗日 VOF 平流法（Lagrangian VOF Advection Method），可以更精确地追踪移动的自由表面。计算结果表明，无论是否振动，考虑活性元素的表面张力更能反映实际熔深情况。振动情况下熔池中的热量沿焊接方向扩散范围大，熔池中的流动模式也有所不同。Fe-C 合金中的 S 通过降低表面张力的负梯度改善了熔深，振动影响自由表面行为，对熔深的改变起重要作用。

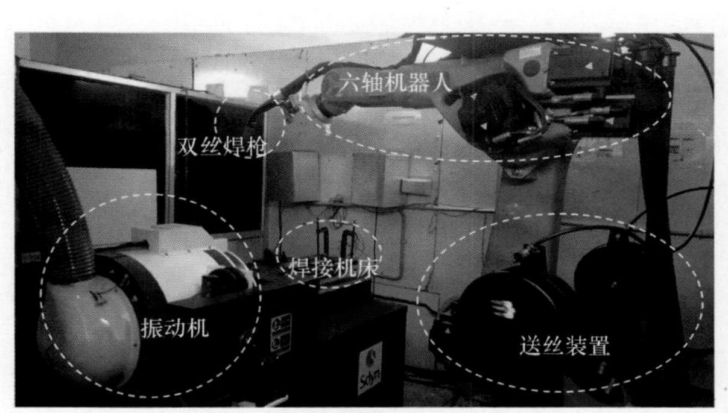

图 5　焊接设备及外加的振动机

表 1　TP-GMAW 焊接及振动参数

项目	参数	项目	参数
电流种类	脉冲直流反接	干伸长度	20mm
电流（前丝，后丝）	180A，180A	焊接速度	1.2m/min
脉冲频率	154 Hz	电极距离	8mm
脉冲时间（通电）	3.2ms	气体流量	12L/min
双丝脉冲间隔	2.2ms	振动加速度	1.2m/s^2
焊丝直径	1.2mm	振动频率	250Hz
平均送丝速度	双丝均为 7.4m/min	振幅	0.5μm

近年来，高强钢的焊接研究主要是组织与性能的关系及如何提高焊接生产率和通过控制组织改善高强钢焊缝的强度和韧性，认为焊缝主要由针状铁素体（AF）组织组成时的力学性能最佳，尤其是韧性，与针状铁素体晶粒细小的

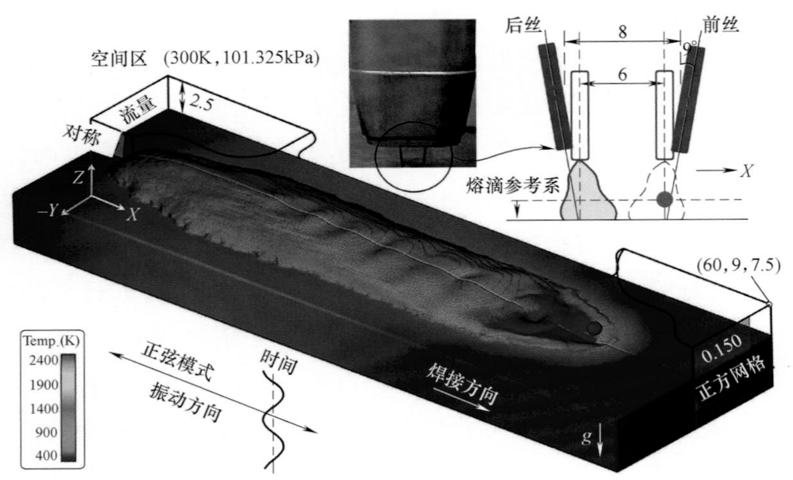

图 6　对称的 CFD 模拟区域及坐标

特点有关。而其他组织的形成，如晶界铁素体（Grain Boundary Ferrite，GBF）和含第二相的铁素体（FS）的形成通常对韧性不利，因为它们的晶粒一般都比 AF 粗大。因此，无论是单道焊还是多道焊，一般提高韧性的方法就是使 AF 含量最大化，同时减少其他组织的含量。但是多道焊时情况很复杂，由于后续焊道多重热循环的作用，焊缝组织不均匀性增加，峰值温度、加热速度和冷却速度、加热次数等都会影响组织，很多研究都表明电气焊（EG）和电渣焊焊缝的冲击韧性是变化的，中心位置的冲击韧性最低。但有关中心位置引起韧性降低的组织原因还未有明确的认识和研究。韩国汉阳大学（Hanyang University）的 Kangmyung Seo 等人[3] 研究报告了多丝 EG 焊缝中心的组织特点和冲击性能，发现焊缝中心存在约 2mm 厚的脆性组织，称之为局部脆性层（Local Brittle Layer，LBL）。LBL 的低冲击韧度值与其形成的纵向生长的柱状晶有关，这种组织晶界容易形成 GBF 条带，GBF 条带与裂纹扩展方向平行时裂纹很容易在其中扩展，这一发现解释了焊缝中心冲击韧度低的原因，但仍需要澄清以下几个问题。

1）之前提到 C-Mn 钢和低合金高强钢的焊缝韧性主要取决于组织，通常与三种组织（AF、GBF、FS）的含量有关，因此除了柱状晶的方向性外，需要评估几种组织含量沿焊缝中心线（Across Weld Centerline）的变化。

2）之前的研究是在 0℃ 时比较不同区域焊缝的冲击韧度，但冲击韧度是随温度变化的，一定温度下的冲击韧度值不能全面反映焊缝金属的韧性，因此需要通过测试韧-脆转变温度曲线来更全面地表征焊缝不同位置的韧性。

3）其他影响焊缝韧性的因素包括微观相，因为微观相是启裂源，有研究发现解离断裂起源于非金属夹杂物，因此焊缝不同位置夹杂物的含量也需要研究。

Kangmyung Seo 等人[3] 在之前的研究基础上，为澄清上述问题，研究了三种焊缝（73mm、80mm 厚的双丝 EG 焊缝和 25mm 厚的单丝 EG 焊缝）的多方位组织分布（图 7）和不同位置焊缝（缺口开在离焊缝中心不同距离，图 8）的冲击韧度。采用直径为 1.6mm 的药芯焊丝、100% CO_2气体保护焊接。研究发现，除了局部脆性层中柱状晶的方向性特点外，晶界铁素体（GBF）含量也是决定脆化的关键因素。研究结果表明，EG 焊缝中心线形成的组织是纵向生长的柱状晶的相变产物，晶界为 GBF、晶内形成 IGF（晶内铁素体，Intra-Granular Ferrite），纵向生长的柱状晶晶粒形态及其转变产物和晶界铁素体含量都是影响焊缝冲击韧度的重要因素（图 9～图 11）。根据晶界铁素体（GBF）和晶内铁素体（IGF）含量，局部脆性层（LBL）的转变曲线呈逐渐变化或阶梯变化，阶梯转变与其GBF和IGF组织的分层结构特征有关（图12、图13）。多丝EG焊缝的夹杂物在焊缝不同位置含量不同，焊缝中心位置含量最高（表2），因此夹杂含量高也是LBL脆性的原因之一，但其影响似乎不如GBF大，还需要进一步研究。这些研究结果有利于开发无局部脆性层的焊缝。

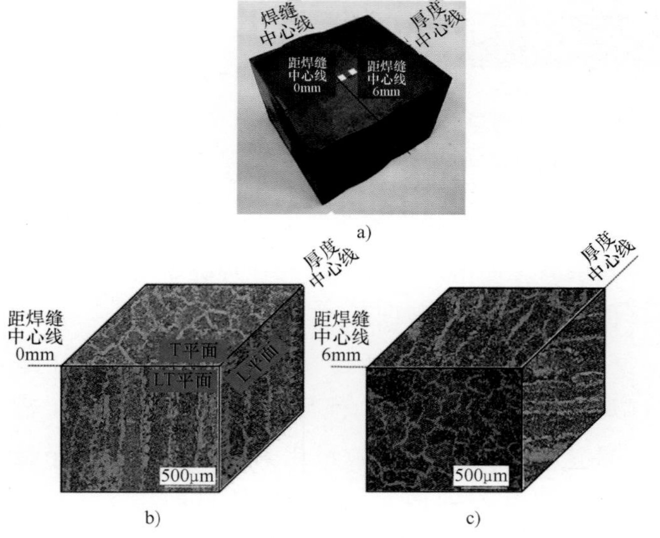

图7　厚80mm的双丝EG焊缝组织三维图像

a）试样选取位置　b）焊缝中心线位置　c）距焊缝中心线6mm位置

T—横截面　L—纵截面　LT—水平面

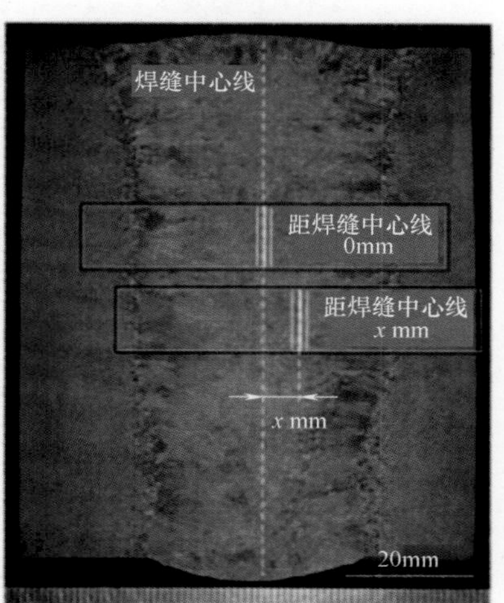

图8　厚80mm的双丝EG焊缝横向宏观组织及缺口位于距焊缝中心不同距离的冲击试样示意图

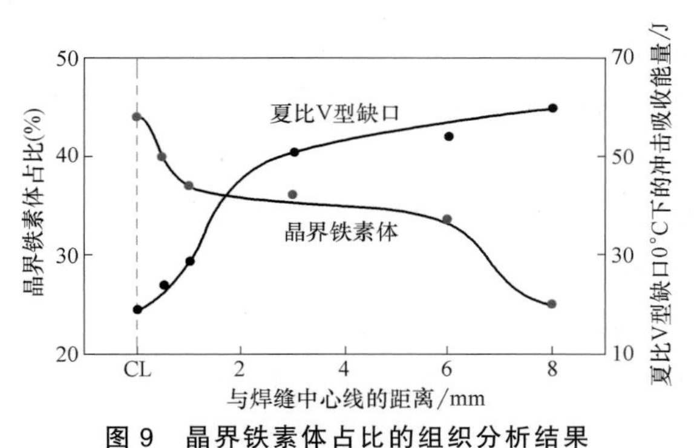

图9　晶界铁素体占比的组织分析结果（含CVN冲击试验结果）

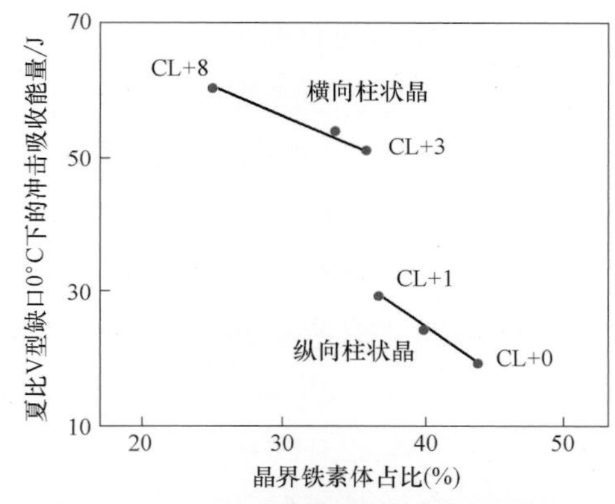

图10　厚80mm的双丝EG焊缝的CVN冲击吸收能量与GBF含量的关系

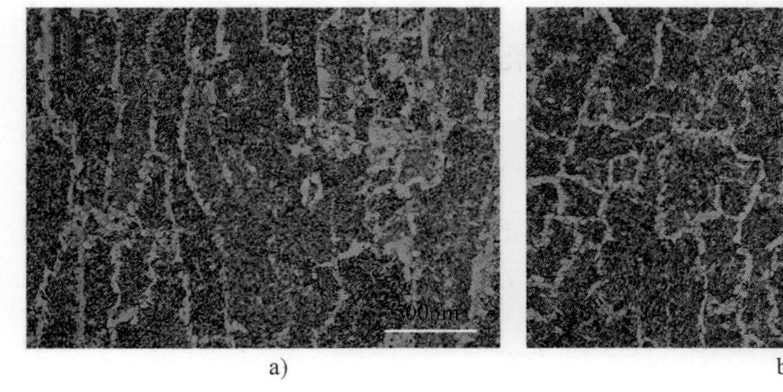

图11　LT平面的光镜金相图

a）距焊缝中心线1mm位置　b）距焊缝中心线3mm位置

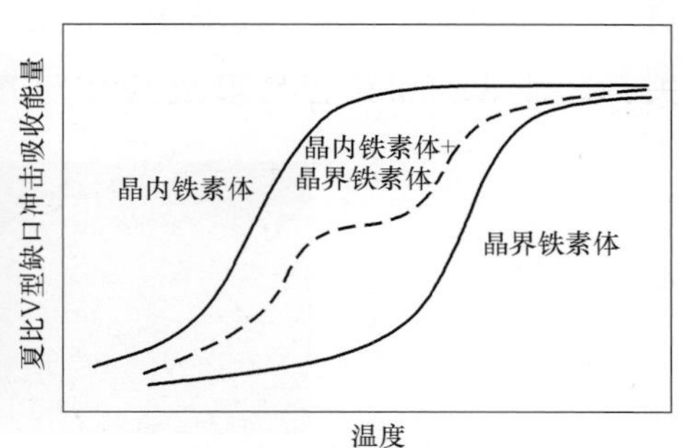

图12　含晶界铁素体与晶内铁素体的局部脆性层的阶梯转变机理示意图

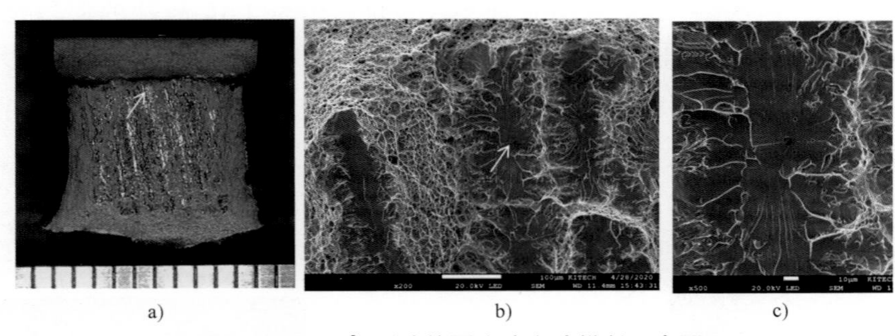

图 13　于 60℃测试的夏比冲击试样断口表面

a）宏观断口图像　b）a 图箭头标记处的 SEM 图像　c）b 图箭头标记处的高倍 SEM 图像

表 2　夹杂物分析结果

与焊缝中心线距离/mm	夹杂物要素		
	夹杂物个数	密度/mm^{-2}	尺寸/μm
0	1599	1868	1.1
6	1203	1405	1.2
8	1240	1448	1.2

高强钢经过焊接热循环作用后，破坏了强度和韧性的平衡，使韧性变差。坡口类型是影响热传输的重要因素，合适的坡口可以节约焊接材料、避免焊接缺陷产生及控制接头冷却速度。已有一些针对不同钢种和工艺方法的坡口影响的研究。来自芬兰阿尔托大学（Aalto University）的 Hamidreza Latifi 等人[4] 研究了屈服强度为 700MPa 的现代高强钢接头设计对组织和性能的影响。研究的材料是组织为铁素体-贝氏体、用于冷成形的 TMCP 结构钢 Strenx 700MC+钢。两块 1000mm 长、200mm 宽、8mm 厚的板对接焊接，保护气体是 MISON 8（Ar + 8% CO_2 + 0.03% NO），焊丝是直径为 1mm 的镀铜实芯焊丝 Bohler X 70-IG，坡口分别为 40°、50°、60°，钝边为 0.5mm、无间隙，单道两层焊。三种坡口接头的第 1 道焊缝焊接参数相同，40°坡口的第 2 道焊缝焊接参数不同，以获得合适的焊缝余高。冲击试样的缺口开在焊缝中的 5 个不同位置，缺口冲击试验在三种温度下（-20℃、-40℃、-60℃）进行。图 14 中的 1 区是第 1 道焊缝的粗晶 HAZ，韧性最差。40°坡口的第 1 道焊缝的粗晶 HAZ 晶粒最粗大（图 15）；三个接头中硬度差别最大的是 40°坡口的接头，50°、60°坡口的接头中靠近熔合区的第 1 道焊道的粗晶 HAZ 的硬度最低。相反，40°坡口接头的这个区域硬度最高，与其第 2 道焊接热输入低有关。拉伸试验结果表明，屈服强度受到的影响比抗拉强度大，60°坡口接头的屈服强度最高，为 573MPa（比母材低 161MPa），50°坡口接头的屈服强度最低，为 549MPa（比母材低 185MPa）。抗拉强度最高的是 40°坡口接头，为 775MPa（比母材低 60MPa），60°坡口的抗拉强度最低，为 738MPa（比母材低 97MPa）。研究结果表明，所有接头的最低冲击韧度部位都位于焊缝中间位置。40°坡口时的抗拉强度最高、冲击韧度最低，坡口角度从 40°增大到 60°时焊缝中心的冲击韧度要好一些。

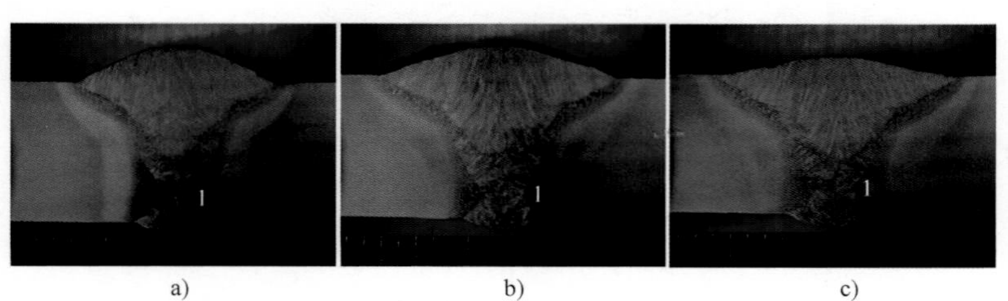

图 14　不同坡口角度接头的焊缝区横截面宏观图像（每张图中的数字 1 表示粗晶热影响区）

a）40°　b）50°　c）60°

图 15　不同坡口角度接头的初道焊缝的粗晶 HAZ 显微组织

a）40°　b）50°　c）60°　d）母材

高气压焊接作为修复焊接工艺广泛应用在水下，由于环境压力增大，对冷却和熔透有特殊影响，而这些有利作用在水下焊接之外受到的关注不多。德国克劳斯塔尔材料技术中心（Clausthal Centre for Material Technology）的 K. Treutler 等人[5] 研究了高压环境用于高强度结构钢 S700MC 焊接时的优点及焊接接头组织和性能的特点。试验时压力在 0.2~1.6MPa，氩气保护。S700MC 是多元微合金细晶钢，纵向抗拉强度为 820MPa，伸长率为 10.2%；横向抗拉强度为 795.3MPa，伸长率为 12.07%。试验结果表明，高气压焊接能量密度大，电弧埋入、熔深增大，指状熔深明显，而且影响冷却速度、改变结晶条件、影响焊缝性能。低热输入时，压力主要影响焊缝形状，对组织的影响不明显（图 16）。如图 17 所示，热输入大时，压力小时针状铁素体较多，而且有晶界铁素体出现；而压力大时，冷却条件改变，较多晶界铁素体转变为贝氏体。

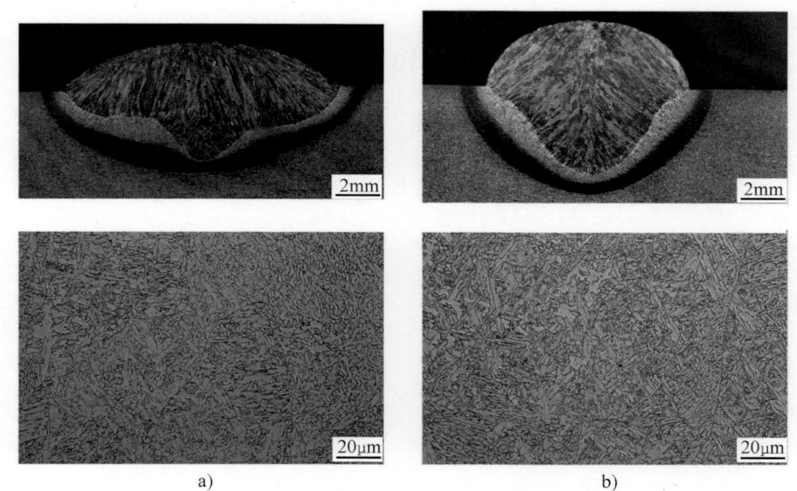

图 16　不同环境压力的接头形状与组织图像（硝基腐蚀剂，放大倍数为 500×）

a）200A，40V，0.2MPa　b）200A，40V，1.6MPa

为减少 CO_2 排放、增加可再生能源生产，德国发展了海洋风力发电，海洋风力机组（OWTs）由厚达 200mm 的钢板焊接而成，OWTs 结构的标准和技术建议包括定义无损检测（NDT）之前的最小等待时间，由于板很厚，氢扩散慢，氢致延迟裂纹（HAC）的风险增加，48h 等待时间的严格要求使经济负担增加。之前有研究表明，HAC 在焊后 5h 内就有可能出现。温度低、板厚增加会使延迟时间增大。德国联邦材料研究与测试部（BAM）的 Eugen Wilhelm 等人[6] 研究了不同级别结构钢、不同热输入、不同层间温度、不同含氢量、不同拘束条件等因素对 HAC 出现时间的影响，目的是减少无损检测等待时间。采用自拘束焊接试验方法、用不同热输入的气体保护焊（GMAW）焊接 15mm 和 40mm 厚的 S355 ML 结构钢与 S460 G2+M 海

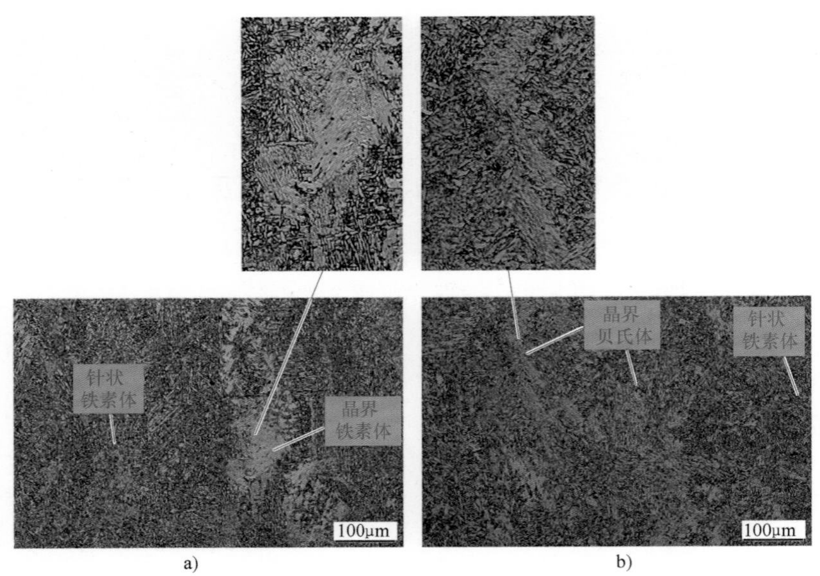

图 17　不同焊接参数的焊缝显微组织

a）500A，30V，0.2MPa　b）500A，35V，0.9MPa

洋钢，用声发射技术检测裂纹启裂时间，之后用 NDT（X 射线和超声）方法确认裂纹和失效。低氢含量保护气是在氩气中加入少量 CO_2，高氢含量保护气是在氩气中加入 5% 的 H_2。通过计算，15mm 和 40mm 厚的拘束强度分别为 $3kN/mm^2$ 和 $7kN/mm^2$。试验结果表明：

1）低氢含量保护气体焊接时，药芯焊丝接头扩散氢含量高；高氢含量保护气体焊接时，实芯焊丝的接头和药芯焊丝的接头扩散氢含量差别不大（图 18）。

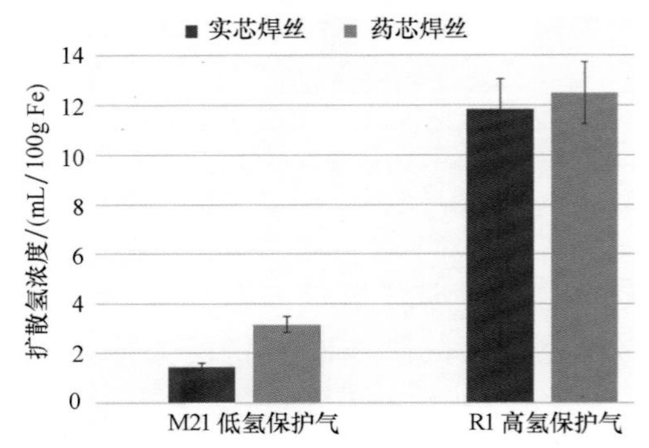

图 18　不同保护气的 ISO 3690 试样的接头扩散氢浓度

2）单道焊扩散氢含量远高于多道焊，多道焊时接头中扩散氢含量如图 19 所示。

3）所有接头启裂均发生在 15h 以内；高氢含量接头，裂纹出现早，均在焊接后 4h 出现；

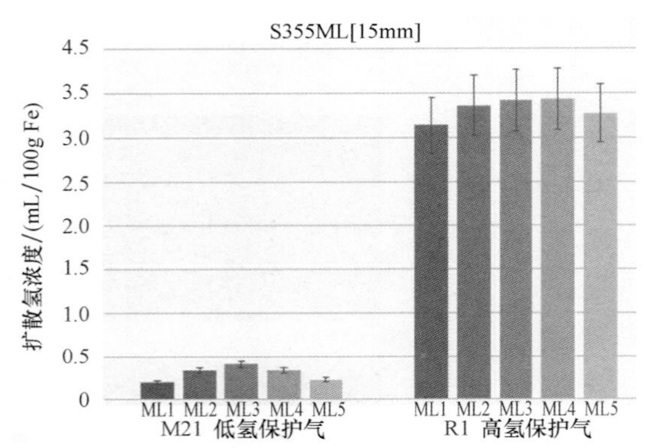

图 19　S355ML 多道焊接头的扩散氢浓度

含氢量低、接头拘束大时裂纹出现得晚。与 S355 ML 钢相比，S460 G2+M 海洋钢接头出现裂纹的时间略早，因其强度高，对氢致延迟裂纹更敏感。

高强钢在拖车、重型车辆和掘土设备的焊接结构中的应用越来越多，很多时候不可避免地在焊后采用火焰矫正的方法减小变形，由于热源相对不够集中但温度又较高，有可能引起组织的显著改变而危及这些钢结构的安全使用。虽然已有一些文献报道了火焰矫正对结构钢的影响，但研究结果表明，火焰矫正对组织、性能、断裂行为的影响主要取决于材料的特性。如火焰矫正后，S235JR 的硬度和抗拉强度有所改善，但由于渗碳体的析出而变脆；对于S690QL，火焰矫正则是使之经历了二次回火，硬度和拉伸性能都发生改变，屈服强度和抗拉强度都低于要求，通常情况下，如果温度达到了临界 A_3 或亚临界温度（A_1 和 A_3 之间），后续的冷却速度都要控制以防止马氏体的形成。另外，为避免低碳铁素体-珠光体钢中渗碳体的析出，要避免650℃以下的缓慢冷却。另外，研究了反复进行火焰矫正的影响，结果表明，两次以内的加热影响不大，但超过两次后会脆化，有时材料还会开裂。对于高强钢，火焰矫正的经验不多，也没有具体的测试数据反映火焰矫正对组织的影响。火焰矫正中通常使用碳氢化合物和氧的混合气体，如乙炔或丙烷。由于不同可燃气体的热物理性能不同，其影响随气体和使用的技术不同而不同。而且通常为手工操作，使情况较为复杂，容易局部过热而对力学性能产生不利影响。火焰矫正热循环与焊接热循环不同，无法根据EN1011-2估算冷却时间（EN1011-2可以根据热输入计算冷却时间估计材料性能），目前还缺乏分析火焰矫正热循环影响的研究。林德气体匈牙利公司（Linde Gas Hungary Ltd）的László Gyura等人[7]采用试验和物理模拟的方法，研究了三种钢（S355J2N、S960QL、XAR400）的火焰矫正对其组织和性能的影响，采用热电偶测试点加热和线加热时的温度热循环，作为物理模拟的输入条件。研究了三种典型峰值温度（1000℃、800和675℃）和两种冷却条件（空冷和水冷）下的组织和性能变化。用光学显微镜检查组织、测试硬度。硬度测试结果如图20～图22所示。XAR400钢即

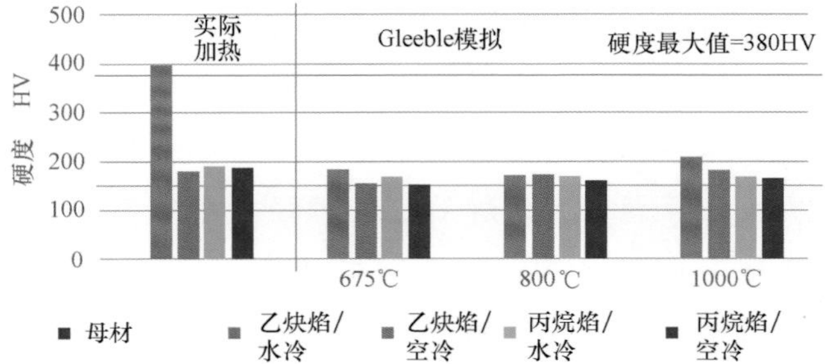

图20 S355J2N（厚度为15mm）试验及物理模拟硬度结果

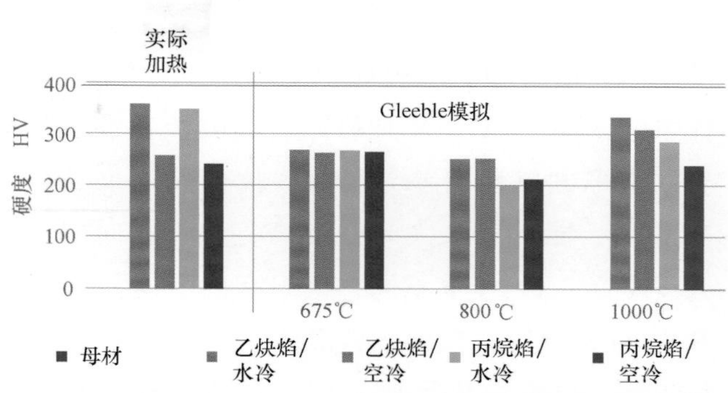

图21 XAR400（厚度为25mm）试验及物理模拟硬度结果

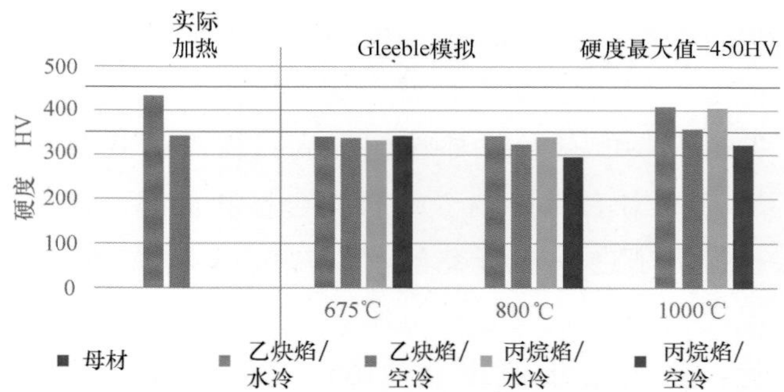

图22 S960QL（厚度为10mm）试验及物理模拟硬度结果

使在较低的温度范围也表现出较高的软化敏感性，而S960QL钢在较高峰值温度强迫冷却情况下会发生硬化。

利用CMT进行电弧熔丝增材制造，近年来得到了广泛关注。采用金属粉芯焊丝（Metal-Cored-Wires，MCW）开发新的填充金属方便、快捷，可以通过金属粉芯焊丝调整焊丝成分以改善增材体的性能，如通过金属粉芯添加Cr、Mo和Ni，改善焊缝强度、硬度和冲击韧度。奥地利格拉茨技术大学（Graz University of Technology）的F. Pixner等人[8]比较了几种焊丝，包括A73 G4实芯焊丝、MCW A73 G4+Cr、Mo粉芯焊丝（金属外壳A73 G4，粉芯含Cr、Mo）和MCW A73 G4+Cr、Mo+Ni粉芯焊丝（金属外壳A73 G4，粉芯含Cr、Mo、Ni）CMT增材制造多道多层单壁墙的工艺、组织和性能。同样焊接参数下，金属粉芯焊丝焊接时电弧长度较长。用正交试验研究焊接电流、焊接速度、预热对焊缝成形、稀释率和硬度的影响；Mo颗粒大时存在未熔化颗粒，可以通过减小颗粒或用铁钼合金来解决；优化了增材制造时的搭接率，试

验了不同热输入、不同粉芯含 Ni 量对多道多层单壁墙硬度及冲击吸收能量的影响。结果表明：能量输入高、Ni 含量高的冲击吸收能量高，垂直和水平方向性能差异不大。拉伸性能也是含 Ni 量高、能量输入大时强度高，垂直方向屈服强度略高。含 Ni 量不同，组织有些不同，无 Ni 和含 Ni 量低时，出现 δ 铁素体；含 Ni 量高时有析出物。研究结果证明了开发的改进药芯焊丝用 CMT 进行增材制造的稳定性；摸索了合适的焊接参数和增材制造参数；初步表征了增材体的组织特征和基本性能；Ni 含量增加，硬度、冲击吸收能量及拉伸性能提高；横截面观察结果表明 Ni 含量影响 δ 铁素体含量和形态。作者也提出了进一步研究的计划，包括：测量相变温度范围；深入分析组织；δ 铁素体含量定量化；测试服役温度在 210℃ 下的性能；调整 MCW 的成分（比如 Ni 含量）；与实芯焊丝的性能进行比较，等等。

综上所述，低合金钢焊接性的研究仍然是以组织与性能的关系及其改善为核心，以成分和工艺对组织和性能的影响为主；随着低合金结构钢强度和厚度的提高、高效焊接方法的应用，接头氢致裂纹产生时间与无损检测合理等候时间的明确，焊缝组织性能的不均匀性、坡口角度对接头组织性能的影响，以及焊后火焰矫正的影响等方面的问题也随之得到关注。在焊缝组织和性能改善方面，德国和日本的研究机构在前期研究的基础上，进一步深入开展了焊丝表面沉积复合金属元素和多层金属元素的镀层技术及其对焊缝组织和性能的影响研究、工件振动对焊缝熔池流动影响的研究，都取得了更加广泛和深入的结果，使新技术走向应用向前迈进了一步。韩国汉阳大学的研究人员在之前的研究基础上进一步明确了多丝电气焊焊缝中心局部脆性层产生的组织原因，为改善焊缝性能提供了基础。芬兰研究人员发现，高强钢单道两层电弧焊时坡口角度对打底焊道 HAZ 粗晶区的组织和性能有影响。德国研究者发现，低氢保护气体焊接时药芯焊丝接头扩散氢含量比实芯焊丝高，单道焊扩散氢含量远高于多道焊，强度高的材料对氢致裂纹更敏感。林德气体匈牙利公司开展的焊后火焰矫正对组织和性能影响的研究结果为火焰矫正不同钢材时提出了严格控制矫正温度的建议。德国研究者开展的高气压环境用于高强钢焊接的组织与性能特点的研究，以及发现高气压不仅影响熔深还影响组织的研究结果，也为改善焊缝成形和性能提供了一个可能的途径。

随着增材制造技术研究的深入与扩大，电弧增材制造（尤其是 CMT）因其成本低、效率高、柔性好而得到广泛关注。但增材制造过程不同于一般的电弧焊，目前主要采用现有的焊丝进行熔丝电弧增材制造，增材体的性能需要通过调整焊丝成分来改善。本次会议奥地利研究人员展示了采用药芯焊丝的方式，通过在药芯中添加不同的合金元素来调整成分以改善增材体性能的研究结果，为电弧增材制造技术的研究开拓了更广泛的空间。

2 不锈钢与镍基合金的焊接性研究

在不锈钢与镍基合金的焊接性研究方面，今年交流了 5 篇论文，3 篇是有关双相不锈钢（Duplex Stainless Steel，DSS）焊接及增材制造时工艺、保护气体及后热处理对析出相和奥氏体含量影响的研究，1 篇是 316L 不锈钢激光选区熔化增材制造构件与传统制造构件的焊接性研究，另外 1 篇是含 Si 量不同的 FeCrAl 堆焊层锅炉过热器实际运行条件下的表现。

马氏体不锈钢和双相不锈钢，由于其良好的实用性、加工性、强度、韧性及耐蚀性，在工业部门大范围开发应用已经有很多年了。超级马氏体不锈钢（如 13Cr SMSS）的环缝接头对应力腐蚀开裂敏感，焊后热处理虽然可以有效防止应力腐蚀开裂，但对铺设效率（制造效率，管道一般称为铺设效率）有负面影响。传统双相不锈钢，如 UNS S31803 和超级双相不锈钢如

UNS S39274，虽然在油气工业中在焊接状态下应用已经有很多年了，但是高级别的双相不锈钢成本较高。近期开发的含25Cr-5Ni-1Mo-2.5Cu的新型双相不锈钢（UNS S82551），在微酸环境下可以在焊态下使用，因Mo含量低，成本比现有的双相不锈钢低。日本钢铁公司（Nippon Steel Corporation）的Kenta Yamada等人[9]研究了焊接参数，如热输入、层间温度等对UNS S82551双相不锈钢金属间化合物（IMC）析出行为和相平衡的影响。他们用热电偶测试焊接热循环，用铁素体计和图像分析方法测试相含量，还建立了数值模型计算焊接热过程并通过试验进行验证，热过程的计算有助于分析不同焊接条件下的组织特点。

瑞典西部大学（University West）的M. A. Valiente Bermejo等人[10]和Amir Baghdadchi等人[11]分别研究了激光熔覆双相不锈钢时保护气体和热处理对增材体组织的影响，以及激光焊接双相不锈钢时为促进奥氏体的形成保护气体和激光热处理起的作用。

M. A. Valiente Bermejo等人的研究是评估用双相不锈钢焊丝（2209 EN ISO 14343-A：G229 3NL）激光熔覆制造复杂构件的可行性。通过熔覆不同形状的制件，如单道和10道单壁墙、5道10层块体（140mm长、20mm宽、5mm高），

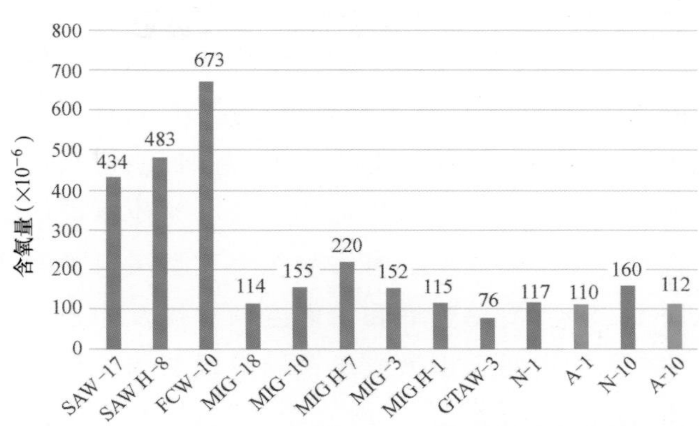

图23 不同焊接工艺（绿色）及不同保护气氛下的激光熔覆（蓝色为氮气，橙色为氩气）增材体的含氧量比较

（数字后缀表示焊道或熔覆层数量）

根据增材体中氮含量的损失和奥氏体含量来进行评估。采用热丝激光熔覆方法，比较了用氮气和氩气保护熔覆的制件，沿增长方向（Build-Up Direction）熔覆态和热处理（热处理规范：1100℃保温1h后水淬）态下组织的演变，分析了吸氧敏感性。结果表明：①激光熔覆的吸氧敏感性与气体保护电弧焊焊缝的敏感性相当（图23），氧含量在$100\times10^{-6}\sim200\times10^{-6}$之间；②母材含氮量$w_N=0.16\%$，氩气保护时出现了氮的损失，损失随熔覆层数增加而增大（图24）；而用氮气保护时，氮含量增加至0.2%~0.255%，使用氮气保护是防止增材体中氮损失的方便方法；③奥氏体含量的分散性比较低，氩

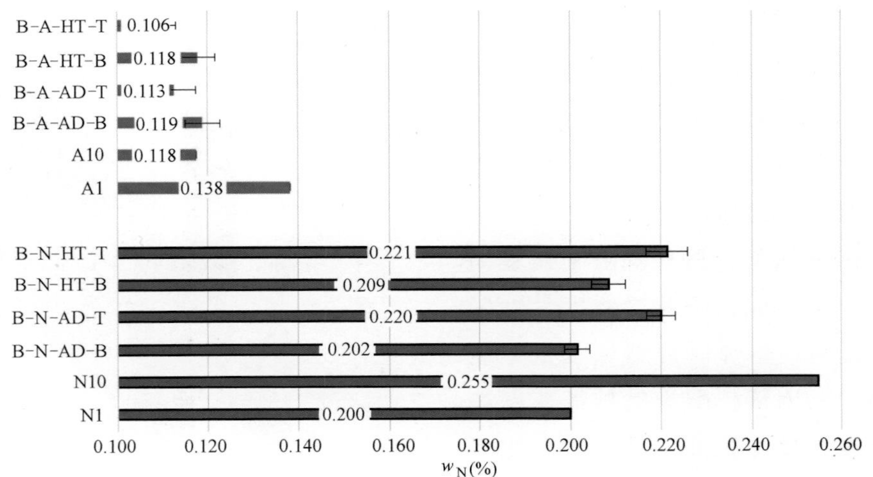

图24 单道试样（A1、N1）、十层墙试样（A10、N10）及块体试样（B-A-HT、B-A-AD、B-N-HT、B-N-AD）的含氮量

（块体试样T/B的后缀表示测量位置位于顶部/底部；蓝色表示采用氩气保护，绿色表示采用氮气保护；误差条表示在不同位置测量块体试样含氮量的标准差）

气保护时含量为33%～39%，氮气保护时为53%～67%，氮气保护的奥氏体含量几乎是氩气保护的两倍（图25）；④单壁墙和多道多层块体的组织沿增长方向比较一致；⑤无论哪种保护气体，热处理提高了焊缝组织的均匀性，并使奥氏体含量增加，氩气保护时增加38%，氮气保护时增加11%；⑥单壁墙和块体之间组织及相平衡的相同性说明采用激光熔覆制造复杂构件可以获得稳定的结果。

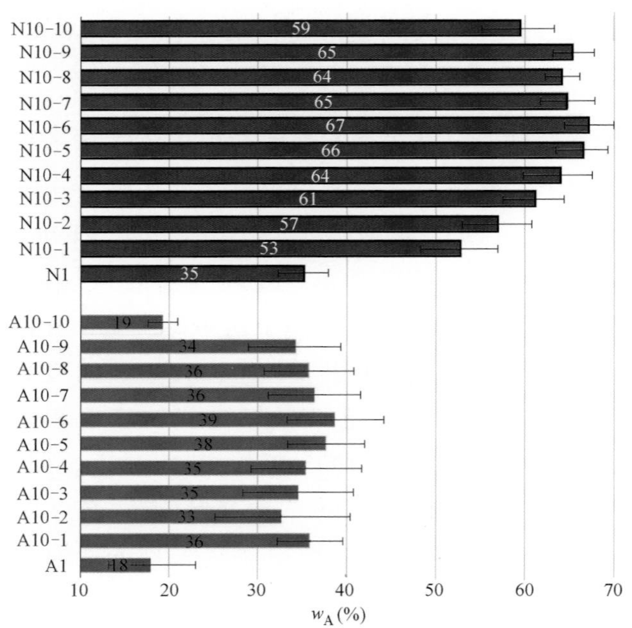

图25　单道试样（A1、N1）、十层墙试样（A10、N10）的奥氏体含量（氮气保护时奥氏体含量高）（数字后缀对应所在熔覆层层数）

铁素体和奥氏体的平衡是双相不锈钢性能保证的关键。激光焊接效率高，但因热输入低、冷却速度快，焊缝凝固时形成完全铁素体，之后再发生扩散控制的铁素体向奥氏体转变的相变时形成的奥氏体含量低；另外，由于铁素体中氮含量过饱和容易形成氮化物，使力学性能和耐蚀性都受到影响。熔焊时焊缝氮含量是促进奥氏体形成的重要因素，因为氮扩散速度快而且是奥氏体形成元素。另外，氮含量变化不仅局限在焊缝，高温热影响区由于氮向焊缝中扩散也会出现氮含量的变化。因此，避免低奥氏体含量和氮化物的生成是双相不锈钢激光焊接的主要挑战，以氮气代替氩气作为保护气体可以提高焊缝奥氏体含量，再加热或热处理是另一种促进激光焊接双相不锈钢焊缝奥氏体形成的措施。

Amir Baghdadchi等人[11]研究了激光焊接双相不锈钢在不影响生产效率条件下促进奥氏体形成的有效方法。母材是1.5mm厚的FDX 27 DSS双相不锈钢（含氮量为0.18%，轧制组织，含铁素体36%），研究了保护气体和激光再热的作用，包括四种情况：氩气保护焊接、氮气保护焊接、氩气保护焊接之后氩气保护激光再热、氮气保护焊接之后氮气保护激光再热（试验装置如图26所示，测量的热循环如图27所示）。激光束斑点直径为1mm，焊接时聚焦在表面，再热时离焦量为50mm。再热时激光功率低、速度慢，试板背面距离熔化区1～2mm位置热电偶测量的热循环表明，激光再加热峰值温度超过800℃。通过光学金相观察、图像分析、热力学计算、Gleeble热处理等研究组织和化学成分的演变。结果表明：①奥氏体含量沿焊缝厚度方向分布基本均匀，焊态下，氩气保护的焊缝奥氏体含量为22%，氮气保护的焊缝奥氏体含量为39%；②激光再热基本不影响氩气保护焊缝的奥氏体含量，但使氮气保护焊缝的奥氏体含量增加到57%（图28）；③氮气保护的焊缝中氮

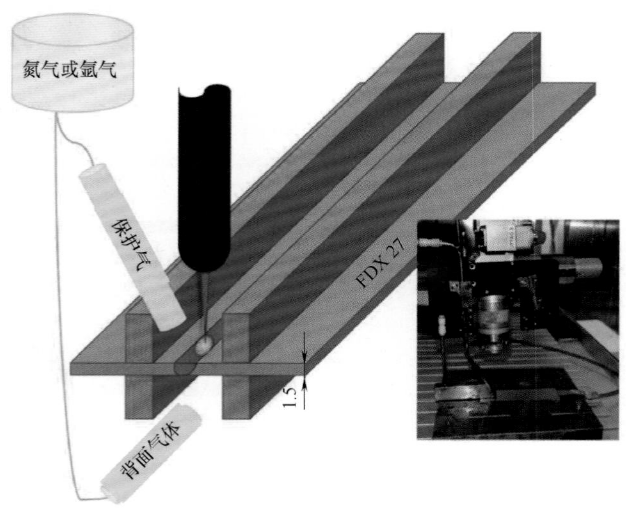

图26　激光焊设备及拖尾和背面保护气的示意及实物图

化物比氩气保护的焊缝中少；④高温热影响区中也发现同样的趋势（图 29）；⑤通过 Gleeble1100℃平衡热处理后利用平衡相图和奥氏体含量计算得出氮气保护的焊缝中 w_N = 0.16%、氩气保护的焊缝中 w_N = 0.14%。表明氮在焊接及再热时对促进奥氏体形成起了重要作用。建议采用氮气保护焊接和再热，可以显著改善激光焊接双相不锈钢焊缝中奥氏体的形成，减小氮化物形成的危险。

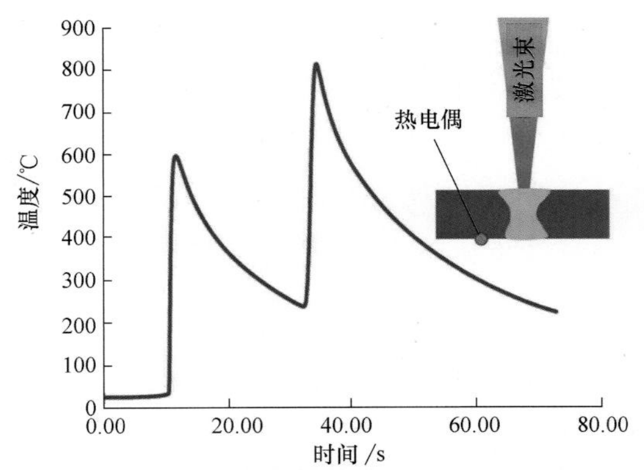

图 27　位于焊缝背部距熔池边界 1~2mm 的热电偶测得的热循环

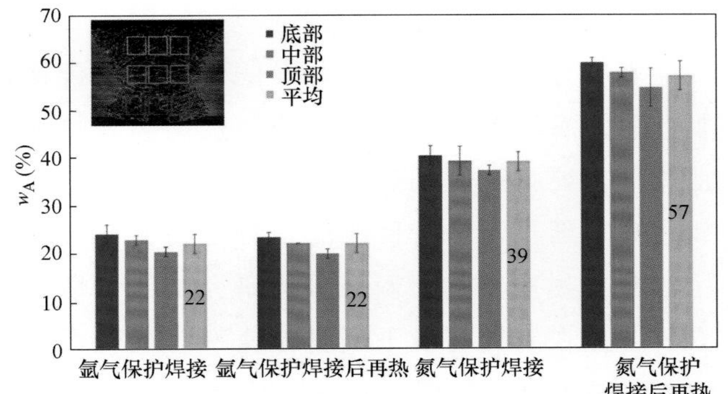

图 28　FDX 27 DSS 在氩气或氮气保护下经激光焊及再热后的焊缝金属奥氏体含量

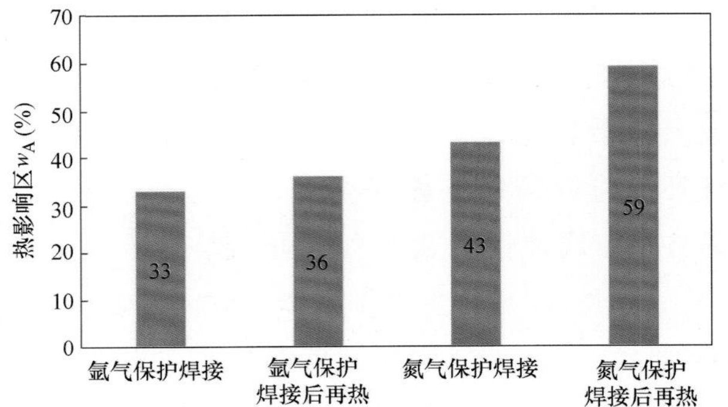

图 29　FDX 27 DSS 在氩气或氮气保护下经激光焊及再热后的热影响区奥氏体含量

粉床熔化（PBF）增材制造方法可制造复杂零部件，但效率较低、尺寸受限，因此需要研究能否通过传统焊接方法将 PBF 制件与其他传统制件连接制成常见构件。比利时可再生能源公司（Engie Laborelec）和鲁汶大学（KU Leuven）的 S. Huysmans 等人[12]研究了用焊接工艺，即钨极气体保护焊（GTAW）焊接 PBF 增材制造的 316L 制件与传统锻造构件的焊接性。

作者先用大、中、小三种热输入，GTAW 平板堆焊（Bead on the Plate）了熔覆态和热处理态（950℃保温 2h）的 PBF 制件，接头均未发现裂纹、孔洞等缺陷，也未发现热处理态和熔覆态的区别，表明 316L 的 PBF 增材制件具有较好的焊接性。

之后用 10~45μm 的球形颗粒，采用 SLM 方法制备外径 114.3mm、壁厚 6mm 的 316L 不锈钢管，轴向是增长方向（图 30）。增材制件进行室温拉伸、缺口冲击韧度（-101℃）和硬度测试，室温抗拉强度达 559MPa，超过标准要求的抗拉强度，冲击韧度达到 91J/cm^2。

增材制造的管（Additive Manufactured，AM 管）与一般锻造管开 V 形坡口进行手工对接 GTAW（图 31、图 32），间隙 4mm、焊根（钝边高度）2mm，4 道 3 层焊（第 1、2 层 1 道，第 3 层 2 道），填充金属为标准 316L 焊丝。接头进行室温横向拉伸、横向正背弯曲，-101℃缺口冲击，650℃蠕变断裂测试和硬度测试，耐蚀性能主要测试点蚀和晶间腐蚀性能。

试验结果表明：①接头无损检测（目测、渗透、X 射线探伤）合格；②横向抗拉强度 576/583MPa，断在锻造母材中，断口为韧窝塑性断裂；③650℃拉伸断在 AM 母材中；④正、背弯均合格，180°无破坏；⑤AM 侧 HAZ 冲击吸收能量 21J，焊缝冲击吸收能量 44J，锻件侧 HAZ 冲击吸收能量 62J；⑥点蚀试验结果显示，所有位置都对点蚀敏感，包括母材，AM 的母材和 HAZ 点蚀更严重一些，所有部位对晶间腐蚀都不敏感。

研究结果表明，粉床熔化（PBF）增材制造的构件可以进行焊接，除了点蚀和低温力学行为有些不足外，力学和耐蚀性能基本满意。AM 侧 HAZ 低温冲击吸收能量低、AM 母材及 HAZ 对点蚀敏感的原因还不清楚，需要更深入的研究和更多的测试。

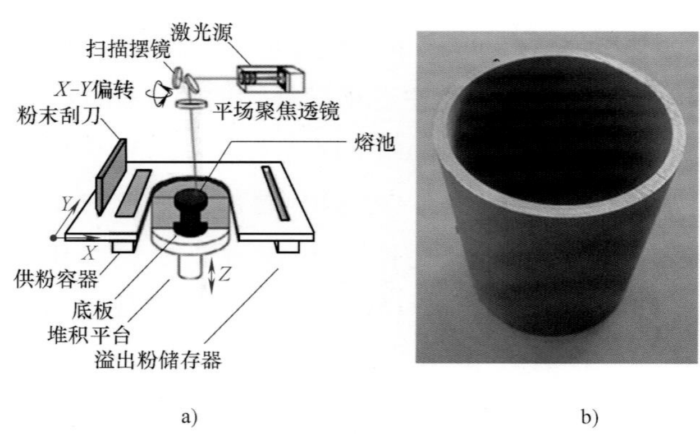

图 30　SLM 增材制造过程及 316L 增材管

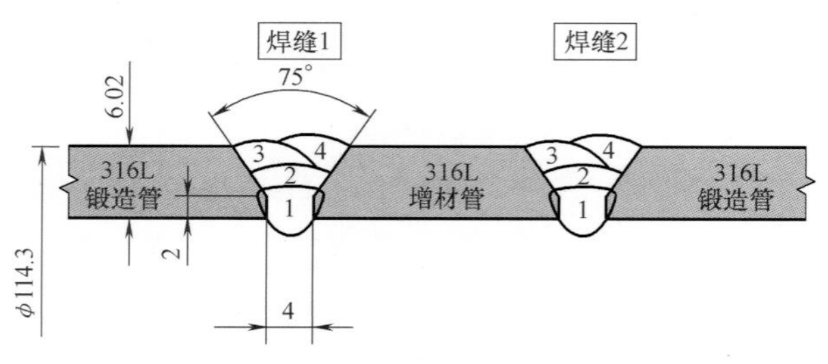

图 31　手工对接 GTAW

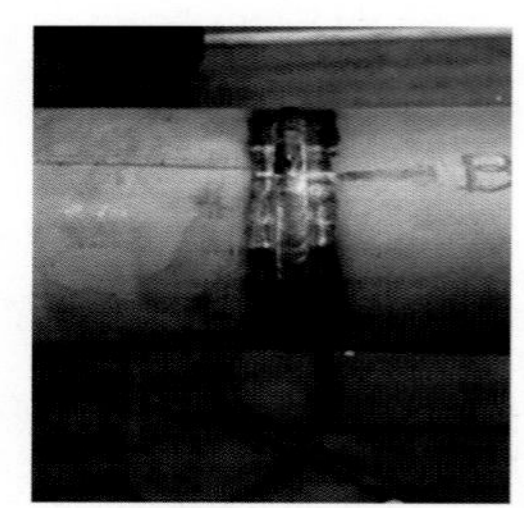

图 32　焊接完成的管焊缝

发电工业对具有长时服役性能、高强度/质量比、抗极端环境的高效高温材料的需求日益增加。FeCrAl 合金是用于高温腐蚀环境的铁素体合金。众所周知，不锈钢的耐蚀性和抗氧化性取决于其与介质接触形成的一层氧化物保护层，保护层生长越慢，构件的使用寿命越长。由于铝和铬含量高，FeCrAl 合金的氧化物保护层开始开裂并且以较高速率失效的温度约为 1425℃，在空气中最高连续工作温度可达 1450℃。这种高温性能，再加上它们的抗渗碳、抗氧化和硫化性能，使其在能源工业中具有广阔的应用前景。

已有一些针对 FeCrAl 合金的研究，如不同合金元素对其焊接性的影响，以及这些合金中的 475℃脆化现象；还有研究者开展了如何减小激光焊接缺陷的研究，以及针对合金的蠕变和拉伸性能进行的基础研究。近几年，除了电力行业的应用研究外，FeCrAl 合金作为新型高温材料在核能发电领域的研究也有了很大的发展。FeCrAl 合金不仅在高温下具有优异的抗氧化和耐蚀能力，而且在典型轻水堆条件下具有抗辐射致空腔膨胀能力和维持力学性能的能力，因此被考虑用于堆芯内部和作为包覆层。高温下的缓慢氧化动力学意味着氧化物层保持完整的时间更长，更有可能减轻事故的发生。

在电力工业应用中，由于低合金钢的价格低、应力腐蚀开裂风险低、传热性能高和热膨胀率低，炉膛壁管和过热器管通常采用低合金钢。为了延长寿命，目前的趋势是在低合金钢上涂敷更耐腐蚀的材料。一些研究工作评估了几种合金在不同环境下的腐蚀速率（燃烧再生木材和污水污泥与再生木材的混合物）。结果表明，Fe21Cr5Al3Mo 合金的腐蚀速率明显低于 310S、16Mo3 等合金，还略低于镍基合金 625。

针对特定腐蚀类型和特定腐蚀介质，有几种实验室的焊接接头腐蚀试验方法。但是，在废弃物燃烧过程、过热器中产生的高温腐蚀冲蚀环境与任何标准环境都相差甚远。过热器暴露在含有腐蚀性物质（如氯化物）的高温烟气中，同时，由于烟气携带固体颗粒，因此还受到冲蚀作用。另外，腐蚀试验标准中的暴露时间通常小于锅炉 6 个月的暴露周期，而且试样尺寸较小，无法考查真实腐蚀环境的均匀性。因此，采用全尺寸试件在真实运行环境中进行耐腐蚀试验非常有必要，也很有意义。

瑞典西部大学（University West）的M. A. Valiente Bermejo等人[13]在外径为38mm、壁厚为4mm的低合金碳钢16Mo3（EN10028-2）管外表面，用熔化极气体保护焊熔覆堆焊一层不同成分（含Si量不同，合金A中$w_{Si}=1\%\sim2\%$，合金B中$w_{Si}<0.5\%$）的FeCrAl合金（图33），堆焊时管子内部通水冷却，堆焊后将管子装到垃圾焚烧锅炉过热器的不同部位（图34）暴露（运行）6个月，之后拆下检验、检测、计算腐蚀速度。结果表明，管子放置位置对腐蚀速度的影响很大，不同位置腐蚀速度不同，过热器天花板位置腐蚀严重，尤其是中间位置；地板位置腐蚀稍弱（图35、图36）。因此，比较材料的耐蚀性能时要注意放置位置，否则会得出错误结论。FeCrAl中的Si天花板位置对耐蚀性能有利（图37、图38）。

图33 在16Mo3管外表面环形熔覆单层FeCrAl合金的GMAW装置

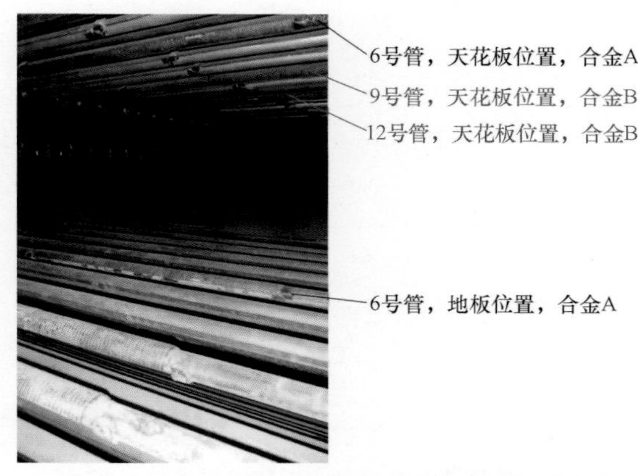

图34 位于二级过热器第6层顶部及底部的管子

（烟气流从底部至顶部垂直穿过）

图35 刚从锅炉中取出的管子实物图

图36 6号管子中间位置的合金A涂层实物图

（左图位于地板位置，右图位于天花板位置）

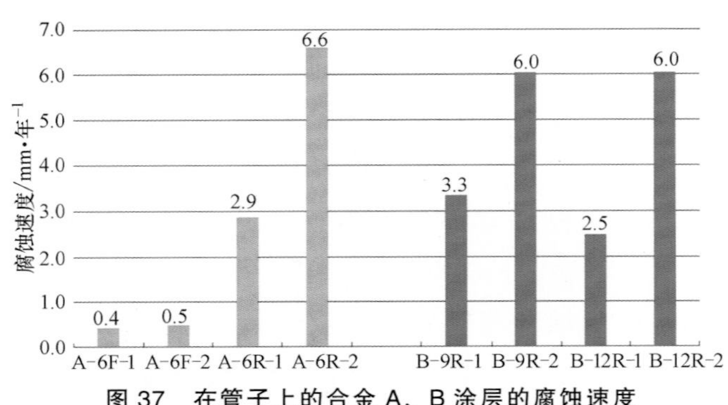

图 37 在管子上的合金 A、B 涂层的腐蚀速度

（6，9，12—管编号 1，2—管子位置，1 为边缘位置，2 为中间位置 F—放置于地板 R—放置于天花板）

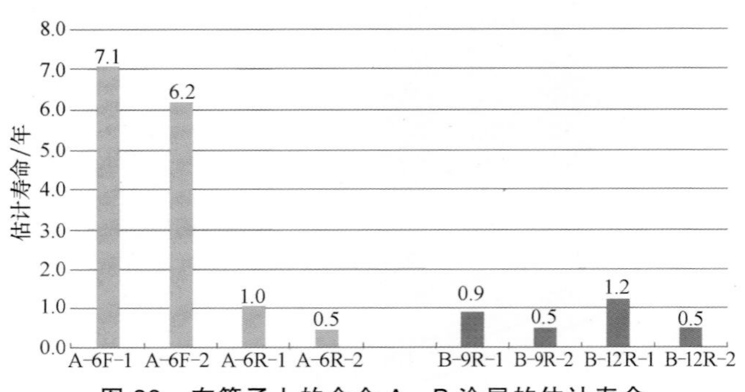

图 38 在管子上的合金 A、B 涂层的估计寿命

（6、9、12—管编号 1，2—管子位置，1 为边缘位置，2 为中间位置 F—放置于地板 R—放置于天花板）

综上所述，双相不锈钢焊接是近几年的研究热点，其铁素体和奥氏体的比例是影响接头性能的关键因素。IIW 2018 年年会有多篇论文研究铁素体含量的测量方法。2019 年的论文主要研究特殊条件（如薄板激光焊接快速冷却条件和多道多层焊成分分布与复杂热循环过程）下组织与耐蚀性能的变化，以及在运行条件下开裂的失效分析。2020 年有 3 篇论文与双相不锈钢相关，仍然是以奥氏体含量的控制为主，除了研究工艺因素（如热输入、层间温度等）的影响外，还研究了保护气体、热处理对激光焊接接头和激光熔丝增材制造制件奥氏体含量及化合物析出的影响。研究结果表明，保护气体和热处理均对奥氏体含量有显著影响，由于氮是奥氏体化元素，采用氮气作为保护气体时，焊缝和增材体中的含氮量要高于用氩气保护时的含氮量，其奥氏体含量也较高；热处理可以提高增材体的奥氏体含量并使其均匀化，也可提高氮气保护的激光焊接接头中的奥氏体含量。在双相不锈钢材料的发展方面，由于目前应用的双相不锈钢的成本较高，开发低成本的双相不锈钢，研究其加工应用性能也是发展趋势。

随着增材制造研究与应用的发展，为克服效率低、成本高的不足，增材制件与传统制件通过焊接完成复杂构件的制造成为可能的解决途径之一，对增材制件焊接性的研究也不断出现。316L 激光选区熔化制备的材料，具有良好的焊接性，但其耐点蚀性能和热影响区低温冲击韧度与锻件相比还有一定差距，需要深入研究其原因及解决方案。

耐高温、耐腐蚀涂层一直在高温腐蚀环境设备中发挥重要作用，涂层性能的评定对涂层材料的改善起着指导性的作用。采用全尺寸试样、在运行条件下运行一个工作周期来评定不同材料涂层的性能，能获得更真实的材料性能的数据。FeCrAl 涂层中含有一定的 Si，有利于提高其抗高温氧化和耐蚀性能。

3 有色金属材料的焊接性研究

本次年会交流的有色金属材料焊接性的研究只有两篇论文：一是高压环境在高导热材料电弧焊中的应用，另外一篇是不同镀镍方法对 Al/Cu 接头超声焊接过程的影响。

高压环境下的熔化极气体保护焊是海洋结构水下修复焊接常用的方法，可以缩短电弧长度、提高能量密度、增加熔深，但还缺乏对其影响的详细研究。厚板铜合金正常电弧焊时，由于其很强的散热性能，焊接较困难，而激光和电子束焊接有时又无法代替电弧焊。利用高压焊接的优点，在热导率较高的材料（如铝合金和铜合金）焊接时可以提高熔深、减少焊道，有可能解决厚板铜合金电弧焊的困难。德国克劳斯塔尔材料技术中心（Clausthal Centre for Material Technology）的 K. Treutler 等人[14] 研究了气压对铝合金和铜合金焊接熔深和组织的影响。试验采用的高压腔最高气压可达5MPa，腔中充氩气，试验压力变化范围0.2~1.6MPa。电弧电压和电流可以在线测量，电弧长度可以通过高速摄像获得。焊接的铝板为15mm厚的AlMg3板，焊丝为直径1.2mm的AlMg4.5MnZr焊丝；焊接的铜板也是15mm厚，焊丝直径1mm、$w_{Sn}=6\%$。试验结果表明：压力提高、熔深增大，而且铝合金焊缝中没有气孔（图39），分析原因认为是压力大时液体金属对气体的溶解度提高。影响熔深的主要因素是压力和送丝速度，电弧电压的影响是次要的。最大熔深在中等气压下获得，气压再升高，受电源功率极限限制，电流波动增大（图40）。电弧电压增大、熔深还可以进一步增大。高气压下，焊缝中Mg的分布更分散。压力升高，树枝晶晶粒变细，析出相增加。焊接铜时，电弧电压和电流不变时，压力增大、熔深提高；同样，压力太大（1.6MPa）时电流波动较大，过程不稳；而压力不超过0.9MPa时，焊接过程基本稳定。根据试验结果可以得出以下结论：

环境压力对熔深（由于能量密度改变）、气孔形成（由于液体中的气体溶解度改变）及凝固组织（由于冷却速度改变）有显著影响；对于铝合金焊接，还推导了预测熔深的统计模型，压力和送丝速度居中时熔深最大；对于铜合金，熔深和环境压力之间呈指数关系（图41）。所有结果都表明，高压对铝合金和铜合金的熔化极气体保护电弧焊有有利作用。

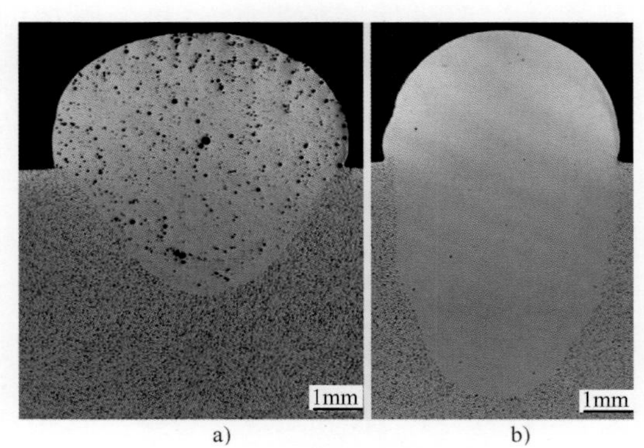

图39　铝合金焊缝剖面图像

a）送丝速度10m/min，弧长修正电压0V，压力0.2MPa

b）送丝速度11.25m/min，弧长修正电压7.5V，压力1.6MPa

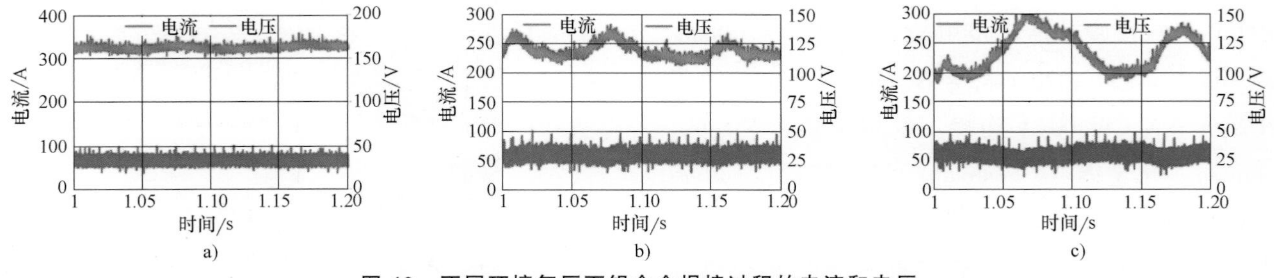

图40　不同环境气压下铝合金焊接过程的电流和电压

a）环境压力0.2MPa　b）环境压力0.9MPa　c）环境压力1.6MPa

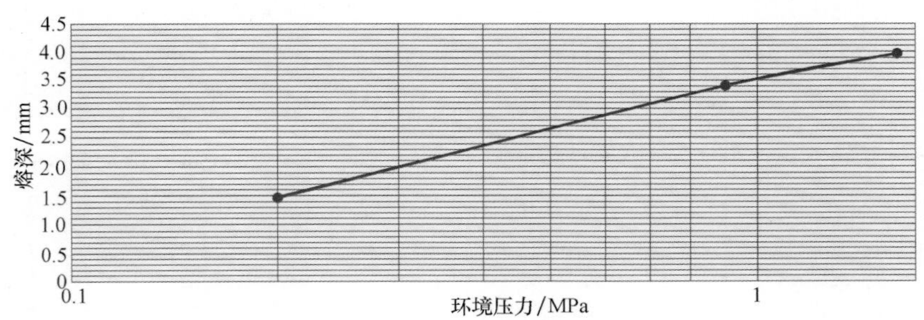

图41　铜合金熔深与环境压力的关系

用铝取代铜是减轻导线及接头质量和降低成本的措施之一，铝铜接头要在150~200℃下长时间保持优良的导电性、力学性能和可靠性，虽然目前主要用压接的方法制造铝铜接头，但焊接仍然是主题，是一项具有挑战性的任务。铝和铜的熔点不同，固态下的相互固溶行为也很复杂，熔化凝固或固态扩散形成的金属间化合物（IMC）影响接头性能，因为 IMC 不仅脆，而且电阻大，影响程度与 IMC 厚度有关。2.5μm 是 IMC 塑性-脆性转折的厚度，此时其导电性损失 10%。IMC 厚度随工作温度和条件会改变和增加。超声焊接是工业中实现 Al/Cu 导线和接头焊接的主要方法，可以获得很短的循环时间，而且成本低，在超声作用下界面加热和塑性变形实现连接，连接件间的摩擦运动与施加的压力、表面质量及相互摩擦有关，有涂层时摩擦条件发生改变，电线表面涂镍可以耐蚀，还可以作为 Al/Cu 之间的扩散阻挡层。之前有研究表明，接头的剪切强度与涂层类型有关。还有人尝试使用激光振动计测试焊接时的振动幅度，发现在负载和空载下超声转换头的振幅与涂层的表面状况有关。德国伊尔梅瑙工业大学（Technische Universität Ilmenau）的 J. P. Bergmann 等人[15] 研究了超声焊接时不同镍涂层对振幅的影响。开展的试验分两步，第一步先用 1mm 厚的板 EN AW 1050（$w_{Al}=99.5\%$）和 EN CW 004A（Cu-ETP）进行试验，第二步用横截面面积为 60mm^2 的导线 EN AW 1370（$w_{Al}=99.7\%$）与 3mm 的接线端子 EN CW 004A 连接。采用电镀（Electroplated）、化学镀（Chemical）和镀锌镍（Galvanized nickel）三种方法在铜表面涂镍。电镀镍中无添加物、化学镀镍中磷含量高、镀锌镍中含氨基磺酸（因而也称磺酸镍）。在工业条件下分别制备两批试样，表面用 SEM、X 射线荧光分析、硬度计和摩擦分析设备分别表征表面形貌、涂层厚度、硬度和摩擦系数。结果表明：不同涂层表面形貌不同（图 42）；不同批次涂层厚度有一定分散性，两种电镀的试样不同位置涂层厚度也有一定区别，边缘涂层较厚（图 43、图 44）；硬度测试结果表明，表面无涂层时硬度最低、分散性最小，有涂层时硬度高、分散性大，磺酸镍涂层的硬度最高（图 45）；电镀和化学镀的摩擦系数相对高一些，电镀的最高，磺酸镍涂层的摩擦系数与无涂层的相当（图 46）。焊接设备的最大输出功率是 6.5kW，最大压力可达 4kN。板与板连接时，超声输出振幅为最大振幅的 95%、加载力为 1.87kN 时，空载时的振动幅度为 34.8μm，化学镀镍层时的振动幅度为 30μm、电镀层时的振幅为 29.8μm、镀锌镍涂层时的振幅为 29.5μm。振幅衰减与加载力和超声输出振幅有关（图 47）。导线与接线端子焊接时，振幅衰减与振幅、表面涂层及加载力有关（图 48），衰减大的接头承载力的波动也较大（图 49）。研究取得的主要结论：①不同方法制备的涂层线摩擦系数和厚度有一些区别，硬度和表面粗糙度差别不大，表面形貌对超声焊接过程没有明显影响；②板/板连接时振幅衰减可达 15%，线/接线端子连接时达 30%；线/接线端子连接时，镀锌镍涂层的振幅变化大、过程稳定性低一些，接头承载力低；③高摩擦力的涂层振动振幅更稳定，摩擦系数低的容易出现振幅不稳定。

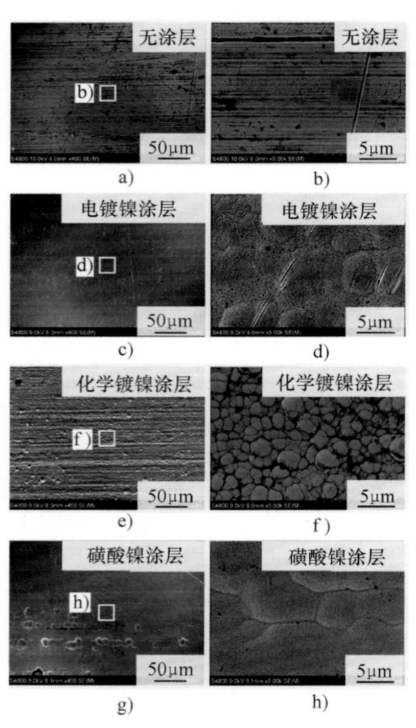

a) b) c) d) e) f) g) h)

图 42 铜表面涂层与未涂层形貌的 SEM 图像

a)，b）无涂层 c)，d）电镀镍涂层

e)，f）化学镀镍涂层 g)，h）磺酸镍涂层

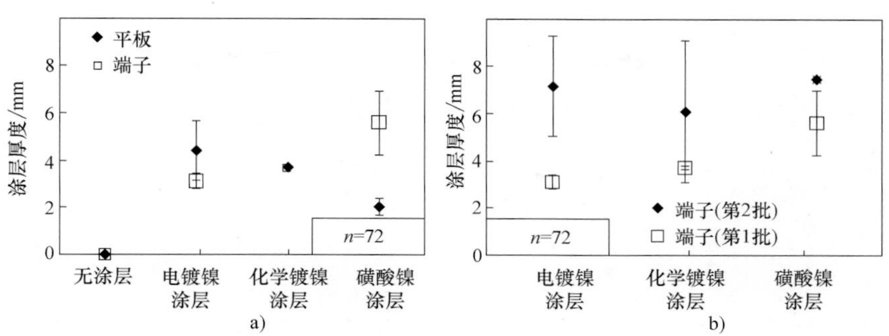

图 43 不同铜种类、批次和电镀工艺的涂层厚度

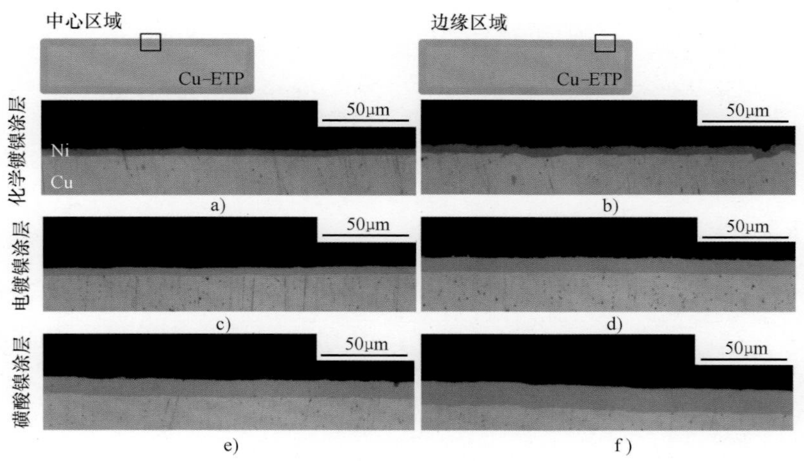

图 44 铜端子不同区域的涂层横截面

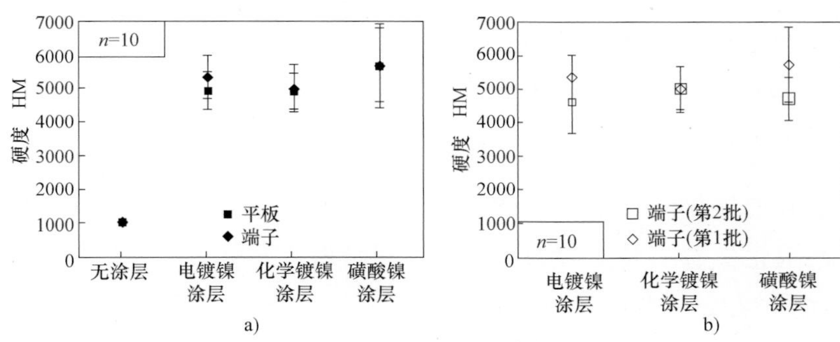

图 45 不同铜种类、批次和电镀工艺的涂层硬度

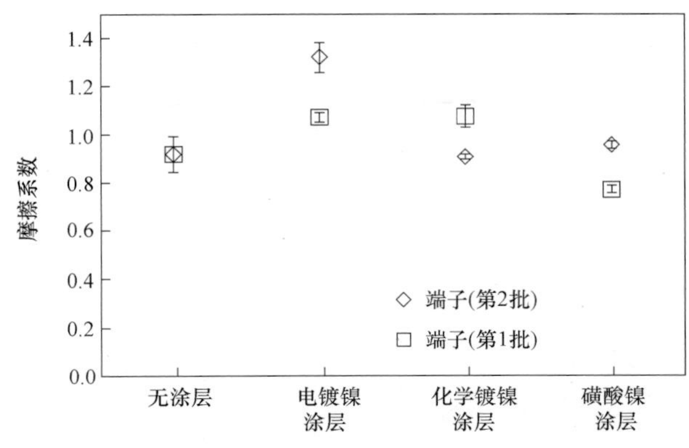

图 46 不同涂层铜端子的滑动摩擦系数

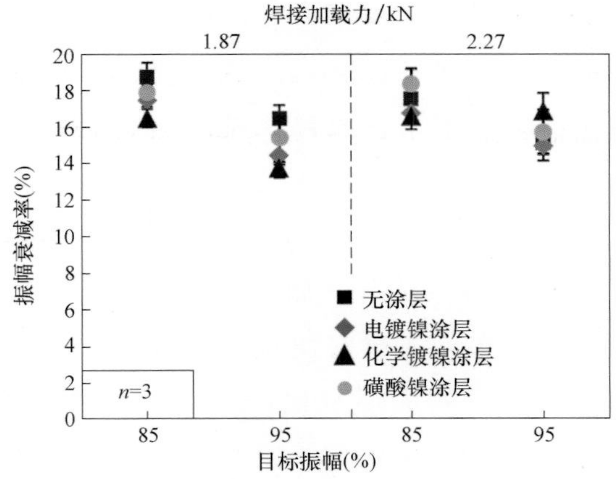

图 47 不同加载力、涂层种类与振幅下的阻尼特性

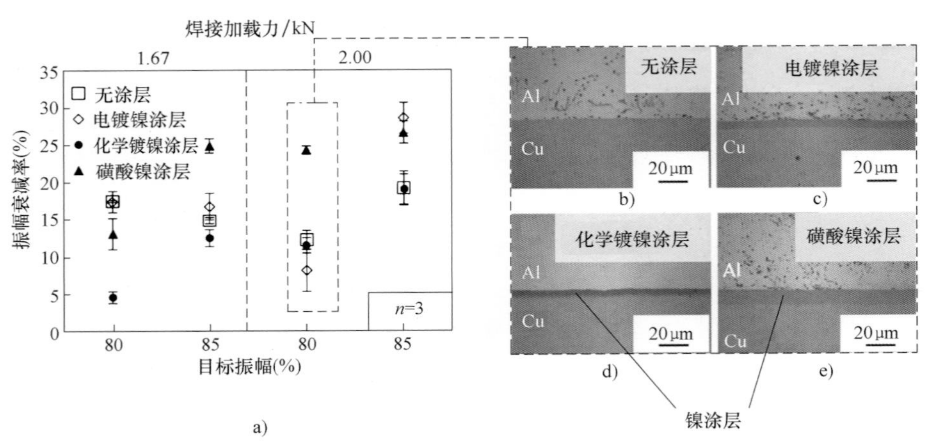

图 48　导线与接线端子焊接时的阻尼特性

a）不同加载力、涂层种类与振幅下的阻尼特性　b）~e）接头横截面金相（时间 1000ms，加载力 2.0kN，振幅 80%）

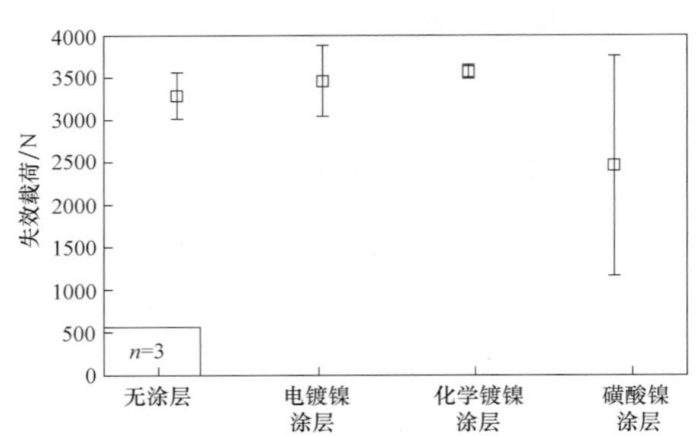

图 49　不同加载力、涂层种类与振幅下的失效载荷

（时间 1000ms，焊接加载力 2.0kN，振幅 80%）

本次年会有色金属的焊接研究虽然只交流了两篇论文，但这两篇论文都有特点。高气压环境下的电弧焊是水下焊接的主要方法之一，利用其电弧收缩、能量集中的特点，将其应用到导热快、电弧焊接有一定困难的铝合金和铜合金的厚板焊接中。研究发现，高气压环境不仅使熔深显著增大，而且还可以抑制焊缝中的气孔和改变焊缝组织，高气压抑制气孔生成和改变焊缝组织的机制值得深入研究。超声固相焊接在异种金属材料（如 Al/Cu）的连接中有其优势，本次论文研究发现，扩散阻挡层的制备方法通过影响涂层表面的硬度和摩擦系数，来影响超声振幅的衰减和振幅的稳定性，从而影响接头的连接，摩擦系数高的涂层振动振幅更稳定，摩擦系数低的涂层容易出现振幅不稳定，接头承载力低一些。这些研究结果为有色金属的焊接及其质量的提高提供了途径和理论基础。

4　结束语

金属材料焊接性的研究与材料发展和先进焊接技术与工艺的应用密切相关。复合焊接技术、高效电弧焊的研究与应用越来越广泛，超高强钢、超级双相不锈钢、镍基超合金、耐热合金性能的改善及先进材料的开发，都促进了焊接性的研究向更广、更深、更细的方向发展；金属材料焊接性的研究仍然以接头组织和性能的演变与改善、缺陷的形成与防止、焊接性的评价等为主要研究内容。2020 年 IIW 年会比较有特点的研究包括：高气压环境电弧焊的应用研究，增材制造体的焊接性研究，药芯焊丝 CMT 增材制造成分、工艺、组织和性能的研究，高强钢氢致裂纹出现时间影响因素的研究，保护气体和热处理对双相不锈钢组织影响的研究，以及不同钢种焊后火焰矫正对组织和性能影响的研究，还有不同方法的镀镍层对 Al/Cu 异种材料超声焊接影响的研究。这些研究结果都丰富了材料焊接性的知识，为提高焊接接头的质量提供了基础。同样，日本、德国、瑞典、奥地利、韩国等国家对金属材料焊接性开展的深入、细致、持续、系统的研究，以及对计算与模拟技术和先进试验手段的应用，都值得国内焊接研究工作者借鉴。

参考文献

[1] GEHLING T, TREUTLER K, WESLING V. Development of surface coating systems for high strength low alloyed steel filler materials [Z]//Ⅸ-2711-2020.

[2] ZARGAR H H, ITO K, SHARMA A. Numerical study of material flow in a molten pool of the workpiece vibration assisted welding [Z]//Ⅸ-2714-2020.

[3] KANGMYUNG S, HOISOO R, HEE J K, et al. Characterization of local brittle layer formed in EG weld metals [Z]//Ⅸ-2717-2020.

[4] HAMIDREZA L, PEDRO V, GARY M. Effect of joint design on mechanical and microstructural characteristics of MAG welded modern high-strength steel [Z]//Ⅸ-2718-2020.

[5] TREUTLER K, BRECHELT S, WICHE H, et al. Beneficial use of hyperbaric process conditions for the welding of high strength low alloyed steels [Z]//Ⅸ-2712-2020.

[6] EUGEN W, TOBIAS M, MICHAEL R. Waiting time before NDT of welded offshore steel grades under consideration of delayed hydrogen assisted cracking. [Z]//Ⅸ-2713-2020.

[7] LÁSZLÓ G, MARCELL G, ANDRÁS B. The effect of flame straightening thermal cycles on the microstructural properties of high-strength steels [Z]//Ⅸ-2716-2020.

[8] PIXNER F, ZELIĆ A, DECHERF M, et al. Application of metal-cored-wires in wire-based additive manufacturing of tool components [Z]//Ⅸ-2715-2020.

[9] KENTA Y, DAISUKE M, Hisashi Amaya, et al. Effect of welding parameters on microstructure of weldments of newly developed duplex stainless steel (UNS S82551) [Z]//Ⅸ-2703-2020.

[10] VALIENTE B M A, THALAVAI P K, AXELSSON B, et al. Microstructure of laser metal deposited duplex stainless steel - Influence of shielding gas and heat treatment [Z]//Ⅸ-2705-2020.

[11] AMIR B, VAHID A H, KJELL Hurtig, et al. Promoting austenite formation in laser welding of duplex stainless steel - Impact of shielding gas and laser reheating [Z]//Ⅸ-2706-2020.

[12] HUYSMANS S, PEETERS E, DE B E, et al. Weldability of 316L Austenitic steinless steel additive manufactured components - AM welded to conventional [Z]//Ⅸ-2707-2020.

[13] VALIENTE B M A, MAGNIEZ L, JONASSON A, et al. Performance of FeCrAl overlay welds on superheater tubes exposed on-site to boiler environments [Z]//Ⅸ-2704-2020.

[14] TREUTLER K, BRECHELT S, WICHE H, et al. Beneficial use of hyperbaric process conditions for the welding of aluminium and copper alloys [Z]//Ⅸ-2719-2020.

[15] BERGMANN J P, KÖHLER T, GRÄTZEL M. Influence of nickel-coating quality on the ultrasonic-welding process of Al-Cu joints [Z]//Ⅸ-2720-2020.

作者简介：吴爱萍，工学博士，清华大学长聘教授。主要从事新材料焊接、特种材料及异种材料的焊接、数值模拟技术在焊接中的应用、焊接应力与变形控制、激光与电弧增材制造等方面的研究工作。发表论文约 200 篇，参与编写学术著作 5 本，获得国家技术发明二等奖 1 项、教育部科技进步一等奖 1 项、教育部自然科学二等奖 2 项。Email：wuaip@tsinghua.edu.cn。

审稿专家：李亚江，工学博士，山东大学教授、博士生导师。从事先进材料和异种材料特种焊接技术研发、教学与科研工作。发表论文300余篇，出版专著和译著20多部，授权国家发明专利42项，获教育部自然科学一等奖等多项奖励。Email：yajli@sdu.edu.cn。

焊接接头性能与断裂预防（IIW C-X）研究进展

徐连勇[1,2]

（1. 天津大学材料科学与工程学院，天津 300350；2. 天津市现代连接技术重点实验室，天津 300350）

摘　要：在IIW2020年会中，焊接接头性能与断裂预防（IIW C-X）专委会于2020年7月20—21日进行了线上工作会议和年会学术报告。本次年会共有13个报告，围绕残余应力、断裂失效分析和增材制造方面的热点问题，主要涉及钢的脆性断裂和韧性断裂数值研究、焊接结构裂纹扩展分析、蠕变-疲劳交互下改进的寿命预测模型、马氏体耐热钢点焊接头的三维裂纹扩展行为表征、多层多道焊接头的热循环历程和组织形态、预压缩应变对断裂韧度的影响、考虑塑性拘束影响的韧性断裂评估、考虑拘束效应的蠕变裂纹孕育期表征、增材制造石墨烯强化316L不锈钢、澳大利亚防止钢材脆断策略等。

关键词：残余应力；断裂评定；韧性损伤模型；增材制造

0　序言

国际焊接学会焊接接头性能与断裂预防（IIW C-X）专委会的研究领域是评估焊接结构的强度和完整性，重点关注残余应力、强度不匹配及异种钢接头对结构强度的影响。国际焊接学会IIW C-X专委会工作会议和学术会议于2020年7月20—21日在线上召开，共有来自全球7个国家的20余位专家参会，报告内容涉及断裂行为和断裂性能研究、脆断标准、裂纹扩展行为、复杂环境寿命预测、增材制造等方面。

国际焊接学会IIW C-X专委会主席日本大阪大学Minami教授总结了近些年焊接结构断裂评估方面的研究进展，指出IIW C-X近年来聚焦含缺陷焊接结构在服役过程中的评估方法，主要包括基于应力与应变的评估、拘束分析和断裂韧度测试方法，具体包括：①焊接接头的应力强度因子解；②焊接接头的极限载荷解；③厚壁焊接结构的残余应力分布；④焊接接头修正的拘束效应；⑤预应变和动态载荷效应；⑥含缺口试样焊接接头断裂韧度测试；⑦基于应变的评估；⑧增材制造部件性能分析、设计和评估。这些工作为世界范围内国家基础设施的先进设计提供了重要的理论指导。

1　焊接接头性能

巴黎文理研究大学高矿学院Nicolas Jousset等人[1]介绍了高强钢多道焊接和复杂热循环焊接接头的微观结构和断裂机理，利用微观结构演化的数值模拟方法估算了焊接多次热循环，对再加热过程中微观结构演化的试验研究结果进行了分析和展望。作者采用多层多道电弧焊制备了高强度焊缝，如图1所示。由于多次再加热，生成了组织较为复杂的焊缝金属，不同焊接区域的母相晶粒形貌不同。

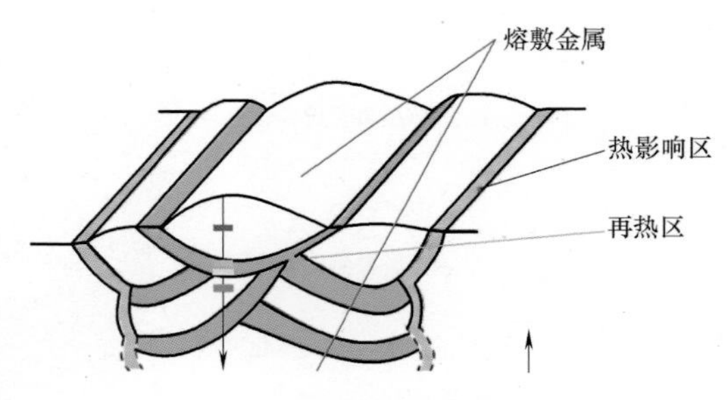

图1　多道焊接示意图

为研究多道焊缝金属中各种微观结构空间分布，对采用动态撕裂试验的焊缝断裂表面进行了分析，如图 2 所示。图 2a 表明断裂主要是包含夹杂物的韧窝型断裂，脆性解理面则出现在低温试验条件下；图 2b、图 2c 表明非金属夹杂物是延性和解理断裂的萌生位置，但能促进针状铁素体的形成；图 2d 包含了夹杂物、片层组织、第二相粒子及含有微小析出相的结构。不同焊接条件下的焊缝组织不同，每道焊缝金属内均由复杂的成分相组成。

图 3a 所示为伴有柱状区花纹的 EBSD 逆极图，图 3b 所示为伴有等轴区花纹的 EBSD 横极图。研究发现，不同的 γ 晶粒形貌可能影响二次热循环微观组织形貌。

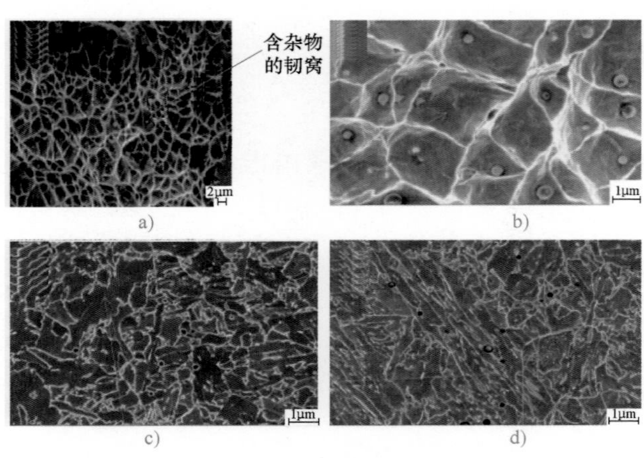

图 2　断口形貌

论文基于 VIRFAC 软件进行多道焊有限元建模，采用 Goldak 热源，输入与实际焊接接头相同的热输入和焊接条件。数据处理结果如图 4～图 6 所示，图 4 表示具体焊接道次和特定受热分析路径，图 5 展示了再奥氏体化区域，图 6 表示典型多层多道焊热循环曲线。结果表明，$t_{8/5}$ 的变化取决于焊缝熔敷层的位置，焊缝金属的每个区域（除了最后一道焊道）都至少经历了一次再奥氏体化，提出了柱状 γ 晶粒区持续存在的记忆效应假说。

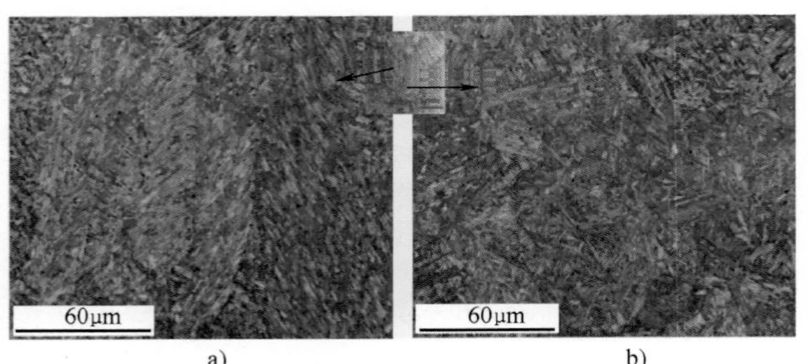

图 3　伴有柱状区花纹的 EBSD 逆极图 a）和伴有等轴区花纹的 EBSD 横极图 b）

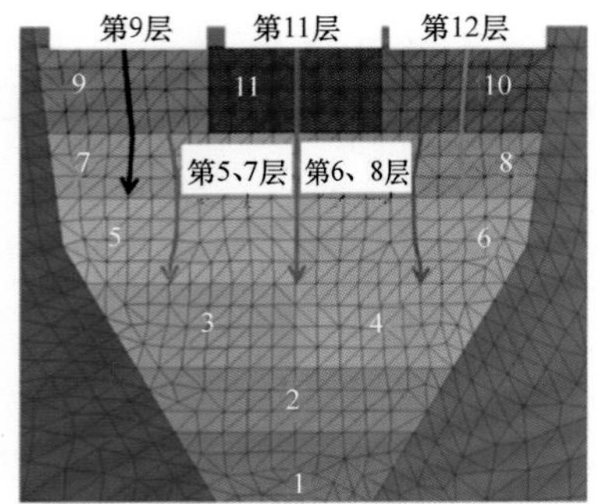

图 4　焊接接头焊接道次和特定受热分析路径

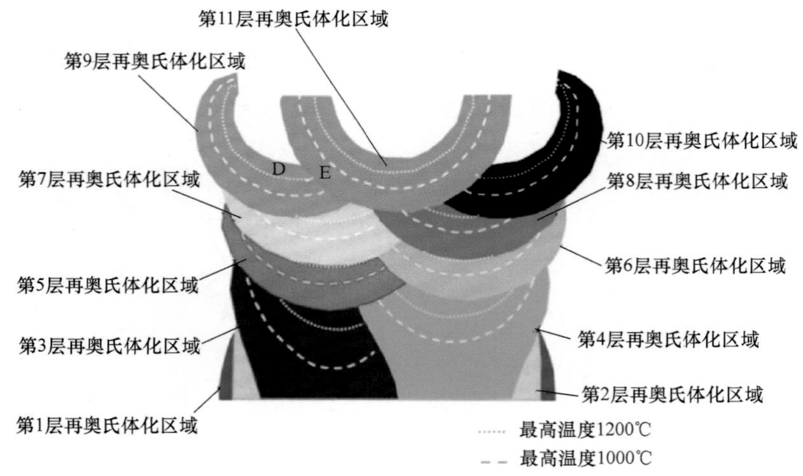

图 5　多层多道焊接过程中再奥氏体化区域

为验证“记忆效应”假说来解释原奥氏体晶粒形状，将热循环最高温度 T_{peak} 定在略高于 Ac_3（810℃）。Jousset 等人在 Gleeble 热模拟机上进行试验，研究焊缝金属中的再热行为，从模拟结果中提取热循环条件，利用膨胀法测定奥氏体分解量，对最终冷却后的微观结构进行表征。图 7a 所示为 T_{peak} = 830℃时的焊接接头宏观形貌，图 7b 表示再次加热重新奥氏体化后的宏观形貌，可以发现，具有柱状 γ 晶粒的区域发生部分或全部重新奥氏体化，这表明低 T_{peak} 下 γ 晶粒形状的强记忆效应。图 8a 参数为 $t_{8/5}$ = 11s（27℃/s），Ar_3 = 420℃，T_{peak} = 1050℃；图 8b 参数为 $t_{8/5}$ = 25s（12℃/s），Ar_3 = 450℃，T_{peak} = 1050℃，发现非常相似的板条微观结构（贝氏体/马氏体），说明 $t_{8/5}$ 参数与相变无关。在 1050℃下的热循环，从 510℃时开始缓慢冷却，图 9a 参数为 $t_{8/5}$ = 25s，510℃后冷却速度为 2℃/s；图 9b 参数为 $t_{8/5}$ = 25s，510℃后冷却速度为 1℃/s。结果表明，包含有大量第二相（M-A 组元）析出的粗大基体组织（部分残留奥氏体），说明焊接参数对 500～300℃范围内冷却有重要影响。

综上，该研究揭示了低碳高强钢多层多道焊产生复杂宏观和微观组织的原因，并用焊接数值模拟结果揭示了随后焊道的再奥氏体化，提出了柱状 γ 晶粒区持续存在的记忆效应假说，中等温度（500～300℃）下的冷却速度对微观结构有强烈影响。

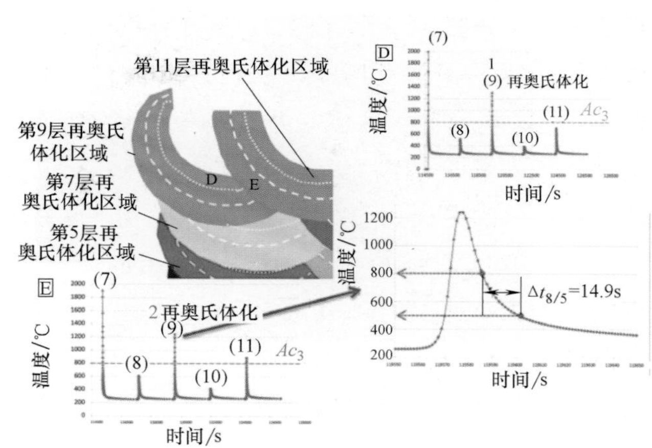

图 6　典型多层多道焊热循环曲线

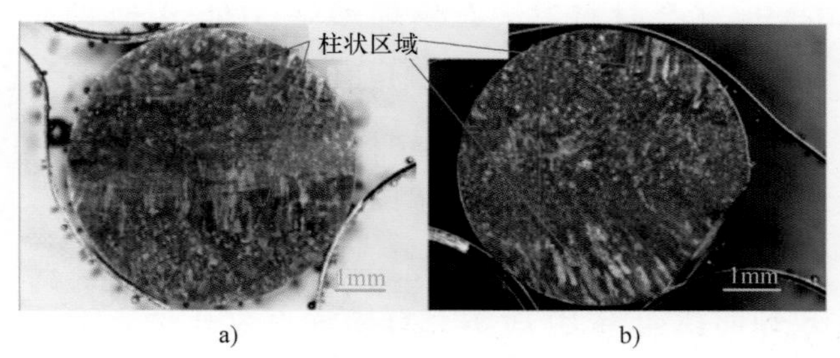

a)　　b)

图 7　焊态及再奥氏体化后的宏观结构

a）焊态宏观结构　b）再奥氏体化后的宏观结构

低的强度和硬度限制了 316L 不锈钢在高强度环境中的使用，通过增强相形成金属基复合材料可以有效结合基体和增强相的性能，然而传统颗粒状增强相在提升强度时不可避免地降低了材料的塑韧性。研究显示，以石墨烯为代表的碳基纳米级增强材料（GNPs）可以实现强度和韧性的平衡。天津大学韩永典[2] 通过激光

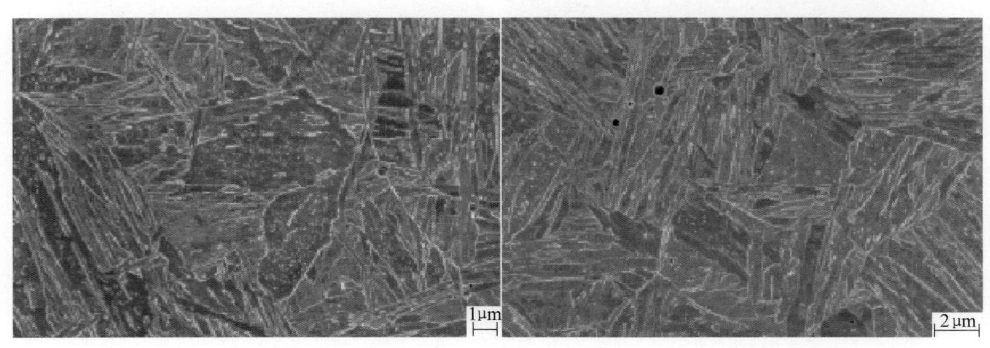

a)　　b)

图 8　不同冷却条件下的微观结构

a）$t_{8/5}$ = 11s(27℃/s)，Ar_3 = 420℃ T_{peak} = 1050℃　b）$t_{8/5}$ = 25s（12℃/s），Ar_3 = 450℃，T_{peak} = 1050℃

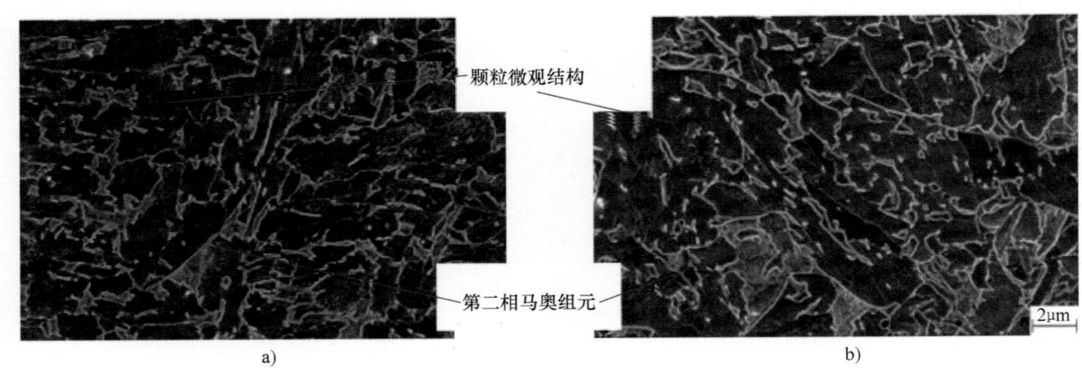

图 9　不同冷却条件下的微观结构

a）$t_{8/5}=25s$，510℃后冷却速度为 2℃/s　b）$t_{8/5}=25s$，510℃后冷速度为 1℃/s

选区熔化（SLM）工艺制造石墨烯增强的 316L 不锈钢，在不影响韧性情况下获得了增强的 316L/GNPs 复合材料。从石墨烯增强 316L 不锈钢的 SLM 制造工艺出发，研究了 316L/GNPs 复合材料的力学性能，分析了石墨烯和熔池的交互作用以及 SLM 成形过程中石墨烯的再分布现象。

316L 不锈钢和 316L/GNPs 复合材料的室温拉伸曲线如图 10 所示，石墨烯可以在不影响塑韧性的前提下增加 316L 基体的强度。图 11 显示了石墨烯在 316L 基体中的分布：石墨烯在复合材料中分布于晶界（与晶界平行或呈一定角度）。此外，研究还定量分析了石墨烯对基体的不同增强机制，包括细晶强化、Orowan 强化、热失配强化和载荷传递强化等，建立了石墨烯与熔池交互作用的模型（图 12）。

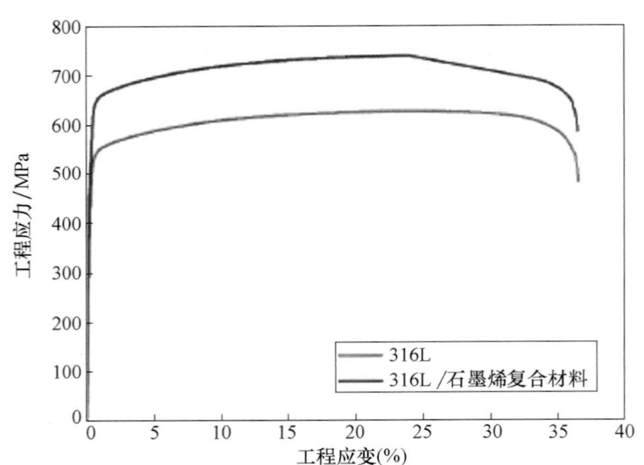

图 10　室温拉伸试验

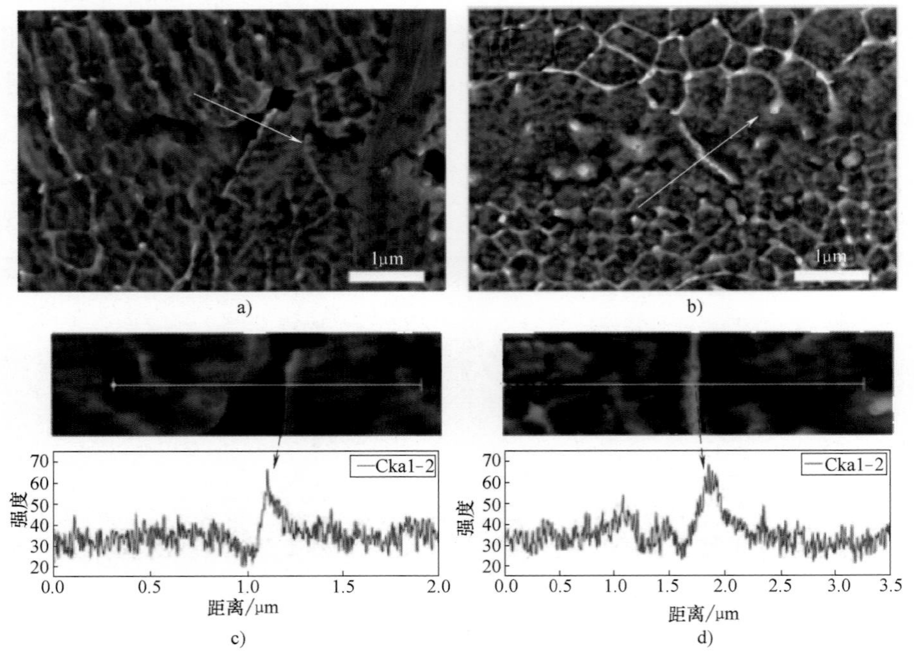

图 11　石墨烯在晶界上的分布

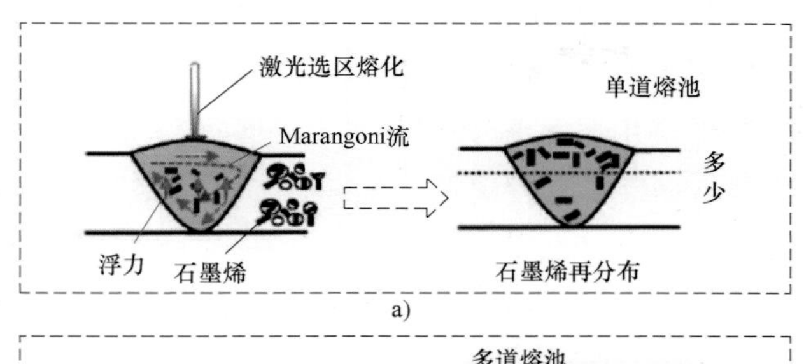

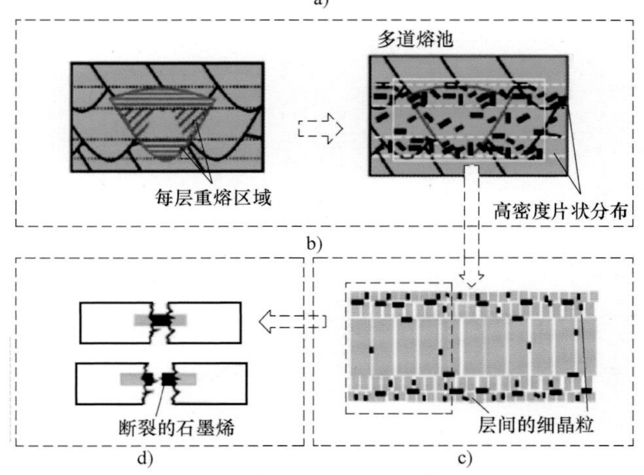

图 12　石墨烯与熔池的交互作用

2　断裂预防标准发展

英国焊接研究所 TWI 的 Isabel Hadley[3] 介绍了 BS 7910—2019 修订情况。BS 7910 是用于金属结构缺陷验收方法的评定指南，该标准最早始于 1980 年的 PD 6493 标准，依次经历了 PD 6493—1980、PD 6493—1991、BS 7910—1999、BS 7910—2005，以及 BS 7910—2013。BS 7910 涉及的主要内容如图 13 所示。本次修订的主要原因：首先，所有的英国标准每 5 年修订一次；其次，对于原标准的一些小错误和歧义进行改善；再次，融入一些最新的研究工作；最后，由于目前的版本文档架构和尺寸庞大，使未来的修正工作难以进行。

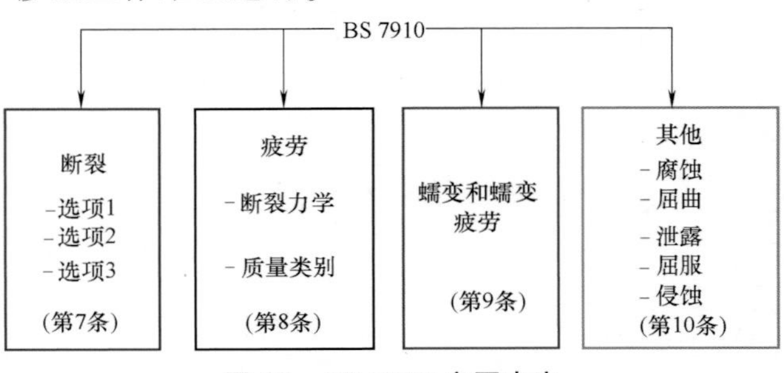

图 13　BS 7910 主要内容

标准修订主要围绕着以下几个方面进行：

（1）附录 V（基于应变的评估）　一些结构（尤其是管道）承受超出常规屈服定义的应变。基于应变评估的几种方法（R6、CRES、ExxonMobil、DNVGL 等）已发布，但没有单一可接受的方法。

（2）附录 P（参考应力/极限荷载）　总体保留 2013 年修订版的内容，更好地区分局部和全局失效的方案，对于解决方案的来源/局限性进行更多讨论。对于平板中表面缺陷，使用 R6 部分解作为参考，因为方程格式的不同不能全部引用。

（3）残余应力处理　更新铁素体钢管环焊缝数据库，重新考查基本假设（影响 WRS 的基本变量），优化数据的统计分析（如作为类型数据和可靠性函数的权重），将结果纳入完整的 PFM 模型中。

（4）概率 ECA 评估　全概率评估变得更加便捷（集成到 Crack WISE 模块中），如蒙特卡罗计算方法；根据确定性评估进行“校准”。

（5）BS 7910 与其他标准的对比　API/ASME 与 ASME 锅炉、压力容器、压力管道、管道的施工规范密切相关；R6 与核电工业的需求密切相关。

Adolf F. Hobbacher[4] 介绍了澳大利亚避免钢脆性断裂标准的制定情况。钢结构通常有三种可能的损伤形式：脆性断裂、疲劳断裂和腐蚀断裂。腐蚀断裂和疲劳断裂可通过增加检查频率来避免，而脆性断裂是一种突发事件，只有通过合理的设计、选材才能避免。影响脆性断裂的冶金效应与机理有：收缩（降低塑性储备）、残余应力、应力三轴度、材料性能、焊接缺陷、断裂韧度、夏比 V 型冲击吸收能量、材料不均匀性和应变速率等。防止脆性断裂标准制定过程中，必须同时考虑裂纹检测率和材料韧性，以确保部件的结构完整性。论文还介绍了现行的脆性断裂国际标准，包括美国标准、AISC 中关于地震荷载作用、英国标准、挪威

DNVGL 标准及欧洲标准等。

欧洲结构规范为结构和部件的设计提供了日常使用的通用标准。EN 1993-1-10 标准完全基于断裂力学，并通过试验和经验进行了校准。假设存在初始裂纹（图 14），然后根据假设载荷计算裂纹扩展，最后使用 R6 方法评估裂纹。其最小可使用温度取决于钢的屈服强度、夏比 V 型冲击韧性和部件壁厚。

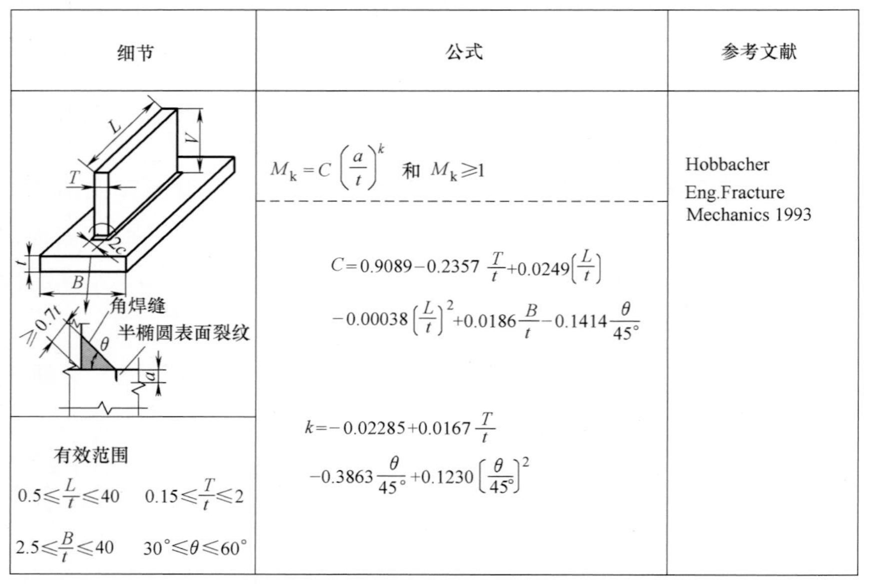

细节
公式
参考文献
L
V
T
t
B
2c
角焊缝
半椭圆表面裂纹
≥0.7t
θ
a
$M_k = C\left(\frac{a}{t}\right)^k$ 和 $M_k \geq 1$
$C = 0.9089 - 0.2357\frac{T}{t} + 0.0249\left(\frac{L}{t}\right) - 0.00038\left(\frac{L}{t}\right)^2 + 0.0186\frac{B}{t} - 0.1414\frac{\theta}{45°}$
$k = -0.02285 + 0.0167\frac{T}{t} - 0.3863\frac{\theta}{45°} + 0.1230\left(\frac{\theta}{45°}\right)^2$
Hobbacher
Eng.Fracture
Mechanics 1993
有效范围
$0.5 \leq \frac{L}{t} \leq 40$　$0.15 \leq \frac{T}{t} \leq 2$
$2.5 \leq \frac{B}{t} \leq 40$　$30° \leq \theta \leq 60°$

图 14　评估参考细节和断裂力学 M_k 公式

澳大利亚和新西兰的标准 NZS 3404. 1 中材料选择基于 AS 4100 标准做出了一些修改，该标准中更新了 300S0 和 350S0 "抗震" 钢种，这些要求在桥梁设计标准 AS/NZS 5100. 6 和焊接标准 AS/NZS 1554. 1 中也有修改。标准 AS/NZS 5131 包含了制造要求（类似于 EN 1090），与结构的 "重要性等级" 相关，并提供了确保设计要求应该具备的最低工艺水平（包括焊接工艺）。该标准还包括焊接检验要求。标准 AS/NZS 1554 还规定了焊缝最大允许缺陷的验收准则。

英国和欧洲的标准只考虑焊接接头产生的残余应力，实际上，也存在因安装时强行装配或使用中的位移（如地震作用）而产生的应力。考虑到这个问题，应假设一个强迫屈服，以及一个加载到屈服的载荷更为合理。由于冷成形引起的应变硬化、应变速度的影响及地震荷载下可能产生的超载现象也需要考虑在内。

表 1～表 4 是专门针对澳大利亚和新西兰的钢种制定的，考虑了材料性能、屈服强度、疲劳、残余应力、断裂力学、应变速度和冷变形等因素。

表 1　最低工作温度下的最大允许壁厚，对于 $\sigma_{s,d}=0.75f_y(t)$　（单位：mm）

钢号和从属牌号		夏比功		最低服役温度/℃													
				许用应力 $\sigma_{s,d}=0.75f_y(t)$													
		℃	J	10	0	-10	-20	-30	-40	-50	-60	-70	-80	-90	-100	-110	-120
AS/NZS 3678 和 AS/NZS 3679. 1 结构钢																	
250	L0	0	27	78	66	55	46	39	33	28	24	21	18	16	14	13	12
	L15	-15	27	101	85	71	60	50	42	36	31	26	23	20	17	15	14
	L20	-20	27	110	92	77	65	55	46	39	34	28	25	21	18	16	15
	L40	-40	27	150	126	108	92	77	65	55	46	39	33	28	24	21	18

（续）

钢号和从属牌号		夏比功		最低服役温度/℃													
				许用应力 $\sigma_{s,d}=0.75f_y(t)$													
		℃	J	10	0	-10	-20	-30	-40	-50	-60	-70	-80	-90	-100	-110	-120
AS/NZS 3678 和 AS/NZS 3679.1 结构钢																	
300	L0	0	27	70	58	48	40	34	29	24	20	18	16	14	12	11	10
	L15	-15	27	90	76	62	52	44	37	31	26	23	19	17	15	13	11
	L20	-20	27	98	82	68	57	48	41	34	29	24	21	18	16	14	12
	L40	-40	27	136	115	96	82	68	57	48	41	34	29	24	21	18	16
	S0	0	70	106	88	74	62	52	41	36	30	26	22	19	16	14	13
350	L0	0	27	62	50	42	35	30	25	21	18	15	13	11	10	9	8
	L15	-15	27	81	68	56	46	38	32	27	23	19	16	14	12	11	9
	L20	-20	27	90	75	60	50	40	35	30	25	21	18	15	13	12	10
	L40	-40	27	124	100	87	73	61	51	42	35	29	25	21	18	15	13
	S0	0	70	95	80	66	55	46	38	32	27	23	16	16	14	12	11
400	Y20	-20	40	96	80	66	55	45	37	31	26	22	18	15	13	11	10
450	Y40	-40	40	124	102	86	72	59	49	40	33	28	23	19	16	13	11
WR350	L0	0	27	62	50	42	35	30	25	21	18	15	13	11	10	9	8
AS 3597—2008 Q&T 钢																	
500 QT		-20	80	113	94	77	64	53	44	36	30	24	20	17	14	11	10
600 QT		-20	75	92	76	63	52	42	34	28	23	19	15	13	10	8	7
700 QT		-20	40	60	48	39	32	26	21	17	14	11	9	7	6	5	4
900 QT		-20	40	46	37	29	23	19	15	12	10	8	6	4	3	—	—
1000 QT		-20	40	41	33	26	21	16	13	10	8	6	5	3	—	—	—
AS/NZS 1163 冷成形矩形和圆形空心型材用钢(未成形)																	
C250	L0	0	27	78	66	55	46	39	33	28	24	21	18	16	14	13	12
C350	L0	0	27	62	50	42	35	30	25	21	18	15	13	11	10	9	8
C450	L0	0	27	50	41	33	28	23	19	16	13	11	10	8	7	6	5

表 2　最低工作温度下的最大允许壁厚，对于 $\sigma_{s,d}=0.50f_y(t)$　　（单位：mm）

钢号和从属牌号		夏比功		最低服役温度/℃													
				许用应力 $\sigma_{s,d}=0.50f_y(t)$													
		℃	J	10	0	-10	-20	-30	-40	-50	-60	-70	-80	-90	-100	-110	-120
AS/NZS 3678 和 AS/NZS 3679.1 结构钢																	
250	L0	0	27	114	98	84	73	63	54	48	42	37	33	30	27	25	23
	L15	-15	27	142	122	104	90	72	68	58	51	45	39	35	31	28	26
	L20	-20	27	152	130	112	97	84	73	63	54	48	42	37	33	30	27
	L40	-40	27	200	175	130	112	112	97	84	73	63	55	48	42	37	33
300	L0	0	27	107	92	78	67	58	50	43	38	33	30	27	24	22	20
	L15	-15	27	134	115	98	84	72	62	54	46	40	35	31	28	25	23
	L20	-20	27	144	124	106	91	78	67	58	50	43	38	33	30	27	24
	L40	-40	27	186	162	142	122	106	91	78	67	58	50	43	38	33	30
	S0	0	70	152	131	112	96	83	71	61	53	46	40	35	31	28	25

（续）

钢号和从属牌号		夏比功 ℃	夏比功 J	最低服役温度/℃ 许用应力 $\sigma_{s,d}=0.50f_y(t)$ 10	0	-10	-20	-30	-40	-50	-60	-70	-80	-90	-100	-110	-120
AS/NZS 3678 和 AS/NZS 3679.1 结构钢																	
350	L0	0	27	100	84	72	61	52	45	39	34	30	26	24	21	19	18
350	L15	-15	27	124	106	90	77	66	56	48	42	36	32	25	25	22	20
350	L20	-20	27	134	115	98	84	72	61	53	46	39	34	30	26	24	21
350	L40	-40	27	178	152	132	114	98	84	72	61	52	45	39	34	30	26
350	S0	0	70	142	122	104	89	76	65	56	48	41	36	31	28	25	22
400	Y20	-20	40	146	124	106	90	77	65	56	47	40	35	30	27	23	21
450	Y40	-40	40	182	156	134	114	98	83	70	59	50	43	36	31	27	24
WR350	L0	0	27	100	84	72	61	52	45	39	34	30	26	24	21	19	18
AS 3597—2008 Q&T 钢																	
500 QT		-20	80	170	145	124	105	89	75	63	53	45	38	32	28	24	20
600 QT		-20	75	143	122	102	86	72	61	51	42	35	30	25	22	19	16
700 QT		-20	40	98	82	68	56	47	39	32	27	23	19	16	14	12	10
900 QT		-20	40	78	64	53	43	36	29	24	20	17	14	11	9	8	7
1000 QT		-20	40	74	58	47	39	32	26	21	17	14	12	10	8	7	6
AS/NZS 1163 冷成形矩形和圆形空心型材用钢（未成形）																	
C250	L0	0	27	114	98	84	73	63	54	48	42	37	33	30	27	25	23
C350	L0	0	27	100	84	72	61	52	45	39	34	30	26	24	21	19	18
C450	L0	0	27	85	71	59	50	43	36	31	27	24	21	18	16	15	14

表 3　冷成形空心型材在最低工作温度下的最大允许壁厚　（单位：mm）

	钢号和从属牌号		夏比功 ℃	夏比功 J	最低服役温度/℃ 10	0	-10	-20	-30	-40	-50	-60
$\sigma_{s,d}=0.75f_y(t)$	AS/NZS 1163 冷成形矩形空心型材，角部焊接，无热处理											
	C250	L0	0	27	36	30	26	22	19	17	16	15
	C350	L0	0	27	27	23	21	19	16	14	12	10
	C450	L0	0	27	21	19	17	14	12	10	9	7.5
	AS/NZS 1163 冷成形圆形空心型材，无热处理，$d/t \geqslant 5$											
	C250	L0	0	27	55	46	39	33	28	24	21	18
	C350	L0	0	27	42	35	30	25	21	18	15	13
	C450	L0	0	27	33	28	23	19	16	13	11	10
$\sigma_{s,d}=0.50f_y(t)$	AS/NZS 1163 冷成形矩形空心型材，角部焊接，无热处理											
	C250	L0	0	27	58	51	45	39	35	31	28	24
	C350	L0	0	27	48	42	36	32	28	25	22	19
	C450	L0	0	27	39	33	29	25	22	19	17	16
	AS/NZS 1163 冷成形圆形空心型材，无热处理，$d/t \geqslant 5$											
	C250	L0	0	27	84	73	63	54	48	42	37	33
	C350	L0	0	27	72	61	52	45	39	34	30	26
	C450	L0	0	27	59	50	43	36	31	27	24	21

注：1. 在拐角处或附近有焊缝的矩形空心型材的钢材必须能抵抗应变老化。

2. 表中已经考虑了在 $T \leqslant 16$mm 时，$\Delta T=35$℃ 的温度变化，否则 $\Delta T=45$℃。

3. 对于圆形空心截面，表中已经考虑了 $\Delta T=20$℃ 的温度变化。

表 4　弯曲半径引起的最低允许温度升高

壁厚 t 上的弯曲半径 r/mm	最大塑性应变 ε(%)	最低允许工作温度	
		弯曲后应力释放	无热处理
≥25	≥2	0℃	0℃
10≤r/t<25	≥5	8℃	15℃
5.0≤r/t<10	≥9	14℃	27℃
3.0≤r/t<5.0	≥14	21℃	42℃
2.0≤r/t<3.0	≥20	30℃	60℃
1.5≤r/t<2.0	≥25	38℃	75℃
1.0≤r/t<1.5	≥33	50℃	100℃

其中，$f_y(t)$ 为与厚度相关的名义屈服应力，$\sigma_{s,d}$ 为工作应力。

图 15 给出了最低允许使用温度与允许钢材厚度的关系，该图包括 NZS 3404 对 5（350 L15）型钢的韧性要求，根据 AS/NZS 3679.1 对 350 L15 钢的建议，给出了对于载荷为屈服强度的 75%和 50%时允许的钢材厚度要求，以及抗震设计中应考虑屈服强度乘以系数 1.33 后允许钢材厚度的要求。

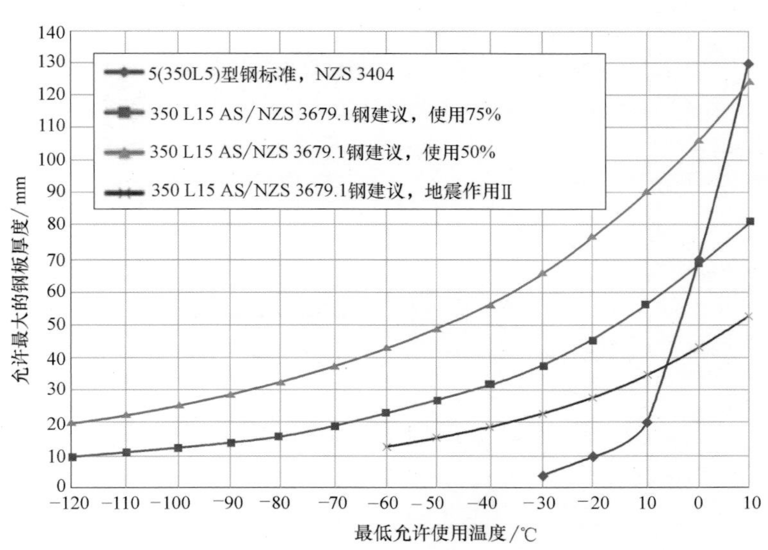

图 15　与现行 NZS 3404.1 标准比较，AS/NZS 3679.1 对 350L15 钢种作为钢板厚度函数的最低允许使用温度要求

未来可能会考虑以下几点：

应根据合理的检测率重新考虑假定的初始裂纹尺寸，因为在具有足够检测率的情况下，也不能检测到服役中的不足 2mm 深度的裂纹。

一般假定的 100MPa 残余应力可讨论，因为在装配较大部件、现场结构安装或桥台位移时，可能会引入新的应力。

确定最低使用温度下的屈服应力作为特征值，即超过 95%的概率或标准中的规定值。在实际应用中，屈服应力较高，使最低使用温度升高。5%概率下的屈服强度可能更合适。

对于特定的海洋结构，应考虑低应力集中结构细节所带来的“红利”。

在高负载应力下较短的检查间隔导致循环次数较少，这里要考虑裂纹扩展的加速问题。

对于地震荷载的评估，应建立涉及细节和预期塑性变形之间的关系。

上述这些建议对我国钢材脆性断裂标准完

善也具有重要的参考意义和价值。

3 疲劳与断裂

日本大阪大学 M. Ohata 等人[5] 进行了考虑材料塑性约束的延性破坏评估方面的研究，裂纹尖端拘束效应对裂纹扩展阻力曲线和断裂韧度的影响如图 16 所示。Ohata 提出的微空洞控制延性损伤模型如图 17 所示，采用该模型可以预测材料加工硬化指数 n 和应力三轴性相关延性（STDD）对含裂纹构件延性裂纹扩展阻力曲线的影响，如图 18 和图 19 所示。Ohata 只利用含缺陷拉伸试样实现了不同拘束下含裂纹构件性能的测试，结果如图 20 所示。这些研究结果具有很好的创新性和启发性。

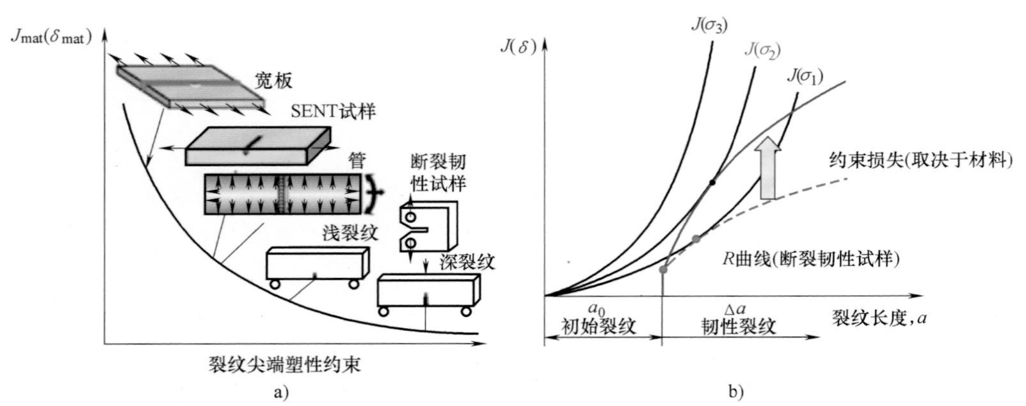

图 16　拘束效应对延性破坏极限的影响

a）裂纹尖端塑性约束对断裂韧度的影响　b）考虑塑性约束损失的延性破坏极限

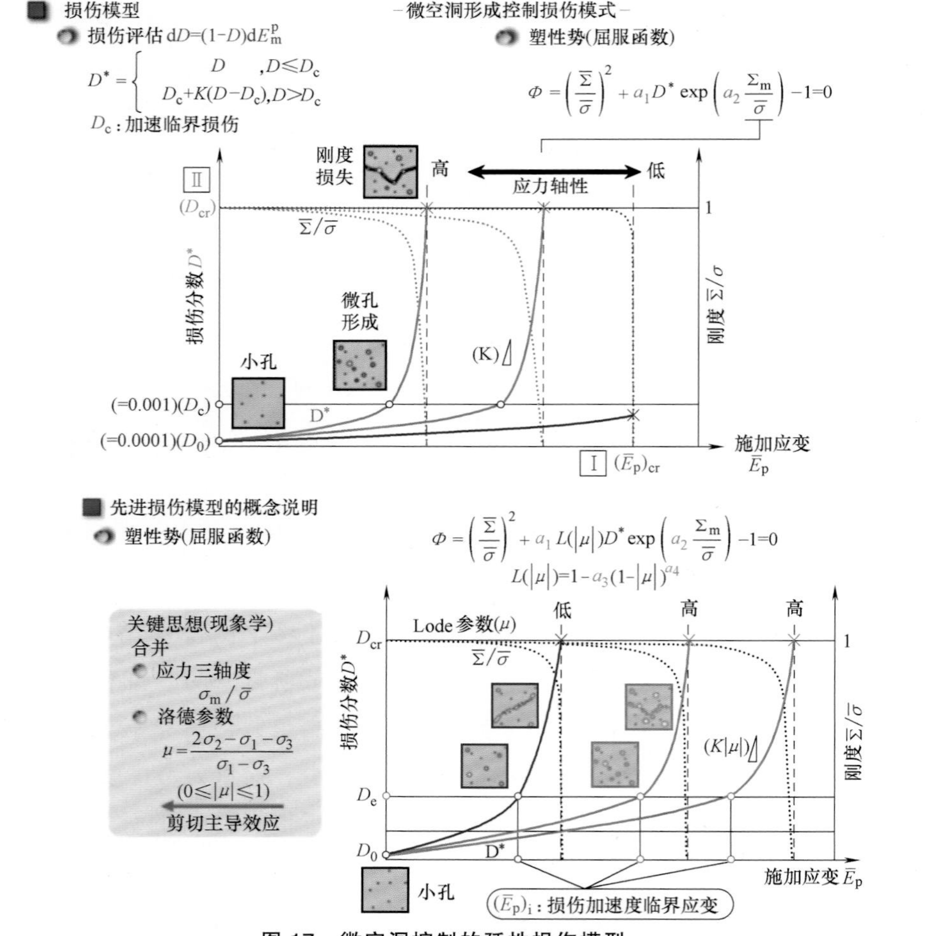

图 17　微空洞控制的延性损伤模型

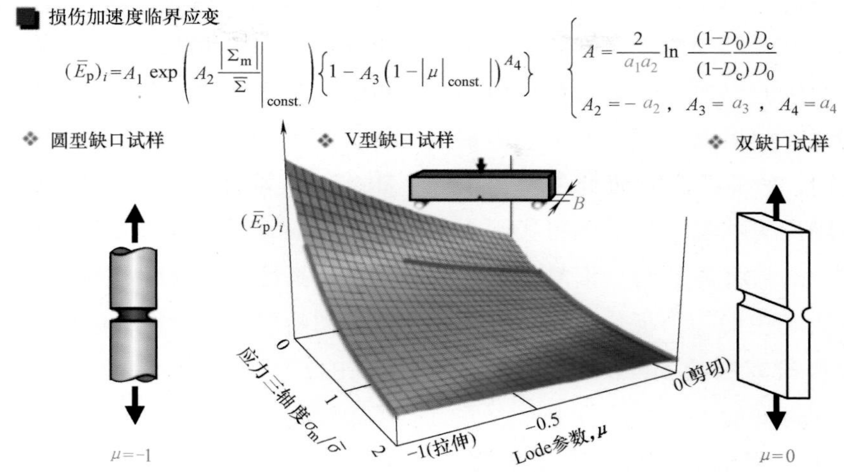

图 18　应力状态对延性影响的测量

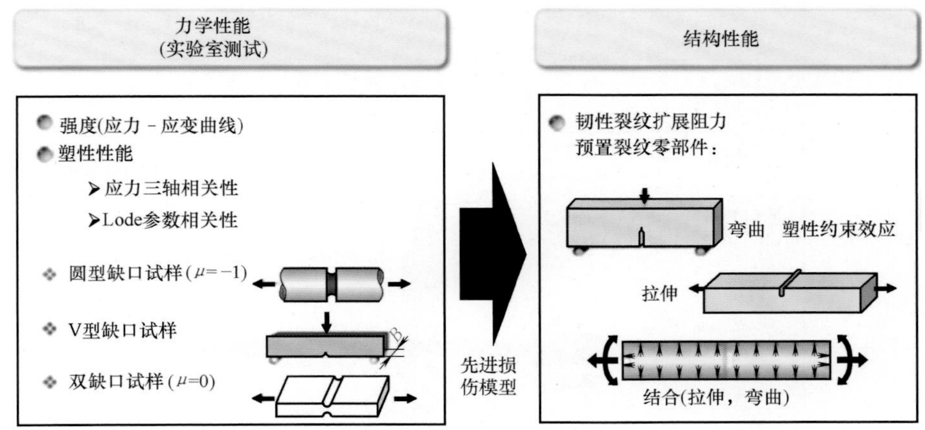

图 19　将力学性能和结构性能关联起来的模拟

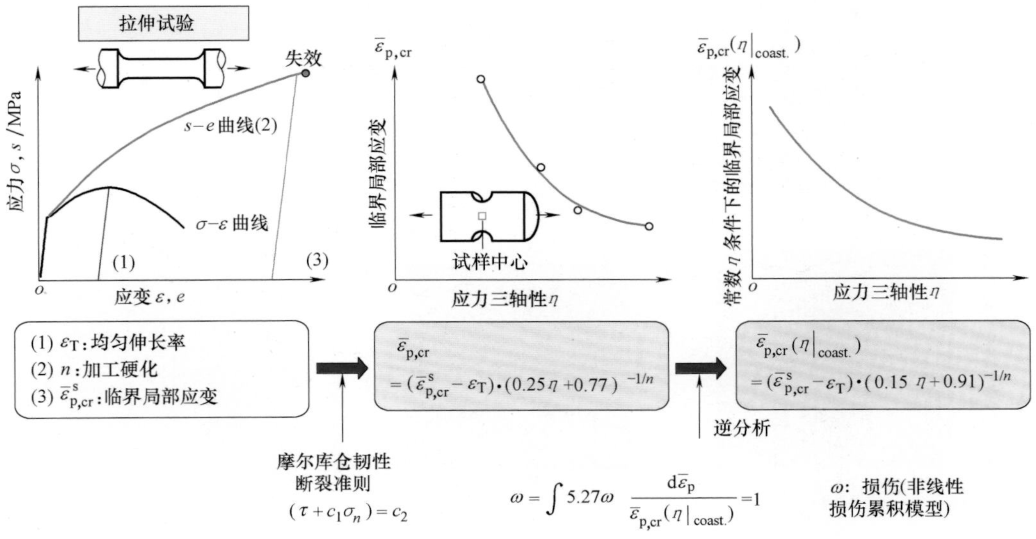

图 20　根据材料圆棒拉伸试验结果预测 STDD

焊接残余应力对汽车、船舶等焊接结构的疲劳寿命影响很大。在实际结构中，静载荷产生的应力、重复载荷产生的应力和焊接残余应力的方向通常是不同的，往往形成了高度复杂的多轴应力状态。另一方面，疲劳行为的研究主要集中在无残余应力的单轴应力状态。为了预测实际焊接结构的疲劳行为，必须将静载荷、重复载荷和焊接产生的三维应力场中的一个标量值进行合理关联。日本大阪焊接研究所的 Murakawa[6] 提出了一种表征裂纹尖端奇异应力场的特征张量，并用其与应变能密度形式相似的主值或不变量等，以一致的方式计算裂纹扩展控制参量 ΔK，如图 21 所示。图 22 显示了均匀加载在边界上的方形板中裂纹的扩展，分析了三种不同载荷组合：单轴拉伸、轴向和剪切载荷同时存在的两种数值组合。图 22 中的虚线表示与施加应力主方向垂直，发现裂纹扩展方向和虚线所示方向一致。Murakawa 教授还分析了搭接焊缝中的疲劳裂纹扩展，有限元模型如图 23 所示。两片厚度为 2mm 的钢板搭接，在钢板中间的焊趾处形成 0.2mm 深度的初始裂纹，分析了纯疲劳载荷（平均应力为 63MPa）及疲劳载荷叠加残余应力两种工况。为了跟踪裂纹从小尺寸到大尺寸的扩展过程，分别使用了粗细两种网格，裂纹扩展行为如图 24 和图 25 所示。发现当存在焊接残余应力时，裂纹扩展速度加快了 4 倍。

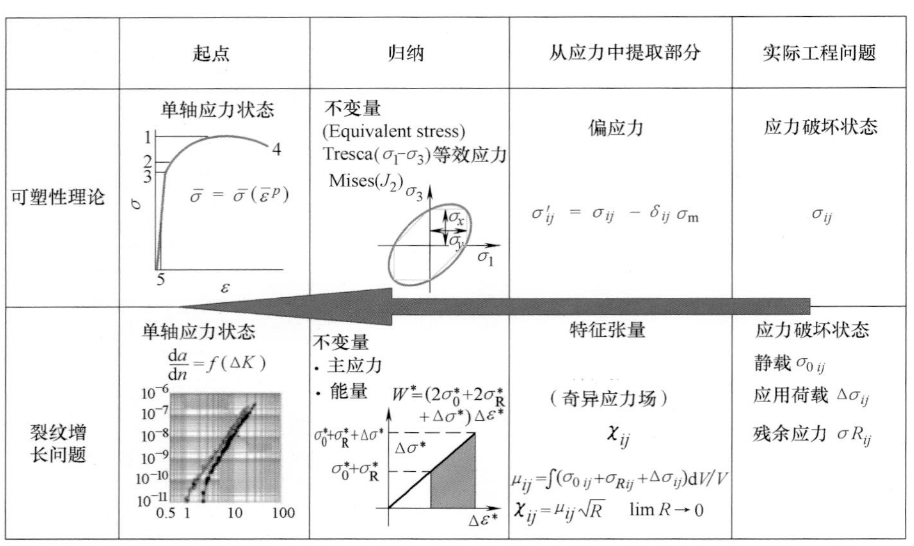

图 21 塑性理论与疲劳裂纹扩展问题的类比

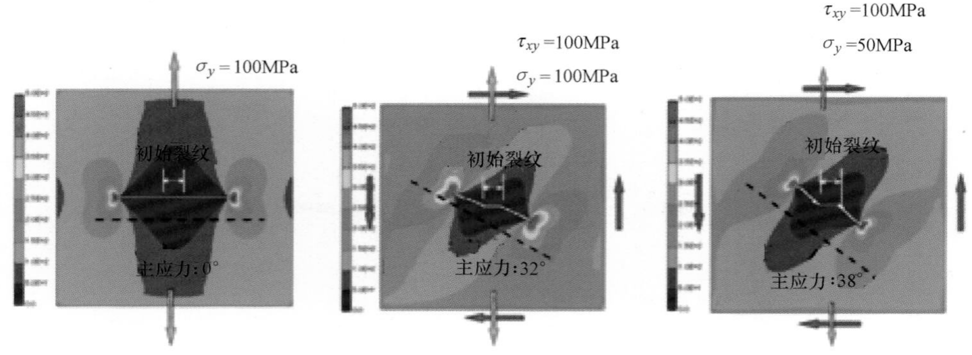

图 22 单轴和多轴应力状态下方形板的疲劳裂纹扩展

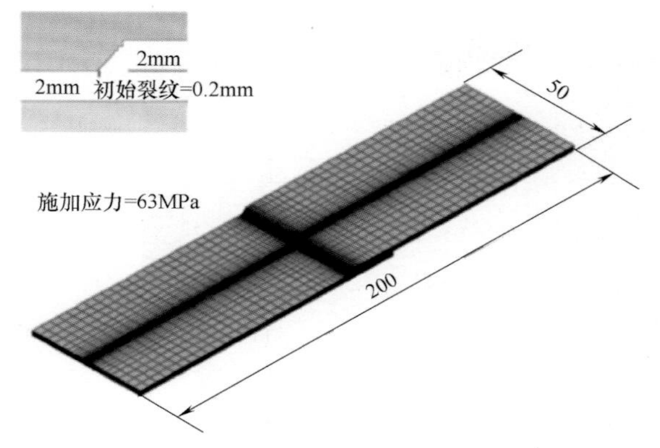

图 23　搭接焊缝模型

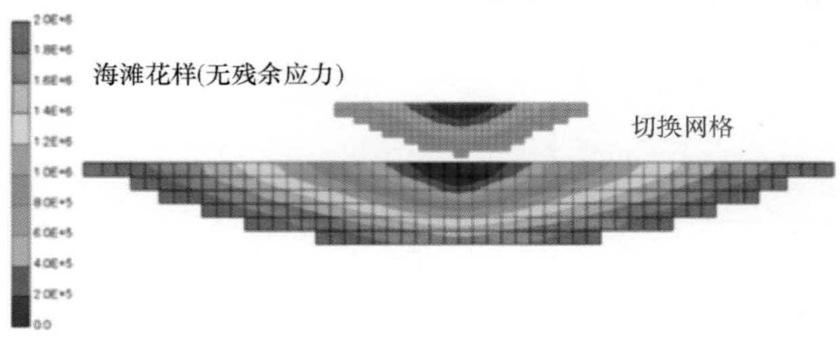

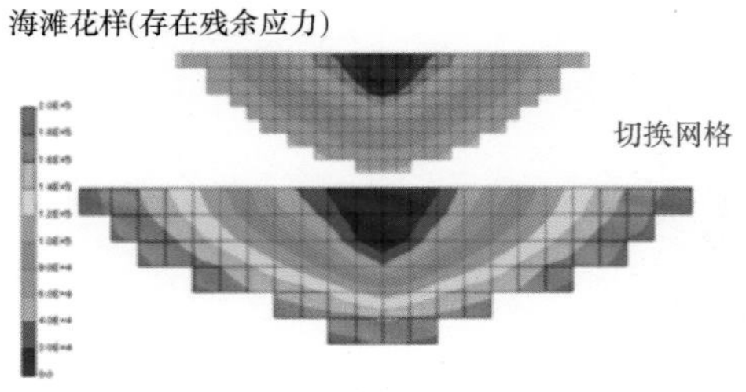

图 24　裂纹扩展海滩花样

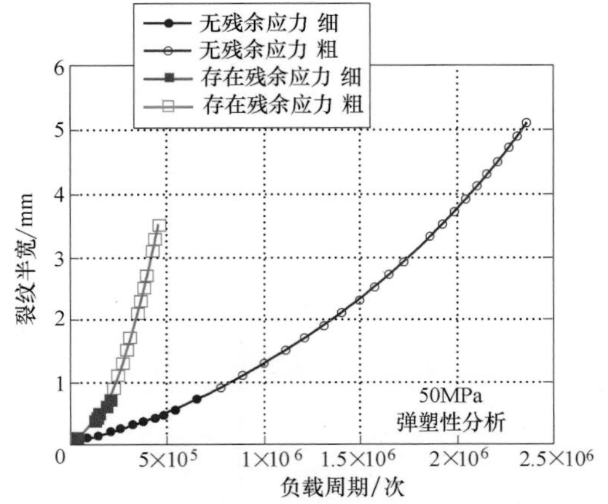

图 25　焊接残余应力对疲劳裂纹扩展的影响

日本国家海洋研究所 Takumi Ozawa[7] 等人介绍了局部压缩（LC）对裂纹扩展前沿平直度和断裂韧度的影响。ISO 12135 要求裂纹前沿平直度符合以下要求：中心七点中任意一点与九点平均值之差不得超过初始裂纹长度的 10%，如图 26 所示。但是，由于焊接残余应力的存在使得焊接接头试件裂纹平直度不能满足要求。标准 ISO 15653 中对局部压缩（LC）做出了如下说明，如图 27 所示：局部压缩应变定义为 LC 后的总厚度减薄率；1%用作局部压缩应变上限，但 1%局部压缩应变被普遍应用；部分报告表明 1%的局部压缩会过度低估材料 CTOD。20 世纪 80 年代，日本焊接学会（The Japan Welding Engineering Society，JWES）已经开始考虑焊缝中的预裂纹问题，也认为应用局部压缩时，临界 CTOD 被低估。1997 年，BS 7448 Part2 发布，其中描述了局部压缩概念。1999 年，Hara 等人研究结果表明，LC 使焊缝裂纹前缘形状平直，但降低了焊缝的韧性。来自日本国家海洋研究所的 Ozawa 等人采用有限元方法结合破坏性试验，采用典型局部压缩（LC）对裂纹前沿平直度和断裂韧度的影响进行了研究。从数值分析结果发现，LC 可以使焊接残余应力更均匀，以及使裂纹前缘形状平直，但由于中厚处缺口尖端的等效塑性应变 PEEQ 较高，也会影响断裂韧度。从 EH40 钢破坏性试验结果来看，无论 LC 应变为 0.3%还是 1%，采用典型 LC 的试件均能满足裂纹前缘形状平直度的要求，但 0.3%LC 应变下的裂纹前缘形状平直度远低于 1%的 LC 试样（图 28）。0.3%可能略不足以使裂纹前缘形状平直。从断裂韧度测试结果来看，当 LC 应变为 1%时，断裂韧度下降到 30%左右；当 LC 应变为 0.4%时，断裂韧度下降至 50%左右，差异显著（图 29）。因此，要保持适当的裂纹平直度，还要有足够的断裂韧度，仅通过调整 LC 应变量很难解决这一问题（图 30）。未来将从压缩位置、两点压缩等角度研究推荐的 LC 条件。

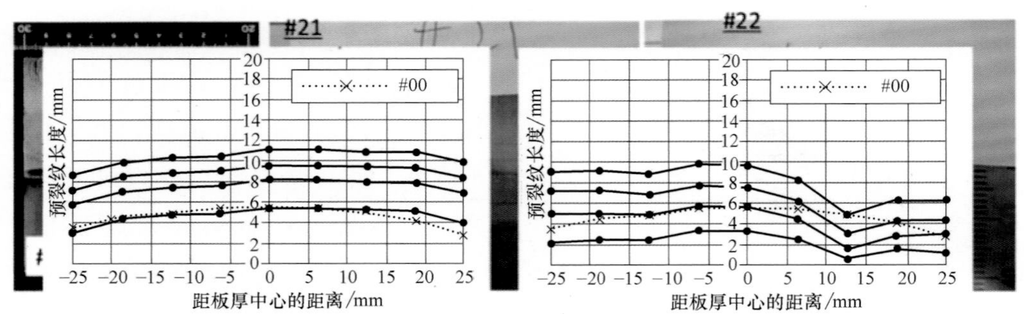

图 26　预裂纹长度随距板厚中心距离变化曲线

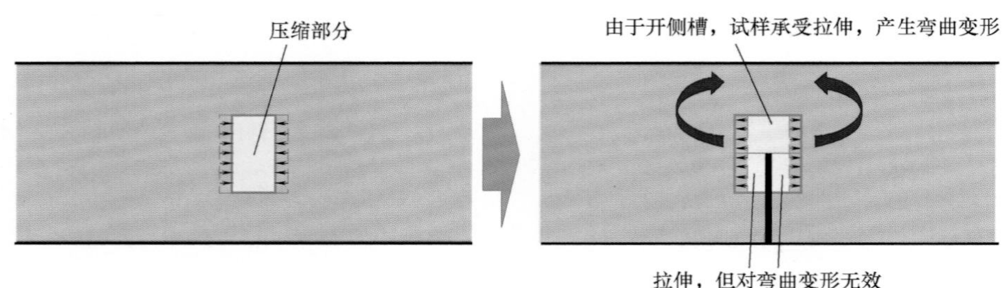

图 27　局部压缩（LC）法

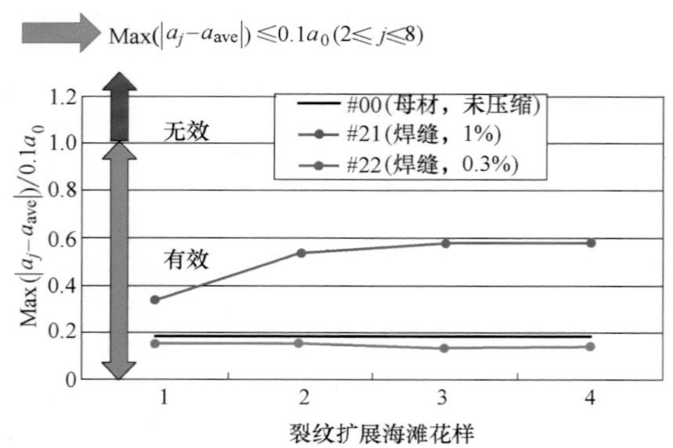

图 28　破坏性试验结果

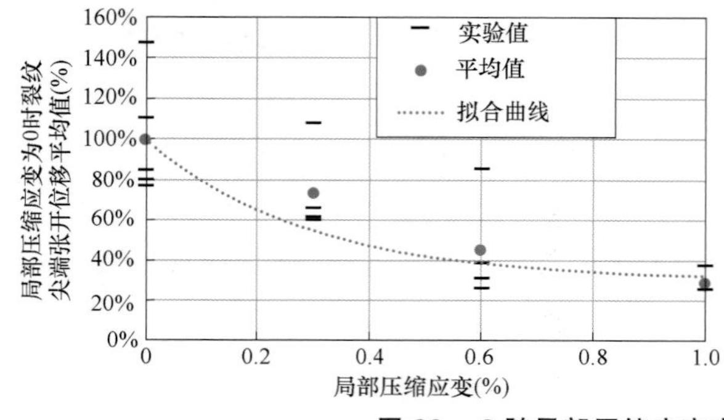

局部压缩应变	p值
0.3%	0.0959(>0.05)
0.6%	0.0128(<0.05)
1.0%	0.0012(<0.05)

图 29　δ_c随局部压缩应变变化曲线

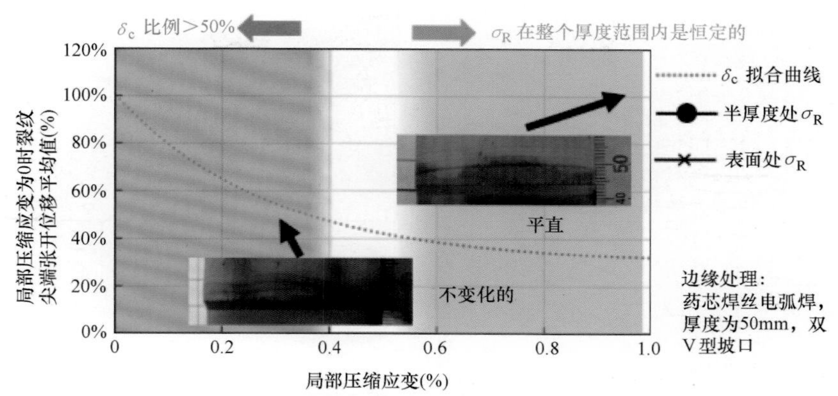

图 30　裂纹前沿平直度对断裂韧度试验结果影响

焊接残余应力对疲劳裂纹扩展有很大影响，对 CTOD 裂纹扩展也有影响。日本大阪焊接研究所的 Hidekazu Murakawa[8] 基于焊接接头特征张量方法围绕残余应力对裂纹扩展的影响进行了数值研究，在 CTOD 试样预制疲劳裂纹过程通常会观察到残余应力对裂纹扩展的影响。本报告旨在通过数值方法分析背弯的有效性及阐明其对焊接残余应力 CTOD 测试的影响。该报告引用了 2019 年 Kayamori 等人研究背弯载荷对焊接件 CTOD 试样预制疲劳裂纹的影响结果，该研究采用的有限元模型如图 31 所示，焊缝总共 34 层。

残余应力沿厚度方向的分布如图 32 所示。红色曲线为背弯前原始横向应力分布结果，空心圈为背弯 0.4mm 时的应力分布，实心点为背弯 0.8mm 时的应力分布。无背弯情况下疲劳裂纹扩展有限元分析计算得到的残余应力对循环载荷-裂纹长度曲线的影响如图 33 所示。当背弯达到 0.8mm 时，疲劳裂纹扩展时在表面和中间位置处的扩展速率非常接近；没有残余应力时裂纹扩展的前沿比较平直（图 34）。研究还发现背弯可改善裂纹尖端残余应力分布，经过背弯裂纹尖端残余应力分布趋于均匀。

如图 35 所示，作者研究了相对韧性材料和脆性材料有无残余应力条件下载荷-位移曲线形状和裂纹扩展行为，发现相比延性材料，脆性材料中的残余应力对载荷-位移曲线以及裂纹尖端的形状影响更大。文章最后认为：①虽然试验和计算的细节并不完全相同，但残余应力对疲劳裂纹扩展的影响通过有限元分析得到了证实；②背弯对提高 CTOD 试样预制疲劳裂纹尖端

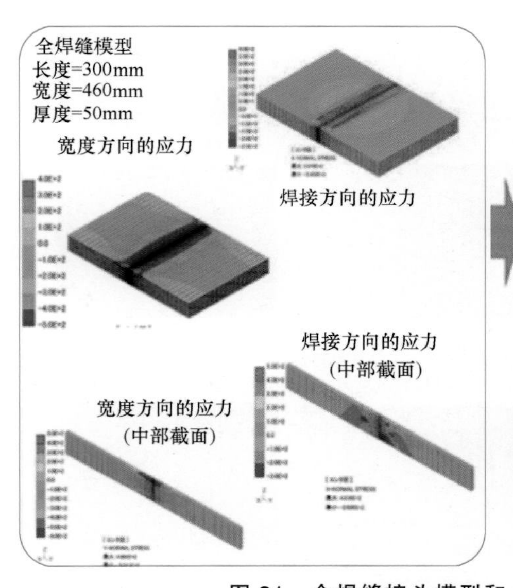

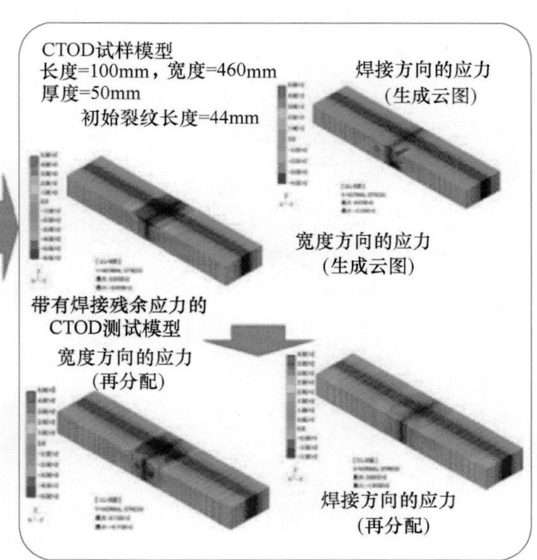

图 31　全焊缝接头模型和 CTOD 试样模型 FE 分析结果

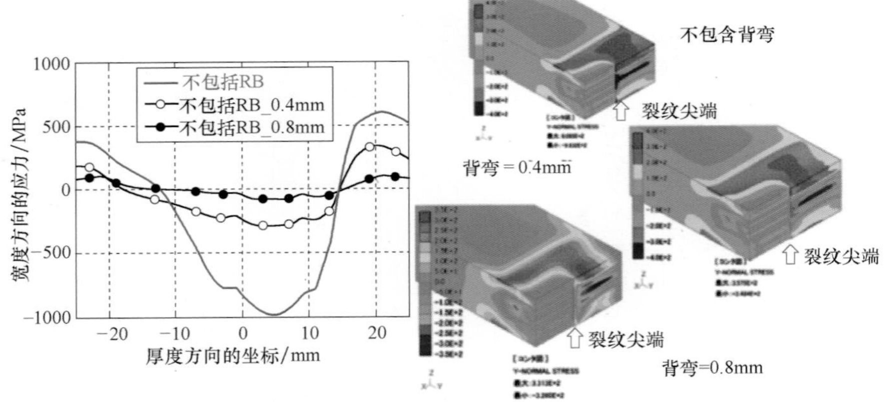

图 32　背弯对改善裂纹尖端残余应力的影响模拟结果

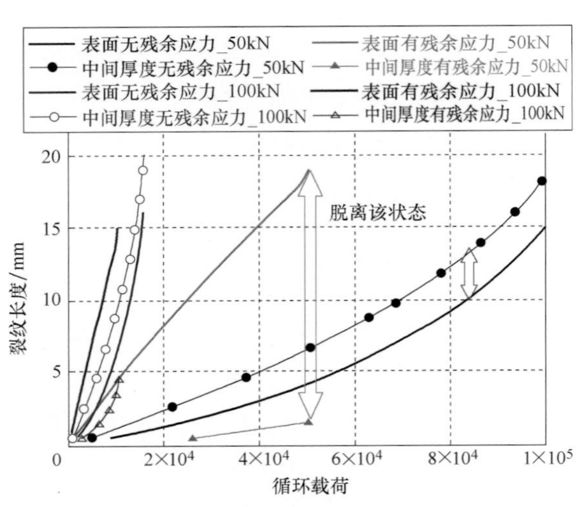

图 33　不同背弯情况下循环载荷-裂纹长度曲线

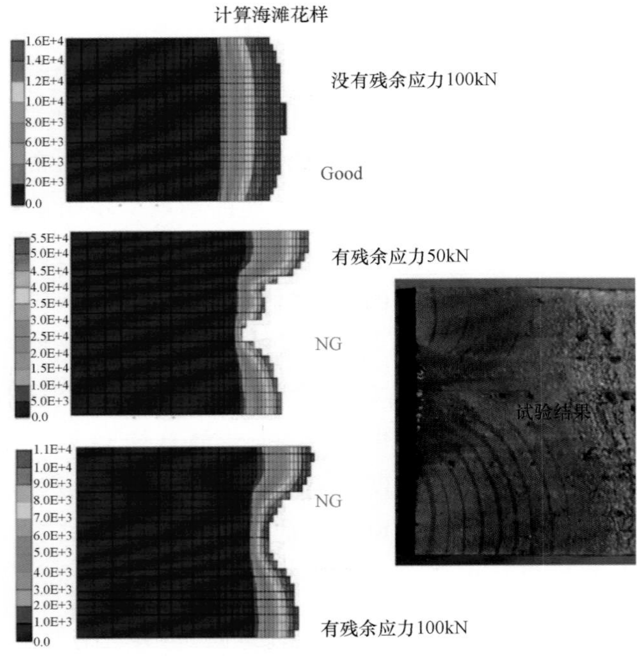

图 34　残余应力对裂纹扩展前沿的影响

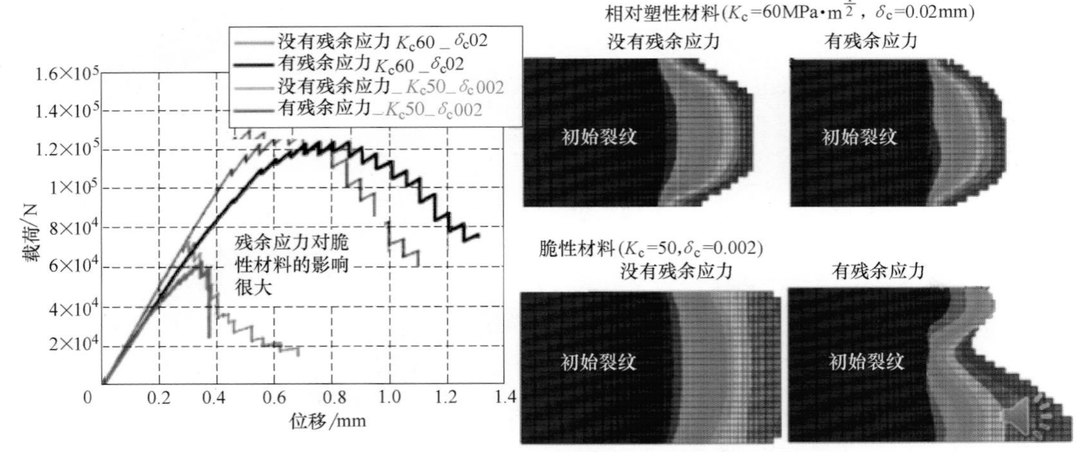

图 35　CTOD 试样残余应力对载荷-位移曲线和扩展裂纹形状的影响

平直度的有效性也通过有限元方法得到了证实；③当材料是脆性时，有限元断裂分析的结果表明，荷载位移曲线和裂纹尖端形状都要受到残余应力的影响。

Takumi Ozawa 和 Hidekazu Murakawa 两人的工作对厚壁结构 CTOD 测试方法的发展具有一定的启示意义，残余应力会影响裂纹扩展，尤其是对脆性材料断裂韧度测试影响更大。同时，虽然可以通过 LC 方法降低残余应力，但需要控制 LC 的应变量和加载方式。对含残余应力的构件施加一定的背弯量可以控制残余应力的影响，但在实际测试过程中如何精准控制，还需深入研究，形成规范化操作。

巴黎文理研究大学的 Chanh[9] 等人研究了 DP980 马氏体不锈钢电阻点焊接头三维裂纹扩展性能，针对十字拉伸点焊接头试样，通过结合 3D 光学显微镜和 X 射线断层扫描技术，针对经过不同拉伸载荷中断试验和高温氧化，然后拉断构件，对裂纹扩展行为进行量化分析（图 36），揭示了焊核区域大小对十字拉伸试样强度的定性贡献。本文采用三维观察方法，对裂纹扩展行为表征具有较好的启发作用。

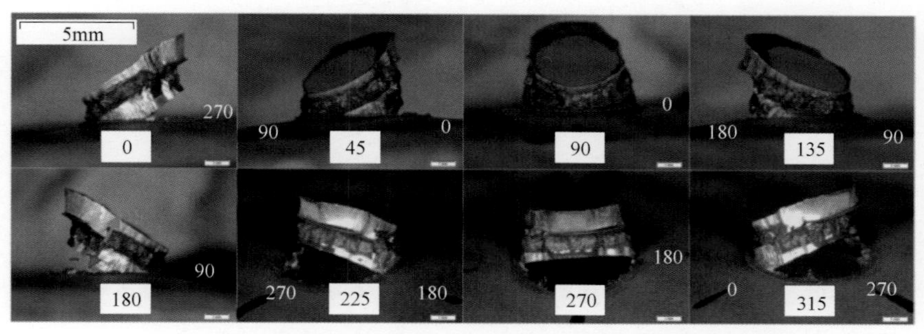

图 36　90%最大力中断拉伸试验后的裂纹扩展量化观察

天津大学徐连勇[10] 等人针对目前高温结构蠕变裂纹孕育期研究中存在的不足及相关预测模型的不完善，系统研究了高温结构中拘束效应对于蠕变裂纹孕育期的影响，基于延性耗散模型建立了基于 C^*-Q^* 双参量的蠕变裂纹孕育期预测模型。

对于蠕变过程而言，在裂纹前沿区域经过一段时间会形成一个蠕变区域。随着时间的增加，该蠕变区域会增大，最终囊括了整个试样或构件。考虑蠕变过程中应力重新分布的全过程，如图 37 所示，裂纹尖端前沿的某个研究点的应力状态最初应该是弹性或弹塑性状态［即在 K 控制或裂纹尖端塑性应力场（HRR 应力场）下］，然后经过初态向瞬态蠕变的转换时间进入到瞬态蠕变的应力状态。瞬态蠕变裂纹前沿都应受裂纹尖端小范围蠕变应力场（RR 应力

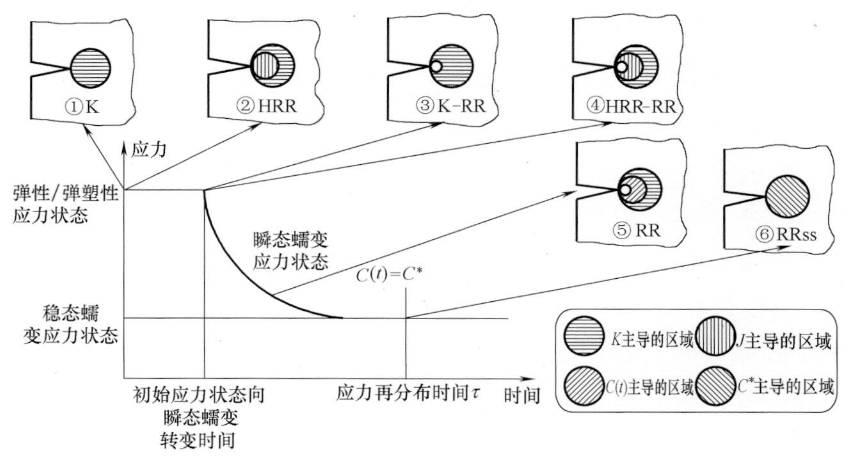

图 37　蠕变裂纹尖端孕育期应力场演化

场）控制，最后在再分布时间 τ 之后，应力状态将进入稳定蠕变状态，受裂纹尖端稳态蠕变应力场（RRss 应力场）控制。论文还给出了不同应力场控制下蠕变裂纹孕育期计算流程图。

图 38 所示为考虑拘束效应的改进型 C^*-Q^* 预测模型与试验结果对比。可以发现，改进型 C^*-Q^* 预测模型中的 K-RR 和 HRR-RR 模型的预测精度得到了明显提高。当初始应力强度因子 $K<3\text{MPa}\cdot\text{m}^{1/2}$ 时，初始状态处在弹性状态（K 控制应力场），此时的蠕变裂纹孕育期预测模型 K-RR 更加准确；而当 $K>3\text{MPa}\cdot\text{m}^{1/2}$ 时，研究点初始状态处在弹塑性状态（HRR 控制应力场），此时的蠕变裂纹孕育期预测模型 HRR-RR 更加准确。

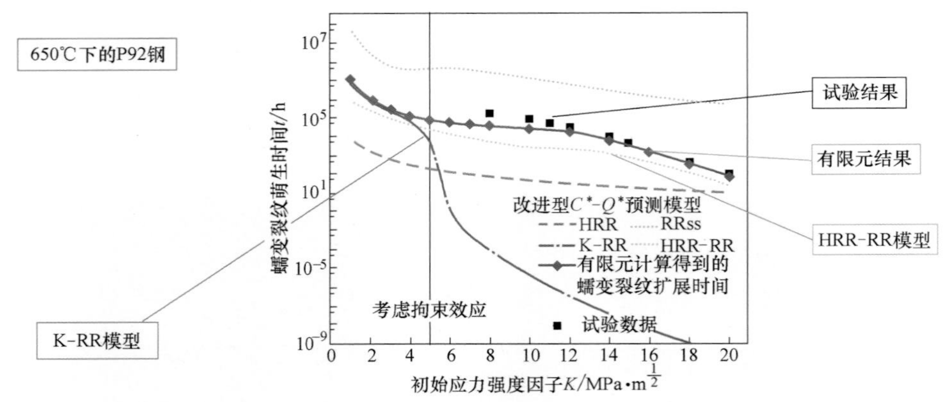

图 38　蠕变裂纹萌生时间的改进预测模型、有限元计算与试验结果对比

本研究基于延性耗散模型，考虑了拘束效应影响，进一步提出了 C^*-Q^* 双参量法蠕变孕育期预测模型，建立了不同应力状态下考虑拘束参量 Q^* 的蠕变裂纹萌生时间预测模型，推导了两种瞬态蠕变状态下预测模型（HRR-RR 和 K-RR 模型）的临界应力强度因子。通过与不同含裂纹结构的有限元结果对比，验证了预测模型（特别是 HRR-RR 和 K-RR 模型）的准确性和适用性。

目前，越来越多的超临界机组已经在国际范围内投入使用，这些结构件通常在恶劣环境下运行，并且承受多种环境下的载荷：①高温恒定载荷下的蠕变变形；②设备开启/关闭、温度波动及负载波动过程带来的疲劳载荷；③氧化及腐蚀作用下的材料脆化行为。这些载荷对高温结构件的寿命和运行稳定性有极大的影响。这些复合载荷中，蠕变-疲劳相互作用是研究人员关注的重点。一般认为，蠕变损伤会促进裂纹的萌生及扩展，疲劳载荷会促进试样内部产生蠕变孔洞[11]。

针对现有蠕变-疲劳寿命预测模型的不足，天津大学赵雷[12]等人通过引入净拉伸滞后能和蠕变门槛应力相关的断裂应变能，对现有应变能密度耗散模型（Strain Energy Desity Exhaustion Model，SEDE 模型）进行了修正，以准确表征蠕变-疲劳过程中各部分的损伤演化，如图 39 所示。同时，针对该模型中断裂应变能需要多次拟合的问题，利用归一化屈服强度建立了一种与温度相关的断裂应变能计算方程。与传统模型进行蠕变疲劳寿命预测结果的对比，修正模型的预测精度在±1.5 倍误差带范围内，预测精度大大提高，如图 40 所示。本模型为解决传统 SEDE 模型中断裂应变能需要多次拟合的问题提供了新思路。同时，由于长时保载条件下的蠕变-疲劳试验与实际工况条件类似，本模型为准确预测实际服役的高温结构件寿命提供了一种可选择的方法。

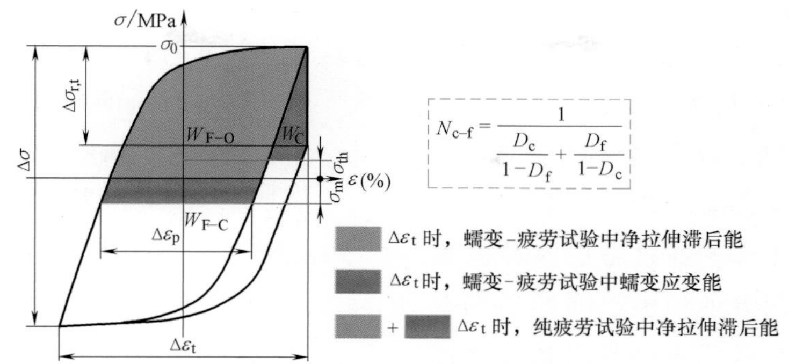

图 39　拉伸保载蠕变-疲劳试验应变能模型示意图

W_{F-O}—净拉伸滞后能　W_C—蠕变应变能　W_{F-C}—考虑平均应力的滞后能

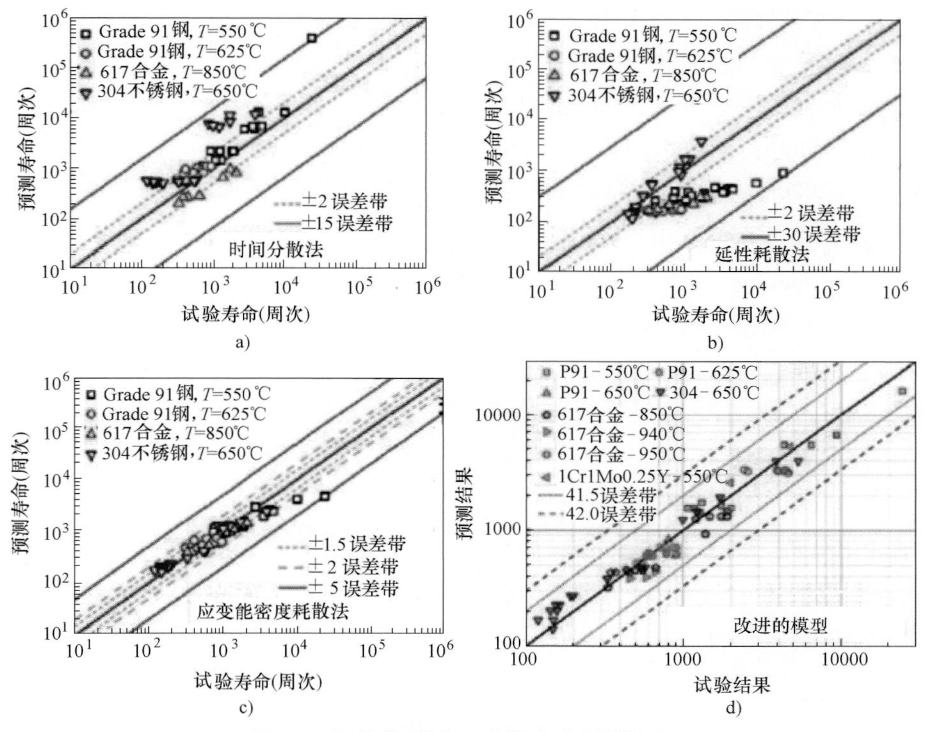

图 40　不同模型蠕变-疲劳寿命预测结果

4　结束语

本次年会报告主要围绕着焊接接头性能、断裂预防标准、焊接接头残余应力、焊接接头断裂和疲劳展开了讨论，主要亮点工作包括：

1）中国学者采用 SLM 方法制备了石墨烯增强的 316L 不锈钢，石墨烯可以在不影响韧性情况下增强基体的强度。低的强度和硬度限制了 316L 不锈钢在高强度环境中的使用，通过增强相形成金属基复合材料可以有效结合基体和增强相的性能，然而传统颗粒状增强相在提升强度时不可避免地降低了材料的塑韧性。而研究显示，以石墨烯为代表的碳基纳米级增强材料可以实现强度和韧性的平衡。

2）澳大利亚学者介绍了澳大利亚对防止钢脆性断裂标准的制定情况，对我国类似标准的修订具有重要的参考意义。

3）日本学者近年来通过发展新的韧性损伤模型和归一化张量等理论，揭示了背弯、残余应力对韧性断裂及裂纹扩展行为的影响，对我国发展断裂韧度测试规范及阐明残余应力在断裂以及裂纹扩展中的作用具有重要意义。

4）法国学者提出了一种基于 3D 光镜和 X 射线断层扫描分析方法，阐明了马氏体耐热钢电阻点焊接头裂纹扩展的机理。

5）中国学者围绕蠕变以及蠕变-疲劳交互无损伤工况下寿命预测及含裂纹构件的裂纹萌生时间进行了大量研究工作，通过考虑多种因素的交互作用，改进了现有的模型，降低了现有标准预测的保守度，提高了寿命预测和安全评价的精度。

参考文献

[1] JOUSSET N，Anne-Françoise Gourgues-Lorenzon Marine Gaume，FlorentBridier. Linking thermal history and microstructure of reheated zones In multipass high strength steel weld metal [Z]/Ⅹ-1977-2020.

[2] HAN Y D，ZHANG Y K，JING H Y，et al. Selective laser melting of low-content graphene nanoplatelets reinforced 316L austenitic stainless steel matrix：strength enhancement without affecting ductility [Z]//Ⅹ-1981-2020.

[3] HADLEY I. Latest Developments in BS 7910：2019 [Z]//Ⅹ-1969-2020.

[4] ADOLF F H. Provisions for avoiding brittle fracture in steels used in Australasia [Z]//Ⅹ-1965r2-2020；XIII-2846r2-2020；XV-1607r2-2020.

[5] Ohata M，Shoji H，Minami F. Plastic constraint based assessment of ductile failure in consideration of material properties [Z]//Ⅹ-1968-2020.

[6] MURAKAWA H. Numerical study on brittleness and ductility of steels-influences of strength, resistances against brittle and ductile fracture of materials and size of structures [Z]//Ⅹ-1967-2020.

[7] OZAWA T，KOSUGE H，MIKAMI Y，Tomoya kawabata. typical LC effect on crack front straightness and fracture toughness [Z]//Ⅹ-1978-2020.

[8] MURAKAWA H. Crack growth analysis for welded structures using characteristic tensor-numerical study on influence of residual stress upon crack growth [Z]//Ⅹ-1966-2020.

[9] CHANH C，GOURMENT A，PETIT B，et al. Experimental determination of 3D crack propagation scenario in resistance spot welds of martensitic stainless steel [Z]//Ⅹ-1976-2020.

[10] XU L Y，et al. Enhanced C^*-Q^* Two-parameter approaches for predicting creep crack initiation times [Z]//Ⅹ-1979-2020.

[11] MINMI F. Structural performance of welded joints-fracture avoidance [Z]//Ⅹ-1975-2020.

[12] ZHAO L，et al. A modified non-linear energy density exhaustion method for creep-fatigue life prediction [Z]//Ⅹ-1980-2020.

作者简介：徐连勇，男，1975 年出生，博士，天津大学教授，博士生导师，国家杰出青年科学基金获得者。主要从事长寿命高可靠性焊接结构方面的科研和教学工作。发表论文 150 余篇。Email：xulianyong@ tju. edu. cn。

审稿专家：陈怀宁，男，1962 年出生，博士，中国科学院金属研究所研究员。从事焊接接头应力和性能分析、材料可靠性连接技术方面的研究与开发。发表论文 120 余篇，授权发明和实用专利 20 余项，主编或参编国家标准 5 项，参编专著 5 部。Email：hnchen@ imr. ac. cn。

弧焊工艺与生产系统（IIW C-Ⅻ）研究进展

华学明　沈忱　黄晔

（上海交通大学材料科学与工程学院焊接与激光制造研究所，上海　200240）

摘　要：本届国际焊接学会（IIW）C-Ⅻ专委会（Arc Welding Processes and Production Systems）以网络视频直播形式举办，主要关注新型弧焊方法及弧焊焊接参数对熔池及焊接质量的检测评估与过程模拟，以及熔丝电弧增材制造的新应用与过程模拟。本届年会C-Ⅻ专委会的报告中，关于焊接过程监测提出了一些较新的思路；弧焊新方法向更极端焊缝尺寸与更高效率方向发展；熔丝电弧增材制造在应用材料范围与熔池模型建立上实现新的突破；焊接过程数值模拟及电流波形调控与焊缝性能及物相生成建立了一定联系。本文从新型弧焊控制工艺与熔丝电弧增材制造两个方面，对本次C-Ⅻ专委会涉及领域的研究进展进行了总结，旨在通过对国际前沿焊接技术研究的评述，为我国焊接技术的发展提供参考。

关键词：焊接过程在线检测与实时控制；熔丝电弧增材制造；电弧焊技术；焊接数值模拟

0　序言

本届年会C-Ⅻ专委会报告内容主要涉及两个方面：①新型弧焊方法及弧焊焊接参数对熔池及焊接质量的检测评估与过程模拟；②熔丝电弧增材制造的新应用与过程模拟。焊接过程与熔池在线监控技术在实用性上有了一定的进步，新型弧焊工艺在极端尺寸焊缝中的工作效率有了一定提升，熔丝增材制造技术在熔池模拟与新材料应用上有了实质性突破，焊接数值模拟在焊工培训与缺陷生成机理阐述等多个方面有了一定进步。本文将对本届年会C-Ⅻ专委会的主要内容进行总结评述。

1　新型弧焊方法及焊接过程在线监控与模拟

随着电源控制与焊枪设计制造水平的不断提高，针对更高效及极端尺寸焊缝的新型弧焊方法得到了长足发展，成为本届年会讨论的热点领域。同时，自动化、数字化、智能化是当前焊接控制技术的发展趋势，故与各类焊接过程相关的传感与控制技术也是本届年会的研究热点。此外，焊接过程模拟的不断深入与成熟使得弧焊参数与材料组织调控形成了更紧密的关系，也催生了基于数值模拟的新型焊工培训方法，在本届年会中也得到了广泛关注。

1.1　新型弧焊方法

大尺寸厚板的高效焊接一直是近年来的热门研究领域，当前常见的焊接方法主要有埋弧焊（SAW）[1]、熔化极气体保护焊（GMAW）[2,3]、匙孔等离子弧焊（Keyhole-PAW）[4]、大功率激光焊（LBW）[5]等。其中GMAW得益于其出色的灵活性与通用性，常用在多种焊缝并存的构件焊接中。然而在不锈钢厚板焊接中，由于GMAW使用的是氩气混合保护气，在超过400A的大电流模式下，焊缝内会不可避免地出现大量气孔缺陷，限制了GMAW在更大厚度不锈钢板焊接中的应用。为解决这一难题，日本DAIHEN公司与大阪大学的研究者联合研发了基于电流/电压波形控制的超高电流GMAW不锈钢大厚板单道全熔透焊接工艺，使得GMAW在不锈钢大厚板的焊接中可以在大于400A的电流模式下运行[6]。研究发现：①通过使用低频调制电压周期性改变恒压焊接电源的焊接电压，高电流（大于 400 A）模式下的 GMAW 方法可以实现不锈钢大厚板的稳定焊接；②高电流 GMAW 焊缝的耐蚀性与同等热输入 SAW 完成的焊缝相当，所以当前 GMAW 的热输入控制方法可以同样应用于 SAW 的焊接参数调控；③通过使用该同步电流振荡控制方法，大电流 GMAW 完成的不锈钢大厚板单道全熔透焊接焊缝有效减少了空穴缺陷（空穴缺陷的产生主要是由于电流的振荡控制加快了熔融金属的运动并释放了其中的气体）；④通过当前低频调制电压周期性改变恒压焊接电源的焊接电压的方法，可以实现 9mm 厚不锈钢板的 GMAW 单道全熔透焊接（图 1）。

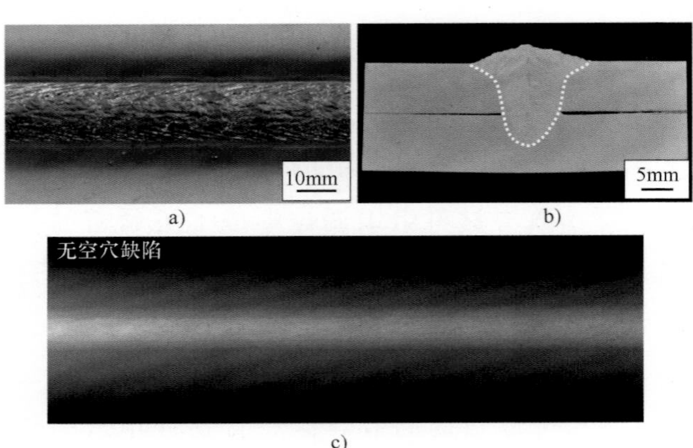

a)　　b)

c)

图 1　9mm 厚不锈钢板 GMAW 单道全熔透焊接

a）焊缝表面　b）熔深形貌　c）缺陷检测结果

进一步提高钨极氩弧焊（TIG）的熔敷效率长期以来是该工艺的发展方向。当 TIG 焊在高速状态下运行时极易出现驼峰缺陷。虽然匙孔 TIG 焊可以有效提升熔敷效率[7,8]，但是其自身的高热输入会引起大变形量与高残余应力等问题。本届年会中，重庆理工大学与兰州理工大学的研究者提出了活性氧双 TIG 焊的工艺方法[9]，该方法有效减少了电弧压力，进而消除了驼峰缺陷，也一并提高了钨极的电流容量与材料熔敷效率（图 2）。此外，通过在保护气中引入活性氧，该方法在高速（240mm/min）焊接下的熔深也得到了有效提升。研究发现：①通过使用双 TIG 焊工艺并混入 5%的活性氧，高电流高速下的 TIG 熔敷有效消除了驼峰缺陷并增大了焊接熔深；②通过在双 TIG 焊工艺中的两个钨极中使用不同的电流，有效抑制了氧元素向熔池中的过渡，进而提升了 TIG 焊熔深；③双 TIG 焊工艺中，大幅降低的电弧压力及等离子拖曳力是消除驼峰及咬边缺陷的主要因素；④针对双 TIG 焊工艺的过程数值模拟发现，熔池表面沿焊接方向扩展的热通量可进一步提升焊缝的成形质量。

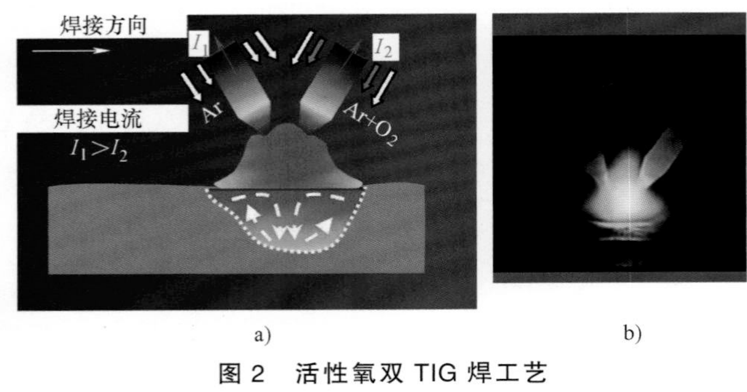

a)　　b)

图 2　活性氧双 TIG 焊工艺

a）工艺示意图　b）电弧形态

超薄板的焊接在智能手机、电子设备、汽车及转换器等领域具有广泛的应用，其中电磁钢板作为在这些领域中广泛应用的材料，其焊接方法的发展一直备受关注。得益于较高的电弧稳定性，TIG 焊是较为常见的电磁钢板焊接方法[10]。然而，弧焊过程会大幅降低电磁钢板的导磁性，且焊接过程中电磁钢板表面绝缘层的蒸发会污染钨极，进而降低焊枪头寿命。为解决这一问题，大阪大学的研究者在传统 TIG 焊枪头的基础上，设计开发了新型针对超薄电磁钢板焊接的枪头[11]。如图 3 所示，该枪头在钨极上新增了保护装置，其内部设置了六条缝及导轨，进而增大了钨极周边保护气流量，使得焊接蒸发元素不会污染钨极，且从焊缝截面组织观察可见，新设计的枪头所得到的焊缝截面中晶粒尺寸明显小于传统 TIG 焊焊缝。此外，使用新型枪头之后，TIG 焊熔深明显增大，熔宽减小，取得了更为理想的焊缝成形效果，解决了传统 TIG 焊枪头在焊接超薄电磁钢板中的问题。当前针对该新型枪头的研究还在起步阶段，相关机理与过程数值模拟研究仍亟待开展。

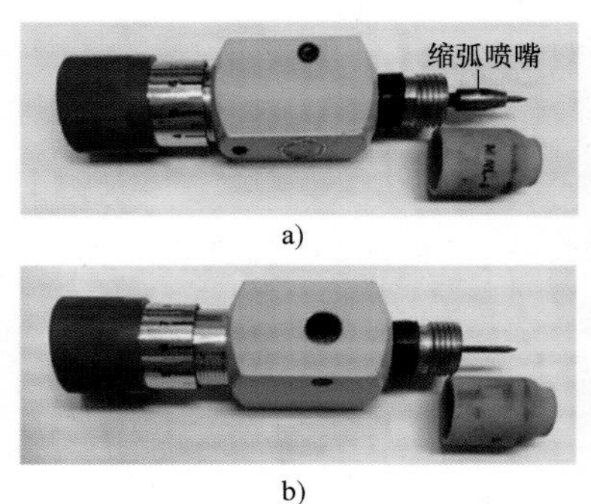

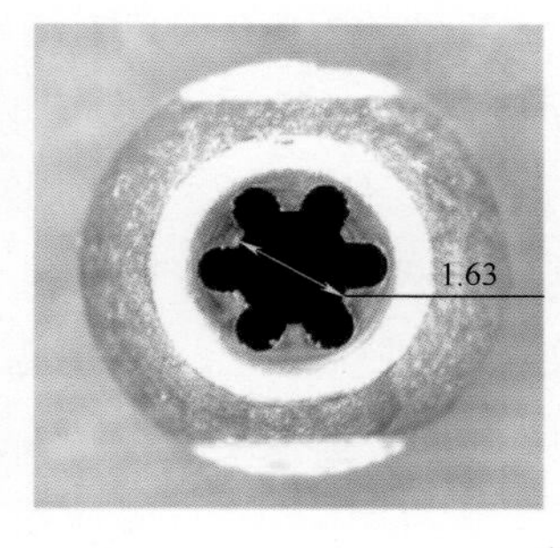

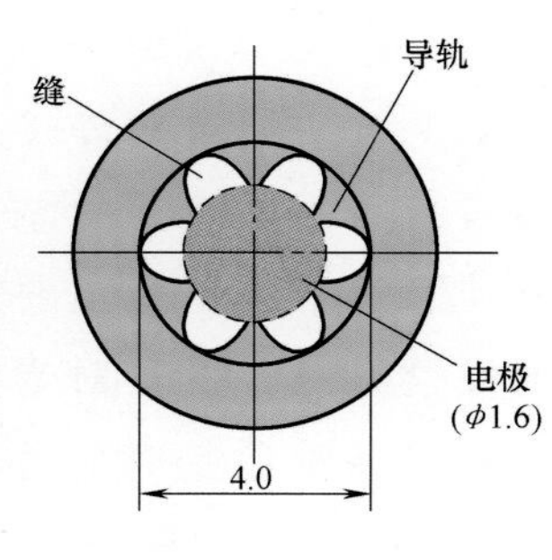

图 3　针对超薄板焊接的新型 TIG 焊枪头设计

a）新型 TIG 焊枪头　b）传统 TIG 焊枪头　c）缩弧 TIG 焊喷嘴截面图

1.2　焊接在线监测与控制

虽然焊接工业机器人已得到了广泛的应用，但现有焊接路径设置仍主要依赖于人工进行示教与再现编程。随着焊接向自动化和智能化发展，焊缝自动检测和跟踪技术受到了广泛的关注。在已有的文献报道中，研究者主要通过主动或者被动视觉传感技术实现对焊缝的检测、跟踪及自动控制[12,13]。然而，这些视觉传感技术的应用受到了设备成本高、在焊枪上装配受限制、需要预先校准、受图像处理速度限制具有时滞性等问题的影响[14,15]。奥地利福尼斯公司的研究者基于冷金属过渡（CMT）焊接工艺过程中焊丝运动的特点，提出了一种通过焊丝作为距离传感器的新方法[16]。在 CMT 焊接过程中，作为电极的焊丝接触工件时将短路信号反馈给送丝机，送丝机迅速回抽焊丝。如图 4a 所示，研究者基于福尼斯公司的 TPSi 焊接电源所开发的焊丝感应功能，通过焊丝往复运动检测导电嘴与工件间的距离，实现对工件表面高度差的测量。该方法可以实现对焊缝边缘的识别（图 4b）和工件表面形貌的扫描（图 4c）。相比于视觉传感检测，这种检测方法根据焊丝往复运动特征能够实现高频率（100kHz）、高精度（60s 内检测准确度±0.25mm）的测量，并且在未来可以脱离焊接电源而独立应用于机器人控制系统中，因此具有很高的应用价值。

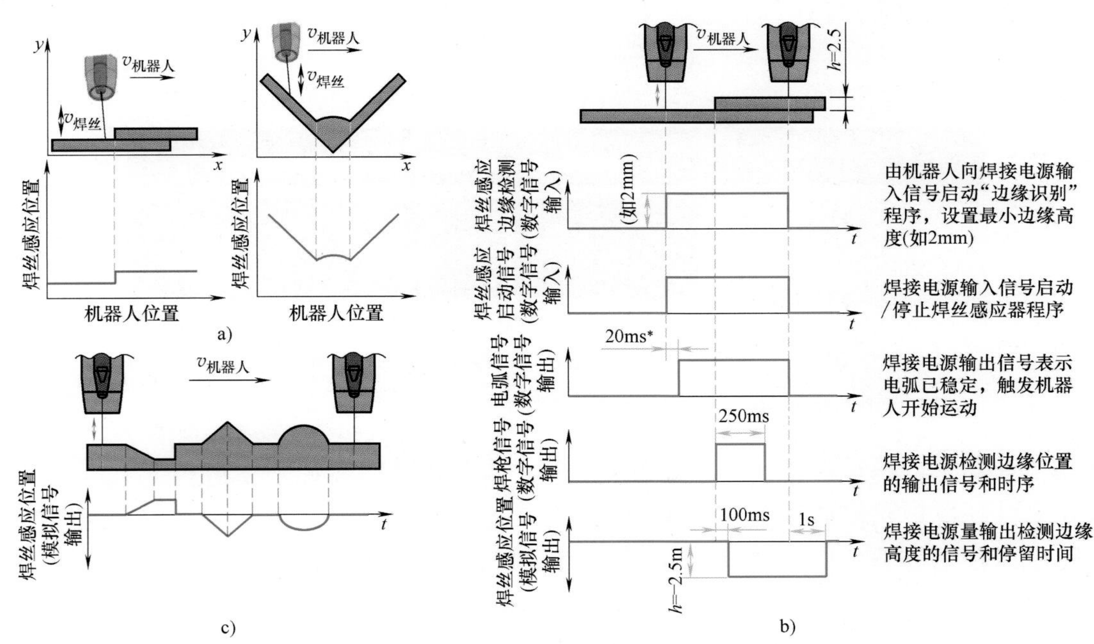

图 4　通过焊丝感应实现工件表面高度差的测量

a）测量高度原理　b）焊缝边缘的识别程序信号时序　c）工件表面形貌扫描示意图

焊接质量控制在焊接加工过程的研究中一直受到广泛的关注。通过对焊接过程进行在线监控可以对焊接稳定性进行评估，有助于平衡焊接效率和质量。现有研究主要基于焊接电信号和电弧图像信号统计分析对焊接过程进行监控[17,18]。当焊接条件改变时，通过对电信号和图像信号统计进行焊接过程监控也会受到影响。通过直接观察焊接熔池的方法能够有效地检测到焊接过程产生的气孔、未填充等缺陷，同时不容易受到焊接条件改变的影响[19]。为了减少电弧辐射对熔池直接观察的干扰，日本住友重机械工业株式会社和大阪大学的研究者对不同波长范围内熔池现象的观察进行了研究[20]。研究者分别选取了不同光谱范围的滤光镜和对应的 CMOS 传感器（可见光谱段）及 InGaAs 红外图像传感器（近红外和红外光谱段），对熔化极活性气体保护焊（MAG）过程中的熔池进行观察。如图 5a 所示，研究者通过图像信号的直方图对比分析发现，在 1300nm 附近熔池和电弧之间的亮度信号具有最高的比值。对比 676nm（可见光谱段）和 1030nm（近红外光谱段），通过 1320nm（红外光谱段）的 InGaAs 红外图像传感器所获取熔池图像中受电弧影响的区域面积小、电弧辐射强度低，因此更适合用于对 MAG 焊过程中熔池现象进行观察和监控。研究者在讨论中认为，MAG 焊过程电弧辐射在 1300nm 附近没有强的原子发射峰，而基于普朗克定律计算熔池热辐射在 1300nm 附近的强度最高，因此 1300nm 光谱段所得到的熔池图像受电弧辐射干扰小（图 5b）。该研究为后续对熔池现象的观察和在线监控研究中如何选择合适的光谱范围提供了可靠的理论和试验依据。

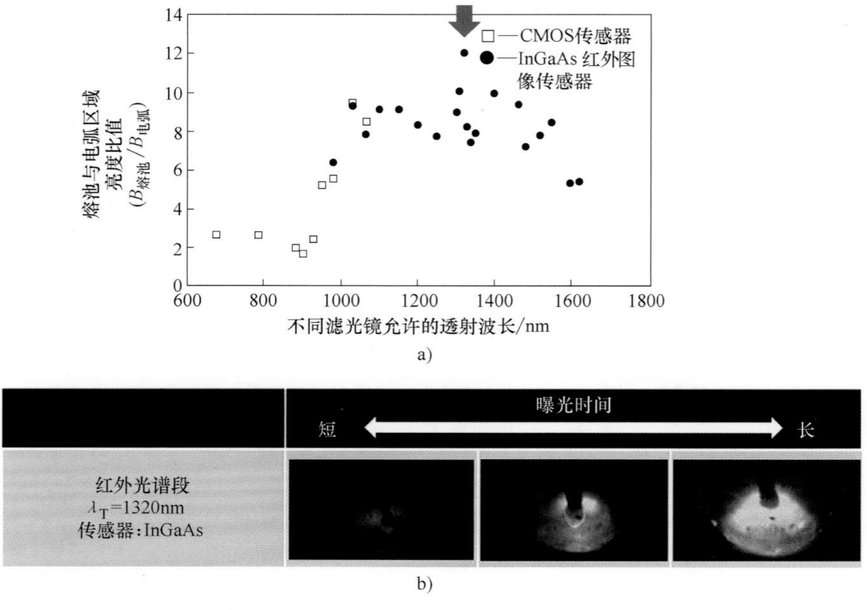

图 5　透射波长对熔池与电弧区域亮度比值的影响关系

a）不同波长滤光镜获取的熔池/电弧区域亮度比值　b）红外光谱段获取的熔池图像

在电弧焊过程中，坡口加工精度、装配精度以及焊接变形对母材间隙的影响会导致焊接接头的实际熔深存在波动。熔深的波动进一步影响焊接的质量，导致焊接缺陷的产生。提高焊接熔深的稳定性、改善焊接质量，需要通过焊接电流、电压、图像等信号对焊接过程的熔深进行实时的监控和反馈调节[21,22]。来自日本大阪大学的研究者通过图像信号和卷积神经网络（CNN）模型，对有坡口的熔化极电弧气体保护焊过程中焊接间隙的变化和熔深的波动进行了检测[23]。如图 6 所示，研究者通过单台相机分别获取了预制阶梯度变化和线性变化间隙的单边 V 形坡口低碳钢 MAG 焊过程中熔池的图像，并进一步导入 CNN 模型的输入层中，同时切取焊缝横截面获得的熔深作为模型输出层进行训练。研究者通过新的样本集合对训练的模型进行了验证和测试。结果表明，训练的模型能够通过图像信号有效地预测焊接接头的熔深。其中，预测结果和试验结果的均方差为 0.126，预测误差在 1mm 内的准确度为 97.8%，0.5mm 内的准确度为 87.8%。模型的准确度随着训练样本集合选择而不同。该研究为通过图像信息实现带坡口的 GMAW 焊过程中熔深的在线监控提供了一种简单而又有效的解决方案。

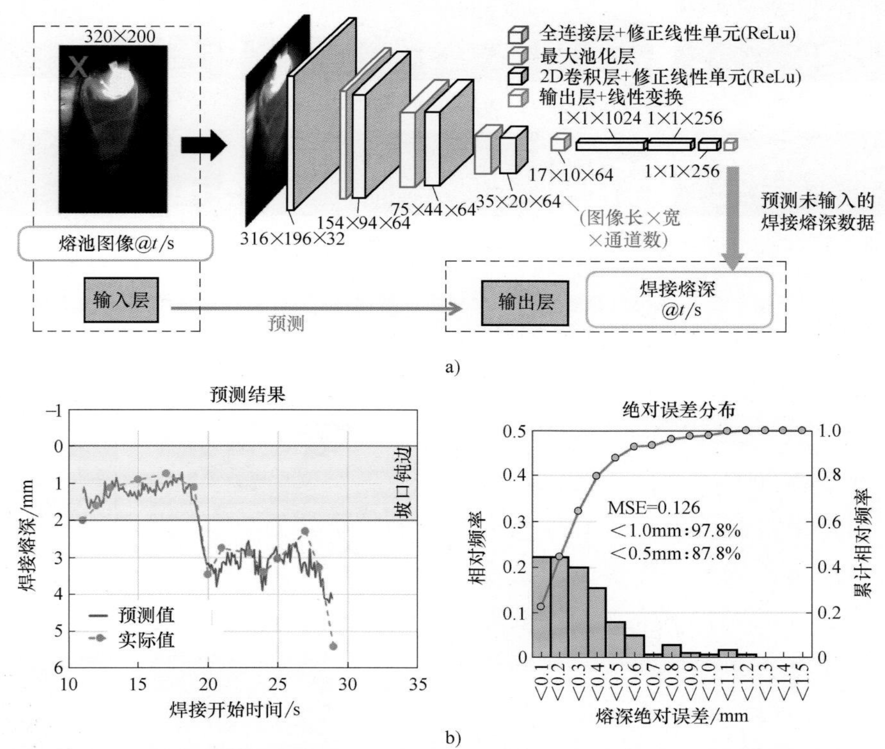

图 6　基于图像信号和卷积神经网络的熔化极气体保护焊间隙变化与熔深检测

a）卷积神经网络构建过程　b）训练模型测试的预测结果和误差分布

随着汽车轻量化的要求，铝合金被越来越多地应用于制造汽车车身。镀锌钢和 A5052 铝合金作为汽车车身的常用材料各自具有良好的焊接性。在通过传统的直流 GMAW 对两者进行异种焊接时，由于热输入量大，Fe-Al 界面容易产生脆性中间相，影响接头力学性能[24]。变极性脉冲 GMAW 通过周期性地在直流负极性（焊丝接正，DCEP）和直流正极性（焊丝接负，DCEN）之间切换电流方向，从而避免了传统的 DCEP GMAW 工艺热输入量大、变形严重等缺陷[25,26]。通过调整一个周期内 DCEN 脉冲占总周期时间的比率（电极负极性比率，EN ratio），可以有效地调节热输入量，实现热输入量控制。日本大阪大学研究者对 AC pulsed GMAW 搭接焊镀锌钢（下板）和 A5052 铝合金（上板）工艺中电流参数对焊缝形状、缺陷、元素分布和中间相形貌、力学性能等方面的影响进行了全面的研究[27]。如图 7 所示，研究发现提高焊接波形的 EN 值，可以有效降低热输入量、提高焊丝熔化效率和润湿角、增加焊缝厚度、减少焊缝内的缺陷。由于热输入量的降低和凝固速度的提高，镀锌板上的锌层更容易保留在焊根位置，并在晶界处形成 Al-Zn 共晶，避免了锌蒸发造成的裂纹和微孔洞。通过提高 EN 值降低热输入量的同时也能够抑制 Fe-Al 界面中间相的生长，降低中间相的厚度，减少热影响区域的尺寸，这些都有利于提高焊接接头力学性能。最终，研究者在 50A 平均电流和 20% EN 值的焊接参数下，采用的搭接焊接接头取得了最高的力学性能，其剪切强度达到了 163.3MPa。

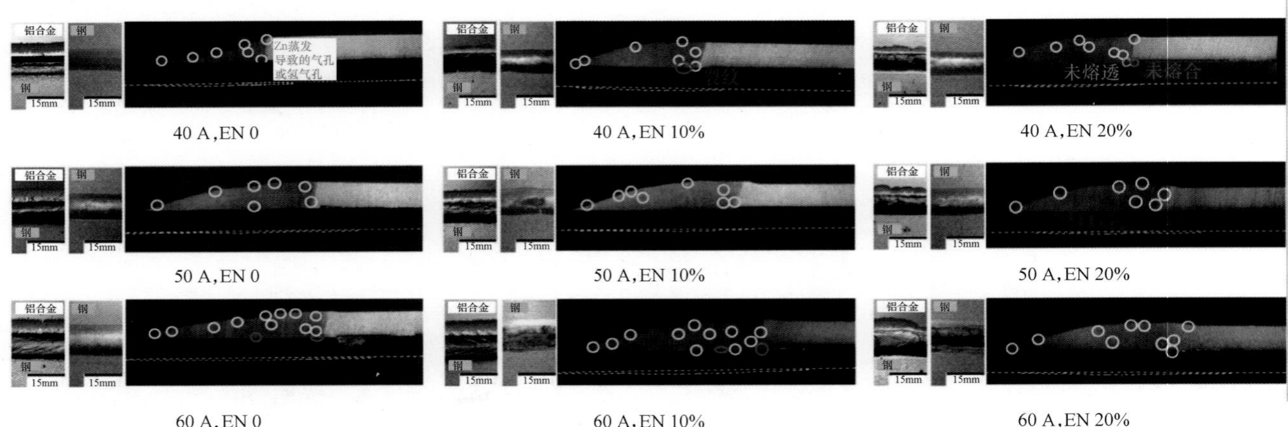

图 7　不同电流和电极负极性比率（EN 值）焊接钢/铝合金焊缝截面之间的对比

1.3　焊接过程模拟

尽管过去二十年内，机器人自动 TIG 焊已经被应用于许多标准零部件的工业生产，但在航天器等复杂零件制造中，由于仍存在对焊接人员人工实时判断和决策的依赖，许多工序由手工 TIG 焊完成。但是，手工 TIG 焊的质量主要取决于焊接人员的操作技巧和熟练程度，熟练焊工的培养日益困难，如何学习人工焊接经验并在机器人上应用成为一大挑战。现有对手工 TIG 焊的研究工作集中在跟踪焊接过程人体运动、理解人工焊接参数选择以及建立参数变化的响应模型上[28-30]。日本大阪大学与东芝公司的研究者合作，将电弧数值模拟与熔池数值模拟相耦合，建立了手工 TIG 焊的数值模型[31]。研究者基于东芝公司 Skill Digitizer TM 系统，如图 8a 所示，采集并对比了熟练焊工与非熟练焊工在焊接过程中的姿态，焊接模式与焊接参数选择，并代入数值模型，研究了焊枪与填丝的不同运动参数对最终熔透状态的影响。模拟结果如图 8b 所示，经过多参数试验模拟分析，研究者认为，由送丝速度和焊接速度决定的焊材沉积率是决定手工 TIG 焊中焊道形状和是否发生烧穿的关键因素。

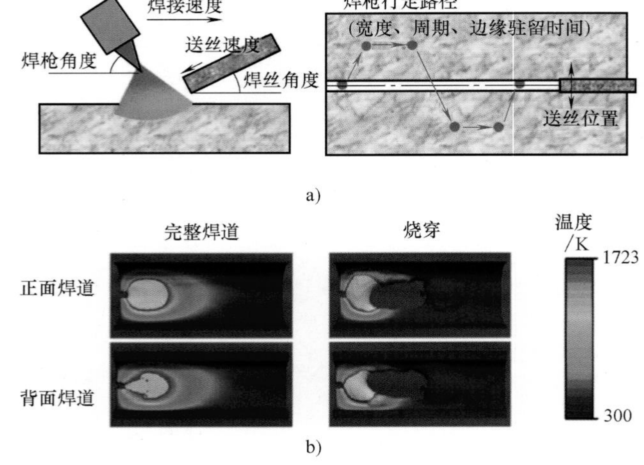

图 8　基于电弧数值模拟与熔池数值模拟的手工 TIG 焊接的数值模型

a）手工 TIG 焊焊接参数采集　b）手工 TIG 焊数值模拟结果对比

在药芯焊丝气体保护焊中，经由焊丝引入的氢元素是引起焊接冷裂纹的重要因素。常见的减少焊缝氢元素聚集的方法包括预热和焊后热处理、改善焊丝的储存和制造条件[32,33]、降低焊接速度和降低焊枪高度[34,35]、在药芯中添加改性元素等[36]。近年来，日本大阪大学的研究者提出了一种在保护气喷嘴内安装吸气喷嘴，以吸取在焊接过程中焊丝产生的氢元素的工艺，成功减少了冷裂纹的发生[37]。本次研究人员在既有研究基础上，建立了图 9a 所示的包含完整焊枪的双喷嘴药芯焊丝电弧焊（Fluxed-Cored

Arc Welding，FCAW）电弧数值模型，并同时模拟了电弧行为与从焊丝上蒸发出水蒸气的现象，研究了吸气喷嘴结构对气流流动与吸氢效率的影响，并测定了焊缝沉积金属的氢含量以验证模型的有效性[38]。研究者将吸气喷嘴长度作为模型的主要变量，分别模拟了吸气喷嘴长4.5mm、12mm、14.5mm时的焊接电弧与气流现象，发现图9b所示吸气喷嘴长度从4.5mm增加到14.5mm时，熔池表面水蒸气的平均摩尔分数降低了63%。通过对气流流动的分析，研究者发现吸力峰值总是出现在吸气喷嘴外约3mm处，同时结合焊丝不同位置上水蒸气蒸发量的分布，确定了吸气喷嘴长度的最优值。

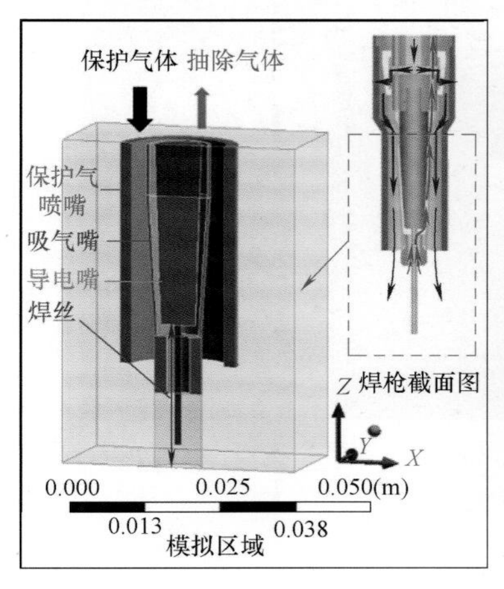

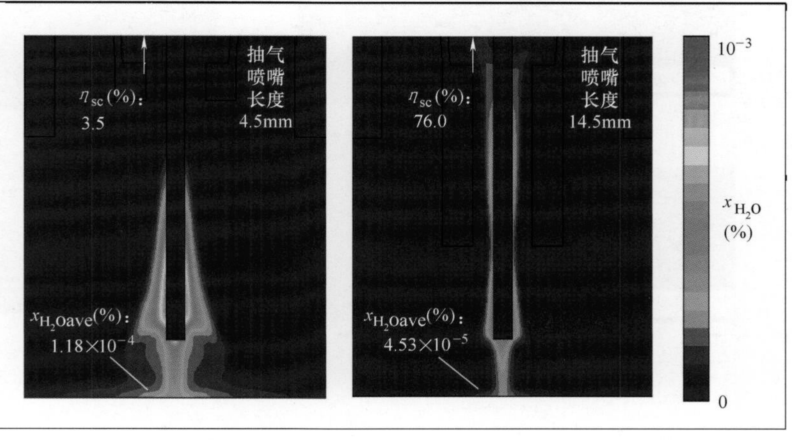

a)　　b)

图9　内部增加吸气喷嘴的保护气喷嘴设计

a）双喷嘴FCAW电弧数值模型　b）吸气喷嘴长度增加时，熔池表面水蒸气含量对比

2　熔丝电弧增材制造

自2019年IIW年会以来，熔丝电弧增材制造（WAAM）的相关研究内容在年会报告中所占比重不断增加。增材制造在近年来发展迅速，其角色也从发展初期的样件快速成形转变为特殊构件的定制加工。作为基于电弧焊的增材制造技术，一方面WAAM不断发展为电弧焊相关的各类技术提供了广阔的用武之地；另一方面电弧焊在设备、工艺、材料、智能化控制和在线监控等方面的发展也不断为WAAM的技术进步提供了创新点与升级思路。WAAM作为增材制造技术中实际应用化最接近的方向，其技术标准化正在迅速成熟。本届IIW年会中，相关报告主要围绕WAAM在材料领域的进一步拓展及过程数值模拟展开。

2.1　熔丝电弧增材制造新应用

镍基合金的大、中型构件快速高效成形是WAAM的重要发展领域之一，其在航空航天、化工与船舶领域具有很大潜力[39,40]。基于冷金属过渡（CMT）工艺的镍基合金WAAM对大型构件的高效成形很关键，而在镍基合金CMT熔敷过程中，熔滴过渡形式对于成形及沉积合金组织性能具有很大影响。针对这一问题，印度理工学院的研究者通过使用高速摄影方法在Inc625合金上开展了研究[41]，并将WAAM成形的Inc625合金性能与传统铸造合金的拉伸与耐蚀性能进行了对比。该研究工作具有鲜明的需求导向，其主要应用方向是镍合金管材的替代。研究结果表明：①通过有效调控CMT熔敷过程中的熔滴过渡形式，在短路模式下可实现无缺陷合金成形（图10），其微观形貌为镍γ-fcc基体枝晶伴有铌与钼元素分布在枝晶间与晶界处；②相比于铸造件，WAAM成形合金具有更好的抗拉强度与延展性；③使用脉冲短路过渡模式沉积的Inc625合金得益于其各向异性的柱状晶形貌，具有比其他电源模式成形合金更好的延展性与耐蚀性能；④WAAM 成形 Inc625 合金比铸造合金具有更好的耐蚀性能。

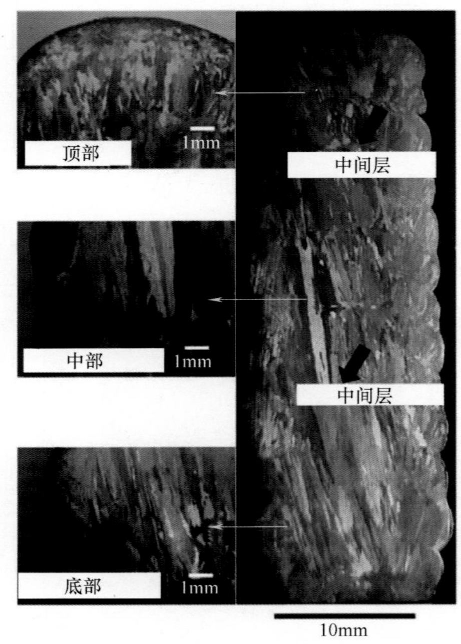

a)

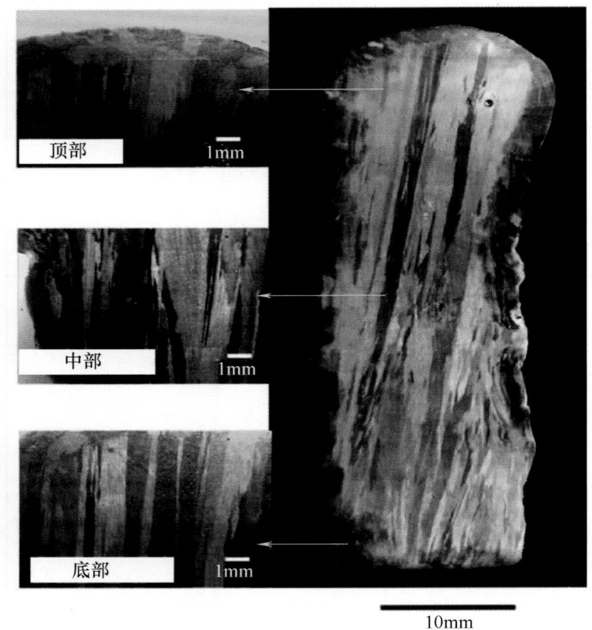

b)

图 10 WAAM 成形 Inc625 合金

a）短路过渡 b）短路脉冲过渡

随着 WAAM 技术的不断扩展，近年来 WAAM 在金属间化合物合金上的应用也成为现实，其主要通过异种双丝在单个热源下的原位合金化实现。迄今为止，WAAM 已经基于 TIG 焊与等离子弧焊（PAW）平台，在铁-铝[42]、钛-铝[43,44]、铜-铝[45]、镍-钛[46]、铁-镍[47] 等二元合金系统中实现了金属间化合物合金构件成形，其对金属间化合物合金在人们生产中的进一步应用具有重要意义，在化石能源、航空航天、汽车等领域具有较大的应用潜力。上海交通大学与澳大利亚伍伦贡大学的研究者在本届 IIW 年会上对于该技术自 2015 年诞生以来的进展及未来的前景进行了总结与展望[48]。从金属间化合物制备成形角度来说，WAAM 主要克服了传统铸造与粉末冶金中的低灵活度与成品率，以及复杂且成本昂贵的成形过程；同时，与金属粉末增材制造相比，WAAM 具有明显的低成本与直接全密度成形优势。该技术于 2015 年由澳大利亚伍伦贡大学工程信息学院自动化团队基于钨极氩弧焊（GTAW）创立研发，并在 2019 年由上海交通大学材料科学与工程学院焊接与激光制造研究所完成 PAW 热源的 WAAM 金属间化合物制备成形（图 11）。已经实现航空钛铝合金大型叶片构件的原位制备成形制造，在当前电子束粉末增材制造（EBM）基础上，为

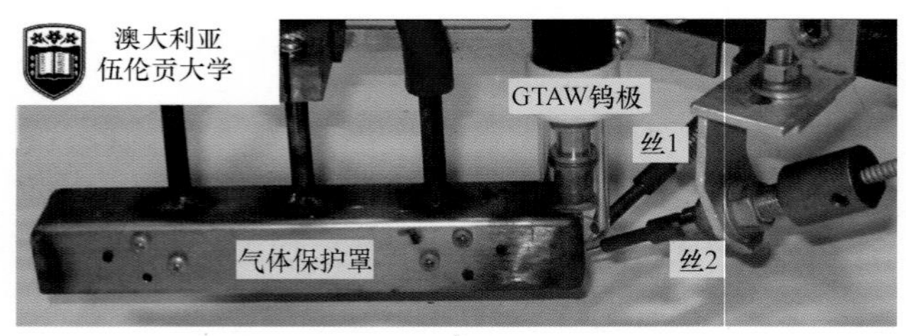

a)

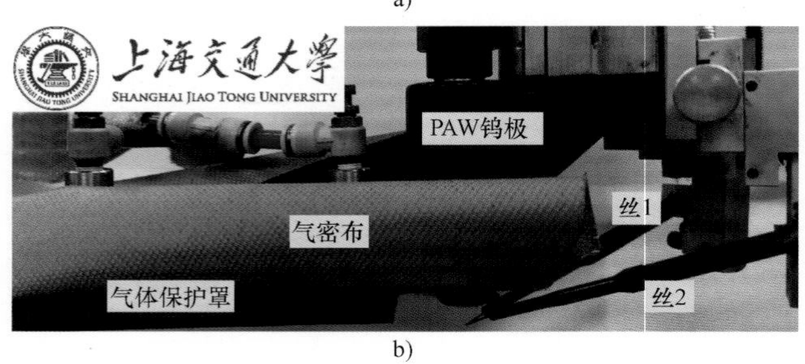

b)

图 11 WAAM 金属间化合物合金原位制备成形系统

a）澳大利亚伍伦贡大学 GTAW 试验平台

b）上海交通大学 PAW 试验平台

钛铝合金航空发动机叶片增材制造开辟了新的技术途径。从WAAM成形金属间化合物材料特性来说，在性能上该技术制备的金属间化合物合金与铸造合金相当，但随着PAW热源的引入与系统升级，新系统制备的钛铝合金明显在组织上得到了优化。由于WAAM快速熔化冷却的过程特性，其制备的镍钛形状记忆合金无须后热处理，在初始态即达到双相合金态。从WAAM金属间化合物原位制备成形技术的发展来说，主要有五个方面：①更优化的跟随式气体保护装置研发；②过程在线监控；③残余应力优化；④更灵活的合金元素调控手段；⑤更精确的层间温度与缺陷控制。该新兴技术的不断发展将为多种复杂元素成分设计的构件制造提供可行的技术途径。

随着增材制造理念不断深入人心，镁合金大型构件的WAAM制造逐渐进入人们的视野，其发展将对航天工业的快速发展起到重要作用。德国勃兰登堡应用科技大学与GEFERTEC公司自2018起，联合开发了CMT平台的镁合金WAAM系统装备[49]，从2019年IIW年会的初步工艺研究展示[50]，到2020年本届年会中已经可以高完成度成形，该镁合金WAAM技术正在快速发展并成熟（原型样机如图12所示）。通过加装焊丝表面氧化皮剥离器，该工艺已经有效

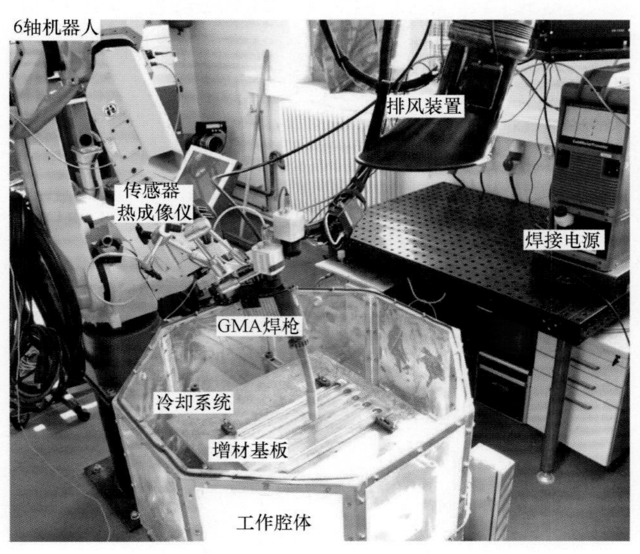

图12　镁合金WAAM系统原型样机

去除了增材构件内部的空穴缺陷。此外，通过基于电弧实时跟踪的CMT熔敷过程参数优化，该工艺已经有效控制了熔敷飞溅并已对过程产生的羽烟成分进行了定量分析。当前该WAAM镁合金成形工艺已经可以灵活完成薄壁件与大体积零件的成形。

2.2　熔丝电弧增材制造过程模拟

针对WAAM金属间化合物原位制备成形技术，熔池及元素过渡的数值模拟对该技术未来的长远发展至关重要。通过数值模拟定量阐明该技术熔池内部元素与能量过渡形式，一方面可以从机理上打消业界对该技术成形合金成分均匀性的疑虑；另一方面对进一步优化过程能量输入与元素添加方法提供有力的数据基础支撑。大阪大学与上海交通大学的研究者针对这一问题开展了针对航空钛铝合金WAAM原位制备成形过程熔池的数值模拟（图13）[51]。相应的模拟结果表明：①在钛铝合金WAAM原位制备成形过程中，钛丝和铝丝的液桥过渡是较好的元素过渡形式；②在等离子熔池中，液态钛与铝元素均有相互融合流动的趋势；③液态金属流动由熔池中心向边缘进行，有效降低了熔池中心的材料堆积，使得钛铝金属间化合物合金整体均匀成形。相关数值模拟的下阶段工作将主要聚焦在：①材料性能对液滴过渡的影响；②熔池内部各驱动力对元素过渡作用的机理；③PAW热源WAAM金属间化合物合金原位制备成形构件的残余应力与变形模拟。

针对WAAM成形构件质量的无损同步跟踪检测，对提高构件制造效率与有效质量控制至关重要。大阪大学的研究者基于激光超声技术(LUT)研发了一套实时无损跟踪检测系统，并进行了基础研究[52]。其原理如图14所示，首先用一束脉冲激光打在WAAM增材表面形成剥蚀并产生超声波，进而该超声波在WAAM构件内部传播，当其到达缺陷位置时形成反射，该反射超声波会回到WAAM增材表面形成微振动并被激光干涉仪检测到。相应的运行试验结果表明，

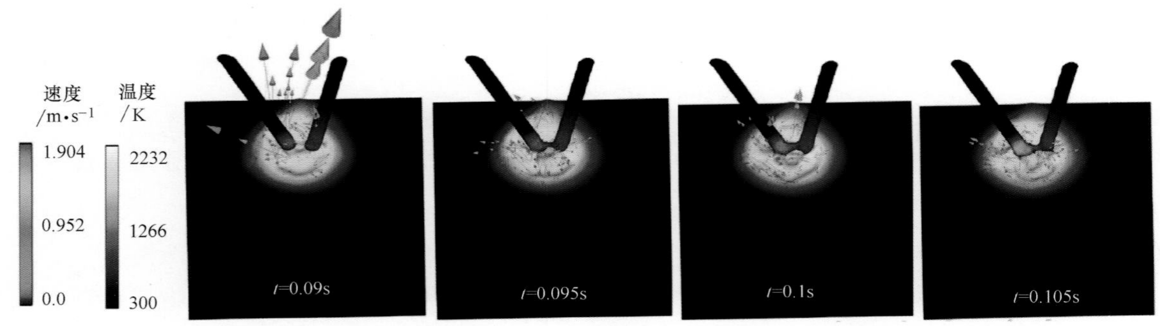

图 13　WAAM 原位制备成形 γ 钛铝合金熔池液态金属流动过程模拟结果

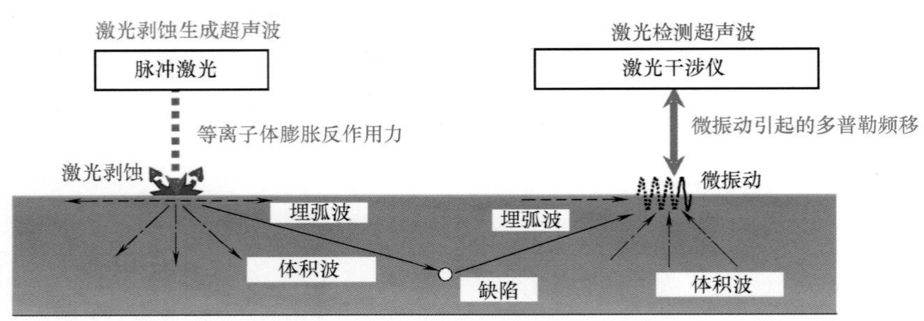

图 14　WAAM 平台 LUT 无损跟踪质量检测技术原理示意图

该试验检测方法会受 WAAM 样品宽度、单层熔敷高度、表面特征三个方面影响，但通过灵活调整相应激光参数，未来该技术的发展仍有可观前景。下阶段该技术的研究内容主要有：①合适的照射区域选择及检测信号处理；②检测位置对结果的影响；③更高效的光学系统以提高检测灵敏度。

3　结束语

虽然 2020 年度的 IIW 年会受新冠肺炎疫情影响改为线上进行，安排的报告数量也大幅缩减（总共 14 个报告），但从以上甄选出的报告中，不难看出焊接方法与相关生产系统的发展正在向更复杂尺度焊缝与构件成形发展，各类基于数值模拟的传感控制集成度正在不断提高。尤其 WAAM 技术的发展与相关报告数量正在占据更大比重，该技术得益于电弧焊多年来在设备、工艺、材料、检测、模拟等多方面的技术积累，正在迅速成熟并在航天与船舶领域一些特殊构件制造方面进入了实际应用阶段。当前我国在焊接工艺技术应用方面已经处于先进行列，但在高端关键装备设计制造上仍与国际先进水平有很大差距。关注这些领域的研究及应用成果，对我国焊接技术发展及相关关键系统装备的开发具有重要参考价值。

参考文献

[1] RAMAKRISHNAN M, MUTHUPANDI V. Application of submerged arc welding technology with cold wire addition for drum shell long seam butt welds of pressure vessel components [J]. The International Journal of Advanced Manufacturing Technology, 2013, 65 (5-8): 945-956.

[2] HUANG L, HUA X, WU D, et al. Microstructural characterization of 5083 aluminum alloy thick plates welded with GMAW and twin

wire GMAW processes [J]. The International Journal of Advanced Manufacturing Technology, 2017, 93 (5-8): 1809-1817.

[3] HUANG L, HUA X, WU D, et al. A study on the metallurgical and mechanical properties of a GMAW-welded Al-Mg alloy with different plate thicknesses [J]. Journal of Manufacturing Processes, 2019, 37: 438-445.

[4] WU C, JIA C, CHEN M. A control system for keyhole plasma arc welding of stainless steel plates with medium thickness [J]. Welding Journal, 2010, 89 (11): 225-231.

[5] VOLLERTSEN F, GRÜNENWALD S, RETHMEIER M, et al. Welding thick steel plates with fibre lasers and GMAW [J]. Welding in the World, 2010, 54 (3-4): 62-70.

[6] BABA H, KADOTA K, ERA T, et al. Single-pass full-penetration welding for stainless steel using high-current GMAW [Z]//Ⅻ-2450-2020.

[7] LATHABAI S, JARVIS B, BARTON K. Comparison of keyhole and conventional gas tungsten arc welds in commercially pure titanium [J]. Materials Science and Engineering: A, 2001, 299 (1-2): 81-93.

[8] LIU Z, FANG Y, CUI S, et al. Keyhole thermal behavior in GTAW welding process [J]. International Journal of Thermal Sciences, 2017, 114: 352-362.

[9] WANG X, CHI L, LUO Y, et al. Increasing productivity by two-TIG arc mixed with activating oxygen [Z]//XII-2447-2020.

[10] ZHANG Y, WANG H, CHEN K, et al. Comparison of laser and TIG welding of laminated electrical steels [J]. Journal of Materials Processing Technology, 2017, 247: 55-63.

[11] ANH N V, MURATA A, HUU M N, et al. Research and development of a novel welding technology for joining ultra-thin sheet applying in metal forming fields [Z]//Ⅻ-2445-2020.

[12] FAN J, JING F, YANG L, et al. A precise seam tracking method for narrow butt seams based on structured light vision sensor [J]. Optics & Laser Technology, 2019, 109: 616-626.

[13] XU Y, YU H, ZHONG J, et al. Real-time seam tracking control technology during welding robot GTAW process based on passive vision sensor [J]. Journal of Materials Processing Technology, 2012, 212 (8): 1654-1662.

[14] ZHANG C, LI H, JIN Z, et al. Seam sensing of multi-layer and multi-pass welding based on grid structured laser [J]. The International Journal of Advanced Manufacturing Technology, 2017, 91 (1): 1103-1010.

[15] 吕学勤，张柯，吴毅雄. 焊缝自动跟踪的发展现状与展望 [J]. 机械工程学报, 2003, 39 (012): 80-85.

[16] KRUGLHUBER W, SCHÖRGHUBER M, BINDER M. Welding wire as a distance sensor by reversing movement of the electrode [Z]//Ⅻ-2440-2020.

[17] JIN Z, LI H, WANG Q, et al. Online Measurement of the GMAW process using composite sensor technology [J]. Welding Journal, 2017, 93: 133-141.

[18] ZHANG Z, CHEN X, CHEN H, et al. Online welding quality monitoring based on feature extraction of arc voltage signal [J]. The International Journal of Advanced Manufacturing Technology, 2014, 70 (9): 1661-1671.

[19] IZUTANI S, YAMAZAKI K, SUZUKI R, et al. Blowhole generation phenomenon and quality improvement in GMAW of galvanized steel sheet [J]. International Journal of Automation Technology, 2013, 7 (1): 103-105.

[20] KASANO K, OGINO Y, FUKUMOTO S, et

al. Study on welding phenomena observation method in visible and infrared wavelength regionwith quantitative image analysis [Z]//Ⅻ-2451-2020.

[21] FENG Z, CHEN J, CHEN Z. Monitoring weld pool surface and penetration using reversed electrode images [J]. Welding Journal, 2017, 96 (10): 367-375.

[22] CHEN H, LV F, LIN T, et al. Closed-loop control of robotic arc welding system with full-penetration monitoring [J]. Journal of Intelligent and Robotic Systems, 2009, 56 (5): 565-578.

[23] NOMURA K, FUKUSHIMA K, MATSUMURA T, et al. Study on the weld penetration estimation by deep learning model with molten pool monitoring in GMA welding [Z]//Ⅻ-2448-2020.

[24] SHAO L, SHI Y, HUANG J K, et al. Effect of joining parameters on microstructure of dissimilar metal joints between aluminum and galvanized steel [J]. Materials & Design, 2015, 66: 453-458.

[25] 傅强，薛松柏，姚河清. 变极性熔化极气体保护焊的研究与发展 [J]. 电焊机, 2010, 040 (010): 26-29.

[26] PARK H J, RHEE S, KANG M J, et al. Joining of steel to aluminum alloy by AC pulse MIG welding [J]. Materials Transactions, 2009, 50 (9): 2314-2317.

[27] HONG S M, TASHIRO S, BANG H-S, et al. Effect of current waveform on mechanical characteristics and intermetallics formation of dissimilar materials welded joints (AA5052 alloy-GI steel) in AC pulse GMAW [Z]//Ⅻ-2442-2020.

[28] MANORATHNA P, MARIMUTHU S, JUSTHAM L, et al. Human behaviour capturing in manual tungsten inert gas welding for intelligent automation [J]. Proceedings of the Institution of Mechanical Engineers, Part B: Journal of Engineering Manufacture, 2017, 231 (9): 1619-1627.

[29] LIU Y K, ZHANG Y M. Toward welding robot with human knowledge: A remotely-controlled approach [J]. IEEE Transactions on Automation Science and Engineering, 2014, 12 (2): 769-774.

[30] LIU Y K. Toward intelligent welding robots: virtualized welding based learning of human welder behaviors [J]. Welding in the World, 2016, 60 (4): 719-729.

[31] ŚWIERCZYŃSKA A. Effect of storage conditions of rutile flux cored welding wires on properties of welds [J]. Advances in Materials Science, 2019, 19 (4): 46-56.

[32] OGINO Y, IMAI K, ASAI S, et al. Visualization of the welder' s skill in manual TIG welding process by numerical simulation [Z]//Ⅻ-2446-2020.

[33] KASUYA T, SIMURA R, TOTSUKA Y. Annealing of flux cored wires and its effect on diffusible hydrogen content [J]. Prepr. Natl. Meet. Jpn. Weld. Soc., 2009; 84: 311-312.

[34] KAWABE N, MARUYAMA T, YAMAZAKI K, et al. Development of gas shielded arc welding process to achieve a very low diffusible hydrogen content in weld metals [J]. Welding in the World, 2016, 60 (3): 383-92.

[35] FYDRYCH D, ŚWIERCZYŃSKA A, TOMKÓW J. Diffusible hydrogen control in flux cored arc welding process [J]. Key Engineering Materials, 2014, 597: 171-178.

[36] LENSING C A, PARK Y D, MAROEF I S, et al. Yttrium hydrogen trapping to manage hydrogen in HSLA steel welds [J]. Welding journal, 2004, 83 (9): 254.

[37] MUKAI N, SUZUKI R. Welding process

using special torch for reducing diffusible hydrogen [J]. KOBELCO TECHNOLOGY REVIEW, 2018, 36: 7-16.

[38] TASHIRO S, MUKAI N, INOUE Y, el al. Numerical simulation of the behavior of hydrogen source in a novel welding process to reduce diffusible hydrogen [Z]//XII- 2444-2020.

[39] SHANKAR V, RAO K B S, MANNAN S L. Microstructure and mechanical properties of Inconel 625 superalloy [J]. Journal of Nuclear Materials, 2001, 288 (2): 222-232.

[40] PAUL C P, GANESH P, MISHRA S K, et al. Investigating laser rapid manufacturing for Inconel-625 components [J]. Optics & Laser Technology, 2007, 39 (4): 800-805.

[41] MOOKARA R K, SEMANA S, JAYAGANTHAN R, et al. Influence of droplet transfer behaviour on the microstructure, mechanical properties and corrosion resistance of wire arc additively manufactured Inconel (IN) 625 components [Z]//XII-2441-2020.

[42] SHEN C, PAN Z, MA Y, et al. Fabrication of iron-rich Fe-Al intermetallics using the wire-arc additive manufacturing process [J]. Additive Manufacturing, 2015, 7: 20-26.

[43] MA Y, CUIURI D, LI H, et al. The effect of postproduction heat treatment on γ-TiAl alloys produced by the GTAW-based additive manufacturing process [J]. Materials Science and Engineering: A, 2016, 657: 86-95.

[44] SHEN C, LISS K-D, REID M, et al. In-situ neutron diffraction characterization on the phase evolution of γ-TiAl alloy during the wire-arc additive manufacturing process [J]. Journal of Alloys and Compounds, 2019, 778: 280-287.

[45] DONG B, PAN Z, SHEN C, et al. Fabrication of copper-rich Cu-Al alloy using the wire-arc additive manufacturing process [J]. Metallurgical and Materials Transactions B, 2017, 48 (6): 3143-3151.

[46] SHEN C, REID M, LISS K-D, et al. In-situ neutron diffraction study on the high temperature thermal phase evolution of wire-arc additively manufactured Ni53Ti47 binary alloy [J]. Journal of Alloys and Compounds, 2020, 843: 156020.

[47] SHEN C, LISS K-D, REID M, et al. Fabrication of FeNi intermetallic using the wire-arc additive manufacturing process: A feasibility and neutron diffraction phase characterization study [J]. Journal of Manufacturing Processes, 2020, 57: 691-699.

[48] SHEN C, HUA X, LI F, et al. Application of the wire-arc additive manufacturing process for in-situ alloying of intermetallic compounds: present development and future prospects [Z]//XII-2454-2020.

[49] GOECKE S F, GOTTSCHALK G F, LUBOSCH D, et al. Monitoring and control in MIC WAAM of magnesium [Z]//XII-2452-2020.

[50] GOECKE S F, GOTTSCHALK G F, BABU A, et al. Multi signal sensing, monitoring and control in wire arc additive manufacturing [R]. Bratislava: The 72nd IIW Annual Assembly, 2019.

[51] WU D, SHEN C, WANG L, et al. Alloy elements transportation mechanisms in plasma arc additive manufacturing of a gamma-TiAl alloy [Z]//XII-2443-2020.

[52] NOMURA K, MATSUIDA T, OTAKI S, et al. Fundamental study of the quality measurement for wire-arc additive manufacturing process by laser ultrasonic technique [Z]//XII-2449-2020.

作者简介：华学明，男，1965 年出生，博士，上海交通大学教授、博士生导师。研究方向为先进焊接方法与智能装备、异种材料连接、增材制造等。发表论文 180 余篇，授权专利 20 余项。Email：xmha@ sjtu. edu. cn。

审稿专家：朱锦洪，男，1965 年出生，博士，河南科技大学教授。研究方向为先进焊接技术与数字化、智能化焊接设备。发表论文 80 余篇。Email：zhjh@ haust. edu. cn。

焊接接头和结构的疲劳（IIW C-XⅢ）研究进展

邓德安　王义峰　冯广杰

（重庆大学材料科学与工程学院，重庆　400045）

摘　要：本文在阅览国际焊接学会（IIW）C-XⅢ分委会在2020年年会上提交的15篇论文、研究报告，参考其他相关文献基础上，经过分类和整理，综合介绍了有关焊接接头和结构疲劳研究方面的最新研究进展。其主要内容包括焊接接头与结构的疲劳强度评定、疲劳强度的改善方法与强化技术、残余应力的测量和数值模拟及其对疲劳强度的影响、增材制造中的疲劳问题研究及疲劳裂纹的测量技术。从提交的论文和研究报告来看，多数研究与实际工况结合十分紧密，部分研究注重焊接结构的细节分析，另有部分论文和研究报告提供了较详实的基础试验数据。此外，也有论文系统地介绍了新的疲劳强度评定方法，并给出了详细的数学推导过程。

关键词：焊接结构；疲劳；残余应力；强化技术；疲劳评估方法

0　序言

每年一度的国际焊接学会（IIW）C-XⅢ分委会主要关注焊接接头和结构疲劳失效方面的最新理论研究进展，以及提高焊接接头与结构疲劳寿命的新技术与新方法，核心任务是为工程实际中焊接结构的疲劳设计与疲劳寿命改善提供科学指南。由于受到新冠肺炎疫情的影响，2020年国际焊接学会年会改为在线会议。与会期间，C-XⅢ分委会有20多个国家和地区的代表参加了会议，总共提交了15篇会议论文与研究报告，与上年度相比，论文总量有较大幅度的下降。其中，关于焊接接头与结构疲劳强度评定及疲劳理论研究的论文有7篇；关于焊接接头与结构疲劳强化技术研究的有3篇；关于焊接残余应力的测量与数值模拟的研究论文和报告有2篇；关于增材制造中疲劳问题研究的论文有2篇；关于疲劳裂纹检测技术的报告有1篇。总体而言，日本和德国在这一领域的研究成果最多、最活跃，而我国在这方面研究较少，今年没有我国学者提交论文和研究报告。本文将按照“分类整理、详简兼顾、综合评述”的原则来介绍在本次年会上提交的论文和报告的总体情况，同时针对每个方面的研究给予适当评述。

1　焊接接头与结构的疲劳强度评定

关于常规焊接接头与结构疲劳强度评定的研究，本次会议提交了6篇论文与研究报告，这里对这些文献进行有详有略的介绍。

焊接结构的疲劳强度可以采用有效缺口应力法来进行评估。应用该方法的先决条件是获取接头的应力集中系数（K_t）。尽管基于有限元的数值模拟方法可以计算 K_t，但由于计算精度依赖于合理的建模、可靠的计算方法及有效的收敛性等因素，因此，在实际工程中往往受到很大的限制。作为数值模拟方法的替代方案，基于对大量现有试验结果进行回归分析而得到 K_t 的经验公式，在实际工程应用中具有简单和高效的优势，因此，这一方法受到研究者或技术人员的青睐。

德国的Oswald等[1] 提出了带耦合项的多项式回归分析法和基于人工神经网络的回归分析方法，该方法可以快速获取焊接接头的应力集中系数 K_t。回归分析模型的训练数据来自于T形接头几何形状参数和有限元法获取的对应 K_t

值。T 形接头的几何形状参数如图 1 所示，作者首先对 T 形接头的焊趾和焊根处的 K_t 进行线弹性有限元分析，在采用有限元法求解时考虑了焊趾角 α、参考半径 ρ、板厚 t_1 和 t_2、焊缝厚度 a 以及焊根长度 l_{NF} 等参数。载荷工况包括拉伸和弯曲两种，如图 2 所示。

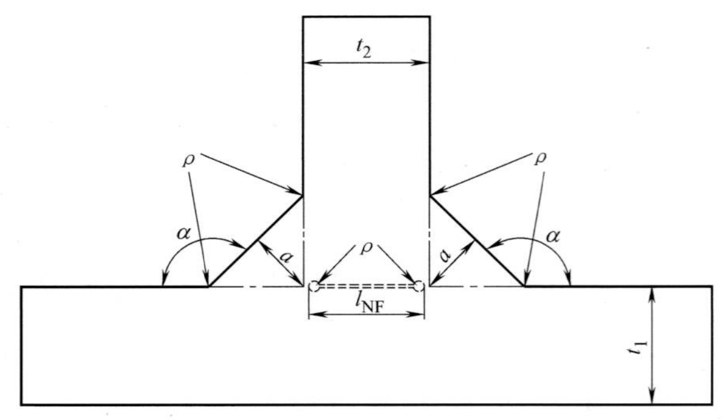

图 1　全焊透或部分焊透的 T 形接头几何模型

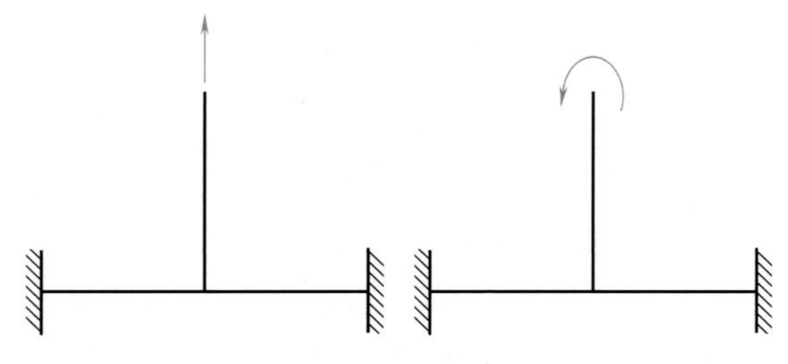

图 2　拉伸和弯曲加载工况

确定 T 形接头应力集中系数 K_t 的经验公式有很多，其中适用于拉伸和弯曲载荷的经验公式有 Yung-Lawrence 法[2,3] 和 Iida-Ushirokawa 法[4]。两种方法均基于结构的最大主应力来估算 K_t 值。Oswald 等人的研究结果表明，与现有的经验公式法相比，使用回归分析方法可以显著改善应力集中因子的估算精度及减少估计结果的离散程度。此外，传统的经验公式法中，接头的几何形状参数的取值范围有限，而回归分析的方法可以获取更大参数取值范围内的 K_t 值，即该方法的适用范围更广。

使用回归分析的新方法可以在保证一定精度的基础上，避免耗时的有限元建模与计算。作者声称，该方法为在有效缺口应力概念中使用的不同缺口半径的相关应力集中系数的有效和快速估算提供了可靠的依据，并符合 IIW 的相关指南。当然，回归分析的方法也存在一定的局限性，主要体现在需要大量训练数据作为支撑，同时回归分析方法的精度和训练数据库的规模大小（数据量）与结果的可靠性之间也紧密相关。目前，相关标准中焊接结构疲劳设计方法如名义应力法、热点应力法等通常仅适用于承受拉压或剪切载荷的结构。对于焊缝始终端位置，由于其复杂的几何形状和可能存在的多轴载荷情况，现有的疲劳评估方法有很大的局限性。

针对这类特殊问题，意大利的 Campagnolo 等[5] 提出了一种峰值应力法（Peak Stress Method，PSM），并首次应用于承受多轴载荷的焊缝始终端的疲劳强度评估。在多轴载荷下，平均应变能密度可以作为疲劳强度的评价标准，其计算公式如下：

$$\Delta\overline{w} = c_W\left\{\frac{e_1}{E}\left[\frac{\Delta K_1}{R_0^{1-\lambda_1}}\right]^2 + \frac{e_2}{E}\left[\frac{\Delta K_2}{R_0^{1-\lambda_2}}\right]^2 + \frac{e_3}{E}\left[\frac{\Delta K_3}{R_0^{1-\lambda_3}}\right]^2\right\} \tag{1}$$

式中，E 为材料的杨氏模量；e_1、e_2、e_3 为已知系数，取决于缺口张角和泊松比；c_W 为与载荷应力循环特征 R_0 相关的系数；ΔK_1、ΔK_2 和 ΔK_3 为缺口应力强度因子的变化量。

峰值应力法可以快速获得局部的 ΔK_1、ΔK_2 和 ΔK_3，从而计算平均应变能密度以评估结构的疲劳强度。关于该方法的具体推导过程，这里不详细给出，具体内容请看参考文献［5］。

基于所提出的峰值应力法，作者对纯轴向、纯扭转、同向和异向轴向扭转载荷下的管-管接头始终端位置的疲劳强度进行了分析，接头几何参数和有限元模型如图 3 所示（E355+N 表示内管材料为正火态 E355，S340+N 表示外管材料为正火态 S340）。研究结果表明，基于 10 节点的 Tetra 单元的峰值应力法能较好地估计疲劳裂纹起始点，与试验结果吻合较好。将试验结果与基于峰值应力法的设计分散带（Design Scatter Band）进行比较，发现试验结果略偏向安全侧，特别是对于中、低周期疲劳状态的脉动载荷（$R=0$）下的试验结果更为保守。

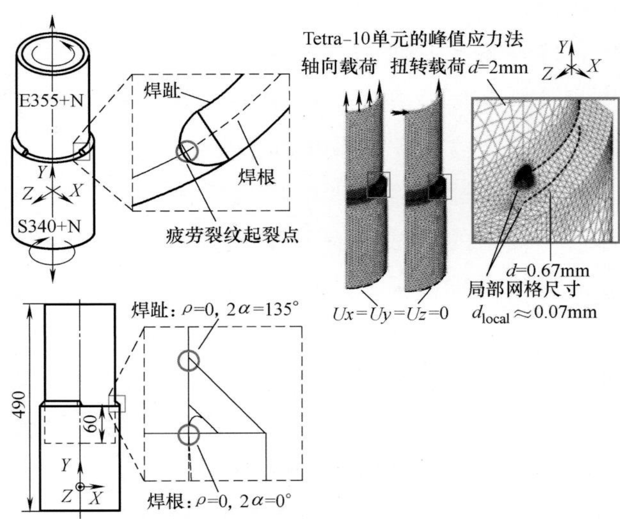

图3 用于峰值应力法进行疲劳强度评估的焊接接头几何形状与有限元模型

为满足实现结构的轻量化设计要求，近年来薄壁结构在很多工业领域（如大型邮轮的建造）中得到越来越广泛的应用。然而，在制造与装配过程中，与中、厚板结构相比，薄壁结构更容易产生焊接变形等缺陷，从而导致焊接接头在服役时的局部应力增加，进而显著降低结构的强度和缩短疲劳寿命。目前，桥梁和船舶等大型结构的疲劳强度评估一般采用结构应力法。结构应力包括膜应力和弯曲应力，如公式（2）所示，因此应力放大系数可以用如下公式计算[6]：

$$\sigma_{str}=\sigma_m+\sigma_b(0)\Big|_{z=\frac{t}{2}}=\frac{P}{bt}+\frac{M_a}{I}\frac{t}{2} \tag{2}$$

$$k_m=\frac{\sigma_{str}}{\sigma_m} \tag{3}$$

式中，σ_{str} 为结构应力；σ_m 为膜应力；σ_b 为弯曲应力。

在应用该方法时，需要计算应力放大系数 k_m 以考虑由焊接变形引起的应力增加。然而对于薄板接头而言，因焊接产生的角变形可能使接头的局部形状呈现出弯曲状，因此，现有的基于厚板平面变形形状计算 k_m 的公式就不能很好地应用于薄板结构的疲劳评估。

基于以上理由，芬兰学者 F. Mancini 等[6]提出了新的计算方法来获得薄板（壁）中应力放大系数 k_m 的解析解，并建立了一个数学模型来研究焊接引起的弯曲变形对薄壁板应力状态的影响。由于数学推导过程篇幅很长，这里不做详细介绍。

基于提出的计算方法，作者讨论了结构的几何非线性对 k_m 因子的影响。对所选取的几何模型，作者采用了 ABAQUS 软件平台进行了有限元分析，在研究报告中，作者给出了固定端和铰接边界条件及不同的局部角位移的结果。作者提出的数学分析模型与有限元计算结果非常接近，最大差值小于2%，如图4所示。

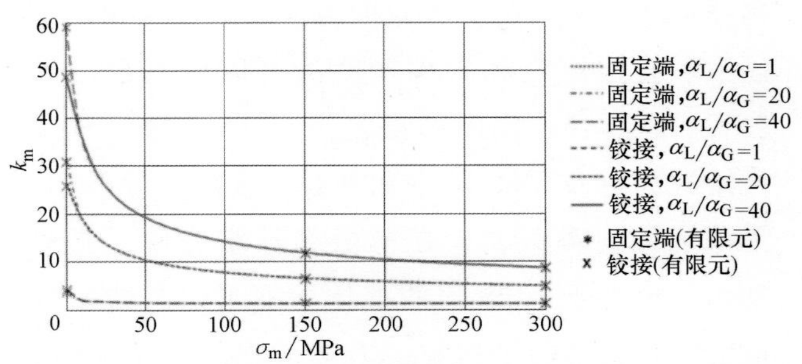

图4 在不同的局部角变形和边界条件下应力放大系数的结果（1）

α_L—全局角度 α_G—局部角度

图5和图6给出了压缩载荷的几何非线性行为。与拉伸载荷的情况类似，几何非线性效应也非常显著，在达到梁的80%的屈曲载荷的范围内，解析解与有限元结果基本一致（误差小于2%）。但是当梁接近失稳时，所建立的数学模型会产生较大误差；在失稳变形及大载荷情况下，作者所建立的数学模型由于产生更大的计算误差而不能适用。

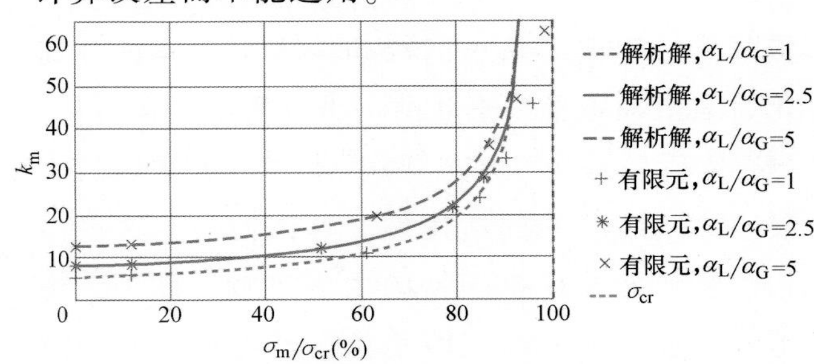

图5 在不同的局部角变形和边界条件下应力放大系数的结果（2）

α_L—全局角度 α_G—局部角度 σ_{cr}—临界应力

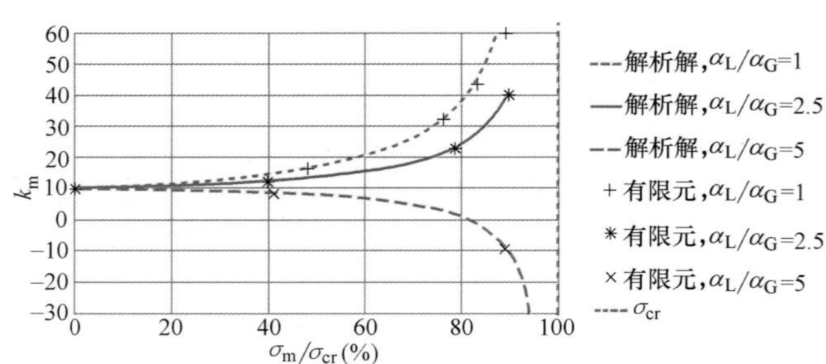

图 6　在不同的局部角变形和边界条件下应力放大系数的结果（3）

α_L—全局角度　α_G—局部角度　σ_{cr}—临界应力

在此项研究中，作者将焊接薄壁简化为梁模型，并基于 Von Karma 理论对非线性变形进行建模，进而将厚板中的 k_m 计算方法扩展到焊接弯曲板。研究结果表明，Von Karma 理论可以正确描述弯曲板上的二次弯曲效应。采用 Half-Sine 函数、叠加原理和斜率挠度法可以得到简洁的公式，在弹性范围内的误差小于 2%。根据敏感性结果分析，评估 k_m 在曲率效应中的主导作用。无论施加何种载荷，在薄板细长结构中，当局部角变形大于 1.25 倍的整体角变形时，曲率效应会导致传统的平板解决方案的误差大于 10%。应力放大系数 k_m 和名义应力 σ_m 之间的非线性关系由描述拉伸载荷引起的矫直效果的非线性 β 系数评估。在拉力作用下，细长的结构明显有益于疲劳强度的增加。尽管高拉伸载荷无法完全抵消弯曲变形带来的有害影响，但它使横向摇摆和边界条件的影响可以忽略不计。而在压缩载荷下，边界条件效应可以增加结构应力，从而降低了疲劳强度。

虽然该研究对现有的平板解决方案进行了改进，但仍然忽略了可能存在的加强筋板对焊接薄板结构应力状态的影响。将小尺寸试件简化为 Half-Sine 曲线形状的一维梁模型是可行的，但仍需评估该方法在工程中包含筋板结构的大尺寸薄壁结构中的适用性。具体而言，这些结构需要考虑非理想刚性的边界条件。此外，为了能够进行精确的屈曲不稳定性分析，应该放宽斜率通常保持在 5°以下的假设。

焊接接头因其自身形状具有不连续的特征，在循环加载条件下容易发生疲劳失效。为了克服焊接接头在焊接状态下疲劳强度低的问题，焊接接头通常需要进行焊后处理。近年来，焊后处理受到了越来越广泛的关注。以往的研究表明，对焊接接头进行磨削处理是一种经济且能提高焊接接头疲劳强度的有效方法。

对于经过焊后处理的焊接接头疲劳强度的评估，常用的方法为有效缺口应力法，但是该方法忽略了残余应力及材料强度的影响。因此，芬兰学者 Antti 等[7] 提出将 4R 法应用于经焊后处理的焊接接头疲劳强度的评估，该方法不仅考虑了残余应力 σ_{res} 和材料性能 R_m（材料强度极限），还考虑了加载过程应力比 R（最大应力与最小应力之比）及焊接接头几何尺寸 r_{true} 的影响。上述 4 个参数中都包含有字母 R 或 r，因此称之为 4R 法。

当焊接接头的 σ_{res}、R_m、R 和 r_{true} 这 4 个参数确定后，可以根据公式（4）来计算疲劳寿命。

$$N_f=\frac{C_{ref}}{\left(\Delta\sigma_k\sqrt{1-R_{local}}\right)^m} \tag{4}$$

4R 法的主要思想是求得局部应力比 R_{local}，其求解过程如图 7 所示[8]。最后，采用 Smith-Watson-Topper（SWT）方法[9,10] 将所得到的数据转换为参考坐标系统下的主 S-N 曲线。4R 法将众多因素都考虑进疲劳评估的过程，因此，它得到了较广泛的使用。

基于大量文献的调研，Antti 等收集了 583 份在焊接、焊趾打磨、焊缝整形及研磨与喷丸联合处理的条件下角接接头的疲劳试验数据，他们利用这些数据采用 4R 法评估了焊接接头的疲劳寿命。由于收集的数据中缺少残余应力方面的数据，因此他们采用了近似计算方法来代替残余应力的试验测量值。近似计算的残余应力值与已知的参考文献中数值相比要更大，即计算结果更为保守一些。此外，利用有限元分析得到缺口应力集中系数，进而得到用于疲劳分析的有效缺口应力。该研究采用 4R 法和传统

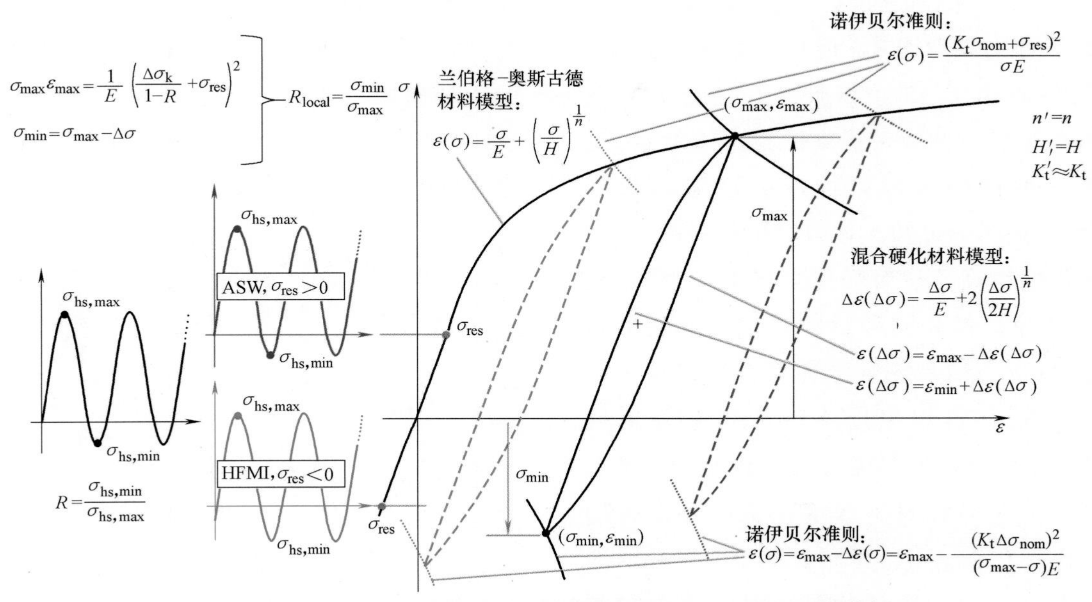

图 7　4R 法中用于定义主 *S-N* 曲线的参数 R_{local} 的求解原理[8]

的有效缺口应力法（ENS）制作了主 *S-N* 曲线，分别如图 8 和图 9 所示。通过对比发现，4R 法

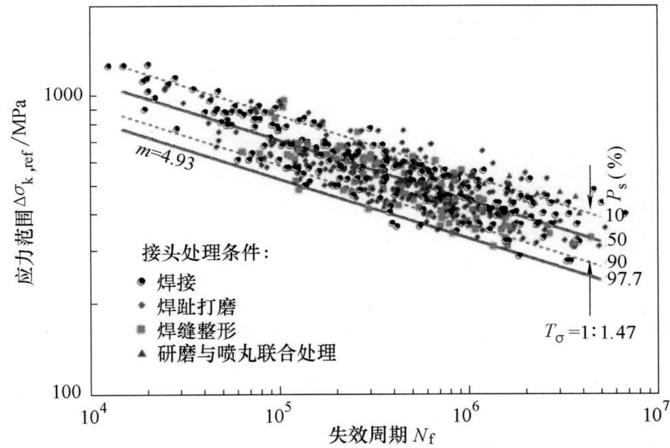

图 8　用 4R 法且通过 MSPPD 方法转换后所得 *S-N* 曲线

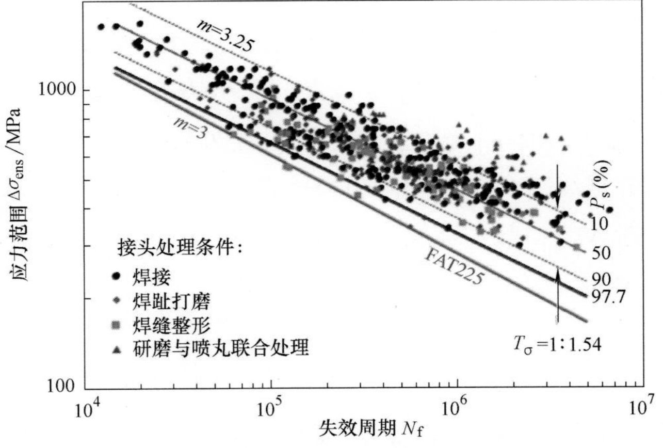

图 9　用 ENS 法和 4R 法所得 *S-N* 曲线

所得到的 *S-N* 曲线数据点比 ENS 法有更小的弥散分布范围；4R 法适用于评估上述所有焊后处理条件下的疲劳寿命；在研磨与喷丸联合处理条件下，ENS 法所得到的疲劳评估曲线与实际疲劳值有较大差距。该研究还表明，4R 法可以准确地预测焊接状态和焊后处理（包括磨削、联合磨削和喷丸方法）状态下的接头疲劳强度。

在以往的大多数研究中，往往缺乏关于焊接残余应力方面的信息。对于高强钢接头、超高强钢接头以及喷焊接头的疲劳强度评估，残余应力对疲劳寿命是比较敏感的。如果所有的数据集都能得到焊接残余应力和样品特定的几何尺寸细节，那么 4R 方法就有望获得更高的精度。

与普通强度钢相比，高强钢（HSS）可以用来制造更轻、更细、更简单的结构，在满足要求的条件下能大幅降低成本。不过由于缺乏高强钢的疲劳强度和动载条件下的应力、应变数据，当前的监管机构如造船行业的船级社和欧洲大型民用建筑规范，都不允许在轻型钢结构中完全使用 HSS。

意大利学者 Martina 等[11] 对 HSS 的疲劳强度进行了测试，测试材料有屈服强度为 400～

500MPa、600～700MPa 的调质钢，以及普通强度钢 S355，分别设为钢 B、钢 C 和钢 A。采用上述三种钢各制作了 15 个试件，并进行了高达 5000 万次的旋转弯曲疲劳强度试验。

上述三种钢的未焊试件疲劳试验结果如图 10 所示，从图中可知，材料的抗拉强度越高，则其疲劳强度越高，疲劳强度顺序为：钢 C>钢 B>钢 A。异种材料和同种材料焊接接头疲劳强度如图 11 所示，结果显示异种材料焊接接头疲劳强度比同种材料焊接接头疲劳强度降低约 11%。尽管异种材料焊接接头疲劳强度之间没有显著差异，但是异种材料焊接接头绝大多数的拉裂位置出现在钢 A 上。图 12 所示为异种材料对接接头断裂位置的统计情况，钢 A 出现拉裂的比例为 74%，钢 B 和钢 C 出现拉裂的比例分别为 11% 和 15%。由于钢 A 的抗拉强度较低，绝大多数破裂都发生在钢 A 侧的焊缝处。因为钢 A 屈服强度较低，与其他钢相比，其焊后残余应力较为显著，所以焊接接头的预期破坏位置为材料屈服等级较低的位置。

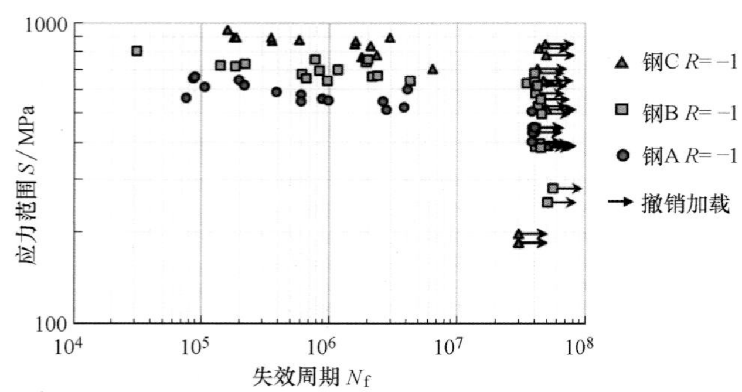

图 10　焊接材料疲劳测试

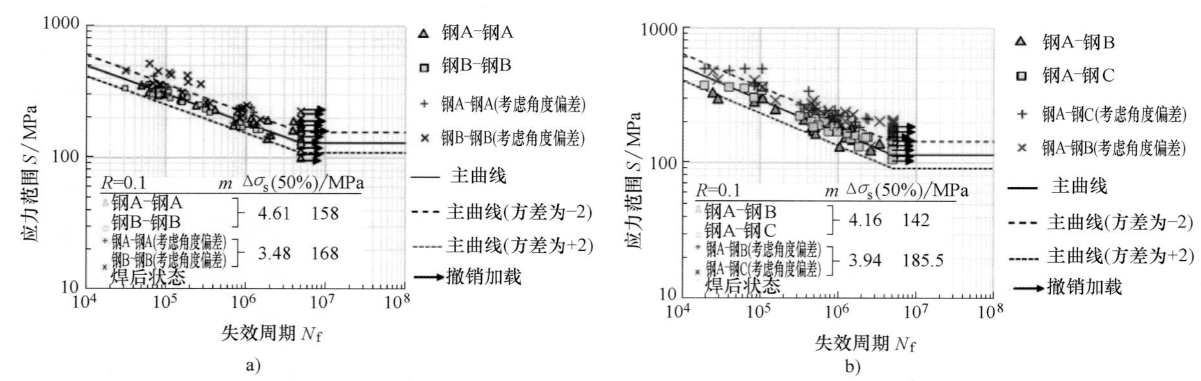

图 11　同种材料 a）和异种材料 b）焊接接头疲劳强度

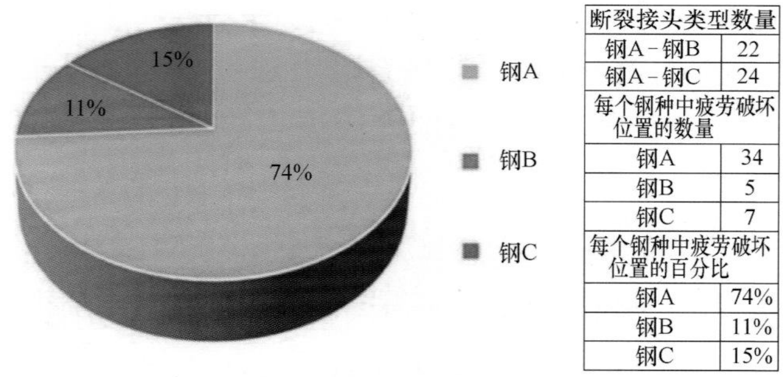

断裂接头类型数量	
钢A－钢B	22
钢A－钢C	24
每个钢种中疲劳破坏位置的数量	
钢A	34
钢B	5
钢C	7
每个钢种中疲劳破坏位置的百分比	
钢A	74%
钢B	11%
钢C	15%

图 12　异种材料对接接头断裂位置的统计情况

在本次 IIW 年会会议上，加拿大学者 Rakesh Ranjan 等[12] 介绍了基于应变的断裂力学（Strain-Based Fracture Mechanics，SBFM）模型的一些进展，该模型主要应用于模拟焊接件中疲劳裂纹在一维和二维上的扩展。该研究首先对一维模型做了介绍，再将该模型应用于半椭球二维模型的疲劳裂纹扩展分析，并应用于实际案例疲劳裂纹的分析。

一维 SBFM 模型在线弹性断裂力学模型基础上考虑了材料非线性因素，疲劳寿命计算基于 Paris-Erdogan 裂纹扩展法则，经过修正考虑了疲劳裂纹闭合效应和阈值应力强度因子（SIF）范围 ΔK_{th}，并在裂纹深度范围 a_i 到 a_c 积分，如式（5）：

$$N=\int_{a_i}^{a_c}\frac{\mathrm{d}a}{C\cdot \mathrm{MAX}(\Delta K_{\mathrm{eff}}^{m}-\Delta K_{\mathrm{th}}^{m},0)} \tag{5}$$

$$\Delta K_{\mathrm{eff}}=K_{\max}-\mathrm{MAX}(K_{\mathrm{op}},K_{\min}) \tag{6}$$

式中，C 和 m 是 Paris-Erdogan 裂纹扩展常数；

ΔK_{eff}^{m} 与裂纹闭合效应有关；K_{max} 和 K_{min} 分别为恒幅载荷循环条件下最大和最小应力水平时的应力强度因子；K_{op} 为该循环下与裂纹张开应力水平相关的应力强度因子。

该研究将一维模型扩展至二维模型，以实现对裂纹扩展过程中裂纹形状自然演变过程的模拟。一维 SBFM 模型中主要关心裂纹尖端的局部弹性应力，而二维 SBFM 模型则同时关注裂纹尖端和试样表面位置局部弹性应力，并将其用于计算裂纹横向张开和纵向扩展两个维度的裂纹扩展率。图 13 所示为二维 SBFM 模型分析过程的流程图。

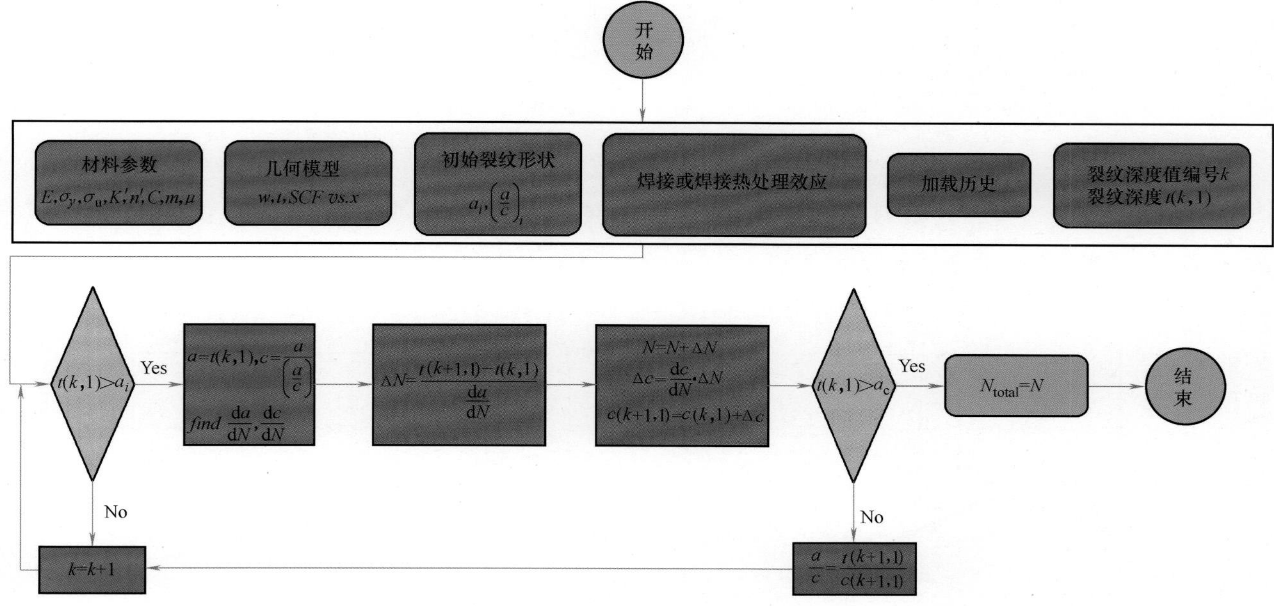

图 13　二维 SBFM 模型分析过程流程图

将二维 SBFM 模型应用于分析经冲击处理后的十字接头在恒幅载荷和变幅载荷条件下疲劳性能的改善效果。通过实际疲劳试验获得描述试样疲劳性能的相关数据，并用二维 SBFM 模型模拟计算裂纹源在恒幅载荷和变幅载荷条件下疲劳裂纹扩展过程中的形状演变，在模拟计算中综合考虑了材料性能、试样几何形状、冲击处理前后残余应力分布情况并定义了初始裂纹形状，将焊态试样初始裂纹定义为半椭球状（SE），冲击处理后试样裂纹源定义为 1/4 椭球状（QE）。模拟结果表明，恒幅载荷条件下二维 SBFM 模型计算所得 *S-N* 曲线与实际试验结果十分接近，证明了二维 SBFM 模型的有效性，但在变幅载荷条件下，尤其是对冲击试样结果与实际试验相比有一定偏于保守的误差。作者认为可能需要更加复杂的材料模型才能得到更加准确的结果，但该研究中未就此问题做进一步探讨。图 14 和图 15 分别为恒幅载荷和变幅载荷条件下二维 SBFM 模型计算结果与试验结果对比。图 16 和图 17 所示为不同应力水平恒幅载荷和变幅载荷条件下裂纹形状演变过程。总体而言，二维 SBFM 模型计算值与试验测得的相关数据均较为接近。

基于已有的试验和文献数据，利用二维 SBFM 模型建立类似通常用于结构疲劳设计的概率 *S-N* 曲线。为简化起见，忽略参数之间的相关性，将部分对 *S-N* 曲线基本无影响的参数设置为确定的常数，通过应力集中因子乘数的变化，间接地考虑了局部焊趾处几何形状的变化。结果表明，采用该模型可以获得用于结构疲劳设计的 *S-N* 曲线，但在变幅载荷条件下冲击处理试样的结果中仍存在一定的偏差。

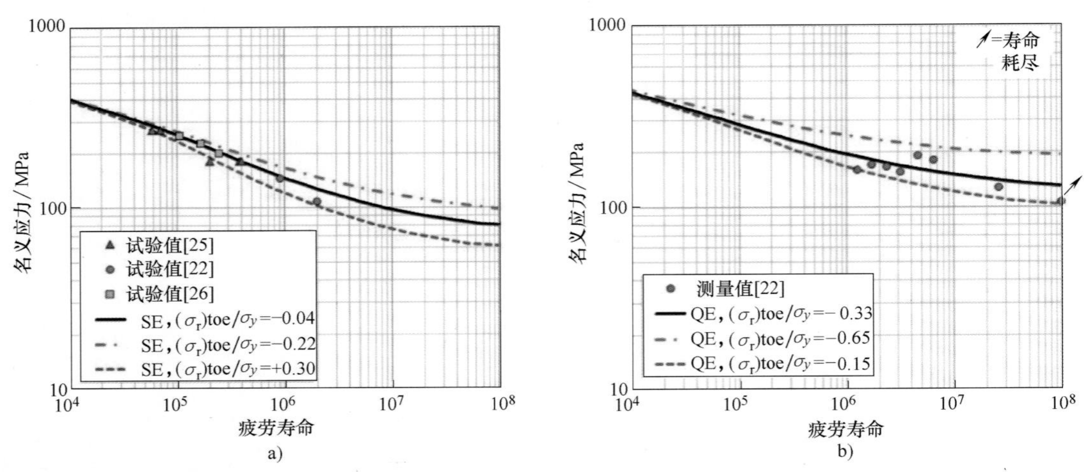

图 14　恒幅载荷条件下二维 SBFM 模型计算 *S-N* 曲线

a）焊态试样计算结果与试验结果对比　b）冲击处理试样计算结果与试验结果对比

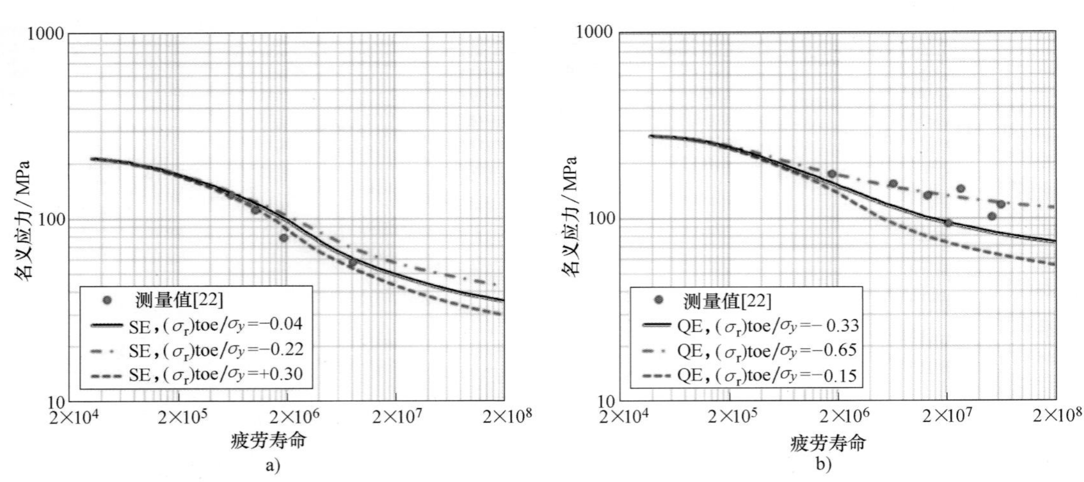

图 15　变幅载荷条件下二维 SBFM 模型计算 *S-N* 曲线

a）焊态试样计算结果与试验结果对比　b）冲击处理试样计算结果与试验结果对比

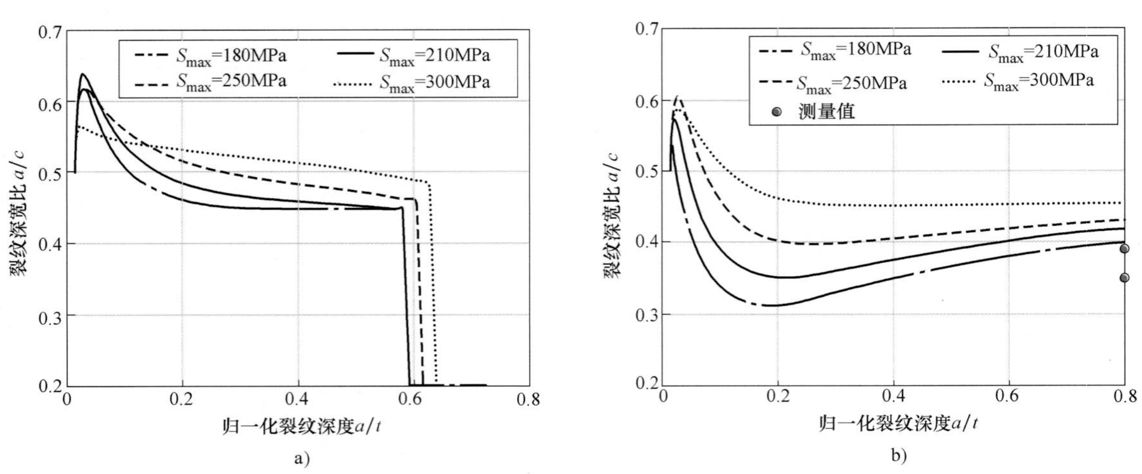

图 16　不同应力水平恒幅载荷条件下二维 SBFM 模型计算裂纹形状演变

a）焊态试样　b）冲击处理试样

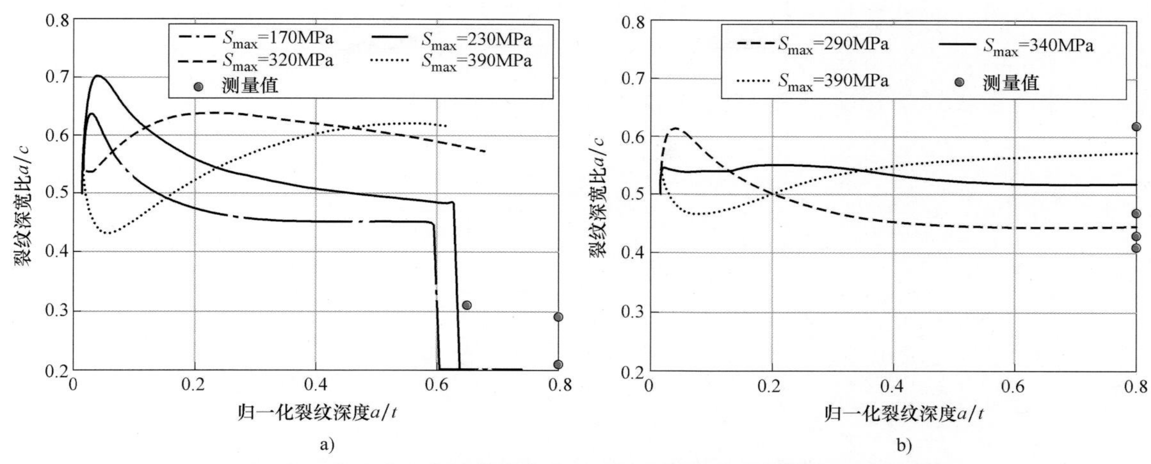

图 17　不同应力水平变幅载荷条件下二维 SBFM 模型计算裂纹形状演变

a）焊态试样　b）冲击处理试样

作者在文章最后指出，在当前情况下，二维 SBFM 模型可以用作在恒幅载荷和复杂变幅载荷条件下来预测冲击处理对疲劳设计曲线影响的工具，但需要进一步研究在变幅载荷条件下使二维 SBFM 模型计算经冲击处理的焊缝疲劳性能，将重点放在与材料模型和缺口应力分析有关的简化上。金属结构中通常有一些类似裂纹的自然缺陷，在结构服役过程中这些缺陷往往会成为疲劳裂纹的萌生点。单一缺陷对疲劳强度与寿命的影响在过去已经进行了较充分和全面的研究。

此外，日本学者 SHIRAHATA 等[13] 对喷涂了油漆的对接焊接接头进行了疲劳试验，并采用超声波技术检测了油漆裂痕处下面的材料是否有疲劳裂纹。

对于像钢制桥梁等结构，由于结构表面的油漆涂层本身会产生裂痕，往往容易把油漆裂纹误检为钢材的疲劳裂纹。在检测过程中，通常的做法是当检测到油漆裂纹后，先去除裂纹所在位置的油漆涂层，然后采用磁粉法检测钢材表面裂纹。在很多情况下，油漆裂纹处并不是真有疲劳裂纹产生。因此，作者在本研究中采用了超声波无损检测技术来检测钢材的内部裂纹。

与现有目测法相比，超声波检测手段可以精确探测潜藏在焊缝表面下的疲劳裂纹，且不用对焊接构件进行破坏。

2　疲劳强度的改善方法与强化技术

德国学者 Jan 和 Lukas 等[14] 以结构钢（S355J2 + N、S690QL）和铝合金（EN AW 5083）管状焊接接头为研究对象，介绍了深度滚压提高管状焊接接头疲劳强度的研究结果。在此项研究中，考虑了焊后深度滚轧、喷丸处理的工艺参数对疲劳强度的影响，确立了一套优化的深度滚轧和喷丸工艺参数的方法，同时也研究了试样深度滚轧、喷丸处理前后表面粗糙度值、硬度值和残余应力值的变化。

该研究根据标准 DIN EN ISO 25178—601：2011—01 和 DIN EN ISO 6507—1 分别测量了试样在深度滚轧、喷丸处理前后表面的粗糙度值和硬度值，同时，采用 X 射线衍射技术测量了试样在焊趾处的环向和纵向残余应力。为确定管状焊接接头的疲劳性能，该研究根据标准 DIN 50113：2018—12 对焊接（AW）、深度滚轧（DR）和喷丸处理（SP）条件下的试样进行了完全反向弯曲（应力比 $R=-1$）下的疲劳试验。图 18 是该研究中试样在焊接、深度滚轧及喷丸处理后试样横截面的焊趾处的硬度测量结果；图 19 是试样在焊接、深度滚轧和喷丸处理后焊趾处的环向和纵向残余应力测量结果；图 20 是在焊接、深度滚轧和喷丸处理条件下的疲劳试验结果。

研究结果表明：经过深度滚轧后，显著提高了结构钢（S355J2+N、S690QL）和铝合金（EN AW 5083）管状焊接接头的疲劳强度和疲劳寿命，对于铝合金 EN AW 5083 管状焊接接头而言，喷丸处理后的疲劳强度比深度滚轧后的疲劳强度提高了 25%。

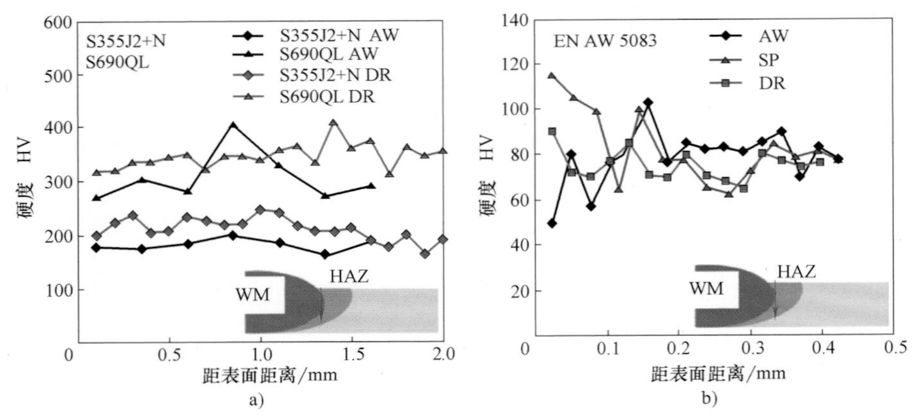

图 18　焊接、深度滚轧及喷丸处理后试样横截面的焊趾处硬度测量结果

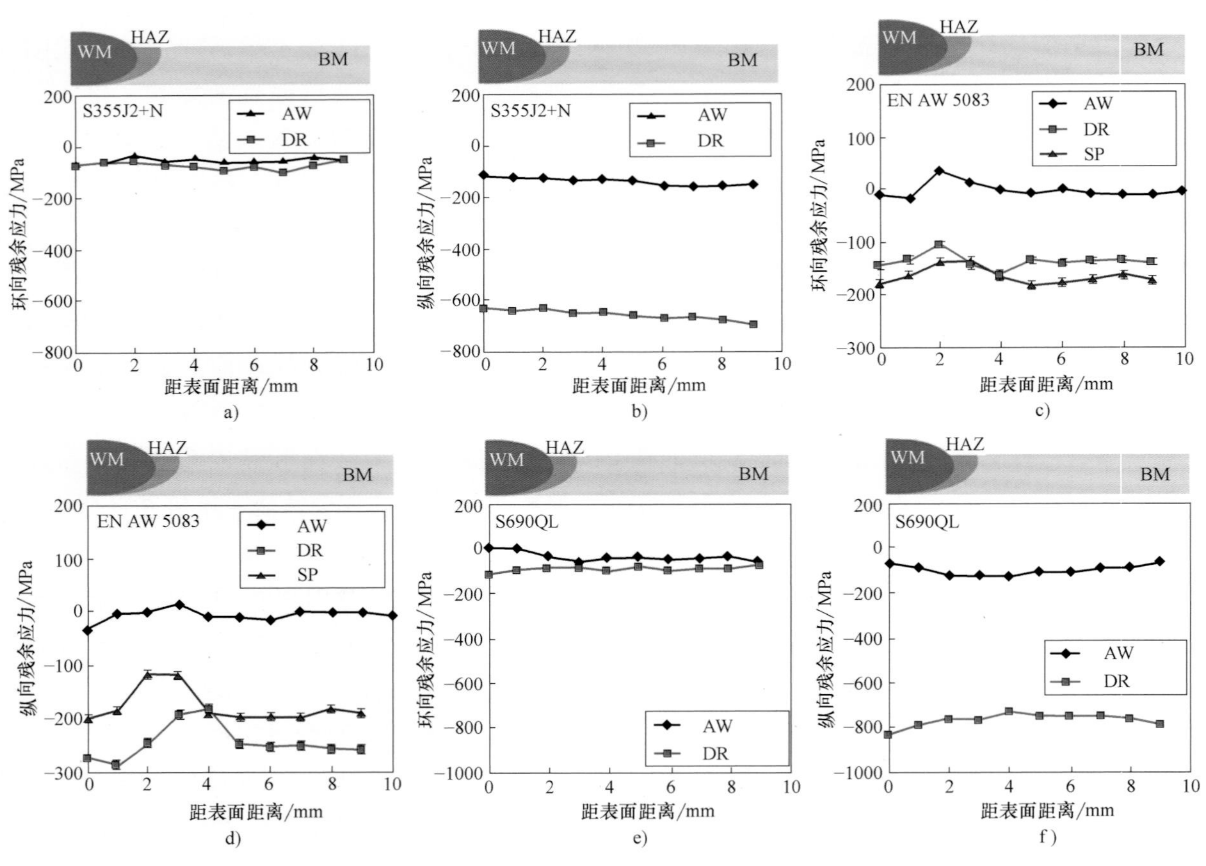

图 19　焊接、深度滚轧及喷丸处理后焊趾处的环向和纵向残余应力测量结果

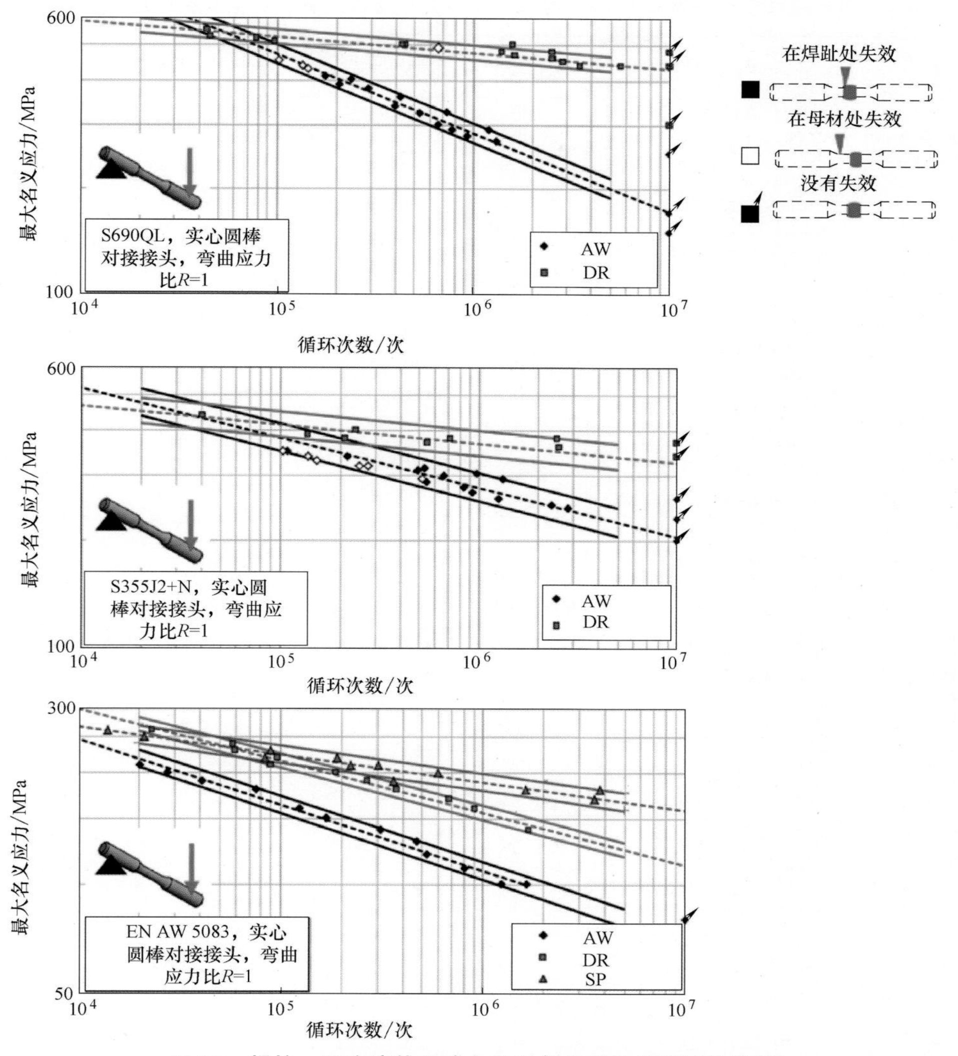

图 20　焊接、深度滚轧及喷丸处理条件下的疲劳试验结果

德国学者 Moritz 等[15] 研究了焊趾磨削对焊接接头疲劳强度的影响，并对焊缝整形、圆盘磨削和飞边磨削三种不同工艺用于改善焊接接头的试验结果进行了综述。在此项研究中，对445 个包括对接焊缝、纵向焊接板、叠合板、横向承载焊缝、横向非承载焊缝、带有工艺孔的 I 形截面焊件，以及纵向角撑板的小尺寸和全尺寸疲劳试验结果进行了综合性研究，对不同屈服强度和应力比的焊趾试样的疲劳试验数据进行了分析和评价。同时，从所有的最佳拟合斜率指数的平均值中计算得出最佳拟合的 *S-N* 曲线和平均斜率指数，根据 IIW 和德国焊接学会（DVS）推荐的标准可知，磨削工艺提高了焊接接头的疲劳强度和疲劳寿命。表 1 是不同焊接接头焊接后的 FAT 等级（在 2×10^6 次循环下的疲劳强度）、相应的平均疲劳强度及磨削后的 FAT 级别。

研究结果表明：焊趾磨削能显著提高试样焊接接头的疲劳强度，对于应力集中倾向小、焊接缺陷少、磨削引入缺口或横截面积显著减小的焊接接头，磨削改善焊接接头疲劳强度的效果较差，甚至会降低疲劳强度。焊缝整形、圆盘磨削和飞边磨削三种工艺对焊接接头疲劳强度的改善效果，焊缝整形最好，飞边磨削次之，圆盘磨削最差。在现有研究中，由于试样数量少且应力变化范围较窄，焊趾磨削对带有工艺孔的 I 形截面焊件及纵向角撑板的疲劳强度的改善效果需要进行进一步的研究和验证。

表1　不同焊接接头焊接后的FAT等级、相应的平均疲劳强度以及磨削后的FAT级别

接头类型	详细信息	焊接后根据IIW推荐的FAT等级	平均疲劳强度	磨削后根据IIW推荐的FAT等级
	横向对接焊缝	90	123	112
L	纵向角撑板的焊缝长度 $L<150$mm $L<300$mm	 71 63	 97 86	 90 80
L L	叠合板的长度 50mm<$L\leq150$mm	71	97	90
	横向承载焊缝	71	97	90
	横向非承载焊缝	80	110	100
	带有工艺孔的纵向对接焊缝、角焊缝或间断焊缝（I形截面）	50	68	63
L	长度$L<150$mm的纵向角撑板	50	68	63

近年来，高频机械冲击（High Frequency Mechanical Impact，HFMI）技术在实际工程中被广泛应用于提高结构的疲劳强度，研究者针对该技术对角焊缝疲劳强度的改善效果也进行了大量研究。疲劳强度在一定程度上取决于焊接接头或结构的长度、板厚等几何参数。然而，关于几何参数对采用高频机械冲击技术改善疲劳强度的影响鲜有报道，对单独或复合的几何参数尺寸对疲劳强度改善效果的研究还不深入。鉴于此，日本学者Ono等[16]针对角板长度（L）、基板宽度（W）和板厚（T）、试样载荷、焊缝细节、屈服应力和R因子等细节参数进行了完整的重新分析。首先，作者对疲劳测试数据进行了慎重采集和筛选，从而完善了焊态和HFMI处理态下的焊接接头已有的疲劳数据库。由于焊态下接头的数据库更充分、试样尺寸更大，在第一阶段通过采用多重回归分析法评价了各参数的影响，通过式（7）计算疲劳强度，

结果如图 21~图 23 所示。

$$\Delta S_{\mathrm{G}}=\Delta\sigma_{\mathrm{ref}}\left(\frac{L}{L_{\mathrm{ref}}}\right)^{l}\left(\frac{W}{W_{\mathrm{ref}}}\right)^{w}\left(\frac{T}{T_{\mathrm{ref}}}\right)^{n} \tag{7}$$

式中，ΔS_{G} 为疲劳强度；T 为主板厚度（mm）；$\Delta\sigma_{\mathrm{ref}}$ 为公称应力范围（MPa）；W 为主板宽度或腹板高度（mm）；l、w、n 分别为 L、W、T 的指数，他们的值分别为 -0.087、-0.17、0.087；L_{ref}、W_{ref}、T_{ref} 分别为 L、W、T 的尺寸参考值，分别为 50mm、40mm、80mm。

基于式（7），Ono 提出了几何尺寸所形成的复合影响与疲劳强度间的函数关系，认为最大的尺寸参数组合会导致最低的疲劳强度。

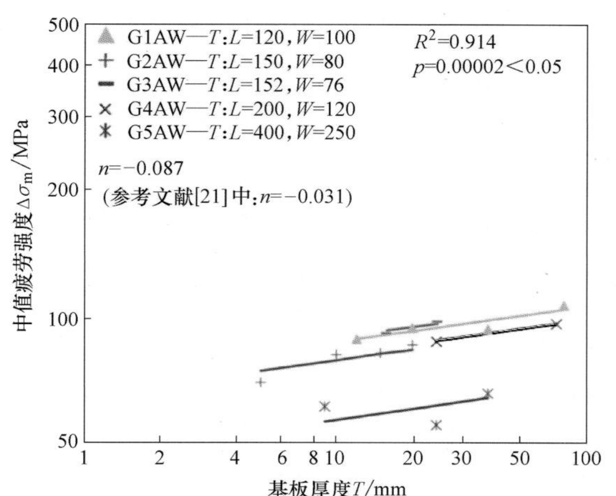

图 21 板厚 T 的仿真变量多重回归（MRD）分析结果

n—厚度校正系数 R—应力比 p—部分熔透焊缝

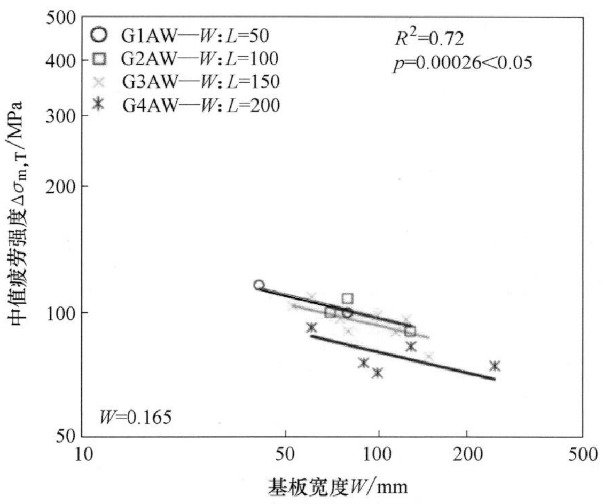

图 22 板宽 W 的仿真变量多重回归（MRD）分析结果

在第二阶段，通过与焊态接头疲劳强度的比较，分析并阐述了 HFMI 处理态接头几何尺寸

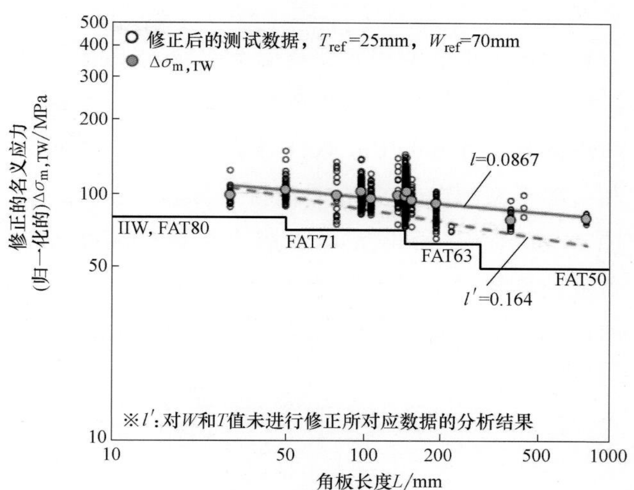

图 23 角板长度 L 的一元回归分析结果

对疲劳强度的影响。研究结果显示，角板长度、基板宽度和厚度相复合所形成的接头尺寸因素，会显著影响 HFMI 处理态接头的特征值，该影响方式与对焊态接头的影响较为相似。此外，在 IIW 推荐适用的范围内，采用 Ono 所建立的疲劳强度关系能更加精确地预测 HFMI 处理对接头疲劳强度的改善效果。

3 残余应力的测量与数值模拟及其对疲劳强度的影响

补焊可以修复焊接结构在制造和使用过程中产生的缺陷，从而降低制造成本和延长服役寿命。补焊时，由于局部强拘束的作用使得补焊位置及其附近会产生很高的残余应力。与焊接本身产生的残余应力相比，补焊所导致的残余应力危害更大。德国学者 Ardeshir 等[17] 以不同强度等级的结构钢 S355J2+N 和 S960QL 为研究对象，采用 GMAW 方法研究了补焊对两种钢的十字形接头残余应力特征。该研究采用试验手段制备了两种材料的十字形接头，焊接完成后在焊趾位置进行机械加工制备补焊填充坡口，再实施补焊。在试验中，采用 X 射线法测量了焊接和补焊后的残余应力分布。此外，作者还基于 SYSWELD 软件建立了对应的三维热-弹-塑性有限元模型，并对焊接温度场、组织和残余应力进行了模拟仿真。在所建立的材料模型中，作者详细考虑了材料的高温物理性能和高温力学性能，同时，基于 Leblond 方程考虑了扩散型相变，基于 K-M 方程考虑了非扩散型相变。在考虑固态相变过程时，材料的 CCT 图是基于 JMatPro 软件计算得到的，并对比相关参考文献中的 CCT 图进行了比较与验证，如图 24 所示。之后再从 CCT 图中提取出相变控制方程的参数，用于固态相变过程的模拟。在计算温度场时，采用 Goldak 双椭球移动热源模型模拟了焊接热输入。

图 25 比较了两种钢在焊态由试验测量得到的焊接残余应力和数值模拟得到的焊趾及远离焊趾侧母材的残余应力分布。从分布形态上看，两者有较好的一致性，但数值的大小有明显的差异。这主要是由于在实际焊接过程中采用了焊后锤击来处理焊道，而在数值模拟中未考虑这一因素。

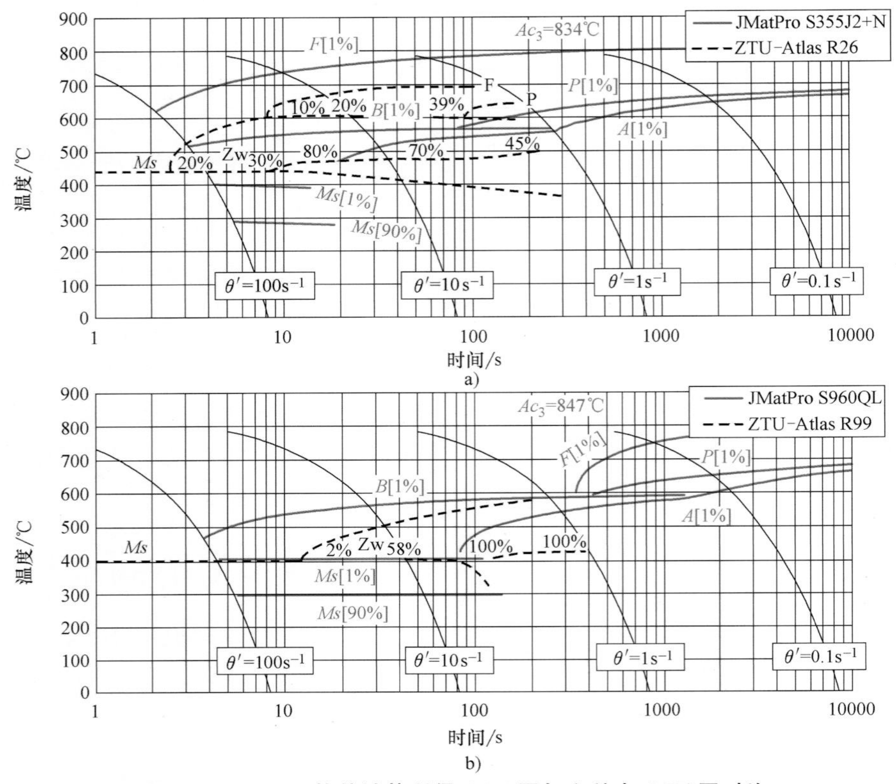

图 24　JMatPro 软件计算所得 CCT 图与文献中 CCT 图对比

a）S355J2+N　b）S960QL

θ′—冷却速度

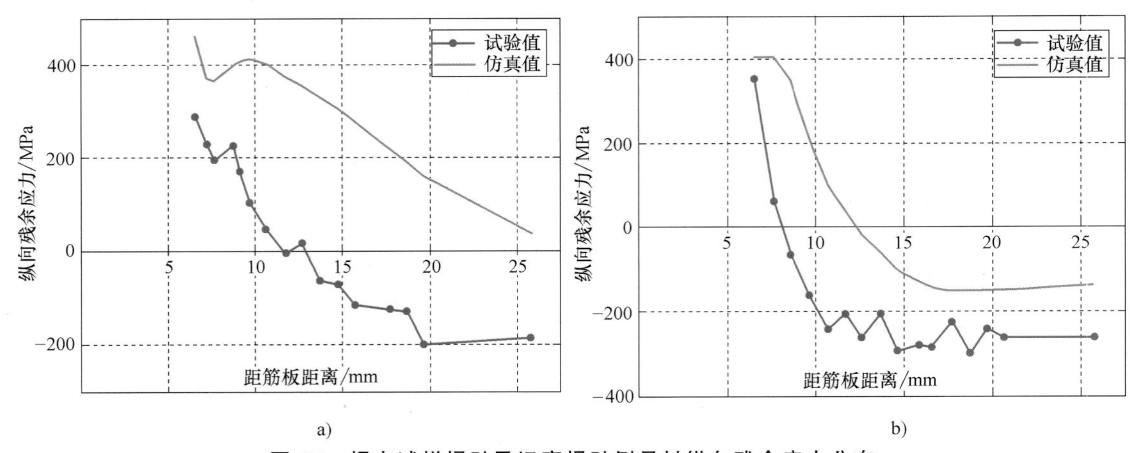

图 25　焊态试样焊趾及远离焊趾侧母材纵向残余应力分布

a）S355J2+N　b）S960QL

图 26 和图 27 分别为 S355J2+N 和 S960QL 两种钢材在焊态、单侧补焊及双侧补焊的数值模拟结果云图。与只进行焊接的情况相比，无论进行单侧补焊还是双侧补焊，补焊后横、纵两个方向残余应力均有较显著的增大，且不受补焊位置影响。如前所述，该研究采用了两种不同强度级别的钢材。从研究结果来看，在后补焊一侧，两种结构钢的残余应力分布有显著的不同。对于强度级别较低的 S355J2+N 钢而言，补焊后纵向残余应力均呈增加趋势，初始焊态、单侧补焊及双侧补焊后的纵向残余应力峰值分别为 460MPa、586MPa 和 719MPa。横向残余应力在单侧补焊时增加，补焊另一侧后横向残余应力的值有一定程度降低，初始焊态、单侧补焊及双侧补焊后的横向残余应力峰值分别为 74MPa、389MPa 和 324MPa。对于 S960QL 钢，作者利用模型的几何对称性采用了半模型来进行数值模拟。双侧补焊后的横、纵两个方向的残余应力与单侧补焊相比有所下降。补焊过程中，由于材料的相变仅发生在补焊区及其附近热影响区（HAZ），作者认为补焊接头的最终残余应力分布是由补焊位置及 HAZ 的固态相变、热应变与非补焊位置的热应变共同决定的。

该研究中进行了仿真结果与试验测量结果的对比，并在数值模拟中详细考虑了固态相变等因素。尽管该研究仅得出了补焊对十字形接头残余应力分布的影响，未进一步深入探讨残余应力与构件疲劳性能的关系，且未基于相变分析结果详细讨论材料相变过程对补焊残余应力分布的影响，但该研究对国内在高强钢疲劳问题领域的研究仍具有一定的参考价值。

当前，高强钢的疲劳性能研究是迫切需要关注的热点问题，焊接和补焊引起的残余应力对结构的疲劳强度或寿命有一定程度的影响。目前，国内在该领域开展的工作还不充分，缺乏足够的数据来支撑高强钢焊接结构设计中对疲劳问题的考虑。因此，我们应该加强对典型高强钢焊接接头和结构的残余应力与试验测量及数值模拟工作。

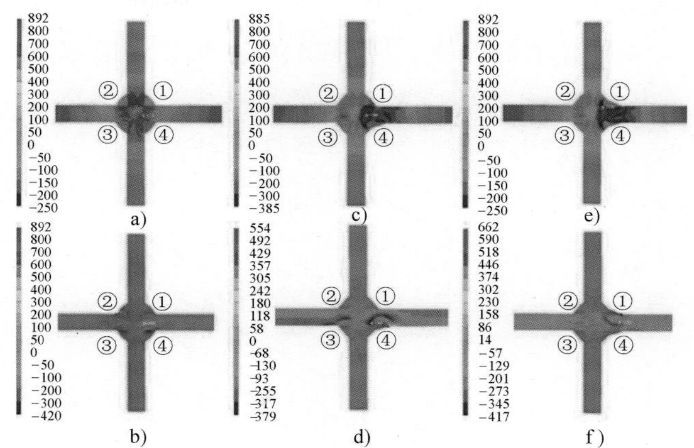

图 26　S355J2+N 试样残余应力分布

a）初始焊接试样纵向残余应力　b）初始焊接试样横向残余应力
c）单侧补焊纵向残余应力　d）单侧补焊横向残余应力
e）双侧补焊纵向残余应力　f）双侧补焊横向残余应力

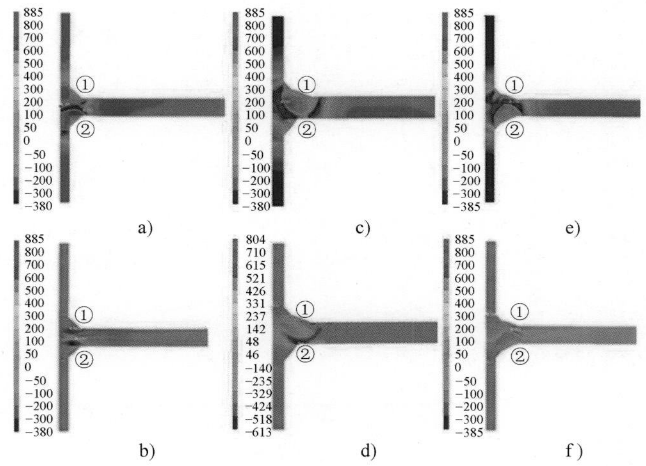

图 27　S960QL 试样残余应力分布

a）初始焊接试样纵向残余应力　b）初始焊接试样横向残余应力
c）单侧补焊纵向残余应力　d）单侧补焊横向残余应力
e）双侧补焊纵向残余应力　f）双侧补焊横向残余应力

Kyaw 等[18] 采用数值权重函数法研究了残余应力对具有表面裂纹的 T 形焊接接头疲劳寿命的影响。该研究基于权重函数法（IFM），提出了数值计算模型，并用该模型计算了在两种单轴恒定振幅（CA）载荷下焊接接头表面裂纹的应力强度因子（SIF），讨论了焊接残余应力对裂纹应力强度因子的影响，使用 Paris-Elber 定律和断裂力学方法评估了不同载荷下焊接接头的疲劳寿命，模型的几何尺寸如图 28 所示。

研究结果表明，所提出的数值权重函数法（IFM）能有效地应用于 T 形焊接接头表面裂纹应力强度因子的评估，在考虑焊接残余应力的情况下，接头表面裂纹应力强度因子显著增大，尤其在裂纹尖端位置，如图 29 所示；焊接接头的疲劳寿命显著降低。同时，与未考虑残余应力时相比，考虑残余应力时随着裂纹深度增加，焊接接头疲劳寿命越短。

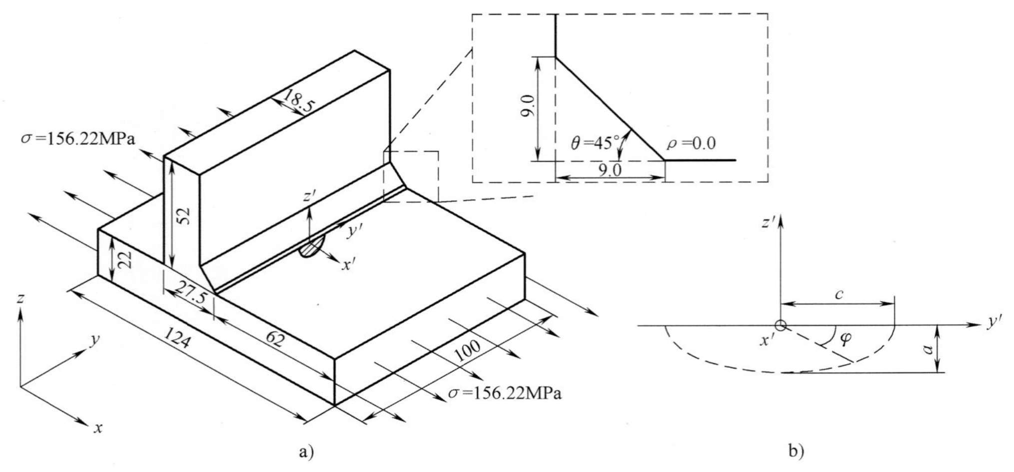

图 28　T 形焊接接头几何模型及裂纹源几何模型

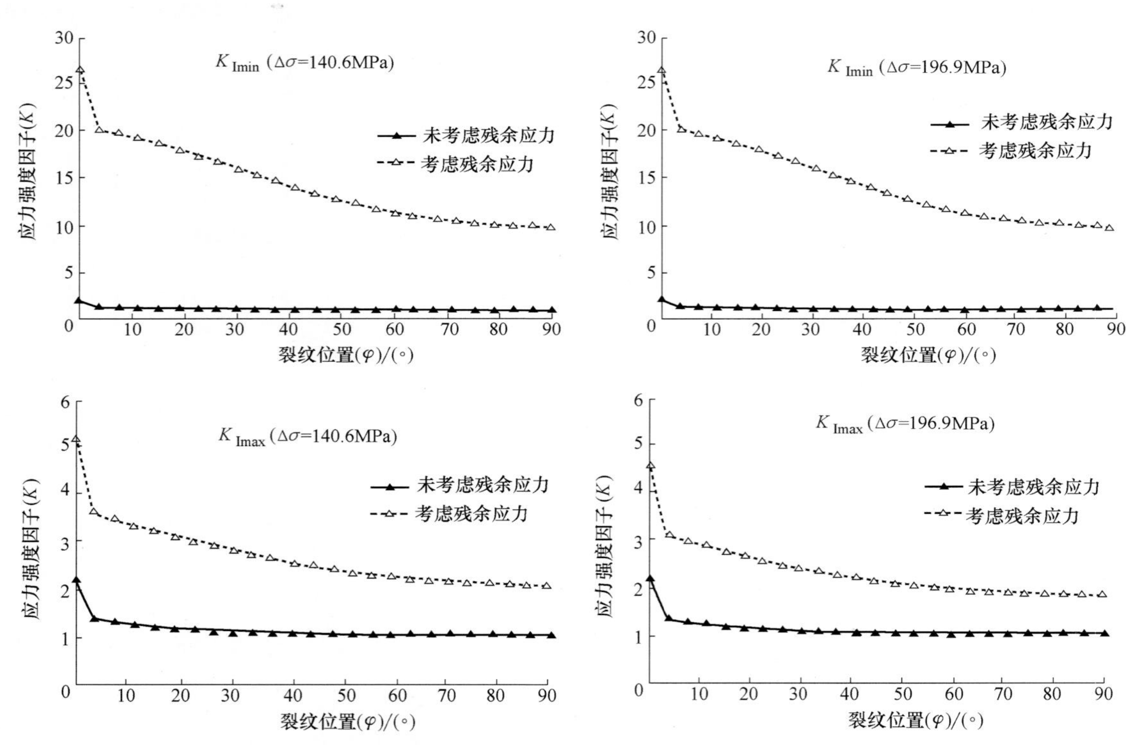

图 29　焊接残余应力对裂纹应力强度因子的影响

该研究指出焊接残余应力对焊接构件的疲劳寿命评估具有极其重要的影响，所提出的数值计算模型也验证了将数值权重函数法（IFM）应用于评估焊接结构疲劳寿命范围的可行性与有效性。但是，作者也指出他们所建立的模型相对简单，对焊接结构疲劳寿命的准确评估还需要深入的研究。

4 增材制造中疲劳问题研究

近年来，增材制造（AM）结构中的多个缺陷导致的疲劳强度显著降低引起了人们的广泛关注。相邻裂纹距离越近，它们可能会相互作用并显著地影响结构的疲劳强度。当相距较近的裂纹发生相互作用时，有效缺陷尺寸往往更加难以评估。因此，缺陷相互作用一直是人们关注的重要问题。

芬兰学者 M. Åman 等[19] 提出了一种基于有限元法来精确计算任意形状三维裂纹相互作用的应力强度因子（SIF）的数值方法。该方法利用叠加原理，将裂纹尖端单元的总应力分为奇异项和非奇异项两个分量，以精确捕获由于相邻裂纹引起的弹性应力场中的扰动，前一项与应力强度因子相关，后一项是与裂纹尖端无关的远程应力。这种方法的关键是从总应力中提取非奇异项，保留奇异项，通过将两个应力分量与已知精确 SIF 的基本单个裂纹的应力分量进行比较，以获得相互作用因子。该方法可以借助通用商用有限元软件来计算裂纹的应力强度因子（SIF）和相互作用因子，在计算过程中不需要使用精细的网格、奇异单元或精确确定裂纹附近的应力，也不需要采用外推法。

研究表明，该方法的计算结果与现有数值解的相对误差范围为 0.2%～5%，如图 30 所示。不同形状及尺寸的裂纹相互作用因子的计算案例如图 31 所示。计算结果表明，较大的裂纹对较小裂纹附近的应力场影响更大，因此小裂纹处的相互作用因子始终大于大裂纹处的相互作用因子。不同形状的裂纹由于其裂纹前沿的不同，导致其相互作用因子也不同。同时，该研究也指出相互作用因子的大小并不代表裂纹尖端的应力强度因子，因为应力强度因子也是裂纹长度的函数。在该研究中，作者针对增材制造（AM）中存在许多类似小裂纹的自然缺陷，将该方法与面积参数模型结合以使其适用于小裂纹的疲劳问题，数值模拟结果与模型解吻合良好，进一步拓宽了该方法的使用范围。

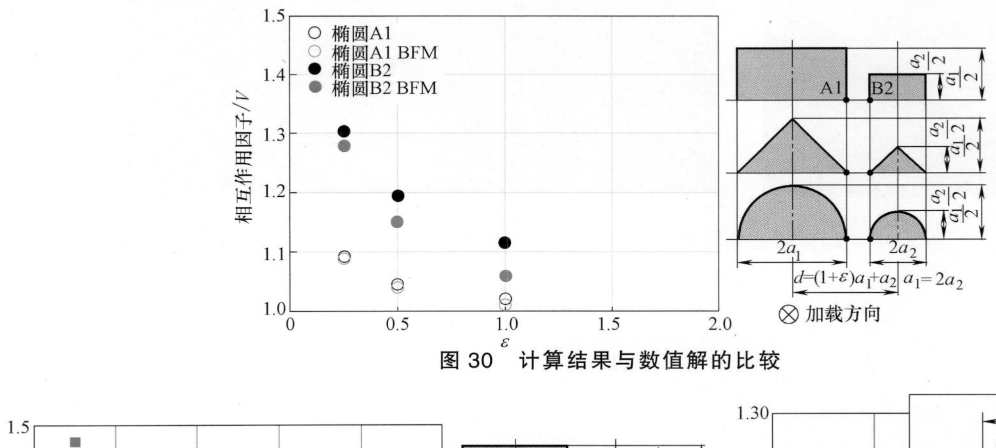

图 30 计算结果与数值解的比较

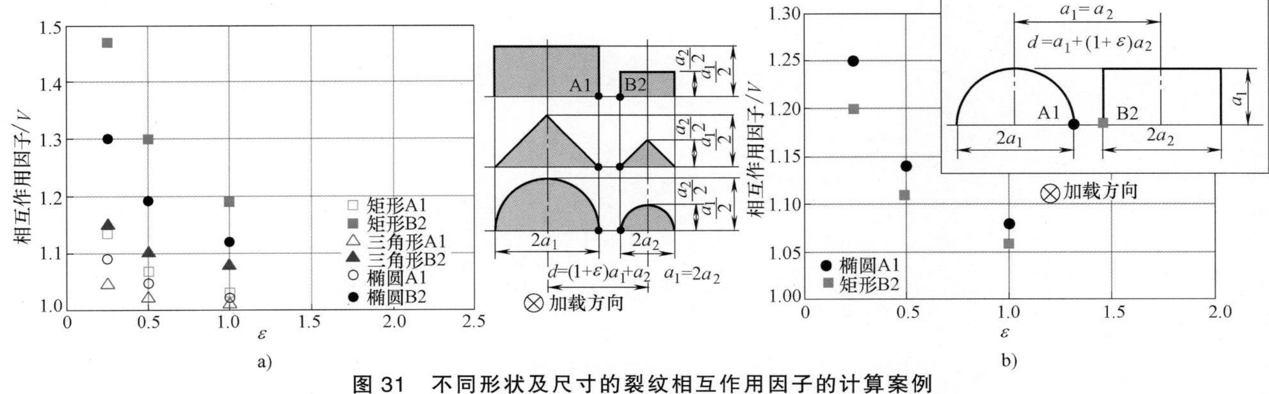

图 31 不同形状及尺寸的裂纹相互作用因子的计算案例

a）不同尺寸的裂纹相互作用因子 b）不同形状的裂纹相互作用因子

该研究所提出的求解裂纹相互作用的应力强度因子的方法具有一定的创新性，它能在保证计算精度的情况下进一步降低计算难度，简化建模过程，能够成为评估裂纹前沿任何位置的应力强度因子的有效工具。作者认为，由该方法获得的数值模拟结果对于目前标准的修改与完善具有指导意义。但也需要指出，该方法对形状复杂的裂纹或多个裂纹情况及其他裂纹类型的适用性还需要进一步研究，后续也需要通过试验进一步验证该方法的妥当性。

奥地利学者 Leitner 等[20] 采用增材制造（选区激光熔覆）方法制备了 17-4PH 不锈钢平板试样，试样的典型表面形貌如图 32 所示，作者重点研究了表面层性能对试样疲劳强度的影响。沿加载方向的 X 射线表面残余应力测量结果表明，采用最终热处理后，表面残余应力可忽略不计，仅相当于母材名义屈服强度的 3%左右，因而在研究中假设表面残余应力对试样疲劳强度没有明显的影响。对于增材制造表面的非规则形貌，应采用一种基于面积的表面粗糙度参数评价方法，若采用线性的粗糙度评价方法则会低估表面粗糙度值。取载荷应力比 $R=-1$，悬臂弯曲疲劳测试结果表明了表面层对疲劳强度具有根本性影响，尤其是在高周疲劳范围。增材制造得到的试样在经过机械加工后的疲劳强度比没有经过机械加工的疲劳强度提升了 29%，达到 10^7 载荷周期水平，如图 33 所示。最后，作者对断口表面进行了分析，发现表面形貌和表面层本身均对疲劳具有显著影响。由于基体材料表面熔覆层的表面缺陷或二者间的未熔合相当于疲劳裂纹源，作者认为若采用增材制造方法制备 17-4PH 钢结构，在进行疲劳设计时考虑表面层性能是非常必要的。

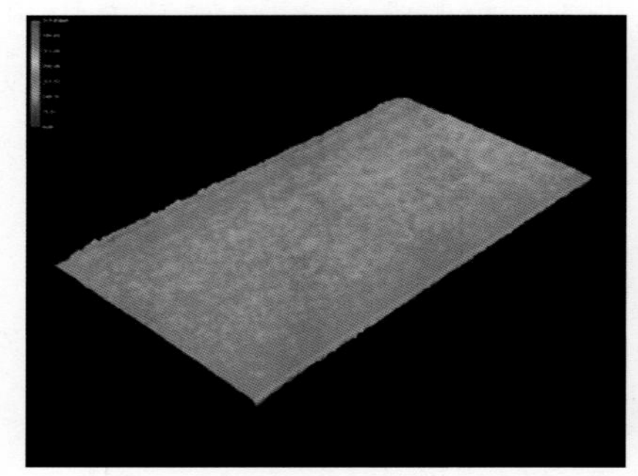

图 32　表面形貌测试结果（左）和区域总高度图显示结果（右）

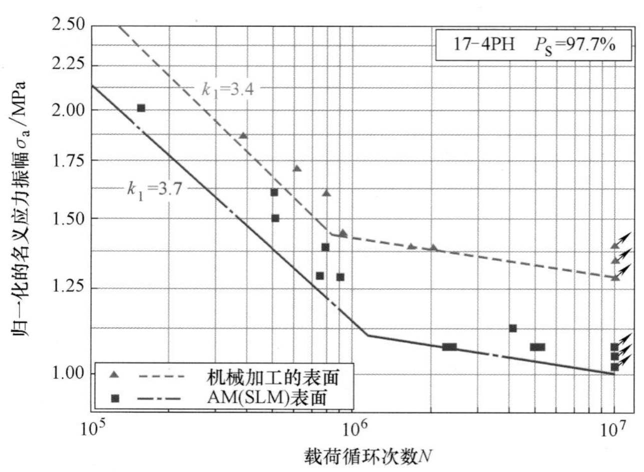

图 33　疲劳测试结果和统计学评估的 S-N 曲线（生存概率 $P_S=97.7\%$）

5 结束语

在 2020 年第 73 届国际焊接学会 IIW 年会期间，来自 20 多个国家或地区的学者共在 C-XⅢ分委员会提交了 15 篇论文和研究报告，由于受到新冠肺炎疫情的影响，与 2019 年相比论文数量大幅减少了。不过，从提交给 IIW 的论文和研究报告来看，焊接疲劳这一领域的研究仍然受到了各国特别是工业发达国家的高度重视。总体而言，这些论文和研究报告中，超过半数来自日本、德国、法国和芬兰，这一点充分体现了先进工业国家对焊接结构疲劳问题和抗疲劳设计等方面的高度重视。本次年会的交流内容除了涉及常规焊接接头和结构的疲劳评定、疲劳强化技术的研究与工程应用、残余应力的测量与数值模拟等方面外，也有几篇文献对金属增材制造领域的疲劳问题进行了报道。总体而言，这些研究体现了当今国际焊接界关于焊接疲劳问题的最新动态。很遗憾，在本年度年会中，没有我国学者独立向 C-XⅢ专委会提交该研究领域的论文或研究报告，这也从侧面反映了我国在焊接结构疲劳方面尚缺乏明确的方向和研究人员严重不足的问题。

关于焊接结构的疲劳研究，总体上可以分为两大类别。一类是经验性的，即通过试验结果，结合材料力学或断裂力学的力学参量总结出经验规律，从而预测同类型问题的疲劳强度或疲劳寿命。目前，真正有应用价值的属于这类研究，但是由于实际焊接接头和结构的差异性与特殊性，在特定条件下得到的试验规律并不具备普遍性。这样，无论总结多少试验规律，都远远不能满足工程应用的需要。从近几年的 IIW 关于疲劳的文献统计来看，很多研究获得的试验规律只能适用一定的范围，因此，焊接结构疲劳问题的研究几乎是一个永恒的话题。另一类是纯学术上的研究，包括从局部塑性出发，利用损伤力学方法来研究疲劳规律，以及根据裂纹扩展速度来预估疲劳寿命。这类研究与工程实际应用的距离较大，并且目前为止还看不到其普遍适用的曙光。

疲劳是工程结构尤其是焊接结构中最典型的失效形式，也是一个相对古老的学科，迄今为止，还没有建立起一个具有普适性的完整理论体系。无论是从工程应用层面还是从理论体系的构筑来看，从试验数据与经验积累升华为科学理论体系，即从经验走向科学，从定性走向定量，是疲劳研究者面临的最紧迫的挑战与任务。由于疲劳是一个相对传统的学科，加之问题的多样性、复杂性与多学科交叉特点，疲劳理论研究不容易引起人们足够的关注，取得的成果也难以获得同行的认可及达成共识。然而，疲劳问题的科学价值及其对人类社会技术进步的意义是毋庸置疑的，因此，这一领域需要研究者们持之以恒地探索。

我国应鼓励和引导国内学者尤其是年轻学者从事焊接疲劳方面的研究，积极参加国际焊接学会 C-XⅢ专委会的学术活动与交流，促进国内焊接结构疲劳研究的发展，为我国大型复杂工程和尖端装备中的焊接结构的设计、制造和完整性评估提供科学基础。

参考文献

[1] M. SC. M O, M. SC. S S, Rother K. Determination of notch factors for welded T-Joints based on numerical analysis and metamodeling [Z]// XⅢ-2853-220.

[2] L F V, Ho N J, MAZUMDAR P K. Predicting the Fatigue Resistance of Welds [J]. Annual Review of Materials Research, 2003, 11 (1): 401-425.

[3] YUNG J Y, LAWRENCE F V. Analytical and graphical aids for the fatigue design of weldments [J]. Fatigue & Fracture of Engineering Materials & Structures, 2010, 8 (3): 223-241.

[4] LIDA K, UEMURA T. Stress concentration factor formulae widely used in japan [J]. Fatigue & Fracture of Engineering Materials & Struc-

tures, 1996, 19 (6): 779-786.

[5] CAMPAGNOLO A, MENEGHETTI G, VORMWALD M, et al. Multiaxial fatigue assessment of thin walled tube-tube steel joints with weld ends using the peak stress method [Z]//XIII-2855-2020.

[6] MANCINI F, REMES H, ROMANOFF J, et al. Stress magnification factor for angualr misalignment between plates with welding-induced curvature [Z]//XIII-2850-2020.

[7] AHOLA A, MUIKKU A, BRAUN M, et al. Fatigue strength assessment of ground fillet-welded steel joints using 4R method [Z]//XIII-2862-2020.

[8] BJÖRK T, METTÄNEN H, AHOLA A, et al. Fatigue strength assessment of duplex and super-duplex stainless steels by 4R method [J]. Welding in The World, 2018, 62 (6): 1285-1300.

[9] NYKÄNEN T, BJORK T. Assessment of fatigue strength of steel butt-welded joints in as-welded condition-alternative approaches for curve fitting and mean stress effect analysis [J]. Marine Structures, 2015, 44: 288-310.

[10] NYKÄNEN T, BJORK T. A new proposal for assessment of the fatigue strength of steel butt-welded joints improved by peening (HFMI) under constant amplitude tensile loading [J]. Fatigue & Fracture of Engineering Materials and Structures, 2016, 39 (5): 566-582.

[11] AGUIARI M, PALOMBO M, RIZZO C M. Performance characterization of high strength steel and quenched and tempered steels and their joints for structural applications [Z]//XIII-2864-2020.

[12] RANJAN R, WALBRIDGE S. 2D fracture mechanics analysis of HFMI treatment effects on the fatigue behaviour of structural steel welds [Z]//XIII-2856-2020.

[13] SHIRAHATA H, HIRAYAMA S, ONO S, et al. Detection of crack in painted flange gusset welded joint by ultrasonic test [Z]//XIII-2862-2020.

[14] SCHUBNELL J, MAYER L, CARL E, et al. Deep rolling as an effective tool for fatigue improvement of tubular welded joints [Z]//XIII-2857-2020.

[15] BRAUN M, WANG X. Fatigue strength improvement by weld toe grinding: a data review [Z]//XIII-2861-2020.

[16] ONO Y, BAPTISTA C, KINOSHITA K, et al. Influence of geometric size effect on fatigue strength of longitudinal welded gusset joints in as-welded and HFMI-treated state [Z]//XIII-2854-2020.

[17] SARMAST A, JAN S, FARAJIAN M. Finite element simulation of multi-layer repair welding and experimental investigation of the residual stress fields in steel welded components [Z]//XIII-2857-2020.

[18] KYAW P M, OSAWA N, GADALLAH R. Study on the effect of residual stresses on stress intensity factor and fatigue life of surface cracked t-butt welded joints using numerical influence function method [Z]//XIII-2860-2020.

[19] ÅMAN M, BERNTSSON K, MARQUIS G, et al. Effective numerical method for evaluating stress intensity factors of interacting arbitrary-shaped 3D cracks [Z]//XIII-2851-2020.

[20] LEITNER M, SCHNELLER W, SPRINGER S, et al. Effect of surface layer on the fatigue strength of additively manufactured 17-4 PH steel [Z]//XIII-2848-2020.

[21] SHAMS-HAKIMI P, Yildirim H C. Al-Emrani M (2017) The thickness effect of welded details improved by high-frequency mechanical impact. treatment [J]. International. Journal of Fatigue, Vol. 99, 111-124.

作者简介：邓德安，男，1968年出生，工学博士，教授，博士生导师。主要从事集成计算焊接力学、焊接过程数值模拟、焊接物理冶金、钢结构焊接及焊接新材料与新工艺开发等方面的研究工作。主持完成了40余项计算焊接力学方面的项目，撰写研究报告40余篇，发表论文170余篇。Email:deandeng@ cqu. edu. cn。

审稿专家：张彦华，工学博士，教授。主要从事焊接结构完整性与断裂控制方面的研究工作。Email:zhangyh@ buaa. edu. cn。

聚合物连接与胶接技术（IIW C-XVI）研究进展

闫久春　许志武　黄永宪

（哈尔滨工业大学材料科学与工程学院，哈尔滨　150001）

摘　要：IIW C-XVI专委会（聚合物连接与胶接技术专委会）于2020年7月20—21日召开了为期两天的学术会议，共交流7篇学术报告，主要集中在塑料焊接及异种材料焊接、工业热塑性材料焊接工艺两个专业领域。报告内容涉及聚合物连接技术及其在航空、汽车轻量化方面的应用研究；热塑性材料与金属的异种材料焊接技术和纤维增强热塑性树脂基复合材料连接技术。本年度在聚合物与金属的异种材料连接，特别是热塑性材料与铝合金的连接方面的研究取得了显著进展，纤维增强热塑性树脂基复合材料搅拌摩擦焊备受关注。

关键词：木材连接；聚合物与金属连接；纤维增强热塑性树脂基复合材料焊接；摩擦焊接

0　序言

在本次年会上，来自德国、奥地利、英国、美国等国家和地区的专家代表进行了7个学术报告，交流了塑料焊接及异种材料焊接技术和工业热塑性材料焊接技术两个主题。学术报告主要集中于木材连接、聚合物与金属连接和纤维增强热塑性树脂基复合材料焊接三个方面。

近几年，松木、枫木线性摩擦焊接的实现证实了木材是可以采用焊接技术进行连接的，焊接领域开始关注木材的连接和木材与金属的连接，相关研究还处于起步阶段，重点是尝试焊接技术在木材连接方面应用的可能性。木材的主要成分有纤维素、半纤维素和木质素等高分子材料，它们与金属几乎无化学反应，金属表面的氧化膜使界面反应更加困难；木材发生降解的温度很低，对焊接温度提出更高的要求。这些问题是实现木材可靠焊接面临的挑战。在摩擦焊接技术中，搅拌摩擦焊在木材与金属焊接方面体现出明显的优势，通过添加树脂夹层的方法获得的金属-木材搅拌摩擦焊接头，其强度优于粘接接头和其他焊接接头。

聚合物与金属的焊接一直是焊接领域备受关注的问题，尤其是无增重连接的需求牵引着聚合物与金属连接技术的不断发展。激光热传导焊接、激光透射焊接技术研究仍然在延续，且不断地深入研究焊接成形规律，提高焊接接头强度。近期人们开始将铆接工艺原理应用于聚合物与金属焊接，衍生出热冲压铆接技术和摩擦铆焊技术。基于增材制造原理的聚合物与金属连接技术是在工艺原理方面的一个创新。

纤维增强热塑性树脂基复合材料（Fiber Reinforced Thermoplastic Composite，FRTC）的焊接一直是焊接领域关注的热点。电阻焊、感应焊、超声焊和激光焊是应用于该类材料焊接的主要技术。搅拌摩擦焊（FSW）技术是近期人们关注的热点，搅拌摩擦回填点焊避免了传统搅拌摩擦点焊的匙孔问题，有着很好的应用效果。FRTC与金属的连接依靠的是微观和宏观机械互锁连接及树脂与金属表面氧化物的化学反应结合，通过对金属表面改性以提高接头中机械互锁和化学连接强度，越来越受到人们的追捧。近期出现的电磁脉冲焊在管状金属和FRTC焊接方面展示了独特优势。

1　木材的连接

木材焊接技术可分为线性振动焊接和旋转摩擦焊接两大类。线性振动焊接技术是指两块或多块木材在一定的压力、振幅和频率等作用下做高速摩擦运动，摩擦产生的热量熔融了木材内部的部分聚合物（主要以木质素和半纤维素为主）；当摩擦运动停止后，熔融的聚合物冷却形成缠结网络，从而实现了木材焊接。美国Iowa State大学的Grewell[1]利用线性振动焊接技术分别实现了松木、枫木的连接，焊接过程原理如图1所示，松木和枫木焊接接头最大剪切强度分别达到了9MPa和11MPa（焊件拉伸测试及结果如图2所示）。此外，通过对比焊后木材与未焊接木材的^{13}C光谱发现，焊后木材拥有比未焊接木材含量更高的木质素（图3）。

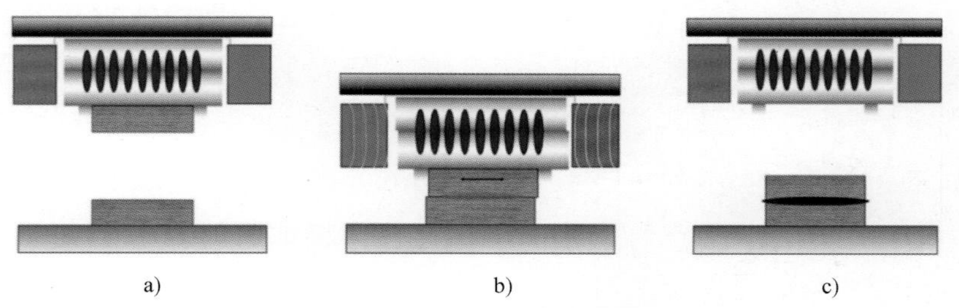

图1　木材线性振动焊接过程示意图

a）固定工件　b）加压及线性振动　c）线性振动结束，移除工件

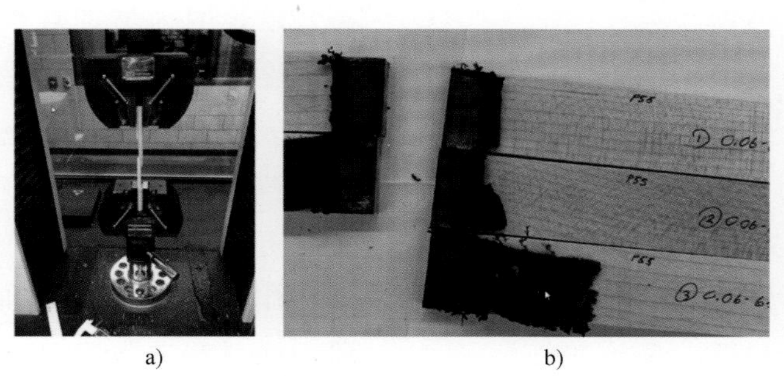

图2　焊件拉伸测试及结果

a）拉伸剪切试验　b）拉伸后试样

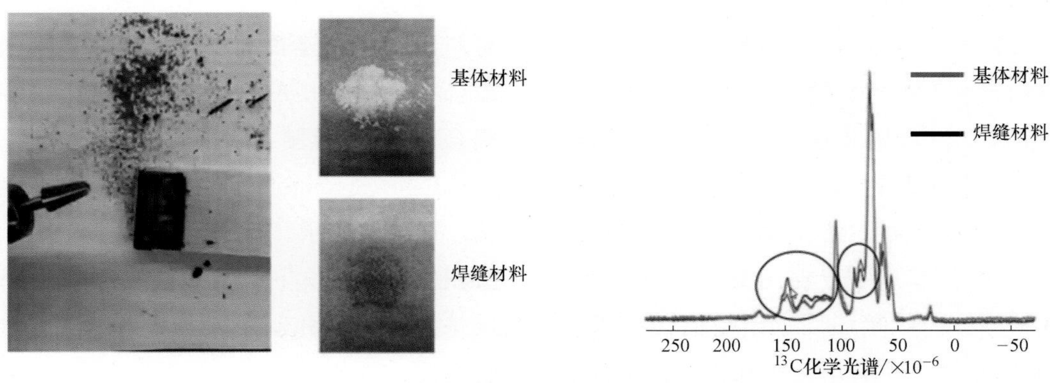

图3　焊后木材与未焊接木材的^{13}C核磁共振光谱

木材和金属的焊接同样吸引着人们的关注，但木材的主要成分纤维素、半纤维素和木质素与金属几乎无化学反应，金属表面的低能氧化膜进一步阻隔了发生反应的可能；木材与金属的热膨胀系数差异较大，焊接接头的连接界面处应力会导致接头焊后开裂；木材在200℃以上的焊接温度下会发生降解，降低连接界面承载能力。为解决以上问题，哈尔滨工业大学的Huang等人[2]利用摩擦铆接对铝合金和木材进行了连接。摩擦铆接采用聚合物铆钉旋转并挤

入预制孔内，实现聚合物与母材的可靠连接，其原理如图 4 所示。

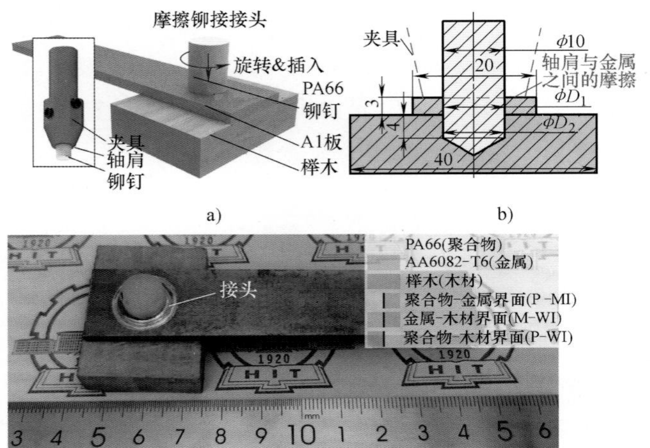

图 4　金属/木材摩擦铆接示意图

a）接头结构　b）接头尺寸　c）典型接头成形

2　聚合物与金属的连接

在现代制造业中，对轻质部件的需求使金属-聚合物混合结构件得到越来越广泛的应用，金属-聚合物的可靠连接成为不可或缺的加工工艺。

激光直接连接技术（或激光热传导连接技术）属于热焊接的一种，金属-聚合物激光热传导连接过程如图 5 所示[3]。激光照射在金属材料表面，产生的热量通过金属传递到连接界面，使热塑性聚合物熔融，熔融的聚合物在外部夹紧压力的作用下与金属界面充分接触，冷却固化实现金属与聚合物的有效连接。基于此，德国伊尔梅瑙工业大学的 Schricker[3] 利用光纤耦合二极管激光器，实现了 PA6.6 尼龙与 6082 铝合金之间的连接，讨论了时间-温度曲线，焊接速度和熔融层厚度之间的相关性，并分析了其对 PA6.6-6082 界面热塑性形态及接头力学性能的影响。图 6 显示了在不同焊接速度下的时间-温度曲线，焊接速度从 2mm/s 增加到 7mm/s，间隔为 1mm/s。最高温度和最高温度点位置取决于连接速度，温度峰值随焊接速度增大而降低，最高温度点的峰值范围为 305~365℃。

为了进一步评估焊接速度对接头性能的影响，研究了 PA6.6 熔融层厚度与焊接速度之间的关系。提升焊接速度导致输入能量减少，PA6.6 熔融层厚度从 560μm 减小到 286μm（图 7）。焊接试件的拉伸剪切试验结果证明，高的焊接速度导致试件拉伸行程变长，即接头聚合物的延展性变强。焊接速度为 2mm/s 和 5mm/s 的拉伸剪切接头断裂形式分别是脆性和韧性断裂。这是因为增加焊接速度会改变 Δt，导致冷却速度提高，从而导致非晶区域的增加，非晶区域表现出比结晶区域更大的延展性。因此在接头拉伸过程中，焊接速度为 5mm/s 的接头表现出更长的拉伸行程（图 8）[3]。

作为对材料设计和制造技术的重要补充手段，增材制造技术已经被成功应用于轻量化结构制造生产中。德国亥姆霍兹联合会（Helmholtz-Zentrum Geesthacht）的 Falck[4] 等人开发的增材连接技术，是一种结合了连接方法和增材制造的新兴连接技术，该技术是可替代金属-聚合物传统连接的有效方法。HZG 研究了 2024 铝合金与丙烯腈-丁二烯-苯乙烯（Acrylonitrile Butadiene Styrene copolymers，ABS）树脂的连接。如图 9 所示，在增材连接过程中，使用熔融沉积成形技术向已经装配好的金属基板表面逐层挤出、沉积并制造具有复杂几何形状的聚合物零件，冷却固化形成异种材料接头。

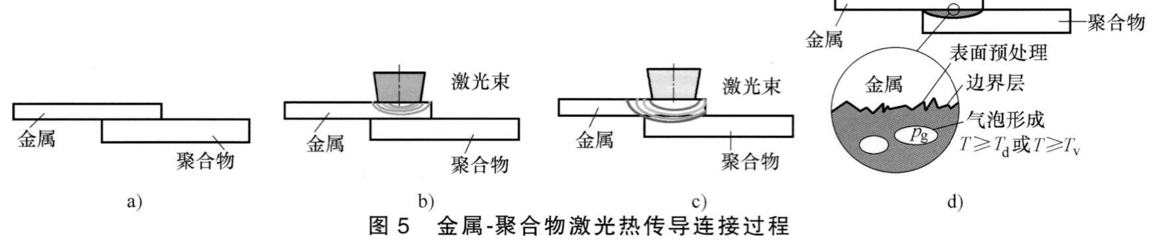

图 5　金属-聚合物激光热传导连接过程

a）连接件接触　b）加热　c）聚合物熔融　d）冷却固化

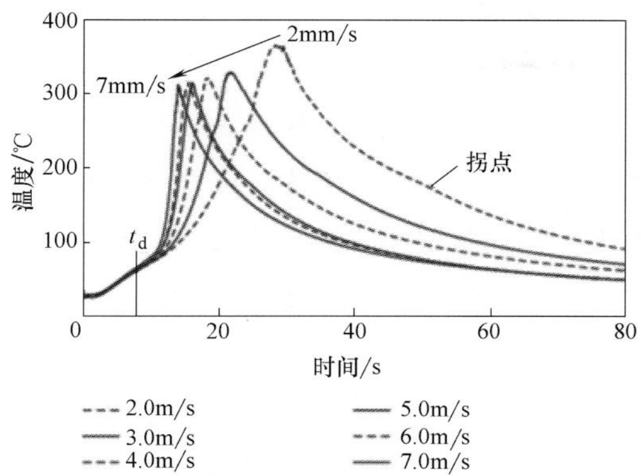

图 6　不同焊接速度下的时间-温度曲线

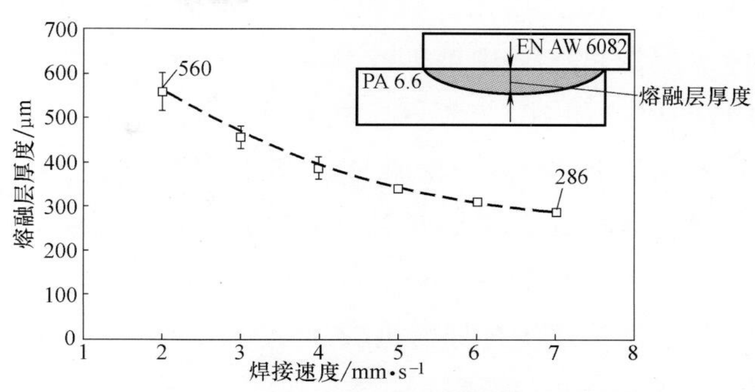

图 7　PA6.6 熔融层厚度与焊接速度的相关性

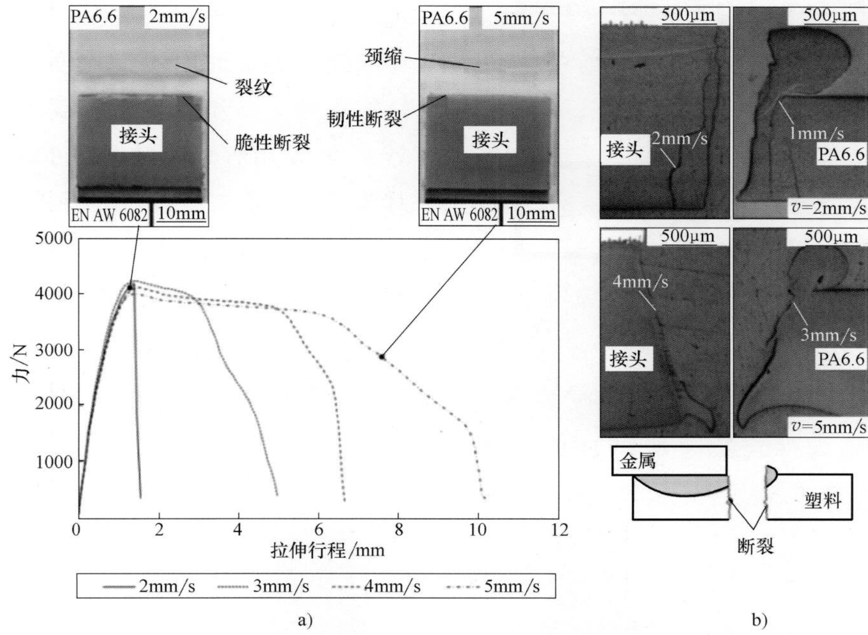

图 8　不同焊接速度下的接头形貌及力学性能

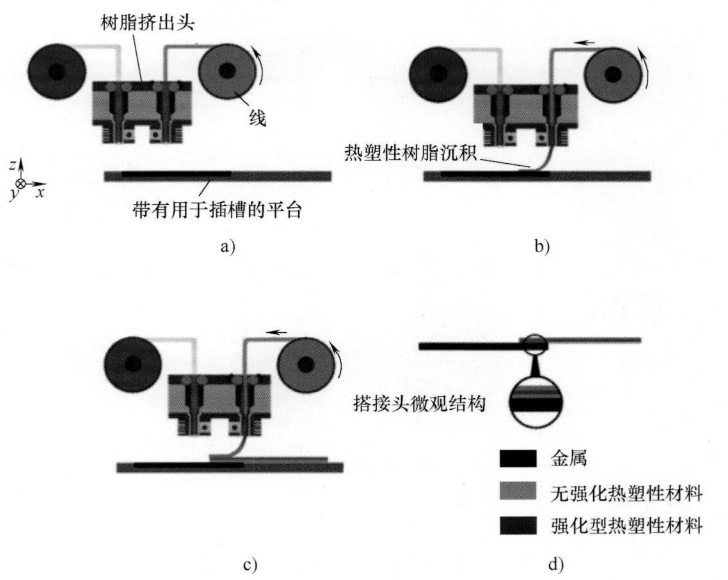

图 9　金属-聚合物增材连接工艺示意图

增材连接过程中有五个可控参数，分别为打印温度、路径厚度、沉积速度、轮廓数量和ABS涂层浓度，其中前四个参数取决于所选的3D打印机（图10）。不同参数对2024Al-ABS混合接头及ABS本体力学性能的影响程度不同，通过优化连接参数得到最佳2024Al-ABS接头能承受的最大载荷为（1686±39）N，金属试件与聚合物之间形成了良好的机械互锁。

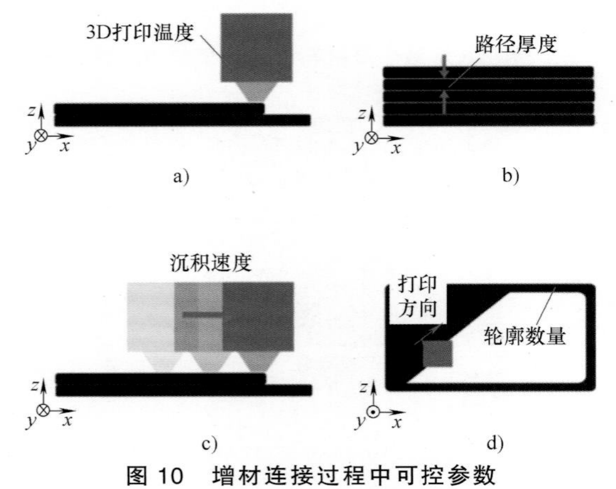

图10 增材连接过程中可控参数

为解决大型复杂结构件制造误差累积导致聚合物与铝合金结构件装配困难和FSW过程中固有匙孔缺陷，哈尔滨工业大学的Huang等人[5]提出了摩擦填充铆焊技术，解决了常规点连接技术所带来的技术不足，如图11所示。填充铆钉不仅可作为一个有效的机械铆钉，而且可与铝合金材料产生界面冶金反应，促进异质材料连接。异质点焊接头最大拉剪载荷为1157N，与其他先进点焊技术所得强度相当。

激光透射焊是连接透明聚合物与金属的一种常用连接方式，焊接过程中激光束透过上层透明聚合物照在下层金属上，金属吸收激光能量产生的高温使界面处的聚合物熔化，从而实现焊接。焊接过程使用周期性曲线焊接轨迹，可以降低焊接时的温度梯度，避免焊缝中热量过度集中。基于此原理，武汉科技大学的Hao等人[6]使用激光透射焊对304不锈钢和透明聚对苯二甲酸乙二醇酯（PET）聚合物进行焊接，采用了激光束周期性振动的方式以获得更加均匀的能量输入，焊接示意图及接头形貌如图12所示。发现接头中热降解消除，与使用直线轨迹情况相比，搭接界面周围气泡分布离散化，焊缝宽度增大，接头强度提升26%。

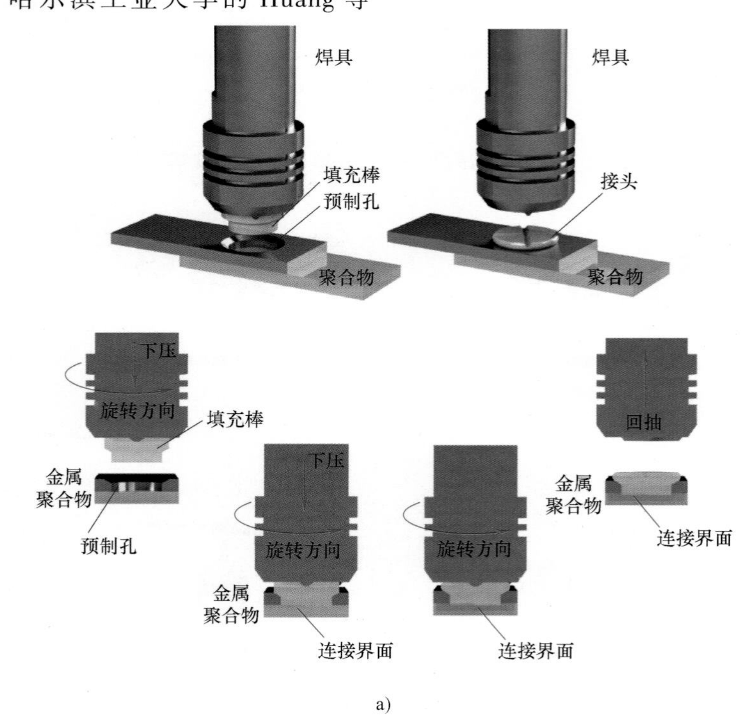

a)

图11 聚合物与铝合金摩擦填充铆焊技术

a）焊接过程示意图

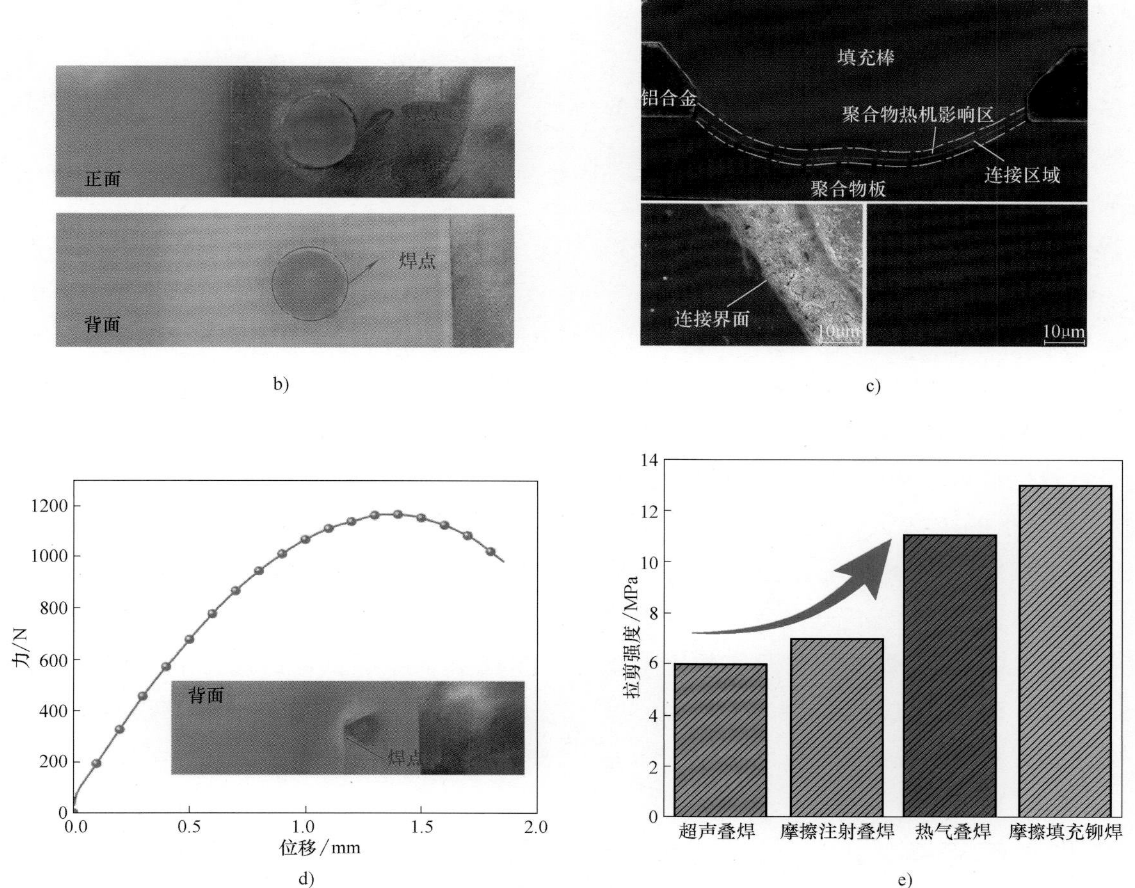

b)　c)　d)　e)

图 11　聚合物与铝合金摩擦填充铆焊技术（续）

b）接头成形　c）界面组织　d）拉伸曲线　e）性能对比

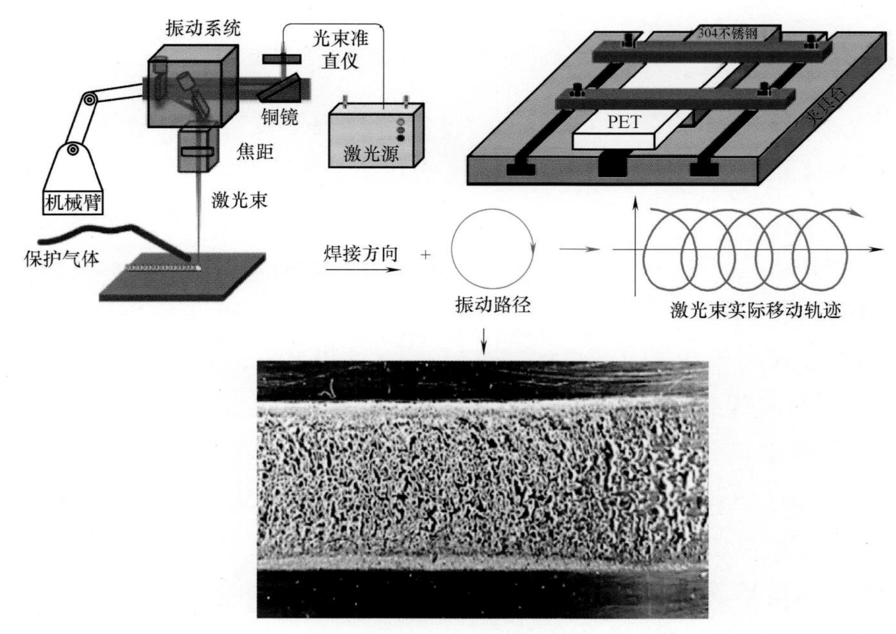

图 12　激光透射焊接示意图及接头成形

3 纤维增强热塑性树脂基复合材料的焊接

金属与 FRTC 的连接问题越来越受到人们的关注，热塑性树脂具有的焊接性使 FRTC 与金属的焊接成为可能。近年来，感应焊、机械连接、超声波焊、搅拌摩擦焊和电磁焊的研究与应用取得了一些新的进展。

3.1 感应焊

电磁加热元件的改进一直是感应焊应用于 FRTC 焊接的研究重点。金属粉末和树脂掺杂制成的复合材料也可做成用于感应焊的导磁元件。韩国庆尚大学的 Baek 等人[7] 利用 PA6.6 树脂与 Fe_3O_4 纳米颗粒制成 450μm 厚磁性元件，应用于 CF/PA6.6 复合材料感应焊过程。磁性薄膜制作过程如图 13 所示，焊后接头剪切强度最高可达 36.8MPa。该新型磁性元件具有重量轻、厚度薄、制作过程相对简单的优势。

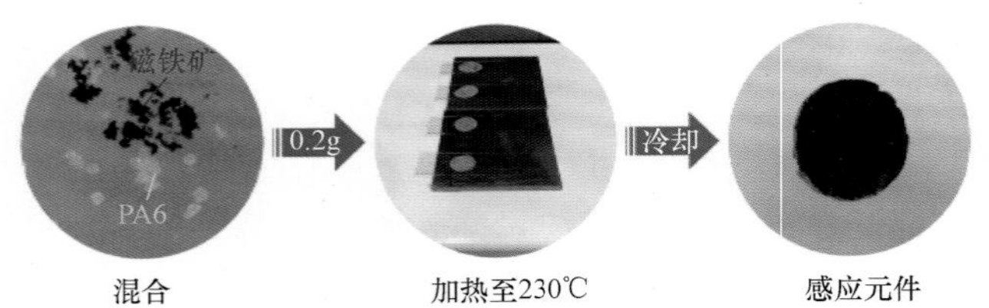

图 13 Fe_3O_4 纳米颗粒-树脂磁性元件制作过程

机械连接通常包括螺栓连接和铆钉连接，作为传统连接方式，机械连接在装配过程中引入了螺栓和铆钉，机械紧固技术增加了结构的重量，难以满足轻量化的要求。德国帕德博恩大学（Universität Paderborn）的 Moritzer[8] 等人开发了一种适用于金属-FRTC 轻量化连接的无增重式自动热冲压铆接技术，其工艺流程如图 14 所示。工艺实施前，需对 FRTC 进行切割处理，并在金属试件上预制通孔。利用冲压头将加热软化后的 FRTC 压入金属试件的通孔中，并使其填充金属试件下部的模具空腔，冷却并移除冲压头，形成 FRTC-金属固体接头。

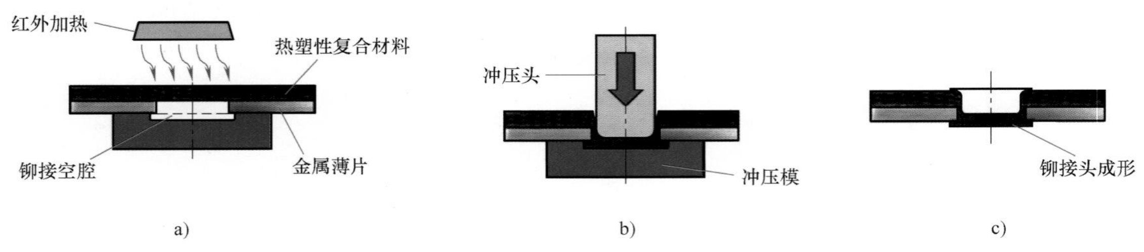

图 14 金属-FRTC 自冲压铆接工艺流程

3.2 超声波焊

与粘接和机械连接相比，聚合物焊接可以在不增加固化时间的情况下保证连接结构的一致性，并且聚合物焊接技术不需要开孔或紧固，保证了连接结构的完整性，降低了接头应力并减轻了结构的重量。奥地利格拉茨工业大学的 Carvalho 等[9] 使用超声波焊接技术，将 FRTC 连接到通过注射成型的表面结构化钛合金上。钛合金表面结构是高度为（3±0.02）mm 的圆头锥形销钉。超声波振动和预压力会在材料界面处产生摩擦热，使聚合物基质软化，在压力作用下使金属试件表面销钉穿透到复合材料中，从而实现厚度范围内的增强连接。该工艺过程如图 15 所示。

图 16 给出了钛合金销钉穿透聚合物的缺失厚度（Lack of Penetration，LoP）对接头搭接剪切强度（Ultimate Lap Shear Force，ULSF）的影响。结果显示，随着 LoP 的增大，ULSF 呈线性减小，在 LoP 为 0.2mm 时 ULSF 得到最大值（3280N）。两者之间呈现强线性相关性（Adj R-sq 为 ULSF 和 LoP 之间的线性相关系数），因此可以通过改变与 LoP 相关的参数改善接头力学性能[9]。

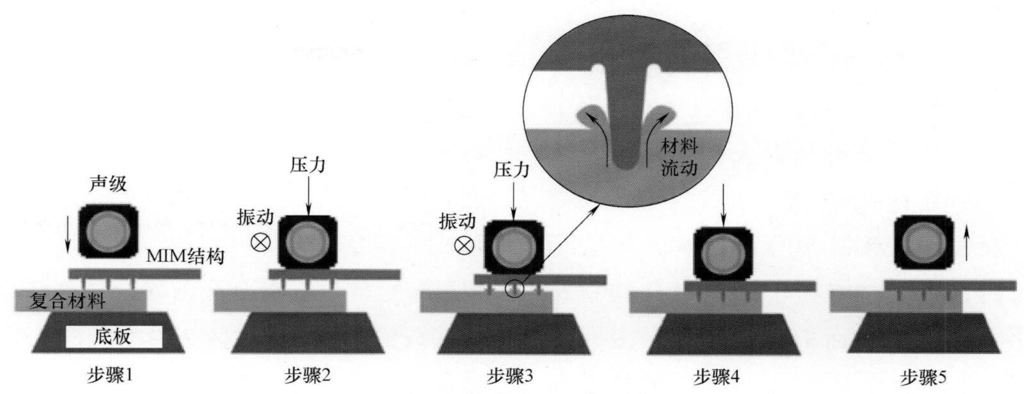

图 15　超声连接过程示意图

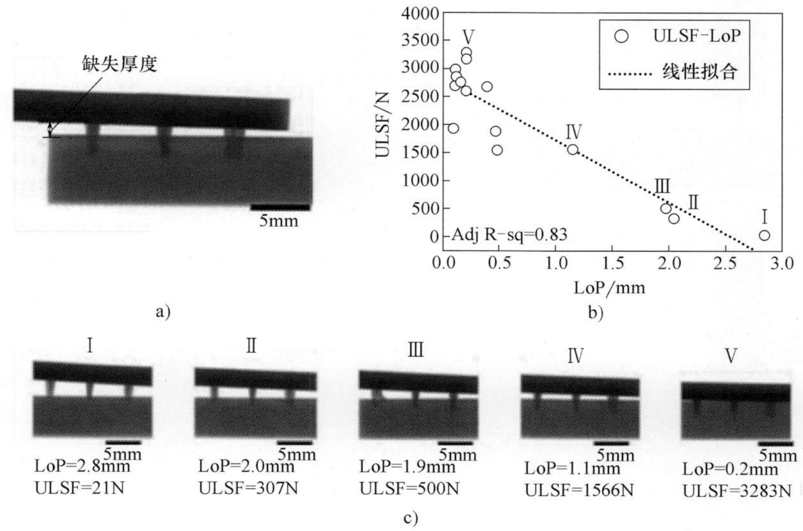

图 16　LoP 对接头搭接剪切强度的影响

a）界面形貌　b）预压力与界面缺失厚度的关系　c）不同预压力下的界面形貌

超声波焊是金属和 FRTC 焊接领域的研究热点。常规超声波焊接中超声的振动方向垂直于焊接平面，德国弗莱堡大学的 Staab 等人[10] 提出了超声扭转焊用于焊接铝合金和碳纤维增强复合材料（CFRP），焊接时超声振动与焊接平面水平，焊接原理如图 17 所示。两组换能器的振动方向相反，并平行于焊接平面，水平振动传递给连接助推器并由其转化为平行于焊接平面的扭动，由超声头传递给待焊接件。与传统超声波焊接设备不同的是，这种超声扭动焊接设备可以同时安装的压电陶瓷转换器多达 4 个，这使其能够获得高达 14kW 的焊接功率，因此其焊接效率更高，使用场景适应度高，更适用于焊接复杂构件。该技术为获得金属-CFRP 超声点焊接头提供了新的思路。

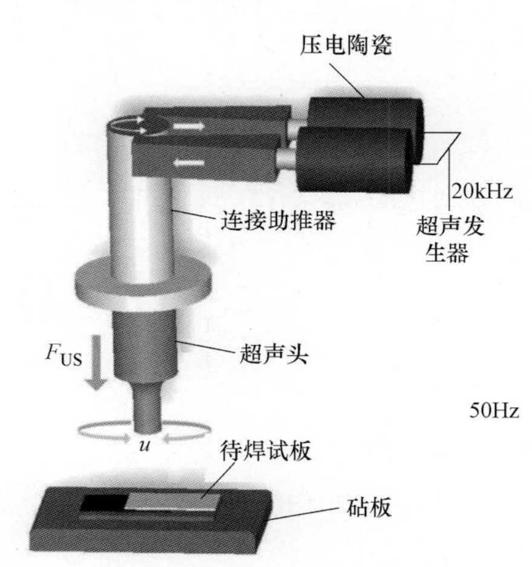

图 17　超声扭转焊示意图

3.3 摩擦自铆焊

金属-FRTC 的 FSW 焊接引起了焊接同行的重视，哈尔滨工业大学的 Huang 等人[11] 开发出适用于聚合物基复合材料与铝合金之间的摩擦自铆焊技术，如图 18 所示。采用微弧氧化预处理在铝合金表面制备多孔氧化膜结构，增大了铝合金表面粗糙度值，有利于促进聚合物材料在多孔氧化物铝合金表面的润湿铺展；多孔氧化膜结构有效地促进了铝合金与复合材料之间的微观界面咬合效果（图 18b）。在铝合金侧制备宏观预制孔，焊接过程中，摩擦加热软化位于下侧的复合材料，且顶锻力的作用挤压软化材料进入宏观预制孔和微观多孔结构中，形成宏观和微观机械咬合效应（图 18c）。预制孔内部形成了复合材料铆钉结构，促进了异质材料间的机械咬合效果。铝合金与聚合物基复合材料的连接接头最大剪切强度为 27MPa（图 18d），为实现结构件的优质连接奠定了技术支撑（图 18e）。

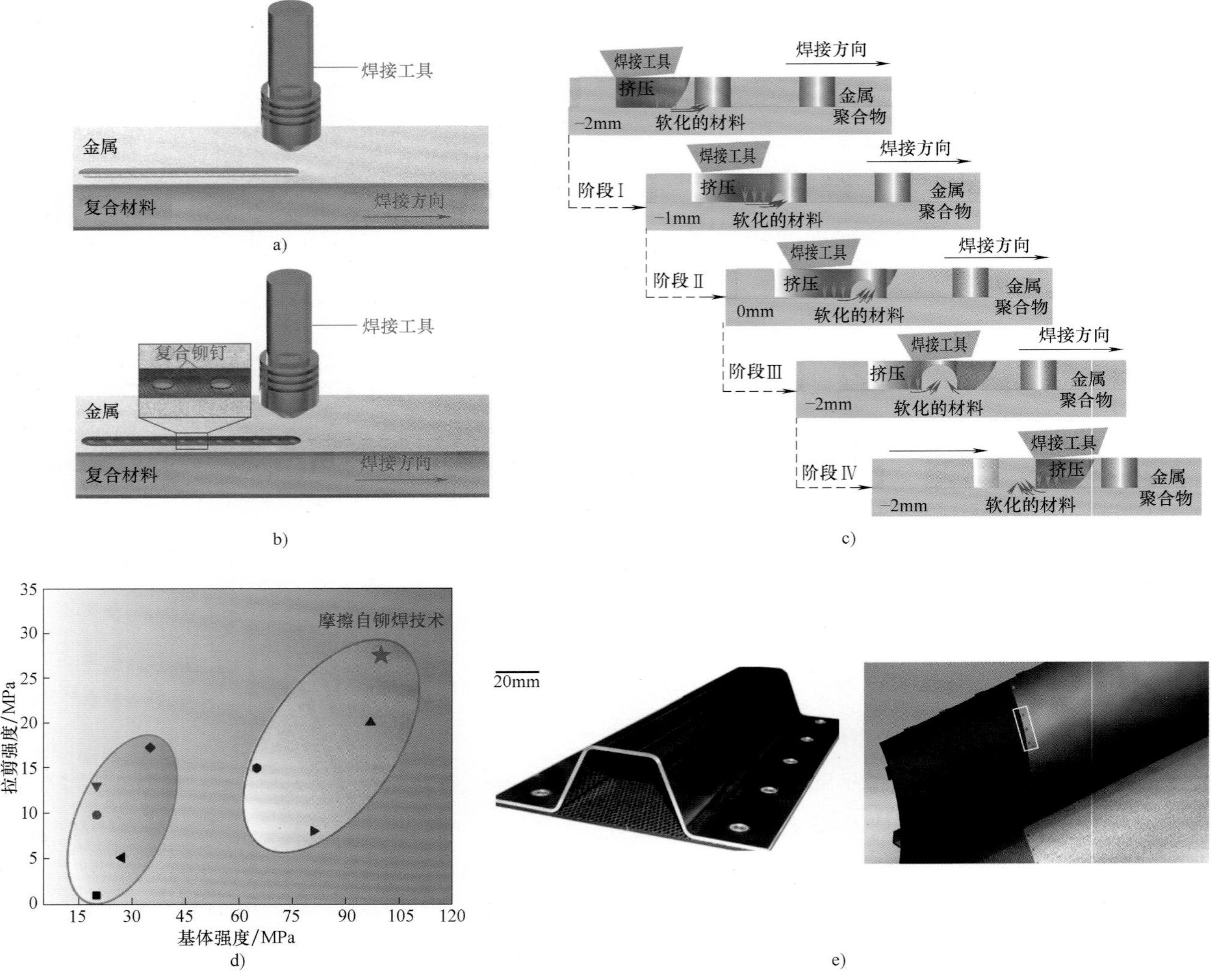

图 18　聚合物基复合材料与铝合金摩擦自铆焊

a）常规 FSW　b）摩擦自铆焊　c）连接机制　d）力学性能　e）潜在应用

3.4 电磁脉冲焊

针对金属管材和 FRTC 管材的连接，里斯本诺瓦大学的 Pereira 等人[12] 利用电磁脉冲实现了 AA7075 铝合金管和碳纤维增强树脂基复合材料管的焊接。焊接原理如图 19a 所示，通过导电线圈产生的电磁力挤压外部铝合金管，使其向内瞬时塌陷并与内接的复合材料管产生猛烈撞击，瞬间形成焊接接头。为防止猛烈撞击破坏内部复合材料管，复合材料管内部置有一支撑垫块。接头连接界面呈波浪形，界面显微形貌如图 19b 所示，复合材料表面与铝合金之间紧密结合，铝合金进入纤维间的孔隙中，并形成机械咬合连接。对焊后的接头进行拉伸试验，接头可承受的最大载荷可达 2.9kN，接头断裂形式如图 19c 所示。

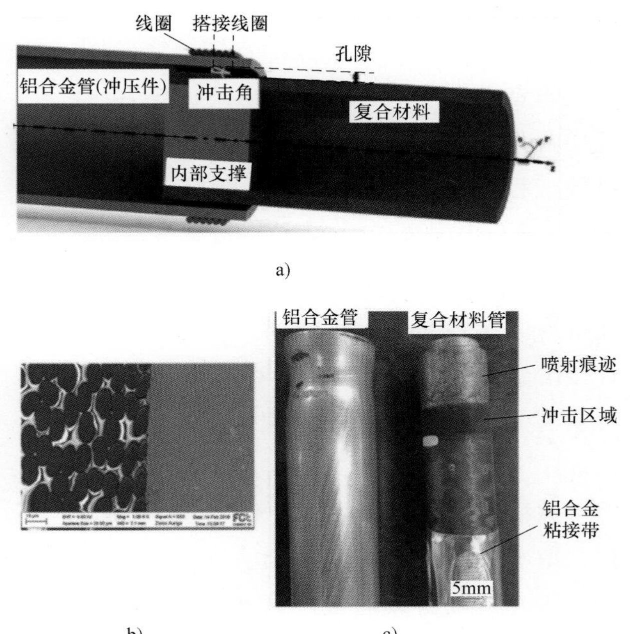

图 19　AA7075 铝合金管与碳纤维增强树脂基复合材料管的电磁脉冲焊接

a）电磁脉冲焊示意图　b）连接界面显微形貌　c）接头断裂形式

4　结束语

作为一种特殊高分子材料的木材，传统的连接技术主要以粘接为主，黏结剂存在污染环境和连接强度低等问题，迫切需要采用焊接技术实现木质材料的连接。松木、枫木线性摩擦焊接的成功证实了焊接技术在木材连接方面的应用潜力，引起了研究人员的关注。木材与金属焊接的相关研究刚刚起步，搅拌摩擦焊在木材与金属焊接方面优势明显，而且获得的金属-木材搅拌摩擦焊接头强度优于粘接接头。

聚合物在航空、汽车的轻量化和医疗器械领域的广泛应用，使得聚合物与金属的异种材料焊接技术一直是本领域的研究热点，新的焊接工艺不断涌现。本年度特别是在聚合物与铝合金的连接方面的研究取得了显著进展，焊接工艺也从传统的超声波焊、激光透射焊等，拓展出新的基于增材制造原理的聚合物与金属的连接技术，该方法简单灵活，可能会发展为一个有前景的技术方向。

FRTC 的焊接一直是本领域关注的热点问题。电阻焊、感应焊、超声波焊和激光焊是该类材料焊接的主流技术，产热材料和器件的创新，不断改进焊接所需热能，并提高焊接效果，特别是通过改变表面结构或添加中间层材料的方法，来改变材料的焊接性也被人们所尝试。在 FRTC 与金属焊接方面，金属表面改性仍然是本领域一直关注的课题。FSW 技术的应用是近期人们才开始关注的热点，已经显现出很好的应用效果。在焊接机制方面，发现微观和宏观机械互锁连接及聚合物与金属表面氧化物的化学反应结合的机制可以提高接头连接强度，且已经引起焊接同行的广泛关注。

参考文献

[1]　Grewell D, Covelli C. Welding of wood [Z]//XVI-1002-20. 2020.

[2]　Xie Y M, Huang Y X, Meng X C, et al. Friction rivet joining towards high-performance wood-metal hybrid structures [J]. Composite Structure, 2020, 247: 112472.

[3]　Schricker K, Bergmann J P, Hopfeld M. Effect of thermoplastic morphology on mechanical properties in laser-assisted joining of polyamide 6 with aluminum [Z]//XVI-1007-20. 2020.

[4]　Falck R, Dos-Santos J F, Amancio-Filho S T. The influence of coating and adhesive layers on the mechanical performance of acrylonitrile butadiene styrene/aluminum hybrid joints manufactured by Add Joining [Z]//XVI-1006-20. 2020.

[5]　Huang Y X, Meng X C, Xie Y M, et al. New technique of friction-based filling stacking join-

ing for metal and polymer [J]. Composite Part B Engineering, 2019, 163: 217-23.

[6] Hao K D, Liao W, Zhang T D, et al. Interface formation and bonding mechanisms of laser transmission welded composite structure of PET on austenitic steel via beam oscillation [J]. Composite Structures, 2020, 235: 111752.

[7] Baek I, Lee S. A study of films incorporating magnetite nanoparticles as susceptors for induction welding of carbon fiber reinforced thermoplastic [J]. Materials, 2020, 12: 318.

[8] Moritzer E, Krassmann D. Development of a new joining technology for hybrid joints of sheet metal and continuous fiber-reinforced thermoplastic [Z]//XVI-1004-20. 2020.

[9] Carvalho W S, Schwemberger P, Haas F, et al. Investigation on the feasibility of joining additively-manufactured metals and engineering thermoplastics by ultrasonic energy [Z]//XVI-1005-20. 2020.

[10] Staab F, Balle F. Ultrasonic torsion welding of ageing-resistant Al/CFRP joints: Properties, microstructure and joint formation [J]. Ultrasonics, 2019, 93: 139-144.

[11] Meng X C, Huang Y X, Xie Y M, et al. Friction self-riveting welding between polymer matrix composites and metals [J]. Composite Part A: Applied Science and Manufacturing 2019, 127: 105624.

[12] Pereira D, Oliveiraa J P, Santosa T G, et al. Aluminium to Carbon Fibre Reinforced Polymer tubes joints produced by magnetic pulse welding. Composite Structures, 2019, 230: 111512.

作者简介：闫久春，1964年出生，博士。现任哈尔滨工业大学教授、博士生导师，中国机械工程学会焊接分会理事，IIW 2020年度C-XVI专委会中国焊接学会（Chinese Welding Society，CWS）代表（Delegate）。主要研究方向为连接界面结构设计及力学行为、超声波钎焊、焊接冶金研究。发表论文100余篇，已授权国家发明专利20余项，其中美国发明专利1项。Email：jcyan@ hit. edu. cn。

审稿专家：李永兵，博士，上海交通大学教授，博士生导师，国家杰出青年科学基金获得者。研究领域为载运工具薄壁结构先进焊接与连接技术。发表论文100余篇，授权发明专利35项，获省部级一等奖1项，二等奖2项。Email：yongbinglee@ sjtu. edu. cn。

钎焊与扩散焊技术（IIW C-XVII）研究进展

曹健

（哈尔滨工业大学先进焊接与连接国家重点实验室，哈尔滨　150001）

摘　要：本文综述了国际焊接学会（IIW）第73届年会钎焊与扩散焊会议报告的主要内容，主要涉及五个方面：新型钎料设计、陶瓷及陶瓷基复合材料与金属的连接、扩散焊接工艺、固体氧化物燃料电池封接、超声辅助钎焊。报告内容在一定程度上反映出目前国内外钎焊与扩散焊的主要研究进展与发展趋势。

关键词：钎焊；扩散焊；新型钎料；陶瓷；电池封接

0　序言

IIW C-XVII专委会学术会议于2020年7月23—25日召开，来自中国、日本、德国、美国、法国、瑞典等十余个国家的专家学者参会，其中包括C-XVII专委会主席熊华平研究员、前主席Warren Miglietti教授、美国科罗拉多矿冶学院Stephen Liu教授等国际知名专家。我国还有来自中国航发北京航空材料研究院、哈尔滨工业大学、清华大学、北京工业大学、北京有色金属与稀土应用研究所、重庆大学、安泰科技股份有限公司的代表参会。三天的会议共吸引参会代表100余人次，共交流报告23篇，主要包括新型钎料设计、陶瓷及陶瓷基复合材料与金属的连接、扩散焊接工艺、固体氧化物燃料电池的封接与超声辅助钎焊五个方面，报告展示了钎焊与扩散连接领域的最新理论与技术进展，为本领域的未来发展指明了方向。

1　钎料设计与钎焊工艺

镍基高温合金被广泛地应用于航空发动机叶片、燃气轮机的喷嘴和叶片等高温结构中，主要采用钎焊的方法实现其连接。由于镍基高温合金构件的应用环境较为苛刻，用于镍基高温合金钎焊的钎料需要具有较高的高温强度、优异的耐蚀性和抗氧化性能。目前最为常用的钎料体系有Ni-Cr-B三元体系与Ni-Cr-B-Si四元体系，而利用上述钎料获得的接头中易出现脆性较大的硅化物或硼化物，从而削弱接头的性能。此外，目前所用钎料的钎焊温度较高，会对母材的微观组织造成不良影响，因此，需要开发新型高熵钎料以提升镍基高温合金钎焊接头的性能。

为提升镍基高温合金钎焊接头的性能，多特蒙德大学的Lukas Wojarski[1]围绕降熔元素对钎焊接头微观组织与钎料熔点的影响展开了研究。作者通过电弧熔炼制备了Co-Cr-Cu-Fe-Ni高熵钎料，观察了钎料的微观组织，发现钎料主要由含Co、Cr、Fe、Ni的球状相与富Cu、Ni的网状相组成，钎料的屈服强度达到了275MPa。Lukas Wojarski等又进一步研究了Ge、Sn、Ga、Si、In、Al、Ce、La等降熔元素对钎料熔点的影响，发现以上几种元素均可在一定程度上降低钎料的熔点。作者着重研究了Al元素含量对钎料熔点的影响，结果如图1所示。

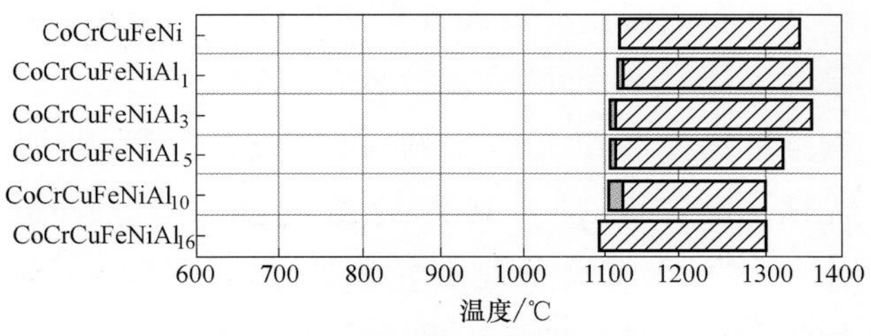

图1　Al元素含量对Co-Cr-Cu-Fe-Ni钎料熔点的影响规律

研究发现Al元素主要固溶于富Cu相中，并且随着Al元素含量的增加，钎料的液相线温度有所降低，钎料的熔化区间也逐渐变窄。此外，Al元素的加入还改变了钎料的微观组织（图2），将钎料中物相的晶体结构由原来的面心立方变为面心立方与体心立方的混合结构，并且钎料的硬度在添加 Al 元素后也由 170HV 提升至 413.3HV。

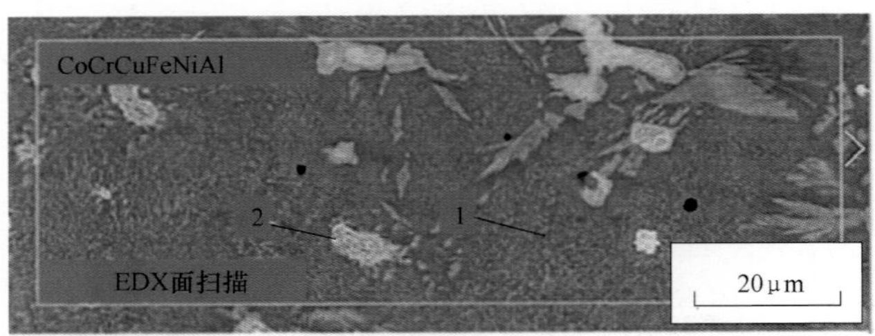

图 2　添加 Al 元素后 Co-Cr-Cu-Fe-Ni 钎料的微观组织

1—富 Cu 相　2—富 Al 相

目前采用高熵合金作为钎料可以有效降低钎料的熔点，提高钎料的力学性能，抑制接头中脆性金属间化合物的生成。但目前针对降熔元素对高熵合金钎料影响的研究仅限于单种元素，缺乏对多种降熔元素添加到钎料中时，钎料微观组织与力学性能变化影响的研究。

钛合金蜂窝结构具有重量轻、降噪性能好、隔热性能好与抗冲击等优点，被广泛地应用于机翼蒙皮等结构中。制备钛合金蜂窝结构最常用的方法是钎焊，目前最常用的钎料为 Ti-Zr-Ni-Cu 钎料，但获得的接头中存在脆性金属间化合物，接头的强度较低。为此，需要开发新型钎料，抑制接头内脆性金属间化合物的生成，提高钛合金蜂窝结构中钎焊接头的连接质量。在 Ti-Zr-Ni-Cu 钎料体系中，Zr 元素的主要作用为降低钎料的熔点并提高钎料的强度，Ni 与 Cu 元素则可以改善钎料箔材的成形性能，为此通过调整钎料中各组元的比例可以实现钎料性能的优化。北京航空材料研究所的 Jing Yongyuan 等[2] 基于经验电子理论对 Ti-Zr-Ni-Cu 钎料体系中各组元的成分进行了优化设计。

当钎焊温度过高时，钛合金的性能会出现一定程度的损伤，因此本研究将钎焊温度控制在 850~900℃，通过计算得出，此时 Zr 元素的质量分数应为 20%~25%，Cu 与 Ni 元素质量分数的总和应为 25%~40%。本研究首先分析了 Cu 元素与 Ni 元素对钎料性能的影响，分析发现 Cu 元素相较于 Ni 元素更有利于钎料塑韧性的提高。当 Cu 与 Ni 元素的质量分数总和为 30%时，钎料的强度、韧性与 Zr 元素含量的关系如图 3 所示。

由图 3 可以看出，当 Zr 元素含量在Ⅰ区与Ⅱ区时，钎料的强度与韧性较好。基于此，本研究设计了 Ti-13Zr-30Ni、Ti-13Zr-30Cu、Ti-13Zr-15Cu-15Ni 与 Ti-15.6Zr-16.2Cu-11.8Ni 四种钎料，并与商用的 Ti-13Zr-22Cu-9Ni 钎料进行了对比，发现当钎料成分为 Ti-13Zr-30Ni 与 Ti-13Zr-15Cu-15Ni 时，钎料的强度与韧性均有所下降，当钎料成分为 Ti-13Zr-30Cu 时，钎料的强度大幅提升，但韧性明显下降，而当钎料的成分为 Ti-15.6Zr-16.2Cu-11.8Ni 时，钎料的强度略有降低，但钎料的韧性有所提高。因此，本研究采用 Ti-15.6Zr-16.2Cu-11.8Ni 作为钎料通过钎焊连接了 Ti6Al4V 钛合金，得到的接头微观组织如图 4 所示。

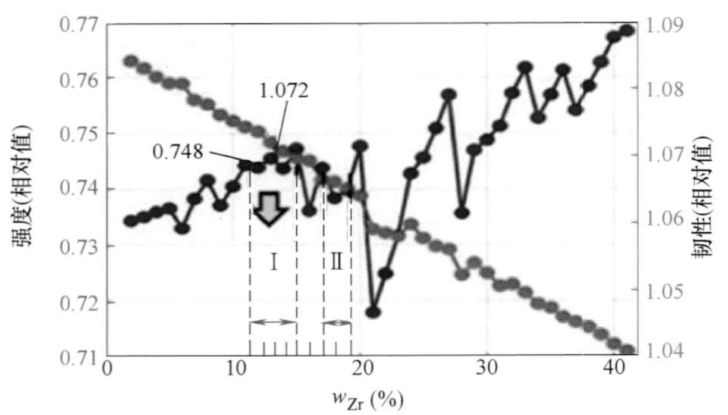

图 3　Zr 元素含量对钎料强度与韧性的影响

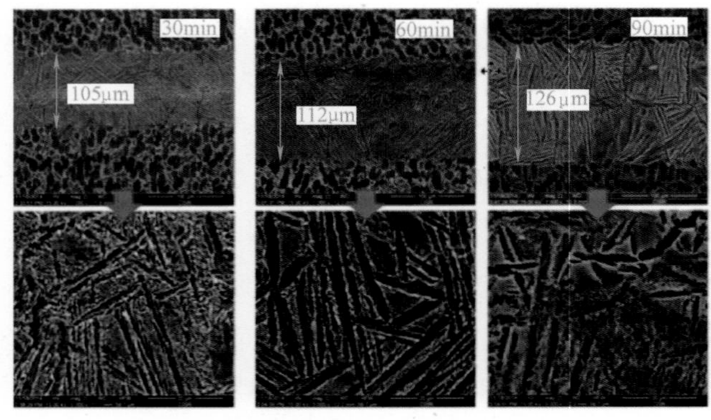

图 4　保温时间对接头组织的影响

可以看到，接头中没有出现金属间化合物，而主要由魏氏组织构成，当保温时间为 90min 时，接头中晶粒尺寸较为细小，接头的抗拉强度达到 905MPa，伸长率达到 12%。并且由于钎焊温度较低，Ti6Al4V 钛合金母材保留了双相组织。

针对钛合金连接问题，北京有色金属研究总院的 Liu Xu 等[3] 开发了 Ag-Ga-Si-Cu 新型钎料用于 Ti6Al4V 钛合金钎焊。选择钎焊工艺为 850℃保温 30min，所得接头界面微观组织形貌与元素分布结果如图 5 所示。分析可知，接头成形良好，母材向钎料中溶解，界面处形成了连续分布的 Ti_2Cu 与 TiCu 等金属间化合物。此外，钎焊过程中元素扩散明显，钎料与 Ti6Al4V 钛合金母材形成了可靠冶金结合。

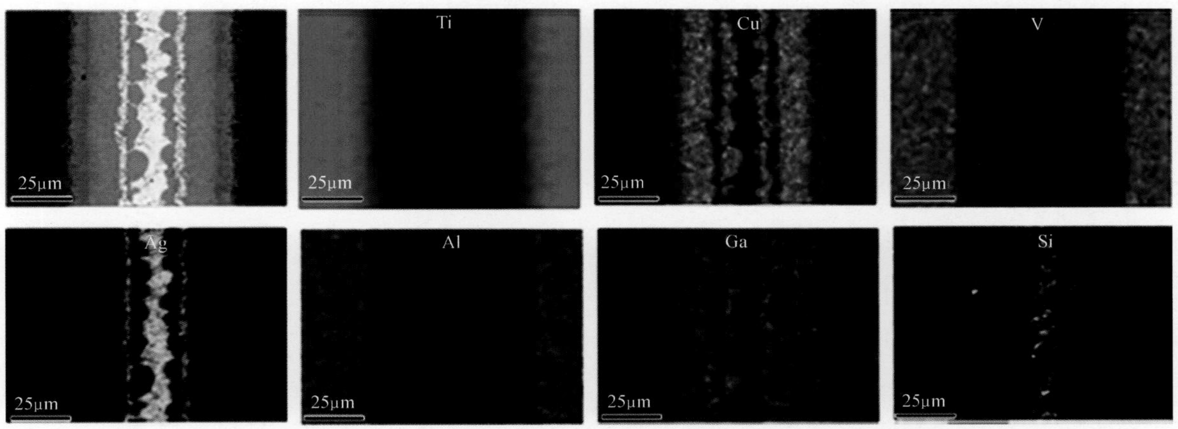

图 5　850℃保温 30min 条件下 Ti6Al4V 接头组织形貌与元素分布

通过抗剪强度与硬度测试表征接头力学性能，分析试验结果可知，接头最高抗剪强度约为 170MPa，硬度测试结果表明钎缝最高硬度达到 699HV，钎缝中形成的 TiCu 金属间化合物有效强化了接头力学性能。

Al 与 Cu 作为常用的金属材料在航空航天与机械制造等领域得到了广泛的应用，德国的 Ann-Kathrin Sommer 等[4] 研究了 Al 和 Cu 真空钎焊过程中 Al-Cu-Si（Mg）活性钎料与双侧金属母材的活化作用机制。研究结果表明，活性元素 Mg 的添加有助于形成促进 Al 与 Cu 之间的相互扩散，形成可靠的冶金结合，获得质量可靠的接头。

当前，在汽车制造领域，白车身的焊接通常采用熔化极气体保护焊（Melt Inert-Gas Welding，MIG 焊）完成，但是 MIG 焊容易产生气孔等缺陷。来自法国的 Jessy Haous 等[5] 提出采用 MIG 钎焊方法，利用电弧熔化 Cu-Al 与 Cu-Si 钎料，完成钢结构车身的连接。从钎料润湿性、电弧稳定性与钎焊接头的稳定性三个方面展开研究。分析相关接头组织形貌与物相，结果如图 6 所示。分析可知，电弧有效熔化了钎料，并且促进了钎料与钢的界面反应，界面处形成了 FeSi 与 Fe_3(Al，Cu）等金属间化合物，且界面反应随着热输入量的增加而明显加剧。

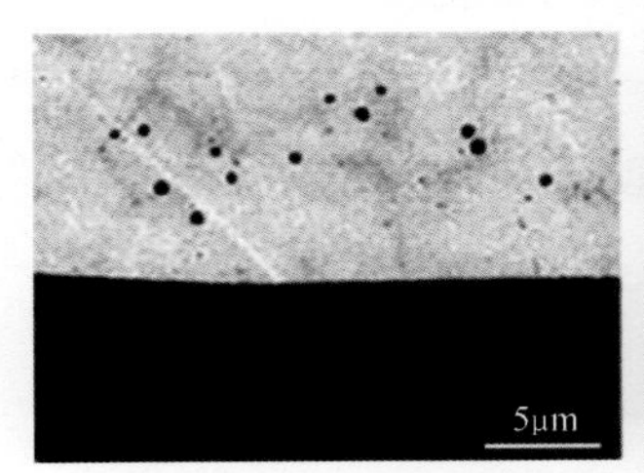

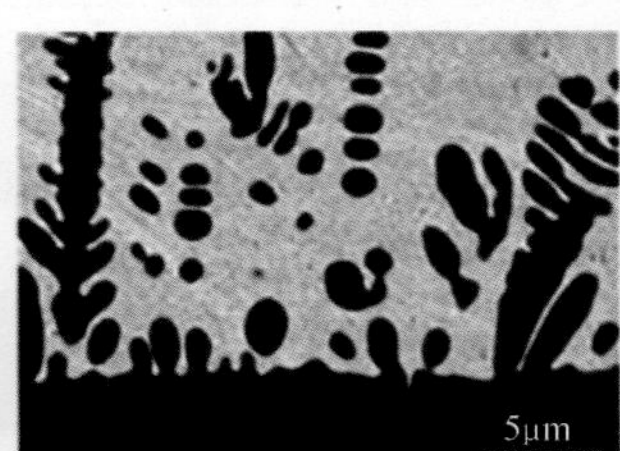

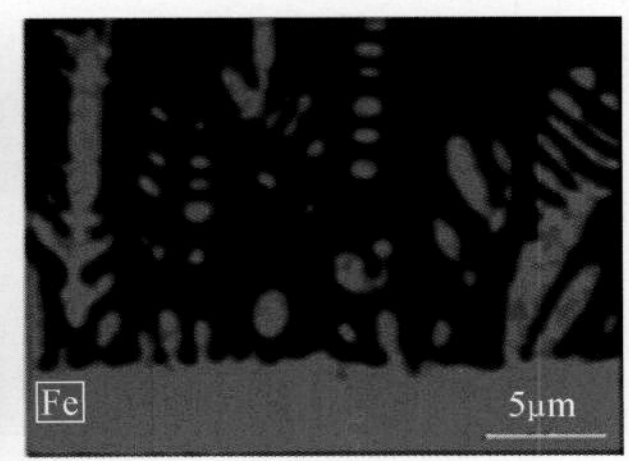

图 6　MIG 钎焊钢结构车身的接头组织形貌与物相

Jessy Haous 等还研究了 Zn 镀层对 MIG 钎焊特性的影响，结果表明镀层的引入可以改善钢表面氧化造成的钎料润湿不良影响，拓宽工艺区间，改善接头质量。改变镀层类型不需要重新设定钎焊焊接参数，只需要适当增加热输入即可，为白车身的焊接提供了一种新型可靠的焊接手段。

马氏体时效钢作为超高强度钢经常用作精密锻模与注塑模具，常用于机械制造等重工业领域。德国的 Wolfgang Tillmann 教授[6] 对比研究了选区激光熔化堆焊与采用 Au18Ni 钎料真空钎焊所得马氏体时效钢接头的组织与性能。研究结果表明，堆焊所得接头与母材强度相当，达到 2000MPa 左右，但是接头强度很大程度上取决于堆焊层中微缺陷的控制情况。钎焊接头强度达到 1000MPa，足以满足马氏体时效钢在多个领域的服役需求。因此，应用时可在满足实际服役需要的基础上，从生产效率与经济性等多方面考虑选择合适的加工手段。

2 陶瓷及陶瓷基复合材料与金属的连接

钇铁石榴石铁氧体（Yttrium Iron Garnet Ferrite，YIG）陶瓷作为一种典型的微波铁氧体，广泛应用于雷达、微波通信、导弹等领域。采用传统金属基钎料对其进行连接时，存在接头强度不足、稳定性与耐蚀性差等问题。玻璃钎料化学稳定性优异，通过适当调整钎料组分，有望获得高质量 YIG 陶瓷接头，使其更好地满足服役需求。哈尔滨工业大学的林盼盼等[7] 采用 Bi_2O_3 基玻璃，通过添加 MgO 颗粒，构建了复合玻璃钎料体系，借助原位生长的 $MgFe_2O_4$ 晶须，实现了 YIG 陶瓷自身的可靠连接并显著增强了接头磁性。

首先对不同成分的复合玻璃钎料在 YIG 陶瓷表面的润湿行为进行分析，结果如图 7 所示。分析可知，该玻璃钎料在加热过程中大致经历了致密化、体积膨胀、黏性流动与润湿铺展四个阶段，MgO 含量对玻璃钎料在 YIG 陶瓷表面的润湿性影响显著，随着 MgO 含量增加，接触角由 6°增加至 41°，复合玻璃钎料润湿性明显下降。

利用不同组分玻璃钎料在 725℃保温 30min 钎焊工艺条件下连接 YIG 陶瓷所得接头界面微观组织形貌如图 8 所示。研究可知，复合玻璃钎料成分对接头成形具有显著影响。MgO 含量过低时，接头界面成形良好，但是基本未见 $MgFe_2O_4$ 晶须生成；随着 MgO 含量的增加，钎缝中晶须数量明显增加，采用 Bi25-12MgO 钎料连接 YIG 陶瓷时，生成大量晶须，可以大幅增大接头磁性；而当钎料中 MgO 含量过高时，钎料流动性下降，接头中出现大量未焊合缺陷。由此可知，需要选择合适的玻璃钎料成分，以获得性能可靠的 YIG 陶瓷接头。

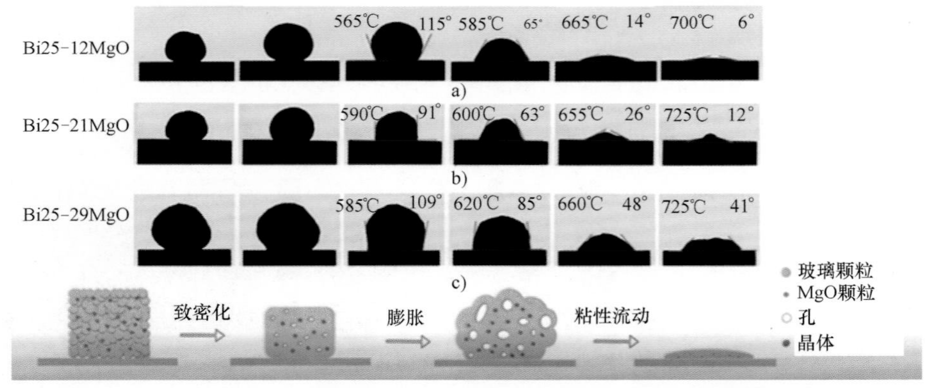

图 7 不同成分复合玻璃钎料在 YIG 陶瓷表面润湿行为及润湿过程示意图

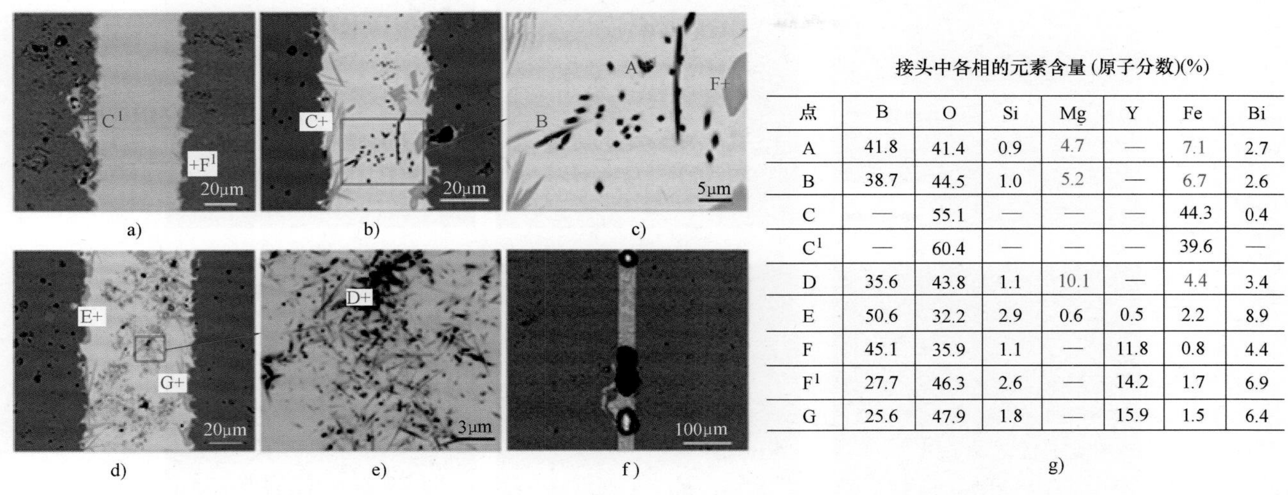

接头中各相的元素含量(原子分数)(%)

点	B	O	Si	Mg	Y	Fe	Bi
A	41.8	41.4	0.9	4.7	—	7.1	2.7
B	38.7	44.5	1.0	5.2	—	6.7	2.6
C	—	55.1	—	—	—	44.3	0.4
C^1	—	60.4	—	—	—	39.6	—
D	35.6	43.8	1.1	10.1	—	4.4	3.4
E	50.6	32.2	2.9	0.6	0.5	2.2	8.9
F	45.1	35.9	1.1	—	11.8	0.8	4.4
F^1	27.7	46.3	2.6	—	14.2	1.7	6.9
G	25.6	47.9	1.8	—	15.9	1.5	6.4

g)

图 8　玻璃钎料成分对 YIG 陶瓷接头组织的影响

此外，作者还利用透射电镜对钎缝中物相进行了精确表征，对 YIG/Bi 基复合玻璃/YIG 陶瓷钎焊接头形成过程进行了描述，通过抗剪强度测试表征了接头力学性能。试验结果显示，接头最高室温抗剪强度达到 67.5MPa，原位生成的 $MgFe_2O_4$ 晶须有效强化了 YIG 陶瓷接头的磁性。

氧化钇稳定氧化锆陶瓷（Yttria Stabilized Zirconina，YSZ）作为热障涂层和电解质材料广泛应用于航空航天与新能源等领域，在实际工业应用中，通常需要借助活性金属钎料将陶瓷与金属材料连接。由于 YSZ 陶瓷与金属材料间热膨胀系数相差较大，接头中易生成较大残余应力，导致接头开裂失效。因此，通过陶瓷表面进行微结构构建，可以优化接头应力分布，实现接头应力和组织的调控，从而获得组织与力学性能可靠的高质量陶瓷/金属钎焊接头。

来自哈尔滨工业大学的 Li Chun 等[8] 首先利用飞秒激光在 YSZ 陶瓷表面加工沟槽，随后利用 Ag-Cu-Ti 钎料真空钎焊 YSZ 陶瓷与 Ti6Al4V 钛合金，表征接头微观组织，通过抗剪强度测试评价接头力学性能，并分析了接头残余应力分布。

图 9 为经过 850℃ 保温 10min 真空钎焊条件下所得 YSZ/Ti6Al4V 接头的界面组织形貌与元素分布。分析可知，Ag-Cu-Ti 钎料与 YSZ 陶瓷及 Ti6Al4V 钛合金结合良好，陶瓷表面形成连续界面反应层，接头典型结构为 YSZ/TiO+Ti_3Cu_3O/Ag(s，s)/$TiCu_2$/TiCu/Ti_2Cu/α+βTi/Ti6Al4V。

YSZ 表面沟槽尺寸对接头组织与力学性能存在显著影响，通过调整飞秒激光作用参数，获得不同深宽比的表面沟槽，钎焊所得接头界面反应层分布随之发生变化，相应的接头抗剪强度也发生改变。分析可知，飞秒激光加工速度过慢会导致沟槽底部出现尖锐缺口，如图 10 所示，容易造成应力集中，降低接头力学性能。

作者还通过理论计算，对接头中残余应力分布进行了模拟，结果如图 11 所示。分析可知，YSZ 表面构造合适的微结构可以显著改善接头中应力集中问题，降低接头残余应力，从而增强接头力学性能。

C/SiC 复合材料是航空航天发动机生产制造领域的重要结构材料，在火箭姿控发动机中，通常需要与 Nb 喷管相结合。当前，通常采用真空活性钎焊方法实现二者连接，由于 C/SiC 复合材料热膨胀系数仅约 $3\times10^{-6}K^{-1}$，远低于金属材料，因此接头中热应力较大，经常产生裂纹等缺陷，强度很低，很难满足其实际服役需求。

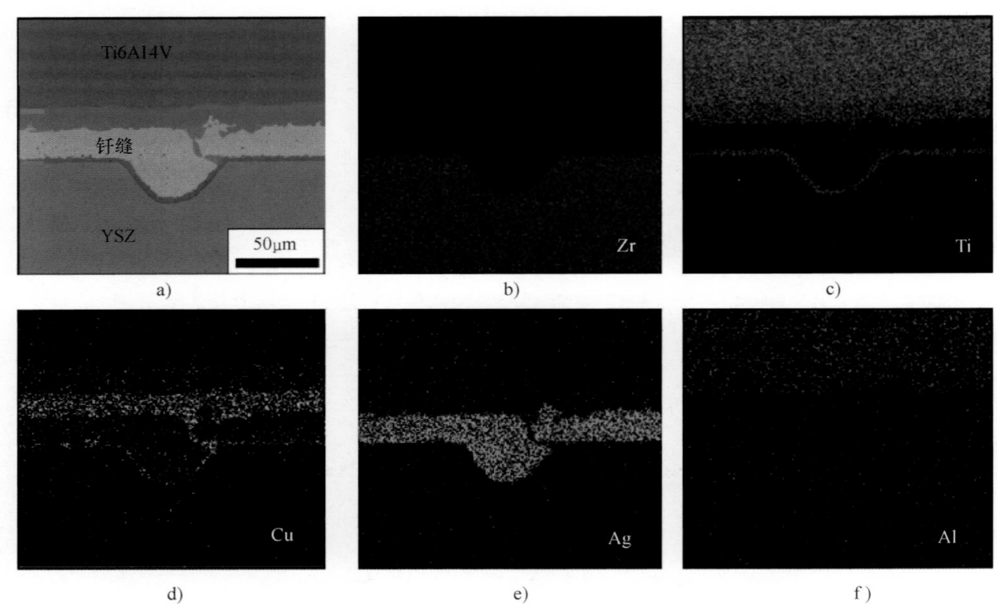

图 9　850℃保温 10min 真空钎焊条件下 YSZ/Ti6Al4V 接头界面组织形貌与元素分布

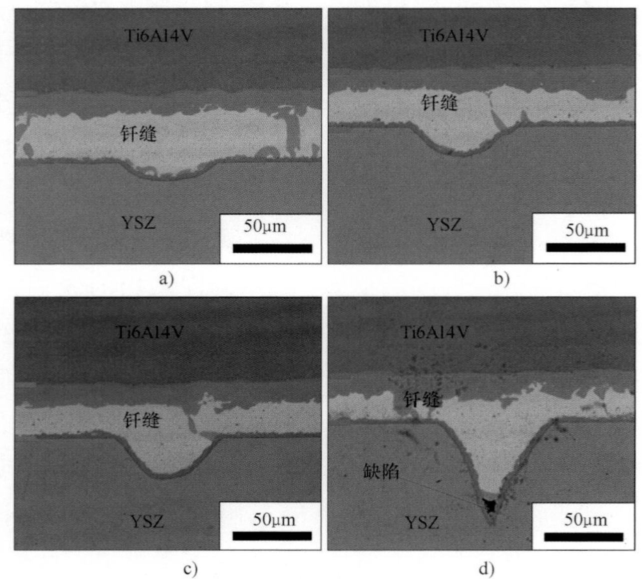

图 10　YSZ 表面沟槽加工速度对接头组织的影响

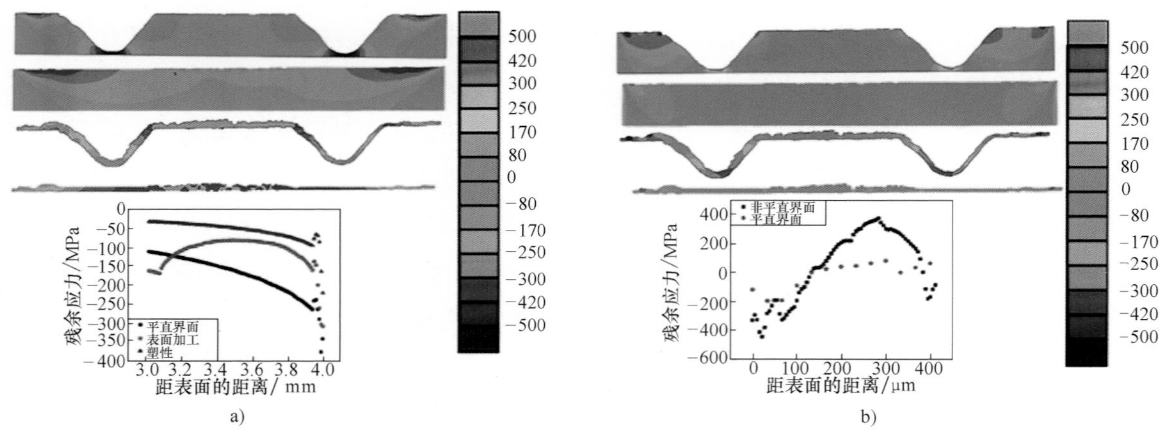

图 11　YSZ/Ti6Al4V 接头应力分布

a）*X* 方向　b）*Y* 方向

来自哈尔滨工业大学的亓钧雷等[9] 提出，通过热腐蚀与电化学腐蚀的方法，暴露出C纤维，随后利用Ag-Cu-4.5Ti钎料在880℃保温10min条件下成功钎焊了C/SiC复合材料与Nb。研究了热腐蚀温度与腐蚀时间对C/SiC表面形貌及相关接头界面成形的影响。当腐蚀温度过低或腐蚀时间较短时，腐蚀效果不明显，液态钎料渗透效果较差，渗透深度较小；当腐蚀温度过高或腐蚀时间过长时，会造成局部C纤维脱落，降低接头性能。利用电化学腐蚀方法也可有效去除SiC，电压与腐蚀时间对腐蚀效果及钎料渗透深度同样具有显著影响。

采用Ag-Cu-Ti钎料对不同表面预处理下的C/SiC复合材料与Nb进行连接，获得接头组织如图12所示。分析可知，腐蚀可以有效促进液态钎料向C/SiC复合材料的渗透，与热腐蚀相比，电化学腐蚀效果更佳，接头界面成形良好。力学性能测试结果表明，三种接头抗剪强度依次为83.7MPa、151.6MPa与164.3MPa。由此可知，腐蚀可以有效促进钎料渗透，强化接头。

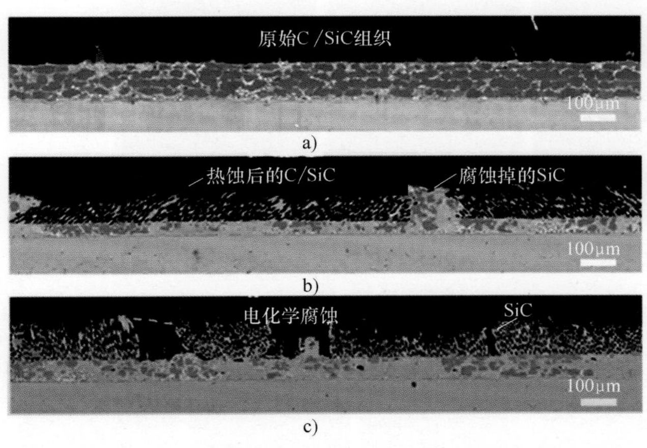

图12　C/SiC表面不同预处理下与Nb的接头组织

SiC陶瓷耐高温、抗氧化，热物理性能与化学性能稳定，常用作高温结构材料，SiC陶瓷钎焊接头在高温环境中的服役性能与失效机制具有重要研究意义，来自美国科罗拉多矿业大学的Stephen Liu教授[10] 研究了SiC/Si-Al-Ti/SiC接头高温服役过程中力学性能变化规律，通过抗剪强度测试与接头断裂行为分析，确定了热处理对接头的作用机制。首先利用Si-Al-Ti钎料在1250℃真空钎焊SiC陶瓷，测得接头抗剪强度为88MPa。随后选择不同的热处理温度（800℃、900℃与1000℃），处理时间依次为20h、50h及100h，分别对热处理后接头抗剪强度进行测试，结果如图13所示。分析可知，随着温度升高与时间延长，接头抗剪强度明显下降，经过100h热处理后接头强度下降了9%，而当热处理温度为1000h时，接头强度降低了34%，热处理温度对接头力学性能的影响更为显著。

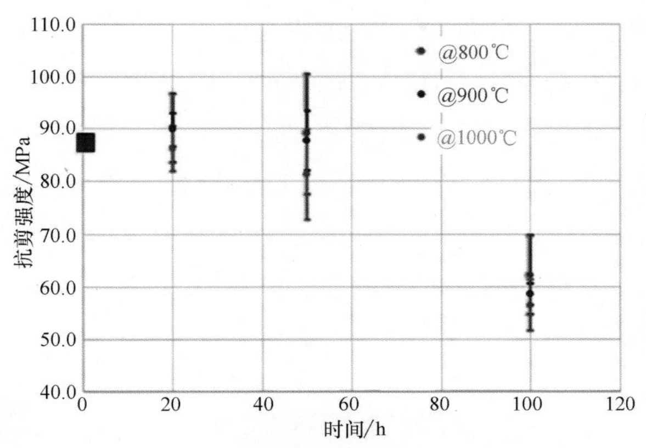

图13　热处理温度及时间对SiC/Si-Al-Ti/SiC接头抗剪强度的影响

分析接头典型断裂机制，如图14所示。随着热处理时间的延长，断裂模式逐渐由钎料与陶瓷母材混合断裂向母材断裂、钎料断裂过渡，相应地，接头抗剪强度逐步降低。研究可知，热处理过程中，低熔点的Al元素不断蒸发并且容易被氧化，钎缝孔隙率上升，是导致接头抗剪强度持续下降的主要原因。

Nb_{ss}/Nb_5Si_3复合材料由Nb_{ss}和Nb_5Si_3组成，结合了Nb_5Si_3优异的高温力学性能和Nb_{ss}良好的延展性，具备稳定的双相结构。相比于当前的镍基合金，Nb_{ss}/Nb_5Si_3复合材料具有较小的密度、更高的弹性模量、更强的高温抗氧化性能，以及更高的服役温度。制备航空发动机的叶片需要将Nb_{ss}/Nb_5Si_3复合材料和GH5188超级合金相连。

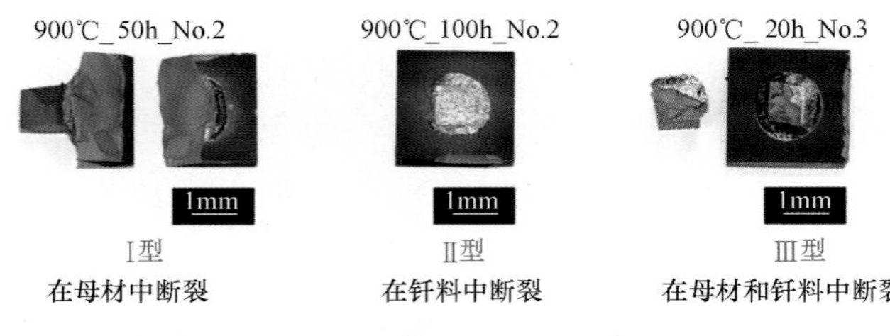

图 14　热处理过程中 SiC/Si-Al-Ti/SiC 接头的断裂行为

中国航发北京航空材料研究院的 Ren Xinyu 等[11] 使用 BNi-2（Ni-7.0Cr-5.0Si-3.0B-3.0Fe）钎料在 1160℃ 保温 15min 条件下对二者进行了钎焊，接头的组织形貌、元素分布及各区域的相组成如图 15 所示。接头主要由 Nb_{ss}、硼化物（Cr-B 与 Ni-B）和 Ni_3Si+Nb_3Si 相组成。接头中生成了脆性 Nb-Si 金属间化合物，从而导致了焊缝中裂纹的生成。裂纹的形成降低了接头的强度，因此接头的平均抗剪强度只有 60MPa。

使用 BNi-5（Ni-19.0Cr-10.0Si）钎料在 1160℃ 保温 15min 条件下对二者进行钎焊，接头的组织形貌、元素分布及各区域的相组成如图 16 所示。接头结合良好，无裂纹等缺陷。其中主要存在 Ni_3Si、Nb_3Si 及（Nb，Ti）$_2$Ni。接头强度较高，平均抗剪强度为 272MPa。若想进一步提高接头的性能，一方面需要控制钎料中 Ni 的含量，另一方面需要开发新型钎料来抑制脆性金属化合物的形成。

SiC_f/SiBCN 复合材料保留了 SiBCN 优良的高温稳定性和高温抗蠕变性能，并通过 SiC_f 提升了材料的断裂韧度和抗热震性能。而使用传统钴基或镍基钎料会导致界面过度反应，导致接头强度降低。为了控制界面反应、提高高温性能，中国航发北京航空材料研究院的 Li Wenwen 等[12] 设计了 Co-Ni-Pd-Nb-Cr 钎料，其 DSC 测试曲线如图 17 所示，钎料在 1175～1205℃ 之间熔化。从图 18 可以看出，铸态钎料由 α1 相和（α2+β）共晶相组成，Co、Ni 和 Pd 在焊缝中均匀分布，而元素 Nb 和 Cr 出现了偏析。

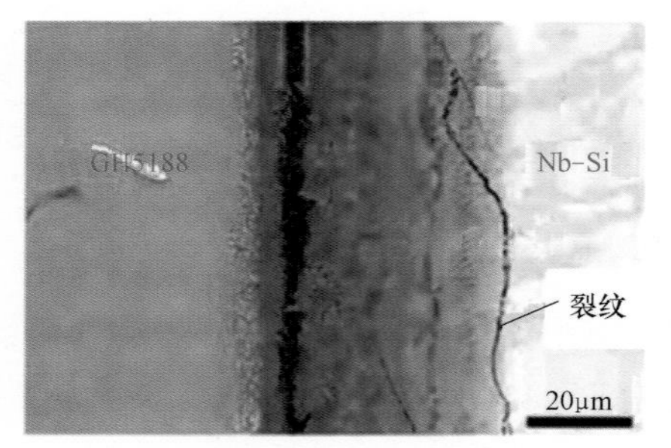

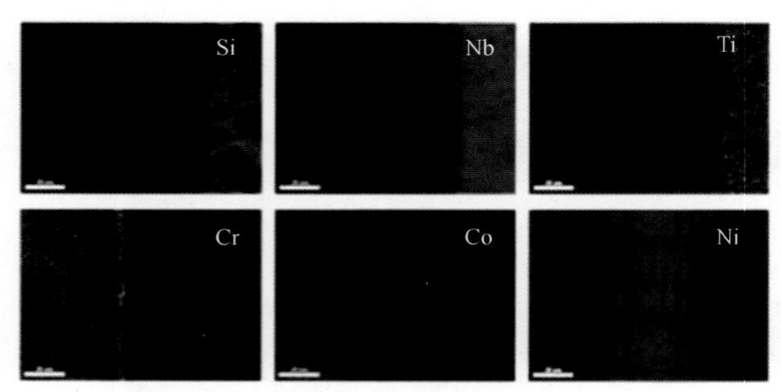

图 15　1160℃保温 15min 条件下 Nb_{ss}/Nb_5Si_3 复合材料与 GH5188 的接头组织

（图中 Nb-Si 代表 Nb_{ss}/Nb_5Si_3 复合材料）

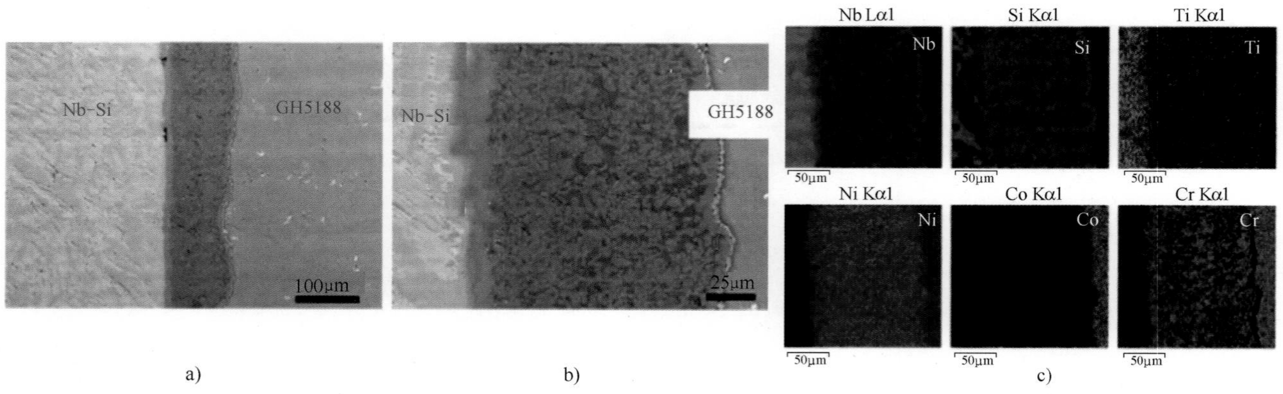

图 16　BNi-5 钎料连接 Nb_{ss}/Nb_5Si_3 复合材料与 GH5188 的接头组织

（图中 Nb-Si 代表 Nb_{ss}/Nb_5Si_3 复合材料）

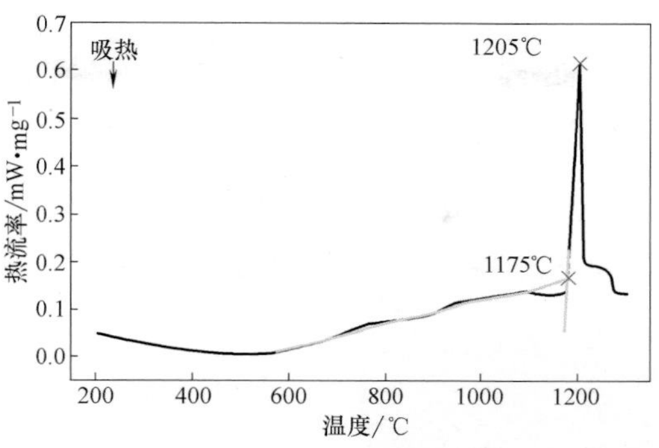

图 17　Co-Ni-Pd-Nb-Cr 钎料的成分与 DSC 曲线

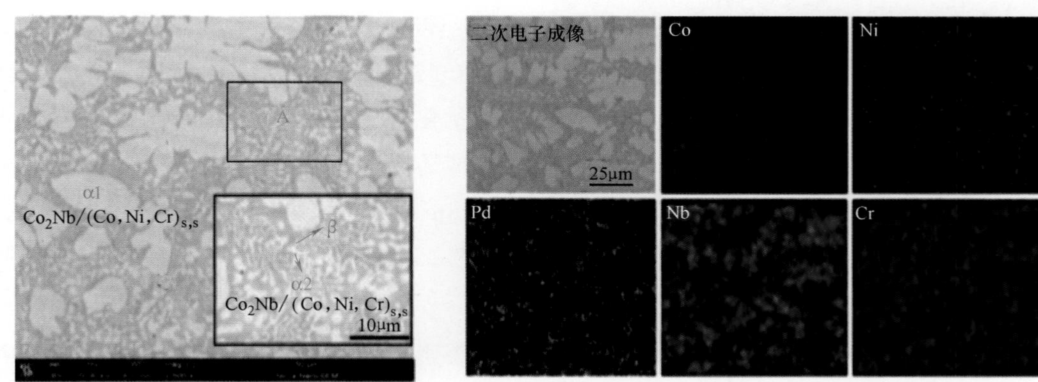

图 18　Co-Ni-Pd-Nb-Cr 钎料的微观组织与元素分析

使用商用的 BNi-5 钎料在 1185℃保温 10min 条件下对母材进行焊接，得到的接头形貌及元素分布如图 19 所示。钎料中的 Ni 与 Si 剧烈反应，并形成周期性的硅化物/石墨结构。接头强度较低，只有 21.6MPa。使用 Co-Ni-Pd-Nb-Cr 钎料时，Nb 和 Cr 元素参与界面反应，形成了连续的 Nb-C 反应层（厚度 4.2μm），阻止了 Co（Ni，Pd）向 SiC_f/SiBCN 复合材料的扩散，接头强度提升至 54.9MPa。

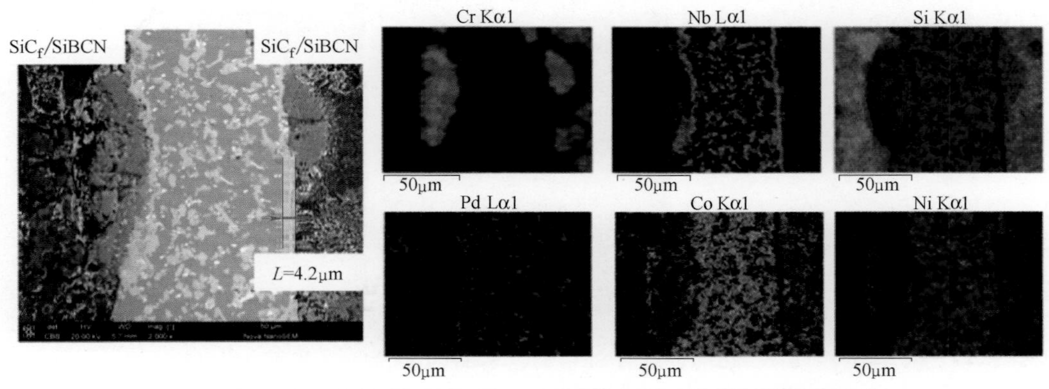

图 19　1185℃保温 10min 条件下 SiC_f/SiBCN 的接头组织形貌与元素分布

SiC_f/SiC 复合材料具备优异的高温热稳定性与抗氧化性能，与 GH3039 镍基高温合金连接后在航空发动机等领域有着广泛的应用前景。来自哈尔滨工业大学的 Zhang Xunye 等[13] 首先使用 Ti-Au-Cu-Ti 钎料在 1000℃保温 10min 条件下直接钎焊 SiC_f/SiC(CMCs) 复合材料与 GH3039，所得接头微观组织形貌如图 20 所示。分析可知，GH3039 与钎料中活性元素反应剧烈，母材溶解严重，钎缝中出现大量 Ti-Ni-Cr-Fe、Ni_2Si 与 TiC 等反应产物，界面反应层厚度超过 200μm，界面出现大量微裂纹等缺陷。作者还分析了钎焊接头形成过程，大致可以分为 Ti 主导界面反应、元素互扩散与 Ni 主导的界面反应等三个过程。

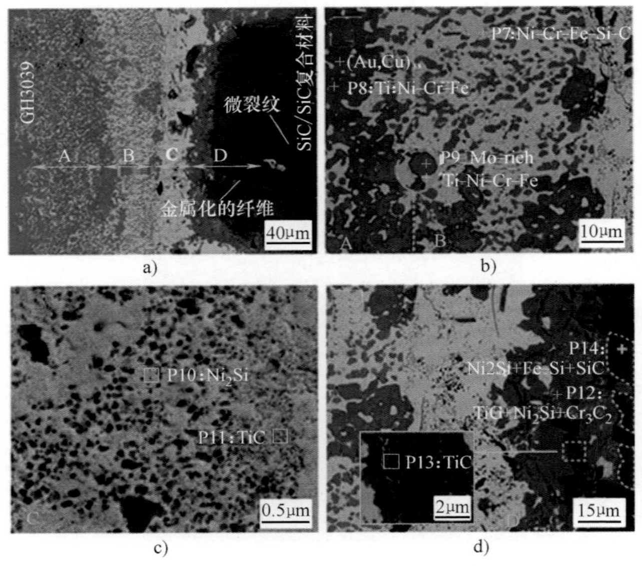

图 20　1000℃保温 10min 条件下 CMCs/GH3039 的接头微观组织形貌

随后，通过引入不同厚度的 Mo 中间层，钎焊 SiC_f/SiC 复合材料与 GH3039 镍基高温合金，所得接头界面组织形貌如图 21 所示。观察可知，Mo 中间层的引入有效缓解了界面反应过于剧烈的问题，合金侧界面反应得到合理调控，Mo 中间层还可以抑制元素过度扩散，避免母材溶解过度。此外，Mo 中间层也可作为应力缓冲层，调控接头残余应力，提升接头力学性能，抗剪强度测试结果表明，接头最高强度为 36MPa。

6000 系列铝合金有着低密度、高比强度和良好的加工性能，广泛应用于航空航天、车身轻量化等工业领域。石墨具有良好的导热性能且成本较低。北京有色金属研究总院的 Yuan Linlin 等[14] 使用 Al-Cu-Si-Ni-Mg 钎料和金属化技术，成功焊接了 6063 铝合金和片状结晶石墨。如图 22 所示，接头主要由 Ag-Cu 共晶相、$TiSi_2$ 相、Ag-Al 相和富银相构成。Ti 元素向基体的扩散改善了钎料在金属表面的润湿。在 550℃ 保温 20min 条件下得到的接头的抗拉强度为 20MPa。

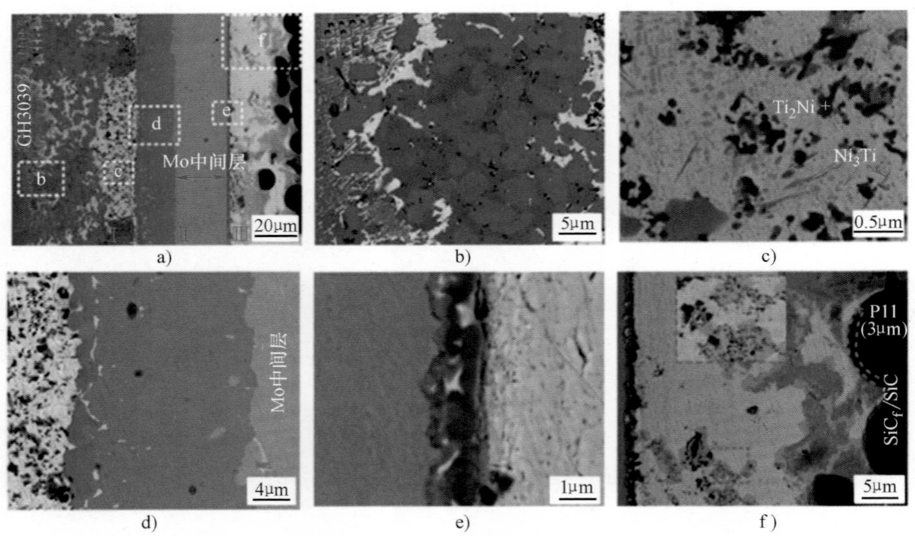

图 21　加入 Mo 中间层的 SiC_f/SiC 与 GH3039 的接头界面组织形貌

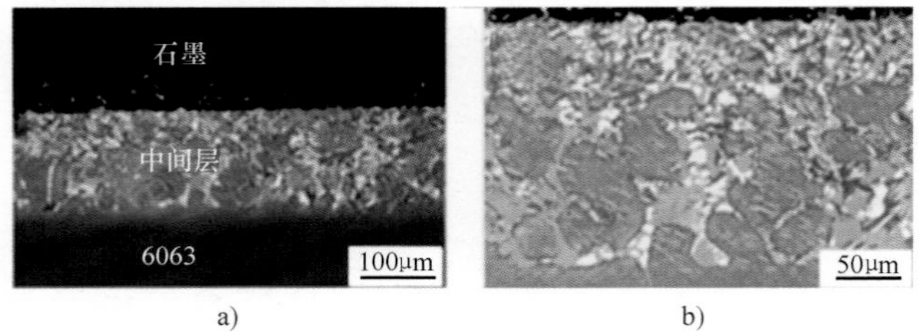

图 22　1000℃保温 10min 条件下的石墨/6063 铝合金接头组织

3 扩散焊接工艺

扩散焊通过高温高压促进材料紧密接触，通过原子间相互扩散形成冶金结合，广泛应用于高温合金、陶瓷及陶瓷基复合材料与金属间化合物等难熔材料的连接。此外，还可以通过添加低熔点中间层，形成少量液相以促进元素相互扩散，该方法被称为瞬时液相扩散连接。

安泰科技股份有限公司的 Zhang Longge 等[15] 研究了 GH99 镍基高温合金与 Mo 合金（MHC）扩散焊接工艺。分别选用 Ni-Cr-Si-B、Ag-Cu-Ti 与 Ni-Nb 作为中间层，通过热等静压扩散焊接方法，在 1100℃、110MPa、2h 工艺条件下，实现 GH99 与 MHC 的可靠连接，对比分析了所得接头组织形貌与力学性能。选用 Ag-Cu-Ti 中间层时，在 GH99 表面生成了 Ti_2Ni 脆性金属间化合物，导致接头强度很低；选用 Ni-Cr-Si-B 中间层时，界面处出现 Ni_3Si/CrB 等沉淀相；选用 Ni-Nb 作为中间层时，接头组织形貌如图 23 所示。分析可知，界面结合良好，元素扩散充分，接头中形成了 Ni_3Nb+Ni 层的复合结构，接头抗剪强度超过 200MPa。

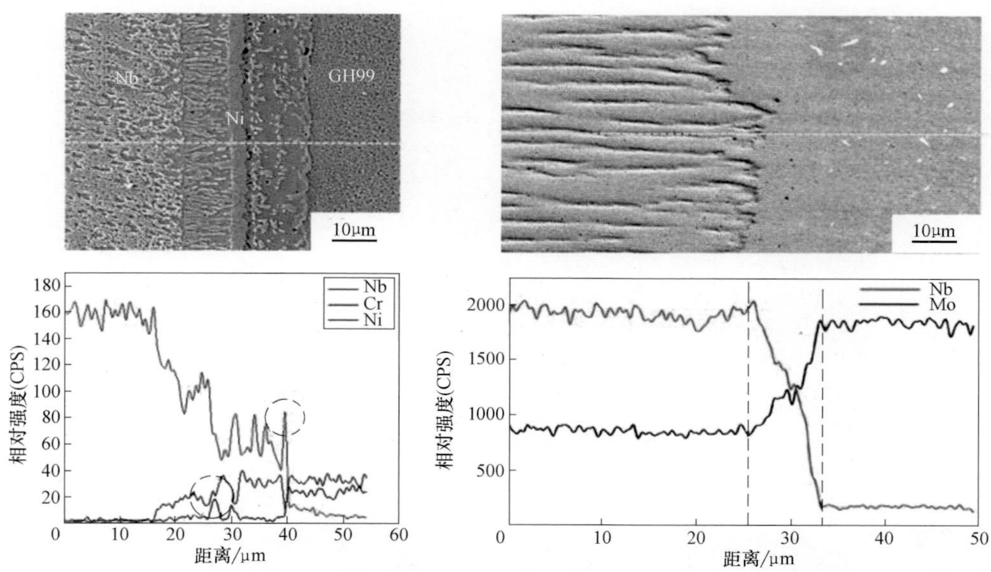

图 23 Ni-Nb 中间层扩散连接 GH99 与 MHC 接头组织形貌

由于扩散焊接可以实现异种金属材料间的紧固结合，因而有可能为表面处理提供新的思路。哈尔滨工业大学的 Wang Zhiquan 等[16] 通过扩散焊接方法，在铁素体不锈钢表面制备了 Co 保护层，显著增强了不锈钢基体的抗氧化性能，使其更好地满足在燃料电池运行环境中的服役需求。选择扩散焊工艺为 1000℃、3MPa、1h，实现 Co 层与不锈钢基体的紧固连接。分析接头界面微观组织，如图 24 所示。能谱分析结果显示，界面处形成连续均匀的互扩散层，确保了 Co 层与不锈钢基体的牢固结合。

随后对比分析 Co 层防护的不锈钢与未防护不锈钢在 800℃高温空气中的氧化行为，测定其氧化增重曲线并分析表面与截面组织及物相演化。研究结果表明，Co 层氧化形成了 Co 基尖晶石保护层，有效隔绝了氧气渗透与不锈钢中 Fe/Cr 等元素向外扩散，增强了不锈钢基体的抗氧化性能，经过 800℃保温 1000h 氧化处理后，防护不锈钢的氧化速率约为未防护不锈钢的 1/15，组织分析结果也表明不锈钢基体表面铬氧化层的生长受到明显抑制。

瞬时液相扩散连接可以大幅降低扩散连接温度，缩短连接时间，因而在半导体器件电子封装、新能源汽车电池封装等领域拥有巨大潜力。通过选择合适的连接体系，可以获得全金属间化合物接头。北京工业大学的 Li Hong 等[17]选用 Sn-Ag-Cu 低温填料，构建了 Cu@ Sn@ Ag 多层网格核壳结构，如图 25 所示，扩散连接工艺为 250～350℃、60～1200s、10MPa，得到了 Cu/Ag_3Sn 全金属间化合物接头，为低温瞬时液相扩散连接提供了一种新型结构设计。

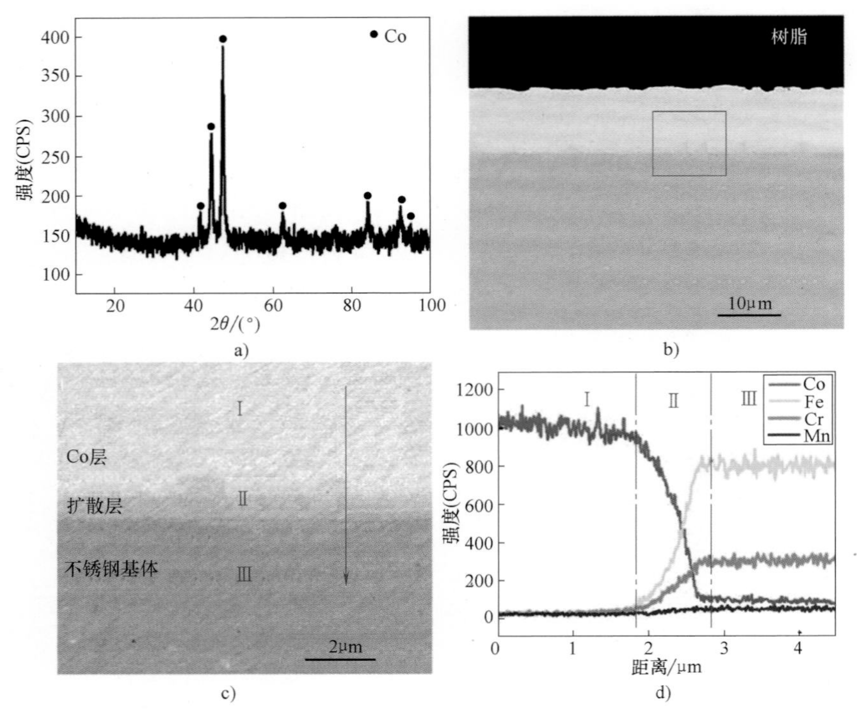

图 24　不锈钢表面扩散焊接制备 Co 保护层

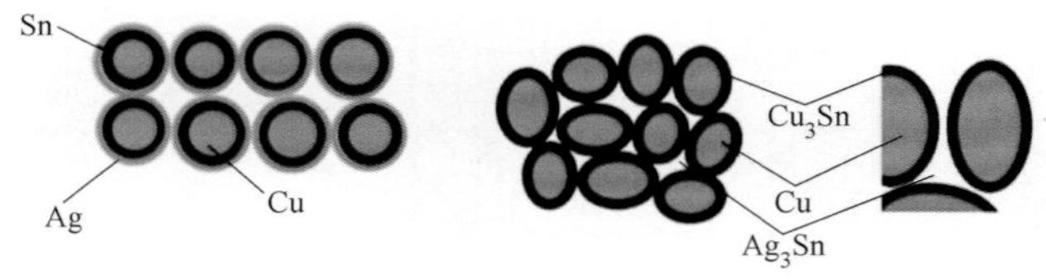

图 25　Cu@Sn@Ag 多层网格核壳结构

模具中温度分布的均匀性对注塑模具的质量有着重要的影响，扩散焊接因不需要填充金属而成为注塑模具制备的重要焊接方法。德国的 J. Pfeiffer[18] 利用扩散焊接制备了注塑模具，发现扩散焊接接头在精细抛光后，看不到扩散焊接界面的存在，可以很好地保证接头的温度均匀性。J. Pfeiffer 利用扩散焊接制备的模具制备了多种样品，实物照片如图 26 所示，并通过模拟发现产品在注塑模具中各部分的温度较为均匀。

图 26　扩散焊模具制备的样品

4　固体氧化物燃料电池封接

电解质陶瓷与金属的异质接头在高温固态电化学器件中被广泛使用，特定的服役环境，需要接头同时满足连接与气密性需求。此外，高温固态电化学器件通常需要在高温腐蚀性环境中长期服役，接头在服役条件下组织与性能的演化规律同样是必须关注的研究重点。当前，钎焊在高温固态电化学器件封接领域发挥了重要作用，尤其是空气反应钎焊（Reactive Air Brazing，RAB），其钎料体系以贵金属为主，通过添加少量金属氧化物调控润湿，可以实现液态钎料在空气中直接润湿氧化物基体，贵金属为主的钎缝组织赋予了接头良好的高温服役性能。当前，使用最广泛的钎料为 Ag-CuO 体系，已经成功应用于固体氧化物电池（Solid Oxide Fuel Cell，SOFC）的封接，主要封接位置为 YSZ 电解质陶瓷与不锈钢连接体。

哈尔滨工业大学 Si Xiaoqing 等人[19] 通过在 Ag-8%（摩尔分数）CuO 钎料中加入适量的纳米 Al_2O_3 增强相，缓解了钎料与两侧母材（YSZ 陶瓷和铁素体不锈钢）的热失配，接头强度显著提高。与真空钎焊加入陶瓷增强相的区别在于，RAB 连接在空气条件下进行，高温氧化会促进纳米 Al_2O_3 长大，最终在接头中观察到大量微米尺度的 Al_2O_3 增强相，形成了微米-纳米增强相复合强化的效果，Al_2O_3 均匀分布在接头中，接头典型组织如图 27 所示。钎料中的 CuO 与 Al_2O_3 反应生成 $CuAl_2O_4$ 相，确保了增强相与钎料基体的良好结合，复合钎料在两侧母材均展现了良好的润湿特性，与非平直界面形成了可靠的机械互锁结构，确保了钎缝的气密性。值得注意的是，本研究中为了避免不锈钢母材在连接过程发生氧化，在不锈钢表面预制了 Al_2O_3 保护层，该保护层对不锈钢基体起到了极佳的保护效果，有效阻隔了不锈钢基体元素向钎缝的扩散，确保了接头组织稳定性。经过 800℃保温 300h 高温氧化和还原服役测试后，接头组织、强度及气密性都保持了极佳的稳定性，因此，阻隔界面元素相互扩散，确保接头组织稳定，对于高温电化学器件长期服役至关重要。

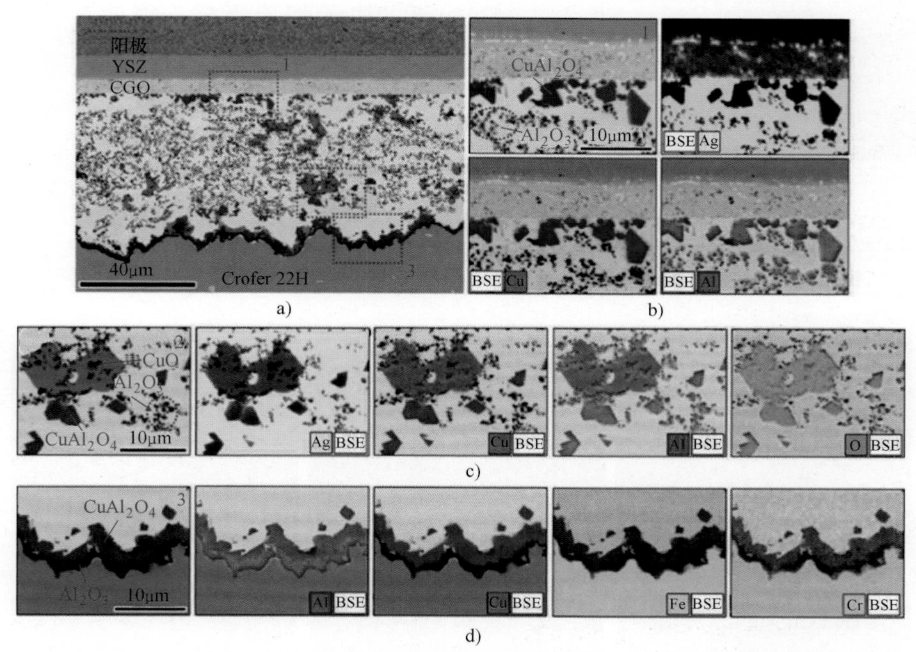

图 27　Ag-CuO-纳米 Al_2O_3 复合钎料 RAB 连接 SOFC 组件的接头组织

RAB 连接过程中 O_2 发挥了至关重要的作用，重庆大学王义峰等人[20] 针对气氛对 RAB 连接过程的影响进行了深入研究。选取 ZrO_2-Al_2O_3 复相氧化物陶瓷（ZTA）作为母材，进行了润湿对比试验分析（图 28）。纯 Ag 钎料在空气气氛中可以润湿 ZTA 陶瓷，但是润湿效果并不理想，界面处存在微裂纹，表明在贵金属中加入金属氧化物，改善钎料润湿性是十分必要的。然而，在 N_2 保护层气氛中，纯 Ag 完全无法润湿 ZTA 基体，高温润湿试验后直接形成球状颗粒从母材表面剥落。在 Ag 中加入 $x_{CuO}=5\%$ 能够改善钎料润湿，即使在 N_2 保护气氛中依然能够与 ZTA 基体形成连接，但是由于润湿效果并不理想，界面存在裂纹缺陷。总之，空气中的 O_2 可以显著改善贵金属-金属氧化物钎料体系的润湿特性，对于获得高强度 RAB 接头至关重要，因此 RAB 连接必须在空气中进行。

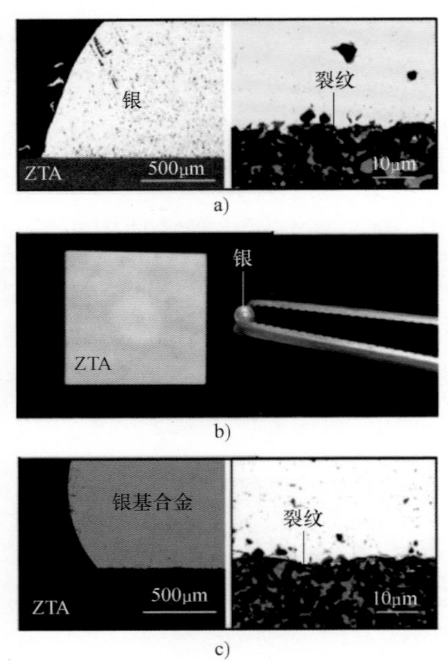

a)

b)

c)

图 28　Ag-CuO 钎料在 ZTA 表面的润湿结果

RAB 方法在空气中即可实现连接，且获得的接头具有优异的耐高温氧化和还原服役特性，因此在高温电化学器件封接领域具有广阔的应用前景，在氮氧气体传感器及固体燃料电池制造领域已经被广泛使用。Ag-CuO 钎料在氧化物母材表面具有良好的润湿性能，也不断被拓展到其他领域。哈尔滨工业大学 Zhang Chenghao 等人[21] 选用阳极氧化铝模板作为基体，将 Ag-CuO 钎料直接在其表面进行润湿渗透，成功制备了长度可控的 Ag 纳米线阵列，如图 29 所示。通过增加钎料中 CuO 含量，Ag 纳米线在阳极氧化铝模板中的渗透长度不断增加，当 CuO 的摩尔分数从 1%增加到 8%时，Ag 纳米线长度可达 15μm。过量 CuO 加入会导致钎料与氧化铝模板过度反应，形成裂纹缺陷。所获得 Ag 纳米线阵列可以用于制备气体传感器件。

在 RAB 连接中，为了确保接头在高温环境下的服役性能稳定，需要对界面进行调控，避免在连接及服役过程中发生过度界面反应，因此，需要对界面元素相互扩散进行一定程度的抑制，以实现接头组织稳定，进而确保接头在长周期的服役环境中可靠运行，关于这方面的研究后续还有待进一步加强。

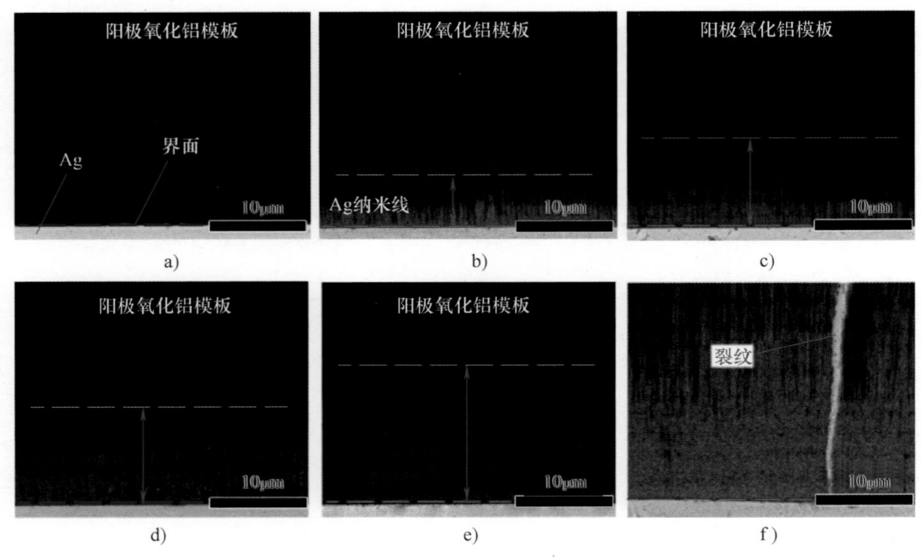

a)　b)　c)

d)　e)　f)

图 29　CuO 含量对 Ag 纳米线阵列的影响

5 超声辅助钎焊

当前，多能场复合钎焊技术已经受到越来越多的关注，在钎焊过程中引入其他能场对于改善钎焊连接过程、优化接头性能发挥了重要的作用。其中研究最为广泛的是超声辅助钎焊，其利用超声波的空化及声流作用，能够破除氧化膜、促进原子扩散及物质的溶解，可以实现大气条件下无钎剂的钎焊。为了将该方法应用于更多的材料体系，国内外学者开展了大量的研究工作。

铝基复合材料由于具备高导热系数、低膨胀系数、高比强度及低密度等优势，在航空航天轻质结构及高功率电子传热部件中具有广阔的应用前景。哈尔滨工业大学 Xu Guojing 等人[22] 对 SiC/2024 铝基复合材料的超声钎焊进行了深入研究，选用 Sn-9Zn 作为钎料，钎焊温度为 250℃时，超声作用 10s 即可实现 SiC/2024 铝基复合材料可靠连接，接头强度达到 69MPa。获得的接头组织如图 30 所示。进行组织分析可知，伴随着母材向钎料中的溶解，会有一定量的 SiC 增强相进入钎缝中，对于提高强度起到了积极作用，同时在接头中形成了大量的富 Al 相。

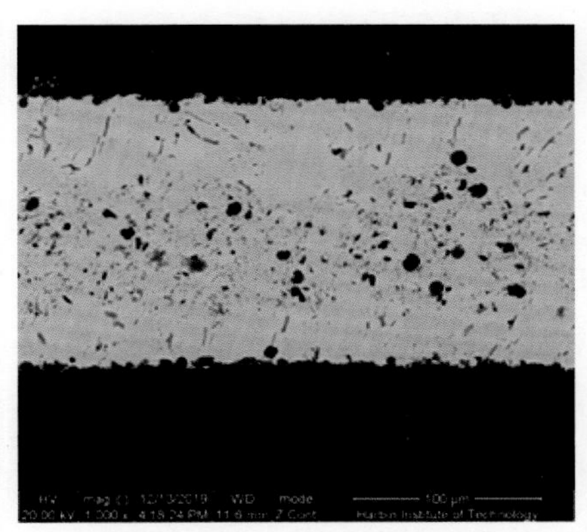

图 30 超声钎焊 SiC/2024 铝基复合材料的接头组织

接头的形成过程可以归纳为 5 个阶段（图 31，a→b→c→d→e），首先钎料熔化后开始向钎缝浸润；随后在超声作用下，液态钎料中开始形成大量的气泡，随着液态钎料进一步浸入钎缝；超声作用下的空化及声流作用可以有效去除复合材料表面的氧化膜；氧化膜破除后，液态钎料与 SiC/2024 铝基复合材料直接接触，在界面发生溶解及界面反应，促进 SiC 及 Al 进入液态钎料；最终在钎缝中形成了富 Al 液相，同时，SiC 在钎缝中的均匀分布对于提高接头强度也起到了积极作用。

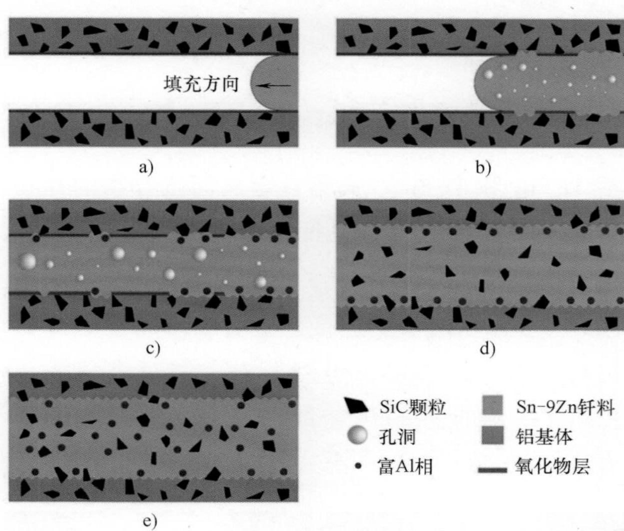

图 31 超声辅助钎焊 SiC/2024 铝基复合材料接头形成示意图

a）液态钎料开始填充 b）填充过程产生孔洞缺陷

c）氧化膜去除效率差异很大 d）缺陷完全消失

e）富铝相进入钎缝

蓝宝石作为性能极佳的热沉材料在高功率器件散热领域逐渐受到青睐，为了获得广泛应用，对其连接技术进行研究是至关重要的。哈尔滨工业大学 Ma Xinran 等人[23] 选用 Sn-3.5Ag-4Ti 钎料，对蓝宝石的超声辅助钎焊进行了深入研究。在研究中，先将蓝宝石在液态钎料中进行超声浸渍，在蓝宝石表面获得了钎料金属化涂层，随后再在低温条件下进行连接，过程如图 32 所示。

将蓝宝石在液态钎料中经过超声浸渍后会形成连接可靠的金属化层，浸渍时间对界面结合会产生较大影响，改变超声浸渍时间，获得的接头组织如图 33 所示。超声作用会促进液态钎料与蓝宝石基体的界面反应，在界面处逐渐形成 Ti_2O_3 化合物，促进了钎料的反应性润湿。钎缝中形成了多种 Ti-Sn 金属间化合物，主要包

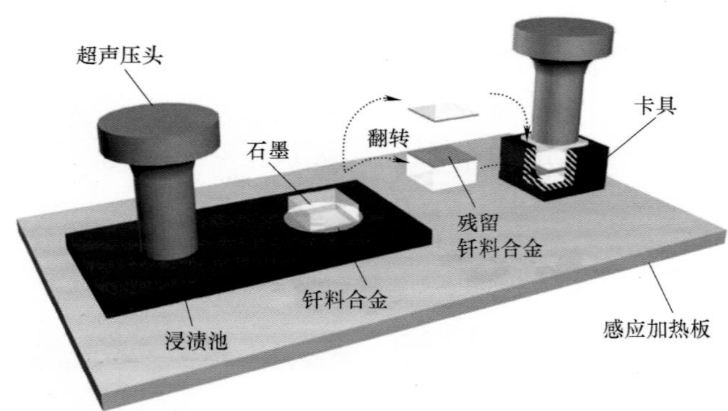

图 32　两步法超声辅助连接蓝宝石示意图

括 Ti_2Sn_3 和 Ti_6Sn_5。高熔点金属间化合物的存在对于提高接头的高温服役性能具有积极的作用。超声作用 100s 时获得了最高接头剪切强度 32MPa。采用两步法连接蓝宝石，可以显著降低接头应力，改善接头组织分布。同时该研究也提出了一种低温超声辅助陶瓷表面金属化的新方法。

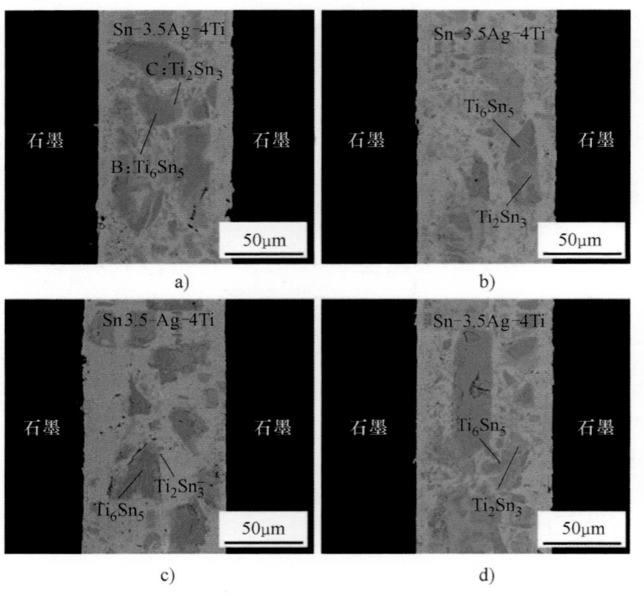

图 33　超声浸渍时间对接头组织的影响

6　结束语

对上述报告内容进行归纳总结，可以看出：

1）新型钎料设计为提高钎焊接头性能、抑制接头脆性提供了新思路。开发了新型 Co-Cr-Cu-Fe-Ni 高熵钎料，发现多种元素均可降低钎料熔点，尤其是添加 Al 后钎料硬度大幅提升。对于钛合金钎焊，基于经验电子理论对 Ti-Zr-Ni-Cu 钎料成分进行优化设计，避免了接头脆性金属间化合物的形成，同时开发 Ag-Ga-Si-Cu 新型钎料，通过调控 Ti-Cu 金属间化合物分布，实现了钛合金钎焊接头强化。

2）陶瓷及陶瓷基复合材料与金属的连接研究主要集中在玻璃钎料设计、陶瓷表面结构设计和改善接头高温性能等方面。在 Bi_2O_3 玻璃中加入 MgO 与 YIG 陶瓷母材形成 $MgFe_2O_4$ 晶须，可以大幅度增强接头磁性。利用飞秒激光和热腐蚀对陶瓷进行表面结构设计，可优化界面物相分布，形成接头机械互锁强化。在钎料中加入 Nb、Co、Au 等高熔点元素可以显著提高接头高温性能，使陶瓷基复合材料优异的高温性能得到充分发挥。

3）对扩散焊接工艺的研究表明，以 Ni-Nb 作为中间层可以显著提高 GH99/Mo 合金接头强度，将 Co 箔与不锈钢进行扩散连接可用于制备高质量保护层，显著改善了传统工艺制备保护层孔隙率高、界面结合弱的问题。开发了 Cu@Sn@Ag 核壳结构 Sn-Ag-Cu 钎料，其在瞬时液相扩散中形成了 Cu/Ag_3Sn 全金属间化合物接头，为高功率半导体器件封装提供了新思路。

4）对固体氧化物燃料电池封接的研究表明，空气反应钎焊在高温固态电化学器件封接领域具有广阔的应用前景。在 Ag-CuO 钎料中加入纳米 Al_2O_3 增强相，可以降低电解质陶瓷与金属组件的热失配，显著提高接头强度。空气气氛及钎料中适量添加金属氧化物是 Ag-CuO 钎料体系实现润湿的关键。将 Ag-CuO 钎料在阳极氧化铝模板表面润湿渗透，成功制备了 Ag 纳米线阵列。

5）超声辅助钎焊的研究工作体现了辅助钎焊在铝基复合材料连接中的应用，超声作用促进铝基复合材料中的 SiC 增强相进入钎缝，提高了接头强度。此外，将蓝宝石在液态钎料中超声浸渍快速实现了表面金属化，金属化后进行低温连接，显著降低了接头应力。

参考文献

[1] WOJARSKI L, ULITZKA T, ULITZKA H, et al. Effect of melting point depressants on the microstructure and the melting range of EHEA [Z]//A-XVII-0184-20.

[2] JING Y J, REN X Y, SHANG Y L, et al. Design on TiZrCuNi filler alloy for joining of titanium alloys [Z]//A-XVII-0191-20.

[3] LIU X. Brazing of Ti-6Al-4V with a new copper-based brazing filler metal [Z]//A-XVII-0192-20.

[4] SOMMER A K, TURPE M, FUSSEL U, et al. Model of the mechanisms of acting during vacuum brazing of Al and Cu [Z]//A-XVII-0193-20.

[5] HAOUS J. MIG brazing ability of coated steel sheets for automotive applications [Z]//A-XVII-0188-20.

[6] TILLMANN W, WOJARSKI L, HENNING T. Investigation of joints from selective laser melted and conventional material grades of 18MAR300 nickel maraging steel [Z]//A-XVII-0189-20.

[7] LIN P P, CHEN Q Q, LIN T S, et al. Microstructure and properties of YIG/bismuth-based composite glass/YIG joints with growth of in situ $MgFe_2O_4$ whiskers [Z]//A-XVII-0186-20.

[8] LI C, SI X Q, QI J L, et al. Understanding the effect of surface machining on the YSZ/Ti6Al4V joint via image based modelling [Z]//A-XVII-0187-20.

[9] BA J, QI J L, CAO J, et al. Effect of corrosion treatment on microstructure and mechanical property of C/SiC-Nb brazing joints [Z]//A-XVII-0190-20.

[10] WEI J, LIU S, MADENI J C. Fracture analysis of SiC/Si-Al-Ti/SiC thermally aged braze joints after shear testing [Z]//A-XVII-0194-20.

[11] REN X Y, LI W W, JING Y J, et al. Dissimilar brazing of Nb_{ss}/Nb_5Si_3 composites to GH5188 alloy using Ni-based filler alloys [Z]//A-XVII-0196-20.

[12] LI W W, XIONG H P, REN X Y. Joining of SiC_f/SiBCN composite and control of the interfacial reactions [Z]//A-XVII-0197-20.

[13] ZHANG X Y, YANG J, LIN P P, et al. Research on brazing of SiC_f/SiC and GH3039 [Z]//A-XVII-0198-20.

[14] YUAN L L. Joining of activated graphite to 6063 aluminum alloy with Al-Cu-Si-Ni-Mg filler metal [Z]//A-XVII-0199-20.

[15] ZHANG L G, WANG C Q, DONG H, et al. An investigation on HIP diffusion bonding of GH99 alloy and MHC [Z]//B-XVII-0053-20.

[16] WANG Z Q, LI C, SI X Q, et al. Oxidation behavior and reactive air brazing of ferritic stainless steel interconnect coated by diffusion bonded cobalt layer for solid oxide fuel/electrolysis cells [Z]//B-XVII-0052-20.

[17] LI H, XU H Y, XU J, et al. Growth mechanism of Ag_3Sn in network structure TLPs Cu/IMCs joints [Z]//A-XVII-0185-20.

[18] PFEIFFER J, GEMSE F, FRETTLOH V, et al. Diffusion bonded large scale parts for tooling industry-results of bonding and injection molding trials [Z]//B-XVII-0051-20.

[19] SI X Q, LI C, CAO J, et al. Reactive air brazing of SOFC using Ag-CuO-Al2O3 composite braze and the service performance evaluation [Z]//A-XVII-0195-20.

[20] WANG Y F, LIU Y L, WEN Z R, et al. Oxygen and oxide controlled wetting of silver-based brazing alloy on ZTA ceramic [Z]//A-XVII-0200-20.

[21] ZHANG C H, LI C, SI X Q, et al. Single-crystalline silver nanowire arrays directly synthesized onto substrates by template-assisted chemical wetting [Z]//B-XVII-0054-20.

[22] XU G J, YAN J C. The microstructure and strength of ultrasonic-assisted soldered joints of

SiC/Al composites with SnZn filler alloy [Z]//C-XVII-0052-20.

[23] MA X R, YAN J C. Mechanism of the interfacial bonding between sapphire and Sn-based solders at a low temperature in air by ultrasound [Z]//C-XVII-0051-20.

作者简介：曹健，男，哈尔滨工业大学教授，博士生导师。研究方向为陶瓷/复合材料与金属的连接组织与应力分析、异种材料的连接机理与性能优化、自蔓延反应连接、表面与界面行为研究。发表论文 170 余篇，授权发明专利 50 余项。Email：cao_jian@ hit. edu. cn。

审稿专家：黄继华，男，北京科技大学材料科学与工程学院教授，博士生导师，材料先进焊接与连接首席教授。主要研究领域有：先进材料及异种材料焊接/连接，焊接/连接新技术新工艺，电子封装微连接技术、材料及可靠性，材料涂层技术等。以第一作者和通讯作者发表 SCI 收录论文 170 余篇，获国家发明专利 30 余项。Email：jihuahuang47@ sina. com。

焊接物理（IIW SG-212）研究进展

樊丁　黄健康　肖磊

（兰州理工大学　材料科学与工程学院，兰州　730050）

摘　要：本文对2020年线上举办的第73届国际焊接学会年会焊接物理研究组（IIW SG-212）进行交流和讨论的论文及报告情况做了简要评述。本次会议提交的论文代表了国内外焊接物理研究人员在电弧物理、熔滴过渡、熔池和金属蒸气行为等方面的最新研究成果。本文针对会议论文和报告的特色与创新性，对其做了整理和评述。

关键词：国际焊接学会年会；焊接物理；研究进展

0　序言

国际焊接学会焊接物理研究组（IIW SG-212）的宗旨是通过研究焊接电弧、熔滴过渡、熔池行为和传热、传质等焊接物理过程与机理，开发相关数值模拟软件，为优化焊接参数，提高焊接效率，改善焊缝成形，减少焊缝缺陷，改进和研发新的焊接工艺、方法、设备、材料，以及焊接过程自动化和智能化提供理论基础。受到新冠肺炎疫情的影响，第73届国际焊接学会（IIW）年会于2020年7月15—26日在线上举行。7月23日，国际焊接学会IIW SG-212研究组共交流讨论了7篇论文，其中日本3篇、中国1篇、德国2篇、澳大利亚1篇。从本次会议交流情况可以看出，国内外焊接科技工作者始终关注电弧物理、熔滴过渡、熔池行为等直接影响焊接质量的各类焊接物理现象，通过数值模拟与试验测量手段相结合的方式不断取得最新研究进展。现就上述论文，综述相关领域的研究现状和发展趋势。

1　电弧物理

自发现电弧并将其作为焊接热源以来，电弧物理现象由于其重要性及复杂性，一直都是各国焊接工作者研究的热点课题之一。为了提高钨极的耐用性、增强其电子发射性能并将温度控制在钨极熔点以下，一般向钨极中添加钍、铈等的氧化物，而这些添加物会在焊接过程中蒸发，形成金属蒸气，从而降低添加物在钨极表面的覆盖率，使电极有效电子逸出功增大，最终导致钨极温度升高并加剧钨极烧损。日本大阪大学接合科学研究所（JWRI）田中学教授课题组[1]对纯钨极和添加了质量分数为2%的La_2O_3的钨极附近发光区域进行了高速摄像和光谱分析（包括光谱检测系统，如图1所示；图像光谱分析系统，如图2所示）。当采用纯钨极（不添加质量分数为2%的La_2O_3）时，光谱检测钨极附近发光区域发现不存在W蒸气的特征谱线，如图3所示；而向钨极中添加质量分数为2%的La_2O_3后，光谱检测钨极附近发光区域时探测到La蒸气的特征谱线La Ⅰ和La Ⅱ，如图4所示。这为该课题后期通过光谱检测钨极附近的发光区域来预测电极的合金烧损情况提供了技术支持。同时，他们还揭示了钨极附近发光区域的分层现象是由于La原子和La离子扩散分层辐射导致的。

对于GMAW而言，电弧在焊丝与母材间燃烧，电势由导电嘴到母材逐渐降低，为了进一步认识GMAW电弧导电行为及能量分布特征，德国莱布尼兹等离子体科学技术研究所[2]试验测量了不同保护气氛下（100% Ar，Ar+2.5% CO_2，Ar+10% CO_2，Ar+18% CO_2和Ar+50% He）

脉冲 GMAW 的极性压降（包括阳极压降和阴极压降）大小。总电压 U_T 包括导电嘴上的电压 U_C、伸出焊丝端电压 U_W、弧柱电压 U_A 和极性压降 U_F 四部分。纯氩保护气氛下脉冲 GMAW 峰值电流 555A 时各电压与弧长（用金属蒸气分布区域高度表示）的关系如图 5 所示。由于弧长为 0 时 U_A 也为 0，由此得到电极压降的具体数值为 22V。图 6 所示的是不同保护气体条件下脉冲 GMAW 峰值电流 555A 时电弧的形态，能够看出当 CO_2 气体含量增加时，电弧收缩，当加入 50% He 气后，电弧收缩现象更明显。按照同样的方法分别作外加不同保护气体时的电弧电压与弧长的关系曲线发现，外加 CO_2 或者 He 气后电极压降明显增大，同时弧柱电场强度有所加强，其中极性压降随保护气体中 CO_2 含量变化关系如图 7 所示。该研究进一步完善了该课题组此前提出的简化 GMAW 电压模型，使其在不同保护气氛及脉冲条件下同样适用。

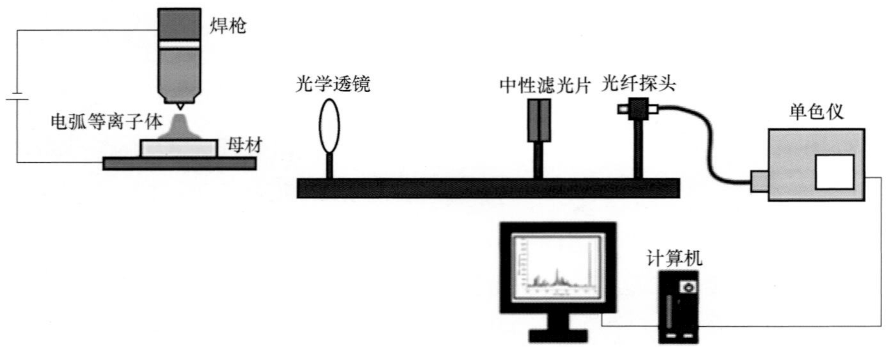

图 1　焊接电弧光谱检测系统示意图

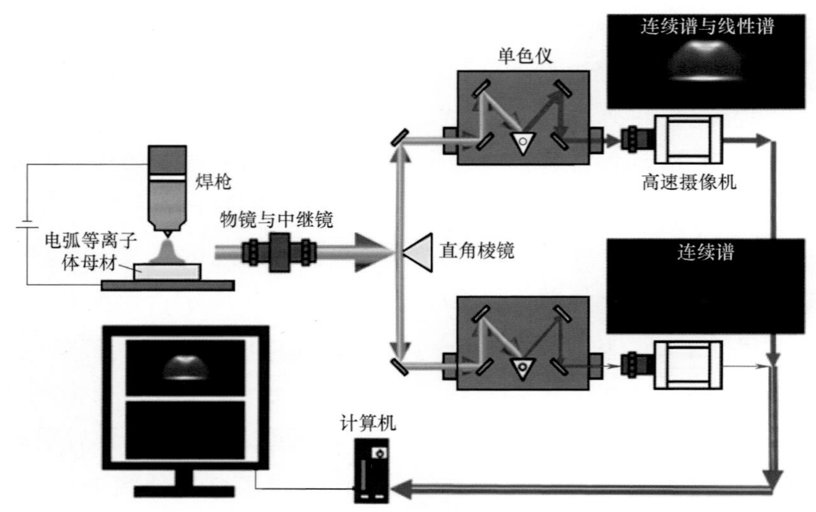

图 2　焊接电弧图像光谱分析系统示意图

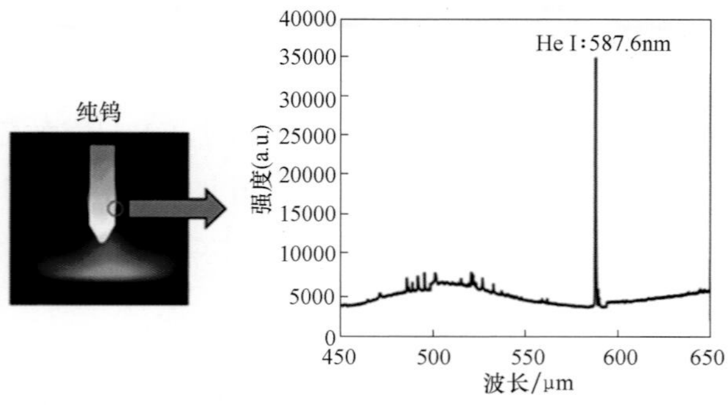

图 3　不添加 2%La_2O_3 钨极 TIG 电弧高速摄像照片与光谱检测结果

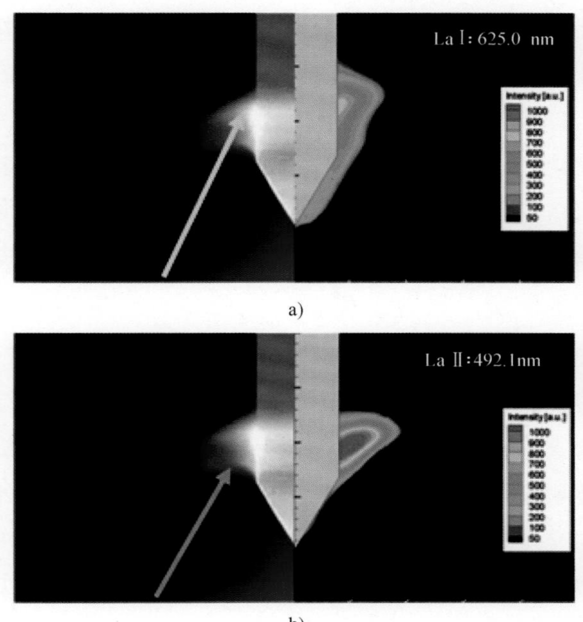

图 4　He 气保护 TIG 电弧高速摄像照片与 La 蒸气光谱辐射强度分布对比结果

a）La Ⅰ　b）La Ⅱ

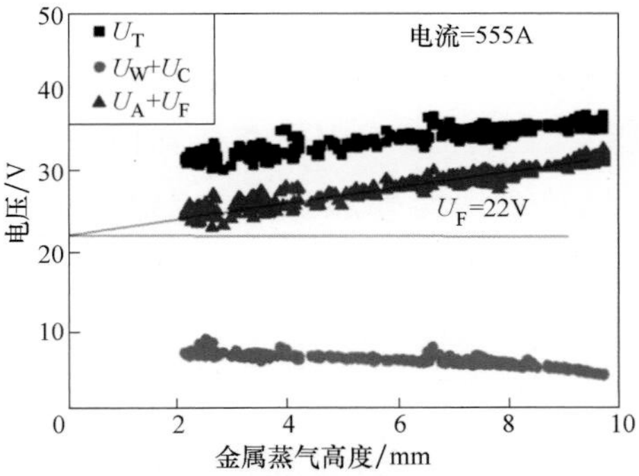

图 5　脉冲 GMAW 峰值电流 555A 时电压-弧长关系

焊接热输入控制一直以来都是提高 GMAW 方法在工业生产中广泛应用的关键，特别是薄板焊接以及异种金属焊接。近年来针对 GMAW 电弧行为的研究，主要还是基于局部热力学平衡（Local Thermal Equilibrium，LTE）假设，同时考虑金属蒸气的影响，而有关非平衡条件下的 GMAW 电弧模型还鲜有报道。大阪大学工学研究院[3] 针对 GMAW 短路过渡电弧行为和影响热输入的主要因素，假设焊丝形状与温度始终不变，即不考虑熔滴过渡，建立了非平衡条件下的 GMAW 电弧二维简化模型。模型考虑的电弧等离子体中的化学组分包括 e^-、Ar、Ar^+、Ar^{2+}、Fe、Fe^+ 和 Fe^{2+}，分别计算了电弧中重离子温度 T_h 和电子温度 T_e。非平衡电弧模型计算结果如图 8 所示，在电弧外围和电极附近，电子温度明显高于重离子温度，但是在电弧区域，二者没有明显区别。该研究进一步加深了我们对 GMAW 电弧行为的认识。

目前对于电弧物理的研究不仅关注保护气体的解离、电离过程，研究还包括电极材料蒸发产生的金属蒸气的电离过程，主要研究这些离子对电弧温度、电流密度等电弧特性的影响，提高电弧热的利用效率，以此为基础解释并开发出新型弧焊方法与工艺。

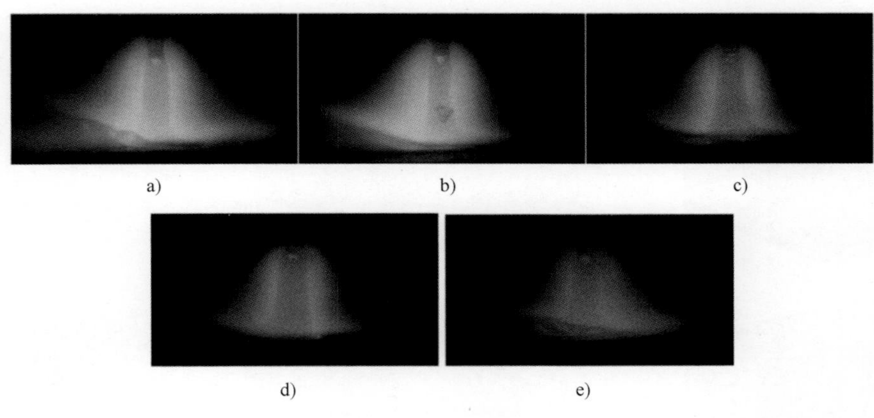

图 6　不同保护气体条件下脉冲 GMAW 峰值电流 555A 时电弧形态

a）Ar+0%CO_2　b）Ar+2.5%CO_2　c）Ar+10%CO_2

d）Ar+18%CO_2　e）Ar+50%He

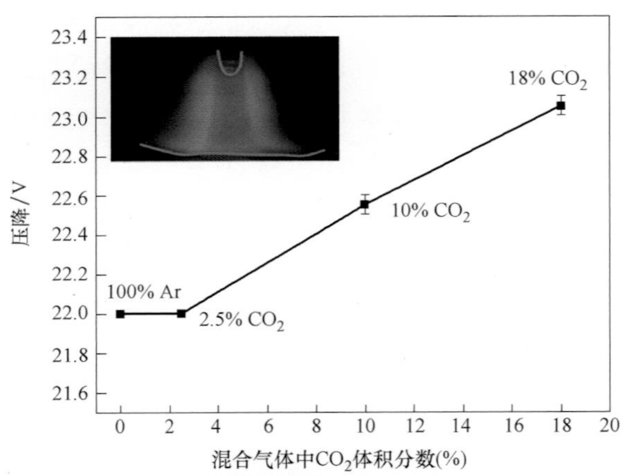

图 7　极性压降随保护气体中 CO_2 含量变化关系

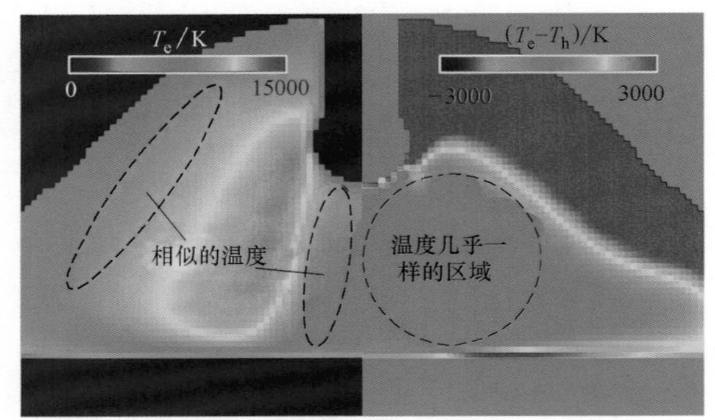

图 8　电子温度与重离子温度的区别

2　熔滴过渡

兰州理工大学樊丁教授课题组与大阪大学田中学教授合作[4]，针对大电流 GMAW 焊接效率瓶颈问题，提出通过外加交变轴向磁场控制液流束旋转偏角和焊接飞溅的磁控大电流 GMAW 方法，建立了三维数学物理模型。为了简化物理过程，模型假设焊丝质量不变，且金属蒸气只包括铁蒸气，同时认为外加磁场方向始终与轴线平行并忽略其对电弧等离子体电导率的影响。该数学模型的主要特点是采用两套控制方程单独处理金属液相和电弧气相的传质、传热，实现旋转液流束与电弧的耦合计算。结合高速摄像试验观测，揭示了大电流 GMAW 旋转射流过渡和飞溅产生机理，以及不同频率外加交变轴向磁场对旋转射流过渡行为的控制机理。如图 9 所示，当焊接电流达到 400A 时，采用直径为 1.2mm 的低碳钢焊丝，液流束在不平衡的自感应电磁力作用下发生旋转，液流束尖端的液态金属被高速甩出，形成自由熔滴，落入熔池中或形成飞溅落在熔池外部，焊接电弧依附于液流束旋转，最高温度达到 14000K。如图 10 所示，当外加 100Hz 交变轴向磁场后，液流束的旋转运动受外加磁场的影响，在产生的环向电磁力的干预下，旋转偏角明显减小，这也为后期磁控高效 GMAW 工艺的研发提供了理论依据。

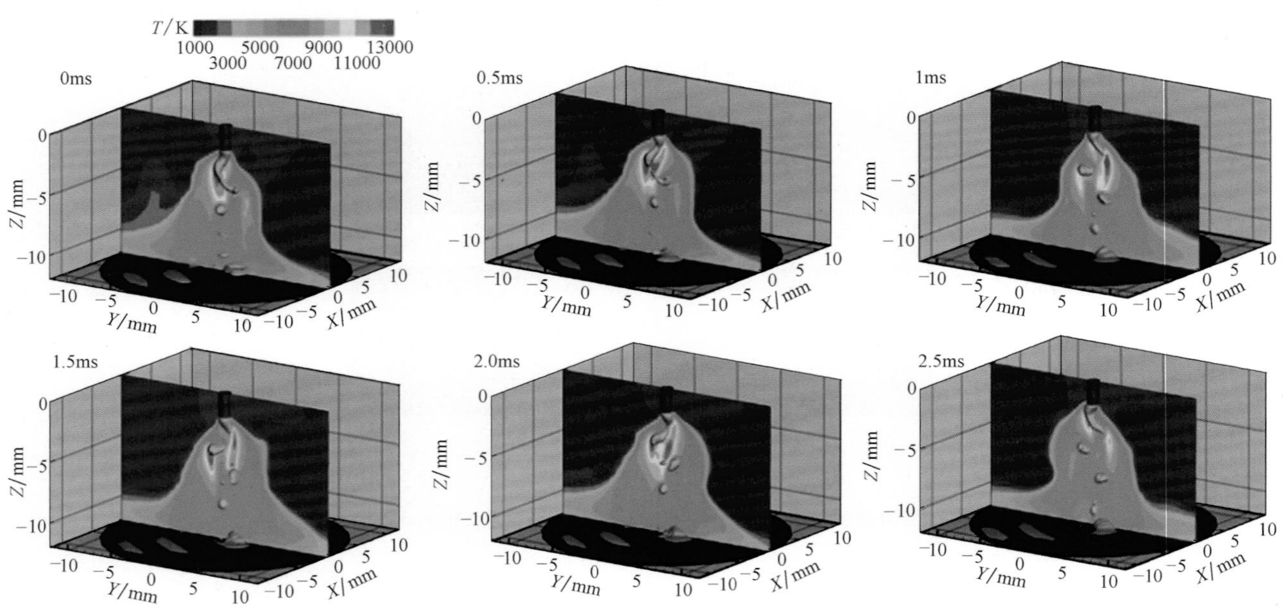

图 9　大电流 GMAW 熔滴旋转射流过渡数值模拟结果

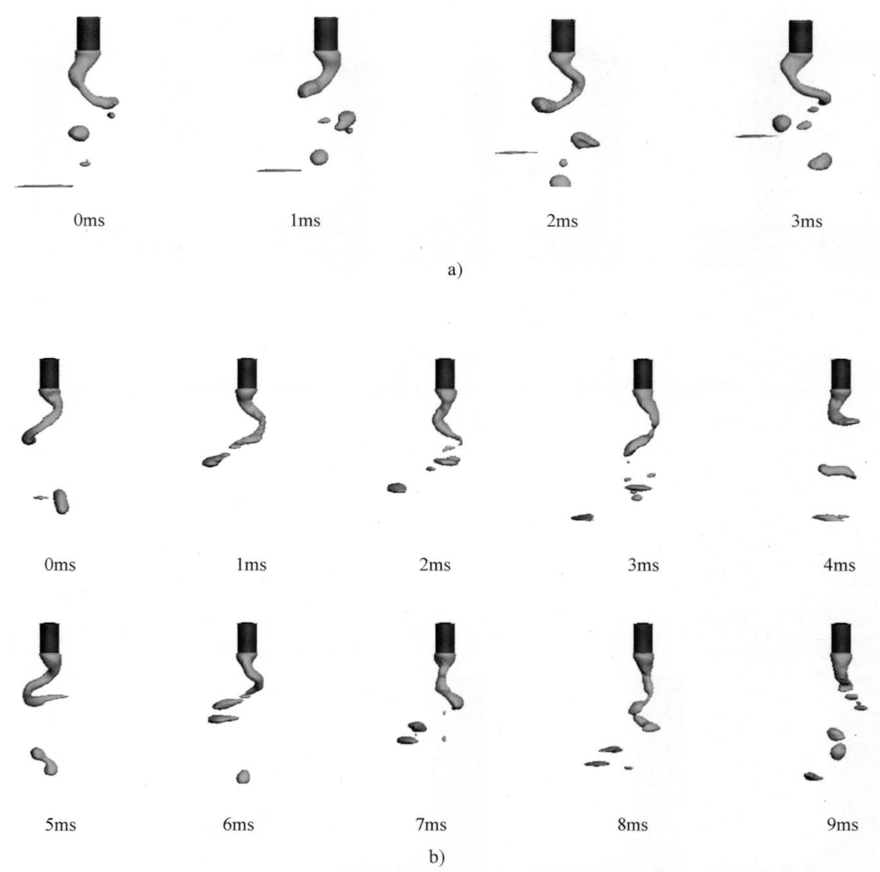

图 10　外加交变轴向磁场对大电流 GMAW 熔滴旋转射流过渡行为的影响

a）无外加磁场　b）外加 100Hz 交变磁场

大阪大学工学研究院 Yosuke Ogino 教授课题组[5]采用基于计算流体力学的数值模拟方法对GMAW 短路过渡液桥断裂过程进行了系统性研究，并与收缩不稳定模型（PIT）结果进行了对比。研究发现，不考虑电流、送丝等外部条件时，GMAW 短路过渡液桥的形成和断裂过程分为三个阶段。如图 11 所示，第一阶段，液桥形成时由于毛细管压力的作用，形成竖直向下的流动，且流动随着时间的推移逐渐加强；第二阶段，缩颈形成，此时的毛细管压力会阻碍液态金属向下流动；第三阶段，如果在第二阶段液桥没有实现断裂，则在第三阶段液态金属将形成向上的流动而回流到焊丝端部。在此基础上，分别考虑焊丝回抽、电流波形控制，以及二者复合的控制方式试图加速液桥的断裂。不同控制条件下 GMAW 短路过渡液桥断裂时间如图 12 所示，当不采用任何控制方式时，液桥无法断裂；当采用 A 控制方案（电流波形控制）时，液桥在电磁收缩力作用下明显收缩，但随后液桥直径增大，液桥无法断裂；当采用 B 控制方案（送丝控制）时，液桥在 20ms 左右断裂；当采用 C 控制方案（复合控制）时，液桥断裂时间明显缩短。研究结果表明，影响液桥断裂的主要因素包括熔滴表面形貌（表面张力改变）和液态金属的轴向流动，其中送丝控制减小了液态金属向下流动的阻力，电流波形控制增大了液态金属向下流动的动力。

对于熔滴过渡的数值模拟研究，当前主要集中在高效焊接及大电流焊接条件下的熔滴过渡行为，控制或者避免旋转过渡所带来的焊接问题，实现更高的焊接效率并保证良好的焊接质量。

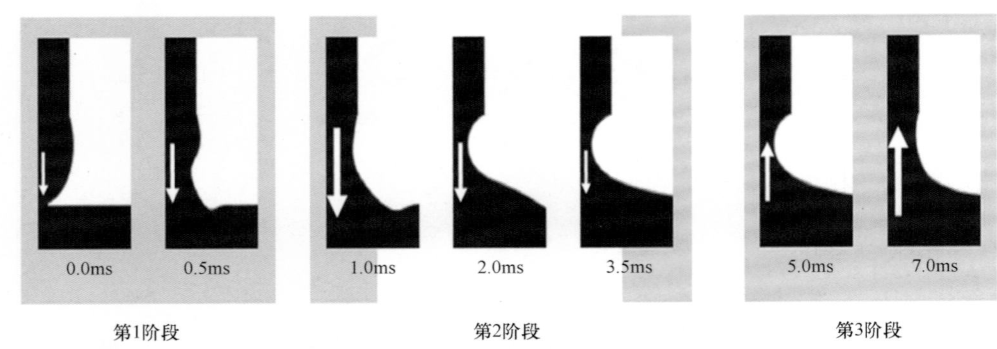

图 11　不考虑外部控制条件下 GMAW 短路过渡液桥的形成与断裂过程

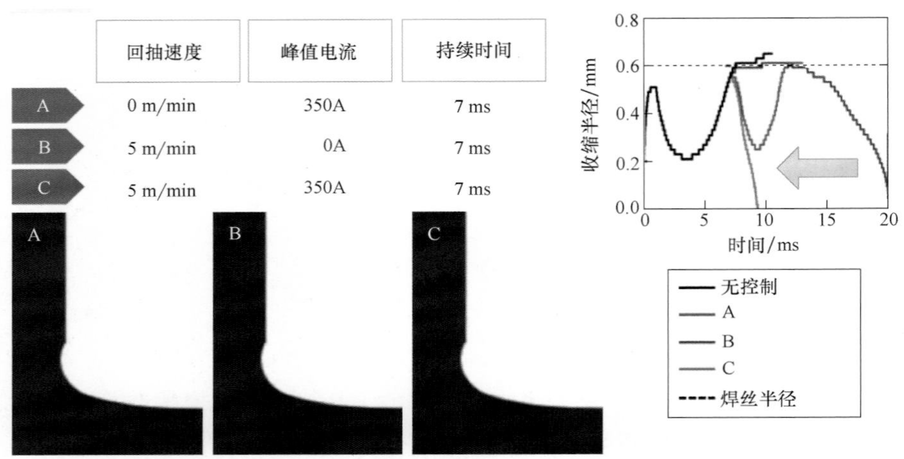

图 12　不同控制条件下 GMAW 短路过渡液桥断裂时间

3　熔池行为

焊接熔池数值模拟研究中焊接热源的正确处理直接决定了计算结果的准确性。德国亚琛工业大学[6] 根据 EDACC 原则（Evaporation Determined Arc Cathode Coupling），提出了一种简化 GMAW 熔池表面热流密度分布和电流密度分布的模型，借助该模型，在不具备建立电弧-熔池耦合计算模型的基础上同样能够相对准确地处理熔池动量和热流传递过程。采用如下焊接参数：焊接电压 26.9V，焊接电流 200A，熔池宽度 10.9mm，电弧半径近似取熔池半径。此时，得到熔池表面热流和温度分布如图 13 所示。可以看出，熔池上表面最高温度位于熔池前端，与已有的试验研究结果相吻合。

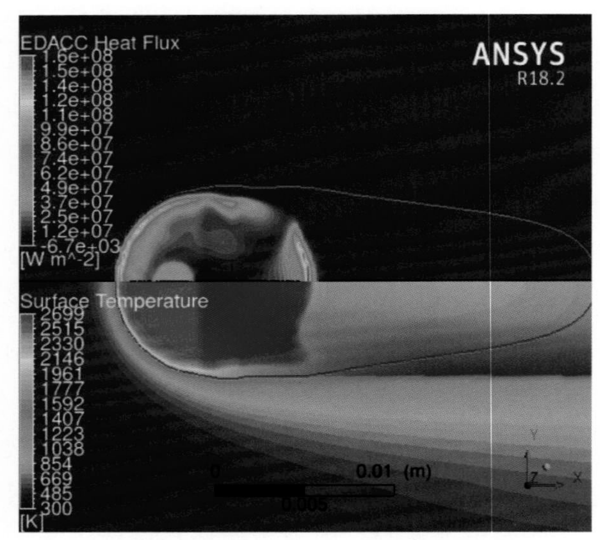

图 13　熔池表面 EDACC 热流分布和温度分布

在 GMAW 过程中，同种金属的不同合金常常被分别用在焊丝和母材中，由此向焊缝中引入合金元素，达到抑制焊缝中裂纹形成、提高焊缝质量的目的。澳大利亚联邦科学与工业研究组织（CSIRO）的 Murphy 教授课题组[7] 研究了 Al 合金 MIG 焊熔池中合金元素的宏观偏析问题，并且通过选用 Al-Si 合金（AA4043）焊丝和 Al-Mg 合金（AA5754）母材进行焊接，分别研究了不同焊接形式（平板堆焊和搭接焊）、不同焊枪角度时熔池中宏观偏析情况。平板堆焊时焊缝中各合金元素质量分数测量与计算结果对比如图 14c 所示，其中绿色代表 Si，红色代表 Mg，蓝色代表 Al，也就是说图 14c 中青色（蓝绿混合）代表焊丝金属，紫色（蓝红混合）代表母材。观察发现整个熔池中的合金元素大致均匀分布，但是存在部分 Si 聚集在熔池底部，部分 Mg 聚集在熔池中心偏上的位置，计算与试验测量结果吻合良好。基于上述熔池中 Si 和 Mg 的质量分数还可以近似获得熔池中焊丝金属与母材金属的质量比。将焊接接头形式改为搭接接头后，如图 15 所示，发现焊丝金属（用 Si 的质量分数表征）主要分布在熔池与固态母材金属交界的位置，占比达到 55%，同时在熔池中心达到最小值 34%，这一点与试验测量结果（图 15c）吻合良好。对比两种接头形式下的研究结果发现，搭接条件下熔池中合金元素的偏析程度更大，因此将更容易出现裂纹等焊接缺陷。进一步的研究还发现，采用较大的焊枪角度能够有效减小焊缝中合金元素的偏析，从而降低焊缝中产生裂纹的概率。

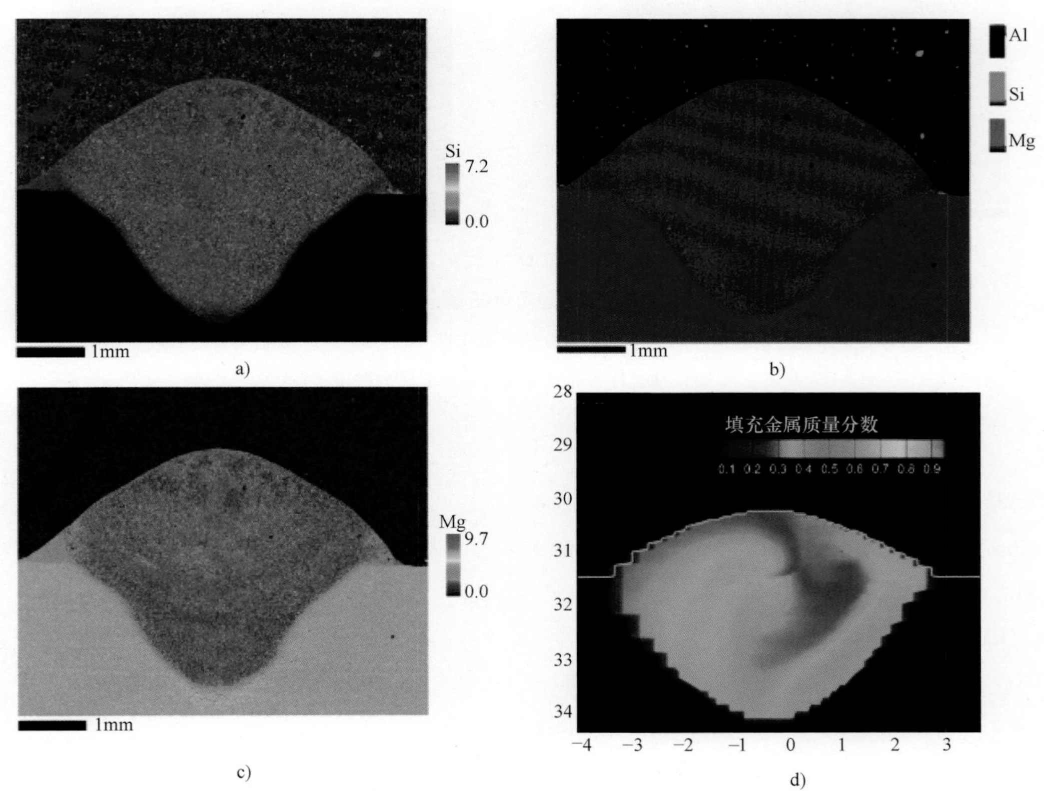

图 14　平板堆焊时焊缝中各合金元素质量分数测量与计算结果对比

a）Si 的质量分数测量结果　b）Mg 的质量分数测量结果　c）Al、Si、Mg 的质量分数测量结果

d）数值计算焊丝金属与熔池金属的比值

4　结束语

受到全球新冠肺炎疫情的影响，2020 年国际焊接年会上 SG-212 焊接物理研究组交流讨论的论文数目有所减少，但相关论文和报告涉及电弧物理及熔滴过渡、金属蒸气、熔池行为等方面的最新研究成果，基本反映了当前焊接物理研究的热点领域和前沿方向。数学物理建模及数值模拟与

试验测试相结合的研究方法，成为当前焊接物理研究的最有力手段；而考虑金属蒸气影响的电弧模型、电弧-熔滴-熔池耦合行为解析及其精确调控是未来几年的主要研究课题。

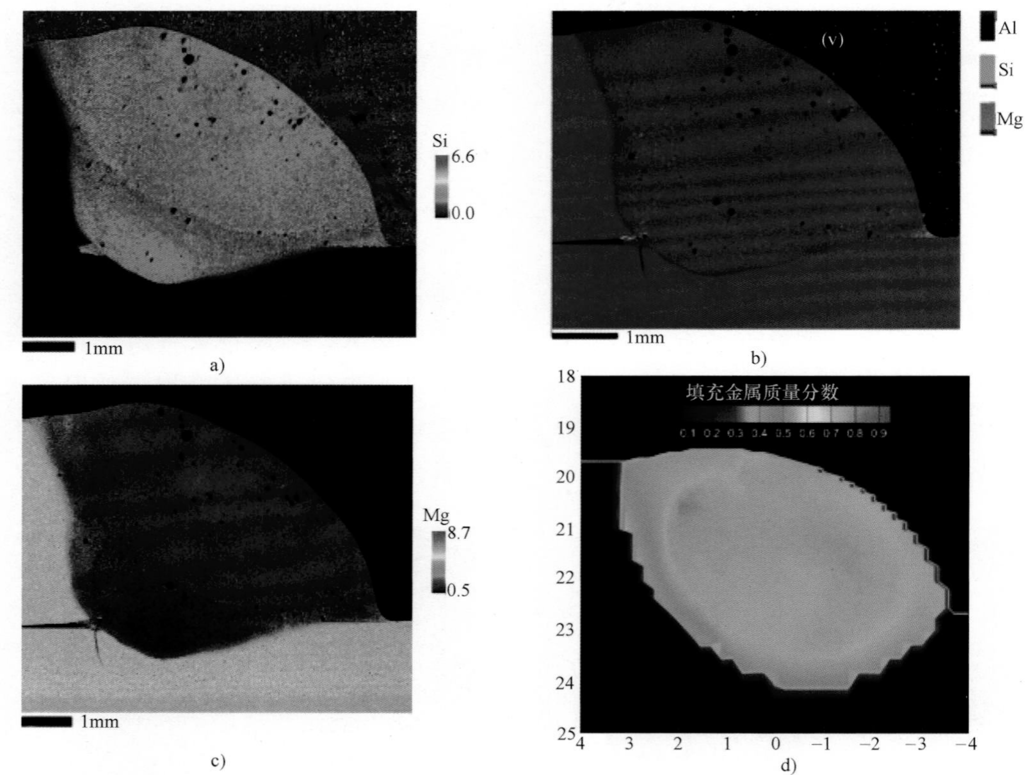

图15　搭接焊时焊缝中各合金元素质量分数测量与计算结果对比

a）Si的质量分数测量结果　b）Mg的质量分数测量结果　c）Al、Si、Mg的质量分数测量结果

d）数值计算焊丝金属与熔池金属的比值

参考文献

［1］ TANAKA K，SHIGETA M，TANAKA M. The relation between TIG electrode consumption and a light emitting region near electrode［Z］//IIW 212-1670-20.

［2］ ZHANG G，UHRLANDT D，et al. Comparison of fall voltages in GMAW with different shielding gases［Z］//IIW 212-1674-20.

［3］ EDA S，OGINO Y，ASAIET S. et al. Non-equilibrium modeling of arc plasmain gas metal arc welding［Z］//IIW 212-1675-20.

［4］ XIAO L，FAN D，HUANG J K，et al. 3D numerical study on high-current GMAW metal transfer behavior with an external alternating axial magnetic field［Z］//IIW 212-1666-20.

［5］ SATO Y，EDA S，OGINO Y，et al. Numerical simulation of breakup phenomenon of a liquid bridge in short-circuit transfer process［Z］//IIW 212-1671-20.

［6］ MOKROV O，SIMON M，SHARMA R，et al. Simplified surface heat source distribution for GMAW process simulation based on the EDACC principle［Z］//IIW 212-1673-20.

［7］ MURPHY A B，CHEN F F，XIANG J，et al. Macrosegregation in the weld pool in MIG welding［Z］//IIW 212-1672-20.

作者简介：樊丁，男，1961年出生，教授，博士生导师，享受国务院政府特殊津贴专家，甘肃省领军人才第一层次；国际焊接学会IIW SG-

212焊接物理研究组委员。主要从事焊接物理、焊接方法与智能控制及激光加工等方面的研究。发表论文300余篇。Email：fand@ lut. cn。

审稿专家：武传松，山东大学教授，博士生导师，美国焊接学会会士（AWS Fellow），国际焊接学会（IIW）C-XII（焊接质量与安全）分委员会主席，IIW SG-212焊接物理研究组委员。国际刊物《Science and Technolgoy of Weldig and Joining》编委，《Chinese Journal of Mechanical Engineering》编委会副主任。Email：wucs@ sdu. edu. cn。

焊接培训与资格认证（IIW-IAB）研究进展

解应龙[1,2]　孙路艳[1]　杨桂茹[2]

（1. 国际授权（中国）焊接培训与资格认证委员会，哈尔滨　150046；

2. 机械工业哈尔滨焊接技术培训中心，哈尔滨　150046）

摘　要： 国际焊接学会国际授权委员会（IIW-IAB）建立的三个体系分别是焊接人员培训资格认证体系（PQS）、焊接企业资质认证体系（MCS）和焊接人员资质认证体系（PCS）。目前已有授权的焊接人员培训资格认证机构（ANB）41个，认证各类人员总数达16.2万多人，比上年增加5.79%；授权的焊接企业资质认证机构（ANBCC）为22个，认证企业总数2500多家，比上年增加9.76%；授权的焊接人员资质认证机构（ANB/PCS）14个，人员资质认证数量为2000多人。上述各类认证数量每年度均稳步增长。2020年IIW-IAB会议远程教育的推广、IWIP规程的修改完善、统一试题库的建立与使用等受到关注，中国CANB获得开展远程BL培训IWE、IWT、IWS的授权，为更多的焊接同行取得国际资格证书提供了更便捷的学习途径。中国CANB培训资格认证人员年度总数首次位列世界第一位。

关键词： 焊接培训；国际认证；企业认证

0　引言

国际焊接学会国际授权委员会（IIW-IAB）自20世纪末创建以来，在得到各成员国广泛参与和支持的同时，完善与建立了焊接人员培训资格认证体系（PQS）、焊接企业资质认证体系（MCS）和焊接人员资质认证体系（PCS）。这三个认证体系在各成员国和授权机构的努力下得到了持续稳定的发展。国际机械化、轨道与机器人焊接（IMORW）和国际焊接结构设计师（IWSD）培训认证取得新进展，其数量的增长和质量的提升为全球焊接产品的生产提供了人才资质与质量体系的双重保障。并且焊接人员培训与认证的范围也在不断拓展，相关技术规程和体系文件不断更新完善，远程教育及网络数字技术的应用均有利地促进了IIW人员培训与资格认证体系的发展。

本次IIW会议采用线上形式召开，如图1、图6和图8所示。

1　IIW-IAB焊接人员培训资格认证体系（PQS）的最新发展

1.1　IIW人员资格认证体系的最新发展状态

IIW-IAB在全球授权的焊接人员培训资格认证机构（ANB）截至2019年底为41个，2019年度统计发证总数为8914，见表1。证书总数累计达162969份，比2018年增长5.79%。

由表1可见，在2019年度IWS与国际焊接检验人员（IWIP）略高于上年度，较上年分别增长9%与7%。IW与IWT与2018年相比仅略微增长，而IMORW作为2018年新增列的人员认证数据，2019年度增幅达到80%。其他各类人员年度培训认证数量相对减少，总数减少约1%。2019年在授权ANB国内颁发证书数量及累计数量见表2。

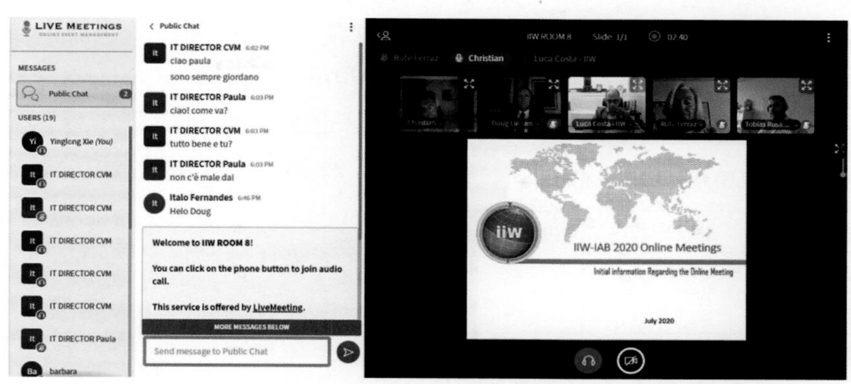

图 1 IAB 主席 C. Ahrens 先生在本次 IIW 网络会议上做工作组报告

表 1 各类资格认证 2019 年度发证数量与上年度对比

MC+OMC(2019)		MC+OMC(2018)		增长(%)
IWE	3144	IWE	3464	-9%
IWT	652	IWT	650	0.3%
IWS	2107	IWS	1937	9%
IWP	134	IWP	146	-8%
IWI-C/S/B	923	IWI-C/S/B	863	7%
IMORW	18	IMORW	10	80%
IW	1919	IW	1878	2%
IWSD	17	IWSD	21	-19%
合计	8914	合计	8969	-1%

注：MC 在授权 ANB 国内颁证；OMC 在授权 ANB 国外颁证；IWE—国际焊接工程师；IWT—国际焊接技术员；IWS—国际焊接技师；IWP—国际焊接技师；IWI—国际焊接质检员；IMORW—国际机械化、轨道与机器人焊接人员；IW—国际焊工；IWSD—国际焊接结构师。

表 2 2019 年在授权 ANB 国内颁证数及累计数量汇总表

级别	2018 仅 MC 累计	MC2019	2019 累计
IWE	51627	3124	54751
IWT	11192	632	11824
IWS	42426	2052	44478
IWP	3878	134	4012
IWI-C/S/B	13774	898	14639
IMORW	10	18	28
IW	26800	1919	28719
IWSD	213	17	230
合计	149920	8794	158681
级别	MC 2019	MC 2018	增长(%)
IWE	3124	3421	-9%
IWT	632	644	-2%
IWS	2052	1899	8%
IWP	134	146	-8%
IWI-C/S/B	898	842	7%
IMORW	18	10	180%
IW	1919	1878	2%
IWSD	17	21	-19%
合计	8794	8861	-1%

1.2 IIW 焊接人员培训资格认证统计与分析

2019 年度从统计数据上看，欧洲以 6009 份证书占总数的 67%，占 PQS 体系颁证比例低于 2018 年。亚洲、大洋洲与非洲地区以 2903 份证书占总数 33%，比 2018 年有所增长，而美洲地区仅以 2 份证书占 0.02%。由此可见地区发展不均衡的状况仍然存在。

2019 年的另一特点就是在授权国外培训认证数量连续三年均有所增加，2019 年为 120 份，见表 3。开展此方面认证的 ANB 有 5 个，见表 4，它们是法国、葡萄牙、塞尔维亚、西班牙和英国，其中 IWS 认证人数最多，占比达 46%。

2019 年度在授权国家中，中国以颁证占总数 19.7%的业绩首次居第一位，德国以 19.5%居第二位，而列在第三位的瑞典仅占 6.5%。

由表 3、表 4 可见在授权地区以外培训认证人数今年增长幅度为 11%，资格主要集中在 IWE、IWT、IWS 和 IWIP。

2019 年所有授权 ANB 开展各类人员培训与认证情况见表 5。

从 2019 年度综合统计数据可以看出，各类人员资格认证总数占比最高的为 IWE，占 1/3，紧随 IWE 之后的是 IWS，两类人员合计占比高达 58.9%，且始终以高比例增长，各类资格认证统计曲线如图 2 所示。从曲线中可清晰地看出各类认证增长变化情况及总量对比，其中 IWE 与 IWS 数量明显高于其他认证级别，且在 2010 年以前二者之间数量基本相当，2011 年以后

IWE 增速明显加快，数量逐渐高于 IWS，而德国等制造业发达国家中 IWS 仍高于 IWE，甚至达 2 倍左右。

表 3　2019 年度在授权国外开展认证情况

级别	2018 仅 OMC 累计	OMC 2019	2019 累计
IWE	1984	20	2004
IWT	284	20	304
IWS	363	55	418
IWP	222	0	222
IWI-C/S/B	1206	25	1231
IMORW	0	0	0
IW	76	0	76
IWSD	0	0	0
合计	4135	120	4255

从图 3 可见，自 2010 年以来的各年度数量在一万左右，而自 2018 年开始不足九千人。与 2018 年相比，2019 年下降数量最多为欧洲，达 400 多，降幅 8%；降幅最大地区为美洲（该地区 2019 年仅有加拿大一个 ANB），降幅达 90%，同时也是年度颁证最少地区（仅 2 人）；而亚洲、非洲、大洋洲比 2018 年呈现增长态势，增长 500 人，涨幅为 21%。总体上看，IIW 各类人员证书累计逐年增长，发展持续稳定。

由表 6 可见，2019 年度认证的八类人员中，IWE 占比最高，约为 35.3%，IWS 排在第二位，占总数的 23.6%。本年度中国认证人数最多，达 1754 人，这是 IIW-IAB 体系建立以来，首次由欧洲以外的国家列在第一位，其中各类认证中最多的焊接工程师（IWE）1323 人，已超过年度总数的 75% 以上。以往长期位列第一位（本年度位列第二）的德国认证总人数 1737 人，其中数量最多的是焊接技师（IWS）921 人，占 50% 以上。

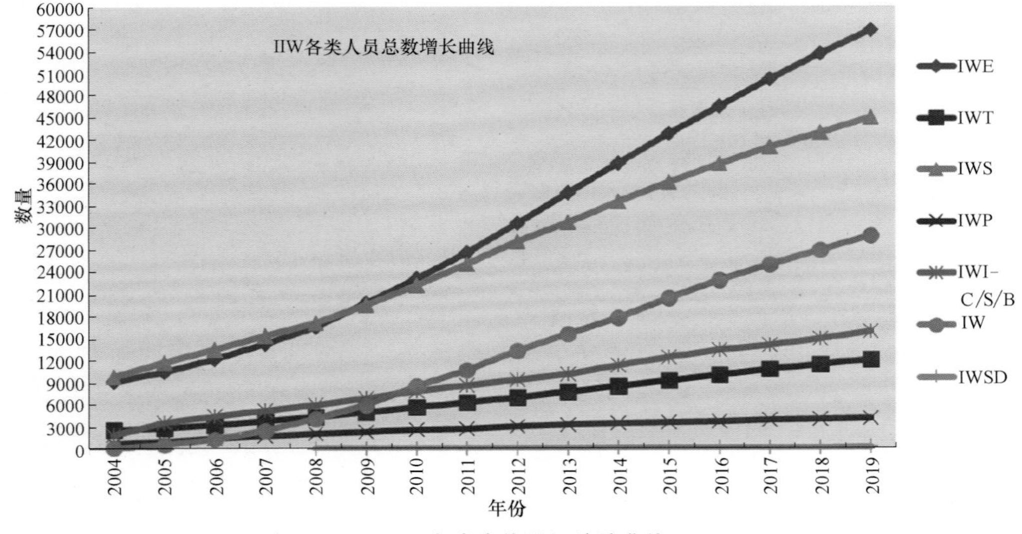

图 2　各类资格认证统计曲线

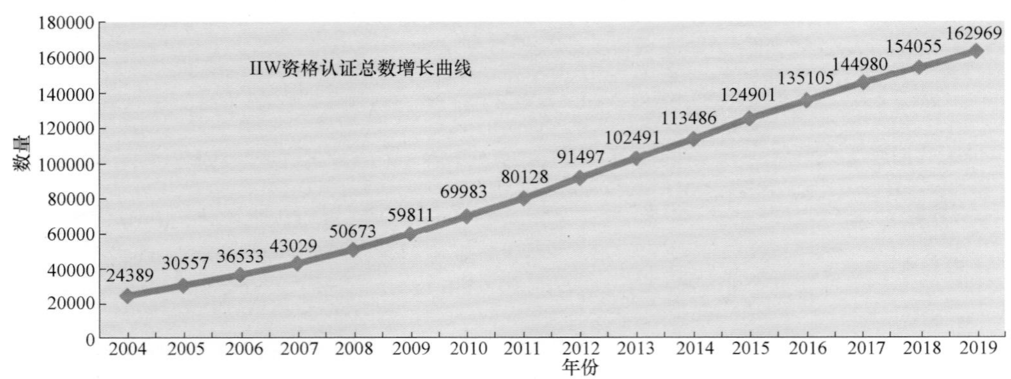

图 3　IIW 证书累计增长曲线

表 4　2019 年在授权国外开展认证的国家与认证数量统计

国家	IWE	IWT	IWS	IWP	IWIP-C/S/B	IW	IWSD	合计
法国	0	15	29	0	0	0	0	44
葡萄牙	0	0	9	0	25	0	0	34
塞尔维亚	16	4	0	0	0	0	0	20
西班牙	2	0	0	0	0	0	0	2
英国	2	1	17	0	0	0	0	20
合计	20	20	55	0	25	0	0	120

表 5　IIW 的各 ANB 在成员国内开展培训认证统计

国家	2019 年度各成员国在国内颁发证书											
	IWE	IWT	IWS	IWP	IWI-C	IWI-S	IWI-B	IMORW	IW	IWSD-C	IWSD-S	合计
澳大利亚	6	4	43	0	0	7	63	—	—	0	0	123
奥地利	30	8	37	0	0	0	0	—	0	0	0	75
比利时	38	14	9	0	0	0	0	—	201	—	—	262
保加利亚	5	0	7	0	0	0	0	—	0	0	0	12
加拿大	1	1	0	0	—	—	—	—	—	—	—	2
中国	1323	12	391	14	0	0	0	—	0	14	0	1754
克罗地亚	29	7	2	0	37	0	1	—	0	—	—	76
捷克	29	56	34	15	11	3	0	—	0	0	0	148
丹麦	5	2	9	0	0	14	0	—	—	—	—	30
芬兰	27	2	88	4	19	1	0	0	198	0	0	339
法国	111	114	137	1	4	19	0	—	54	—	—	440
德国	485	114	921	18	0	0	0	—	199	—	—	1737
希腊	27	1	—	—	0	0	0	—	5	—	—	33
匈牙利	44	20	0	12	14	0	13	—	0	0	0	103
印度	30	23	6	0	0	0	0	—	23	—	—	82
印尼	38	0	0	21	62	1	0	—	140	—	—	262
意大利	46	34	4	0	8	13	31	18	33	—	—	187
日本	25	4	9	0	0	0	0	—	—	—	—	38
哈萨克斯坦	37	2	0	0	3	5	24	—	0	—	—	71
韩国	11	0	0	0	—	—	—	—	—	—	—	11
马来西亚	4	0	12	—	—	—	—	—	—	—	—	16
荷兰	12	60	17	31	23	0	0	—	—	—	—	143
新西兰	0	0	0	0	0	9	1	—	0	—	—	10
挪威	2	9	9	—	0	16	0	—	—	—	—	36
波兰	225	18	74	10	25	4	0	—	0	—	—	356
葡萄牙	18	4	6	—	0	13	0	—	276	—	—	317
罗马尼亚	66	0	1	—	18	1	0	—	—	0	0	86
俄罗斯	83	13	6	—	17	0	0	—	0	—	—	119
塞尔维亚	56	12	—	—	14	0	0	—	—	—	—	82
斯洛伐克	47	18	0	0	0	0	0	—	0	0	0	65
斯洛文尼亚	40	32	3	—	27	0	0	—	0	—	—	102

（续）

国家	2019 年度各成员国在国内颁发证书											
	IWE	IWT	IWS	IWP	IWI-C	IWI-S	IWI-B	IMORW	IW	IWSD-C	IWSD-S	合计
南非	11	21	56	2	1	71	225	—	134	—	—	521
西班牙	63	7	23	0	—	—	—	—	0	—	—	93
瑞典	19	3	71	0	1	9	0	—	475	0	3	581
瑞士	10	4	44	4	0	8	0	—	0	—	—	70
新加坡	—	—	—	—	0	2	0	—	—	—	—	2
泰国	5	—	0	0	0	0	0	—	2	—	—	5
土耳其	58	2	1	—	0	0	40	—	—	—	—	101
乌克兰	39	0	4	2	6	3	3	—	181	—	—	238
英国	19	11	28	0	0	0	0	—	—	—	—	58
越南	—	—	—	—	0	0	8	—	—	—	—	8
合计	3124	632	2052	134	290	199	409	18	1919	14	3	8794

通过数据分析可以明显看出各国人才结构的差异，在 IIW-IAB 和 ANB/PQS 推广中结构的合理性也是非常重要的。中国目前在 41 个授权国家中，IWE 总数位列第一，IWS 总数位列第二，但 CANB 近年始终将 IWS 培训认证数量增长列为重要目标，2019 年比 2018 年增长 95.5%，已经取得了良好成效。

区域发展不均衡是长期存在的问题，今年统计数据中欧洲占比仍高达 67%，IIW-IAB 也曾推荐中国 CANB 介绍推广 IIW 体系的成功经验，为其他非欧洲国家成员提供参考。2019 年亚洲、非洲、大洋洲已呈现出良好的增长态势，占比有所提高。

表 6　2019 年度颁发证书综合统计与汇总表

级别	2018 MC+OMC 累计	MC 2019	OMC 2019	2019 MC+OMC 累计
IWE	53611	3124	20	56755
IWT	11476	632	20	12128
IWS	42789	2052	55	44896
IWP	4100	134	0	4234
IWI-C/S/B	14980	898	25	15903
IMORW	10	28	0	28
IW	26876	1919	0	28795
IWSD	213	17	0	230
合计	154055	8794	120	162969

2　IIW-IAB 焊接企业资质认证体系（ANBCC）

截至 2019 年，IIW 企业认证机构（ANBCC）获授权成员共 22 个，他们是：澳大利亚、加拿大、中国、捷克、法国、匈牙利、印度、意大利、哈萨克斯坦、荷兰、新西兰、波兰、罗马尼亚、俄罗斯、塞尔维亚、斯洛伐克、斯洛文尼亚、南非、西班牙、乌克兰、英国、美国。

在 2019 年度共有 227 家新企业进行了 ISO 3834 体系认证。本年度通过授权 ANBCC 组织的复审企业有 264 家，认证企业总数累计达 2553 家，总数增长 9.8%，如图 5 所示。

意大利以认证 782 家的业绩列第一位，中国 CANBCC 以认证 552 家列第二位，排在第三位的是认证 219 家的南非，详见图 4 和表 7。

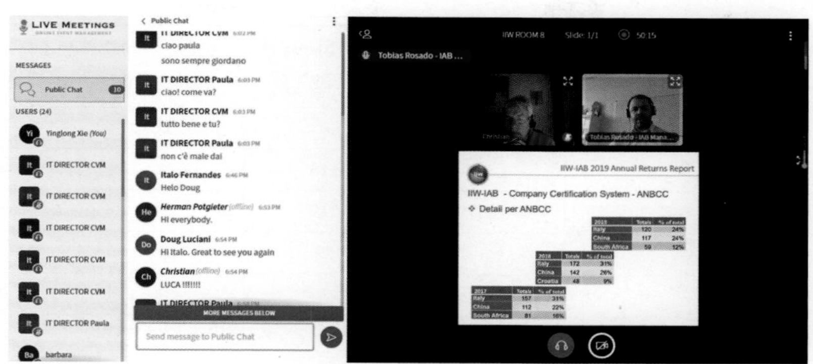

图 4　IAB 总结报告，统计近三年企业认证的最新进展，中国 CANBCC 分别以 22%、26%和24%的认证企业数占比连续三年位列世界第二

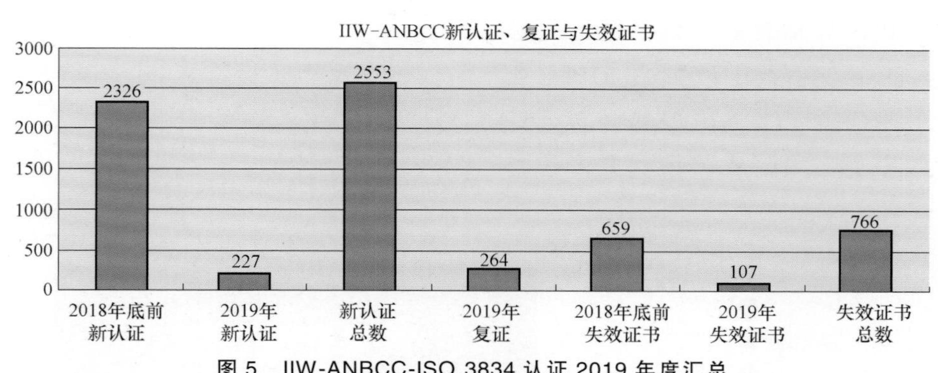

图 5　IIW-ANBCC-ISO 3834 认证 2019 年度汇总

表 7　IIW-ANBCC 焊接企业认证机构数据统计

国家	2019 年在授权地区新认证企业	2019 年异地新认证企业	2019 年新认证企业总数	截至 2019 年底新认证总数	2019 年授权地区内复审	2019 年在异地复审	2019 年复审总数
澳大利亚	18	0	18	55	1	0	1
加拿大	0	0	0	1	0	0	0
中国	34	0	34	552	83	0	83
克罗地亚	0	0	0	119	0	0	0
捷克	8	0	8	75	2	0	2
法国	0	0	0	37	0	0	0
匈牙利	16	0	16	81	8	0	8
印度	4	0	4	21	1	0	1
伊朗	0	0	0	0	0	0	0
意大利	51	1	52	782	68	0	68
哈萨克斯坦	0	0	0	3	0	0	0
新西兰	8	0	8	37	8	0	8
荷兰	0	0	0	43	3	0	3
波兰	7	0	7	46	15	0	15
罗马尼亚	15	4	19	98	14	6	20
俄罗斯	1	0	1	11	2	0	2
塞尔维亚	1	0	1	11	2	0	2

（续）

国家	2019 年在授权地区新认证企业	2019 年异地新认证企业	2019 年新认证企业总数	截至 2019 年底新认证总数	2019 年授权地区内复审	2019 年在异地复审	2019 年复审总数
斯洛伐克	0	0	0	0	0	0	0
斯洛文尼亚	13	0	13	113	9	0	9
南非	32	0	32	219	27	0	27
西班牙	3	0	3	29	0	0	0
土耳其	0	0	0	1	0	0	0
乌克兰	2	0	2	26	3	0	3
英国	7	1	8	136	10	2	12
美国	1	0	1	3	0	0	0
合计	221	6	227	2553	256	8	264

2019 年度各地区焊接企业认证情况的汇总见表 8。在新认证企业总数中欧洲占 57%；亚洲、大洋洲和非洲共占 42%；美洲地区新认证企业仅为 1 家，占 1%。IIW 在各地区开展焊接企业认证情况差异仍然较大。

表 8　2019 年度各地区焊接企业认证情况的汇总

地区	新认证	占比(%)	复证	占比(%)
欧洲	130	57%	144	55%
美洲	1	1%	0	0%
亚洲、大洋洲、非洲	96	42%	120	45%
合计	227	100%	264	100%

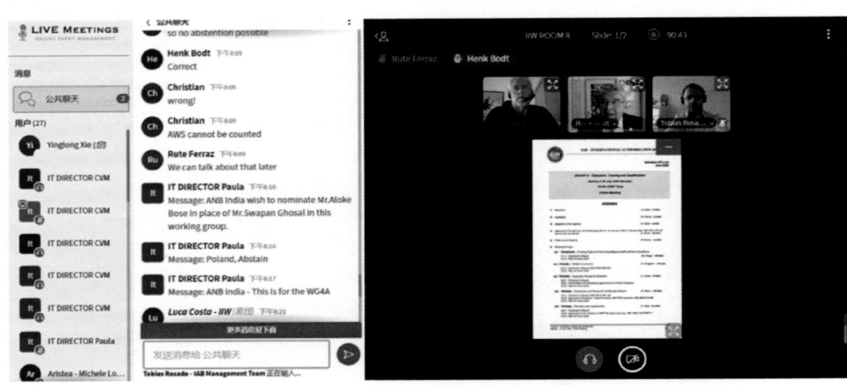

图 6　IAB-A 组主席 Henk Bodt 先生做报告

3　IIW 焊接人员资质认证体系（PCS）的发展

到 2019 年获 IIW 人员资质认证的国家（IIW-ANB/PCS）共计 14 个，他们是：澳大利亚、克罗地亚、捷克、法国、德国、匈牙利、意大利、哈萨克斯坦、波兰、罗马尼亚、斯洛文尼亚、斯洛伐克、瑞士和英国，其中仅两个欧洲之外的国家。

2019 年上述资质认证机构共新认证了 214 人（见表 9），比 2018 年度的 243 人减少了 12%。在 2019 年复证共 329 人，比 2018 年度的 448 人减少了 27%。两项综合减少比例为 21%，比上一年度有较大减幅。

在焊接人员资质认证方面（新证+复证），意大利以 306 份证书位列第一，列在其后的波兰 63 份，斯洛伐克 45 份。新认证的统计数据见表 10。2019 年度焊接人员资质认证方面的区域差异也非常明显，详见表 11。其各类人员资质新认证的分析柱状图如图 7 所示。由图可见，在 4 类资质认证的 2028 人中，认证国际焊接工程师（CIWE）的占 56.7%，其余三类人员认证之和仅为 43.3%左右（CIWT 为资质认证国际焊接技术员，CIWS 为资质认证国际焊接技师，CIWP 为资质认证国际焊接技士）。

表 9　2019 年 IIW-PCS 统计数据

国家	新认证	复证	证书合计（新证+复证）	新证计累计	失效证书	有效证书合计
澳大利亚	6	5	11	167	4	111
克罗地亚	5	10	15	96	9	73
捷克	0	0	0	0	0	0
法国	0	1	1	12	0	2
德国	29	12	41	115	9	71
匈牙利	15	0	15	31	0	31
意大利	76	230	306	988	68	651
哈萨克斯坦	0	0	0	2	0	1
波兰	21	42	63	247	0	247
罗马尼亚	3	0	3	21	0	12
斯洛伐克	38	7	45	124	4	118
斯洛文尼亚	0	0	0	33	0	18
瑞士	8	0	8	37	0	37
英国	13	22	35	155	0	124
合计	214	329	543	2028	94	1496

表 10　新认证焊接人员资质证书统计

	CIWE	CIWT	CIWS	CIWP	合计
2018 年以前	1021	454	311	28	1814
2019 年	129	43	36	6	214
累计	1150	497	347	34	2028

表 11　2019 年不同区域颁证情况

地区	新认证	占比(%)	复证	占比(%)
欧洲	208	97%	324	98%
美洲	0	0%	0	0%
亚洲、大洋洲、非洲	6	3%	5	2%
合计	214	100%	329	100%

综上分析，IIW-PCS 体系推广地区差异明显，97%的证书由欧洲授权机构颁发，其他地区仅为 3%，复证人数欧洲占比达 98%，其他地区仅占 2%。这与该体系建立较晚和尚未在欧洲以外得到有效推广有一定关系。

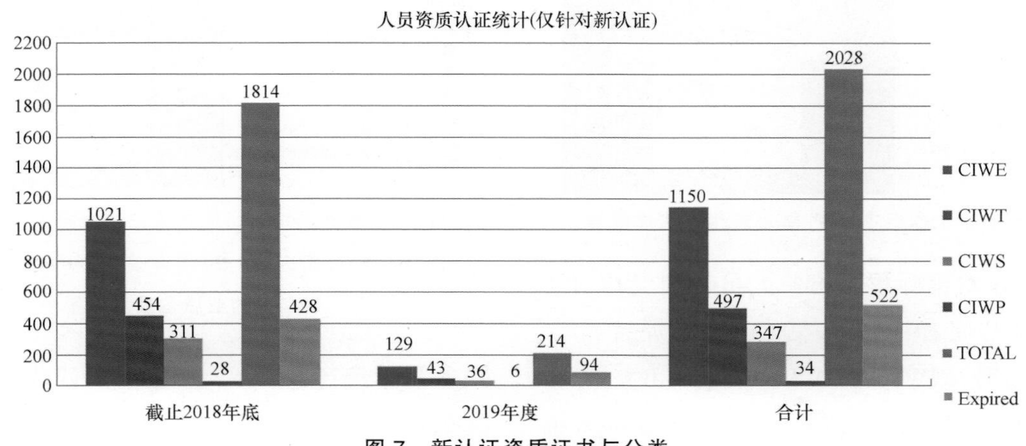

图 7　新认证资质证书与分类

4 IIW-IAB 在技术规程方面的新发展

IIW-IAB 各类认证人员印章的使用快速增长，在 IIW-IAB 的 PQS 和 PCS 中有十类人员可以使用专属印章，他们是 IWE、IWT、IWS、IWP、IWIP、IWSD 和 CIWE、CIWT、CIWS、CIWP。

在授权的 41 个 ANB 中有 17 个（占总数的 41%）按照 IIW-IAB 规程开展了印章的使用与备案，到 2019 年已发放使用各类印章共计 2973 枚。2019 年度发放 IIW 印章 502 枚，其中 IWE 为 348 枚，占比为 69.3%。目前使用印章的各类人员总数在不断增多。

远程教育继续受到高度关注，在 2020 年 IIW- IAB B 组会议上，中国 CANB 以全票赞成的结果获得了开展远程 BL 培训 IWE、IWT、IWS 的初次授权，可以全面开展 IWE、IWT、IWS 线上与线下相结合的 BLC。远程培训部分可以通过在线课堂形式，也可以采用中德合作自学软件两种方式进行。通过线上与线下混合式教学，BLC 可以将线下课堂面授学习课时比例降至 20%，为更多的焊接同行取得国际资格证书提供了更便捷的学习途径，尤其是克服疫情影响，积极推广 IIW 焊接培训国际认证体系拓展了畅通渠道。

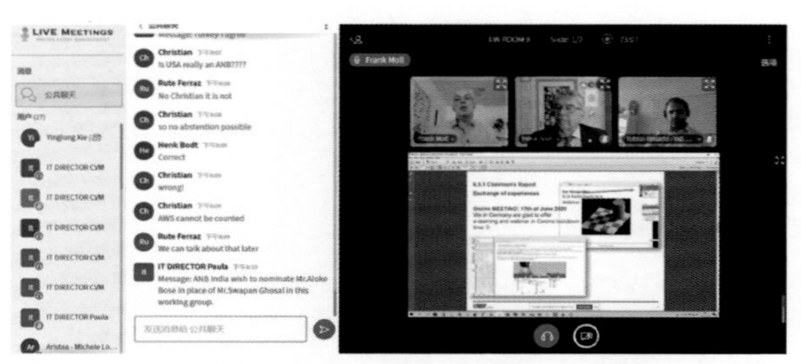

图 8　远程教育工作组主席 F. Moll 先生做工作报告

本次会议对国际焊接检验人员规程（IWIP）进行了修订与完善，主要体现在国际焊接检验人员三个级别（IWI-C、IWI-S 和 IWI-B）入学条件的变更上。同时，对远程 BL 教育培训规程也进行了修改，在原有的 IWE、IWT、IWS 和 IWP 基础上增加了 IWIP 的内容，将国际焊接检验人员纳入远程教育培训规程中。

IIW 统一试题库的建设一直是 IAB 的重点工作，2007 年 7 月会议通过决议，规定所有 ANB 从 2008 年 1 月开始使用 IWE 统一的试题库，抽取统一试题库试题进行考试。2019 年成员国使用统一试题库抽取试题情况为：IWE 抽取 705 套试题，IWT 抽取 422 套，IWS 抽取 390 套，IWP 抽取 140 套，IW 抽取 718 套。对于试题库的建设，IAB 及成员国 ANB 始终积极参与试题库的建立与推广使用。本次会议提出由所有的 ANB 成员国提供 IIW 统一试题的工作方案，仅本次增加 IIW 统一试题数量达 1435 题，重点包括 IWS、IWP 和 IWIP 级别。

IIW-IAB 总结报告中，中国 CANB 在 PQS 中年度认证人员总数首次超过德国，位居世界第一，同时在 MCS 中业绩稳居世界第二。如果分析仅考虑亚洲地区，中国 CANB 占该地区颁发证书总数的 70% 以上，而中国 CANBCC 占颁发证书总数（新证+复证）的 75%[1]。

中国 CANB 作为第一个获得国际授权的欧洲之外的资格认证机构[2]，经过 20 年的发展而首次获得年度人员资格认证总数世界第一的良好业绩（图 9），其根本在于行业企业的支持与高校培训机构的积极参与，尤其是行业院士、专家的指导帮助，如图 10 所示。

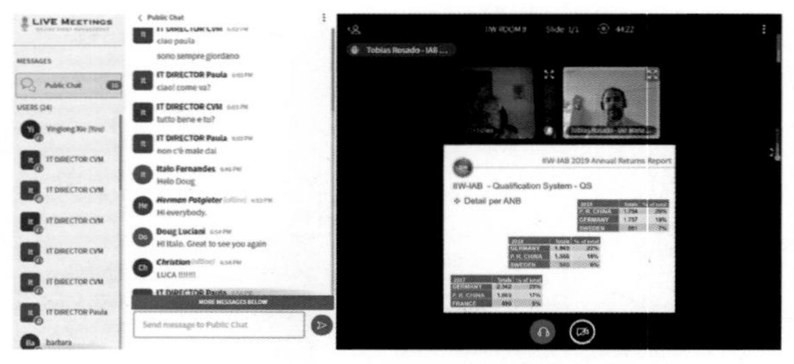

图 9　IAB 总结报告，统计近三年焊接人员资格认证（PQS）的最新进展，2019 年度中国 CANB 以占总数 19.7%的业绩位居世界第一

根据统计，CANB 年度培训认证人员中，有半数以上是通过授权的培训机构 WTI 与高校联合培养方式完成的，全行业的积极参与和支持

图 10　行业院士、专家现场指导迎接 IIW 评审

为 CANB 的发展提供了不竭动力。而国际合作始终是 CANB 建立与发展的重要成功经验。中德合作 35 年，使 CANB 在体系建立与运行发展中获取了大量宝贵经验，双方注重创新合作方式与合作内容的拓展，远程教育培训软件项目与企业认证等已成为双方合作的新热点，如图 11 所示。

图 11　中德合作 WTI-DVS GSI SLV 35 周年纪念活动——中德 IWE 远程培训合作项目签约

同时，中国与意大利 IIS 等国际知名机构开展了技术交流与国际合作，目前已经在焊接企业认证及 NDT 人员资质认证方面取得了良好的合作成果，如图 12 所示。

图 12　CANB 秘书长解应龙教授与意大利 IIS 技术总监、IIW-IAB B 组主席 Stefano Morra 博士签署合作协议

中国 CANB 在 IIW-IAB 组织的专题交流会上介绍了在国际合作与行业广泛参与和支持下促进焊接培训与资格认证体系的应用推广方面的成功经验，得到了国际行业组织与成员国 ANB 同行的高度认可。

5　结束语

最新数据统计分析再次证明了 IIW-IAB 是国际焊接学会非常重要也是极其活跃的组织之一，自成立 20 多年来，其体系由单一的焊接人员培训资格认证（PQS），发展到包含焊接企业认证（MCS）与焊接人员资质认证（PCS）三个完整体系，且认证数量稳步增长，质量水平不断提升。体系健康发展的同时促进了国际合作与技术贸易的发展，对成员国焊接工程技术人才的教育培训及企业焊接质量管理水平的提高发挥了积极促进作用。

过去一年的统计数据分析表明，三个体系发展总体平稳，有小幅下滑的部分，但也有综合上升良好态势的部分，焊接企业认证（MCS）和焊接人员资格认证（PQS）年度综合统计数量均处于良性发展状态。

长期存在的结构不尽合理与地域发展不均衡的现象仍然明显，近期也很难有大的改善，其根本原因还是美洲地区国家从经济利益考虑没有真正加入到 IIW-IAB 的体系中来，而亚洲、非洲等地区的发展中国家对上述焊接人员认证与焊接企业认证的需求目前还没有显现出来，随着地区经济发展和国际化水平的提升，这些地区将成为 IIW-IAB 体系发展的积极推动者。

远程培训技术规程与技术手段的日趋完善将会大大促进 IIW-PQS 在更多地区得到推广，更多的 ANB 积极参与将是 IIW 体系发展的新动力。目前已有 12 家 ANB 获远程 BLC 授权，远程培训比例明显提升。其中德国等 ANB 远程培训比例已远高于 10%，而受 2020 年新冠肺炎疫情影响，远程培训 BL 比例将会有更大增长，包括数字技术与数字证书等应用也将会积极促进

IIW-IAB 体系的持续发展。

已经开始受到重视的国际焊接结构师 IWSD 及机器人焊接人员 IMORW 等新的资格认证也将会给 IIW 体系发展拓宽新的领域，增添新的动力。

IIW-IAB 经历了 20 多年的持续增长，总量及影响力均得到了不断提升，形成了规模并获得了广泛的认可，同时也进入了一个相对平稳的发展阶段，如图 13 所示。未来应更加注重质量的提升，适应工业产业的发展要求，更加关注地区的均衡发展，并且不断采取创新的方式引入新技术成果，推动体系良性发展。

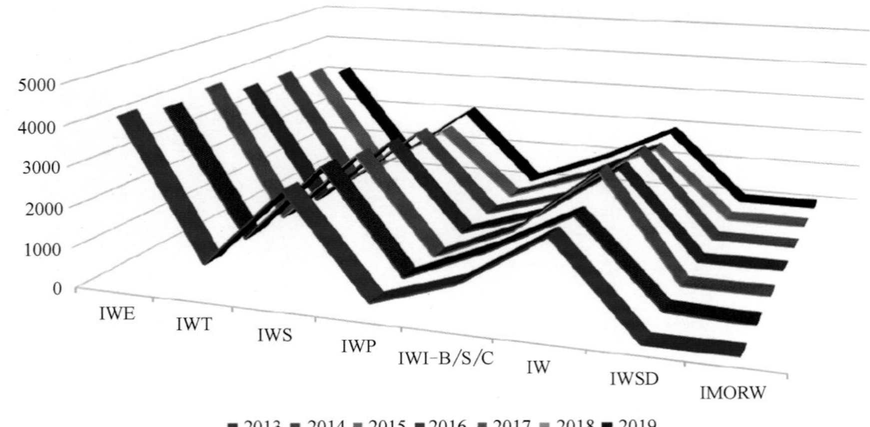

图 13　2013—2019 年各类人员认证结构综合示意图

参考文献

[1] Report on IIW-IAB qualification and certification systems activities during 2019.

[2] Italo Fernandes. Current IIW / EWF ETQ & C Systems, 2019.

作者简介：解应龙，1959 年出生，教授，国际焊接工程师，欧洲焊接质检师，欧洲无损检测（UT、RT、PT、MT、VT）Ⅲ级主考官。国际焊接学会（IIW）国际授权委员会（IAB）执行委员会委员，国际授权（中国）焊接培训与资格认证委员会 CANB 副主席兼秘书长，国际授权（中国）焊接企业认证委员会 CANBCC 副主席兼秘书长，中国机械工业教育协会副理事长，全国焊接标准化委员会检验检测分委员会主任委员，机械工业哈尔滨焊接技术培训中心首席专家。主要从事焊接培训国际认证、焊接企业认证、欧洲无损检测人员认证等，发表论文 60 余篇。Email：xieyinglong@ iiw-canb. org。

审稿专家：金世珍，1963 年出生，机械科学研究总院集团有限公司研究员。长期从事焊接技术研究及科研管理，参与国家 04 专项、智能专项、重点研发计划、国际合作专项的管理及国防科技工业规划编写，组织完成国家工程研究中心创新能力建设项目管理工作。Email：852348724@ qq. com。

国际焊接学会（IIW）第 73 届年会综述

黄彩艳[1]　关丽丽[2]　李波[1]

（1. 哈尔滨焊接研究院有限公司，哈尔滨　150028；

2. 国际授权（中国）焊接培训与资格认证委员会，哈尔滨　150046）

摘　要： 国际焊接学会（IIW）是全球最有影响力的焊接组织，成立 70 余年来，通过其完善的机制和先进的管理理念，始终在科技交流、教育培训及认证、标准制定等领域引领全球焊接科技的不断发展。IIW 每年召开一次学术年会，期间，IIW 20 余个学术及工作机构将进行多场学术交流活动，探讨焊接与连接科技发展与应用的最新进展。受全球新冠肺炎疫情的影响，IIW 第 73 届年会首次以网络会议形式召开。本文主要介绍本次年会 IIW 的学术和工作会议开展的总体情况、中国参会代表所开展的学术交流与相关工作，以及中国机械工程学会焊接分会与 IIW 工作的融合与创新发展。

关键词： 国际焊接学会（IIW）；中国机械工程学会焊接分会；IIW 第 73 届年会

0　序言

国际焊接学会（International Institute of Welding，IIW）成立于 1948 年，是全球焊接领域最有影响力的国际焊接等组织，在国际焊接学术交流、焊接培训与资格认证、焊接标准化、焊接人才培养等领域引领国际焊接科技的发展。

依据焊接与连接工艺、焊接结构完整性、工业应用和人因焊接等领域，IIW 将其学术机构划分为 18 个专业委员会、2 个研究组和 1 个联合工作组，专业方向涉及增材制造、堆焊和热切割，电弧焊与焊接材料，高能束流加工，焊接结构设计分析与制造、焊接结构无损检测与质量保证，聚合物连接与胶接，焊接物理，焊接术语，焊接教育与培训，健康安全与环境等。IIW 的工作机构如国际授权委员会（IAB）、标准工作组、地区活动工作组、青年领袖任务组等，也通过 IIW 全球焊接培训与认证体系、IIW/ISO 焊接标准的制定、世界各地焊接会议与活动的推广、焊接青年人才培养等方面全面发挥着 IIW 作为全球焊接领导者的作用。图 1 所示为 2020 年 9 月 IIW 新绘制的组织机构图。

IIW 目前共有来自全球 53 个国家的 64 个成员国组织，秘书处设在意大利北部城市热那亚[1]。

IIW 每年在不同的成员国召开一次学术年会，从 1948 年至今，已成功召开了 72 次年会。会议通常持续一周，期间，IIW 的学术机构开展单独或联合的学术交流活动；IIW 的工作与管理机构也召开一系列的工作会议，推进 IIW 不同领域的工作进展。会议最后两天为特定主题的国际会议，由承办国组织确定会议主题、征文与报告邀请等工作。

中国机械工程学会焊接分会（IIW 中的名称为 Chinese Welding Society，CWS）1964 年正式成为 IIW 的成员国组织，是中国在 IIW 唯一的焊接组织。近年来，在焊接分会的宣传与推动下，中国有越来越多的专家学者参加 IIW 年会的学术交流活动，更有一批优秀的专家先后在 IIW 管理层和技术层面任职，中国焊接在 IIW 的影响力得到了稳步提升。

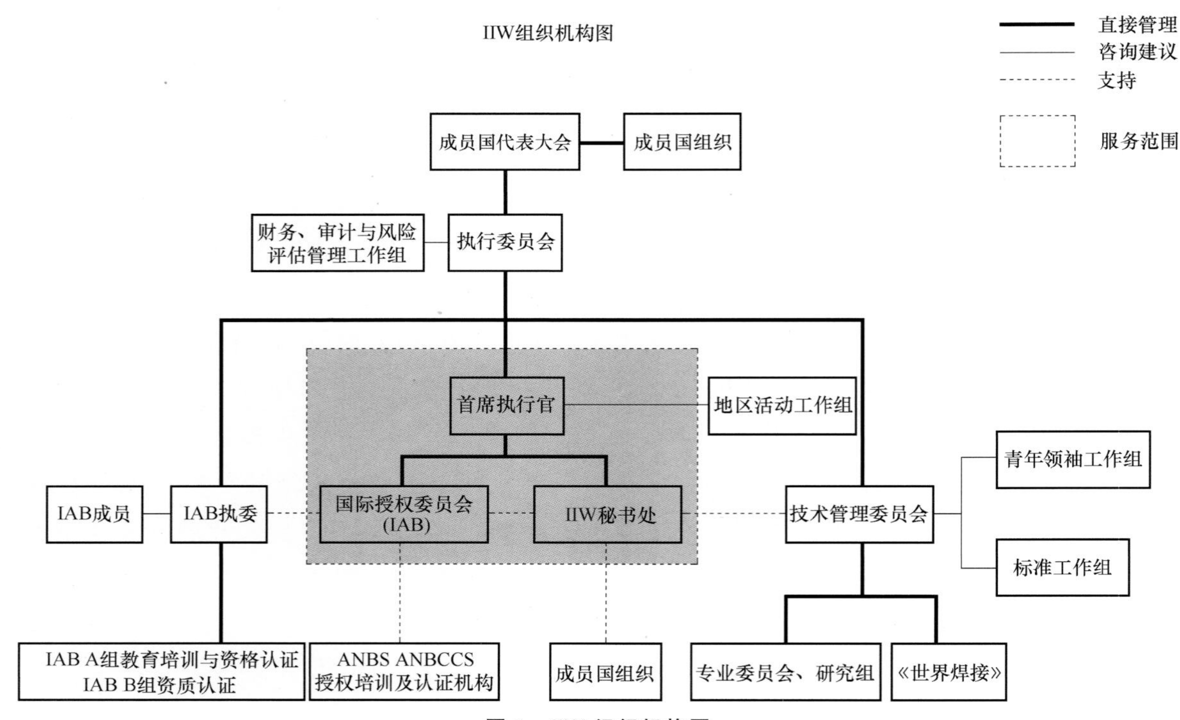

图 1　IIW 组织机构图

1　IIW 第 73 届年会综合情况

受新冠肺炎疫情的影响，考虑到大规模人流聚集的潜在危险，IIW 执行委员会（BOD）经过多次会议讨论，最终决定取消原定在新加坡召开的第 73 届年会，改为以网络会议的形式召开。

IIW 秘书处随即着手筹备，向各成员国组织发出了调查问卷，预估会议规模、探索会议模式，并委托专业的会议公司筹建会议网站，针对不同的会议内容和参会人数，确定网络会议的具体形式。

2020 年 7 月 15—25 日，IIW 第 73 届年会在线召开。会议网址为 www. iiw2020. online，会议界面如图 2 所示。

本次年会共有 603 人注册参会，来自 39 个国家，德国参会人数最多，有 101 人；日本 94 人；中国有 72 位专家学者参会。会议共分 48 个单元，持续 150 个小时，交流学术论文 240 余篇，对 IIW 焊接标准、最佳实践方案（Best Practice）、IIW 文件、指南等进行了讨论与制定[2]。

图 2　IIW2020 会议界面

在线会议主要板块有会议室、焊接摄影艺术展、IIW2020 奖项发布和赞助商展示区。

会议内容在会议室板块进行。工作会议面向 IIW 各工作机构任职的人员及各成员国家的代表（Delegate）开放，学术会议则根据代表注册参会的类型部分或全部开放。

“焊接摄影艺术展”板块展示了来自法国、意大利、澳大利亚、加拿大、美国等 11 个国家的 33 件焊接艺术摄影作品，以及摄影作者和作品背后的故事。IIW 从 2018 年起在年会上设立“焊接摄影艺术展”展示区，展品原型均来自全球焊接工作者的创作。展览不仅给学术会议增添了艺术气息，也很好地展示了“焊接”的艺术性和创造力。

IIW 2020 奖项发布区公布了 IIW 2020 年度奖项的评选结果，共有来自美国、日本、德国、加拿大、法国、瑞典、南非、荷兰 8 个国家的 12 位专家学者获得了本年度 9 个奖项。IIW 奖励在焊接科技相关领域有突出贡献的专家学者，或长期为 IIW 工作、对推进 IIW 的发展有重要贡献的人员；IIW 也有针对鼓励青年焊接人才成长设立的奖项，包括格莱让奖（Henry Granjon Prize），以及《世界焊接》最佳论文（Welding in the World Best Paper Award）等。IIW 2020 年度各类奖项及获奖人见表 1。

表 1 IIW 2020 年度各类奖项及获奖人

奖项	获奖人	国籍
Walter Edström Medal	Dr. Ernest Levert	美国
Fellow of the IIW Award	Prof. Yoshinori Hirata	日本
	Dr. Eric M. Sjerve	加拿大
	Prof. Adolf F. Hobbacher	德国
Arthur Smith Award	Dr. Glenn Ziegenfuss	美国
Chris Smallbone Award	Dr. Jim Guild	南非
Thomas Medal	Dr. Vincent Van Der Mee	荷兰
Yoshiaki Arata Award	Dr. Stephen Liu	美国
Halil Kaya Gedik Award(C 类)	Prof. Zuheir Barsoum	瑞典
Welding in the World Best Paper Award	Dr. Alexis Chiocca	法国
Henry Granjon Award(B 类)	Dr. Klaus Schricker	德国
Henry Granjon Award(C 类)	Dr. Mohan Subramanian	美国

2 IIW 第 73 届年会工作会议

本次年会期间，IIW 的工作机构依据其任务分工，共召开了 11 场工作会议。

IIW 成员国代表大会（General Assembly，GA）于北京时间 2020 年 7 月 15 日晚召开，共有 38 个国家的成员国组织参会，冯吉才理事长作为焊接分会的代表参会，李晓延副理事长作为 IIW 执行委员会委员参会。

GA 是 IIW 的权力机构，由成员国组织的代表组成，每个成员国有三个席位，但投票权只有一票。依据 IIW 的章程，凡是 IIW 重要的决议、决定、人员任免等事项均需经 GA 投票表决。

本次会议审议通过了 2019 斯洛伐克年会和特别会议的纪要，确认了 IIW 秘书处从法国迁移至意大利在注册登记、人员变更等方面的相关事项；审议通过了补充 IIW 章程的有关条款；确认了在疫情特殊时期，IIW 年会、执委会会议以视频会议形式举行的有效性。会上通报了与欧洲焊接协会（EWF）签订的有关 IIW 国际授权合同，新合同于 2020 年 5 月生效，有效期 5 年，在授权体系范围、财务条款、知识产权条款等方面的重要内容均未做新的变更。会议解除了因拖欠会费的伊朗的成员国身份，吸收墨西哥为新的成员国。会议审议通过了IIW主席、执行委员会、技术委员会部分成员的更迭，David Landon先生（美国）将作为IIW新任主席，年会后正式上任；执行委员会新增了五位委员，分别来自美国、日本、印度、塞尔维亚和葡萄牙；技术委员会新增了五位委员，分别来自韩国、德国、法国、瑞典和荷兰。

IIW执行委员会（Board of Directors，BOD）分别于6月23日、7月28日召开了两次会议，李晓延副理事长作为委员参会。

BOD是IIW的管理机构，由主席、前主席、副主席、委员、CEO组成，BOD负责重大事项的提案与重要政策的制定。

6月23日的会议讨论确定了向GA提交的审议文件。7月28日的会议回顾了近三年来在Luciani Douglas主席任期内的主要工作，主要是针对IIW的管理与发展，IIW推行了一系列的改革，制定了新的五年战略发展计划，并配套了行动计划和市场推广与沟通计划；将IIW秘书处迁移至意大利；加强与EWF的合作，续签了五年国际授权（IAB）合作协议，并计划增加“增材制造培训与认证体系”部分合作；编写出版了IIW历史（第三版）；在疫情特殊时期首次组织了以视频会议模式召开的IIW年会。

会议听取了执行委员会下属的工作组和任务组的下列工作汇报。

1）技术管理委员会汇报了C-Ⅺ（压力容器、锅炉与管道）专委会当前的困境：Ⅺ专委会主席任期届满，但缺少候选主席接任，目前委员会工作由技术管理委员会（TMB）主席Dr Stephan Egerland代理。TMB也在积极寻找可行的办法以重组Ⅺ专委会的工作。

2）国际授权委员会任命韩国Boyoung LEE教授为新任主席（2020—2023年）。

3）管理委员会建议修改IIW的组织机构图，将执行委员会下属的标准工作组和青年领袖任务组改为由TMB领导。

4）标准工作组报告2020年ISO共颁布了8项IIW标准；目前工作组积极推进的标准有6项，计划制定标准29项。

技术管理委员会（Technical Management Board，TMB）会议于7月28日召开。TMB负责IIW的学术管理，通过对焊接科技领域最佳解决方案的识别、创造、开发与转化，推动焊接科技的可持续发展。

会议主要讨论建立两个特别工作组（Task Group，TG），分别负责IIW“最佳解决方案”的管理与发布，以及TMB运行效率的监督、管理和协调。

“最佳解决方案”由TMB下属的专业委员会编制。IIW现有的部分指南是在以往与工业界合作的基础上撰写的，但并没有正式出版，也没有形成有效的体系使其得以在工业界广泛应用。TMB计划设立TG专门负责方案体系的设计、发布，以及在工业界的推广应用，以帮助企业解决问题，提升IIW在工业界的影响力，推进先进焊接技术在工业界的应用。

年会期间，TMB各专业委员会向IIW期刊《世界焊接》（*Welding in the World*）推荐发表的论文共77篇。《世界焊接》目前由Springer出版，为SCI检索。

国际授权委员会（International Authorization Board，IAB）于7月20—22日召开了A组、B组及成员国代表大会。

IAB负责全球焊接培训与资格认证工作。通过授权IIW成员国组织，推行IIW体系的国际焊接培训与认证。A组为教育培训与资格认证，负责各类课程大纲和指南的起草与修改、考试题库的准备及有关技术标准文件的解释说明等；B组为执行授权与资质认证，负责证书颁发、认证体系操作规则的制定修改与实施，以及远程教学项目的批准授权等。

A组会议审议通过了IIW培训规程的修订、

IIW 统一题库的实施，以及国际焊接检验人员（IWIP）规程的修改；B 组会议审议通过了 ANB 和 ANBCC 的评审报告，以及 ANB 开展远程培训的授权。中国 CANB 获得了开展远程培训国际焊接工程师（IWE）、国际焊接技术员（IWT）和国际焊接技师（IWS）的首次授权，今后可全面开展线上与线下相结合的培训工作。

IAB 成员国代表会议表决通过了 IAB 操作体系的修改提案；会议听取了 2019 年度 IAB 的培训及资格认证情况总结报告。报告内容为：IIW 的焊接人员认证体系（PQS）、焊接人员注册体系（PCS）及焊接企业认证体系（MCS）三个体系发展稳定；在焊接人员认证体系中，2019 年有 41 个成员国被授权开展认证工作，颁发证书总数 8914 份，其中，中国 CANB 颁发证书 1754 份，首次以颁证数占总数 19.7%的比例，在授权国家中位列第一，德国以 19.5%位列第二。IAB 焊接企业认证体系保持持续稳定的发展态势。统计近三年焊接企业认证的最新进展，2019 年中国 CANBCC 新认证企业累计达 552 家，占比连续三年位列第二，意大利以 782 家认证企业数位列第一。

地区工作委员会（Reginal Activities，RA）会议于 7 月 17 日召开。

RA 当前是受执行委员会领导的工作组，负责推进全球各地区焊接活动的开展以及帮助欠发达地区成员国建设其焊接制造能力。

会议选举产生了委员会新任主席 Dorothee Schmidt，听取了委员会“提升国家焊接能力建设项目”的最新进展，听取了波兰、匈牙利、德国、希腊等国有关焊接会议筹备与进展的报告，最终审议批准了 9 个会议作为 IIW 冠名会议。表 2 为 2021 年 IIW 冠名的国际会议。

表 2　WG-RA 批准 2021 年度 IIW 冠名的国际会议

会议名称	会议时间	会议地点
第 6 届国际电子束流焊接会议 （6th IEBW 2021 Conference）	2021 年 3 月	德国亚琛
第 4 届焊接与连接国际地区会 （4th International Congress on Welding & Joining Technologies）	2021 年 5 月	西班牙塞维利亚
第 6 届青年学者国际会议 （6th Young Professional International Conference）	2021 年 5 月	乌克兰基辅
人文与材料连接 （Connecting Materials with People）	2021 年 5 月	希腊埃莱夫西纳
国际焊工大赛 （International Welders Competition）	2021 年 9 月	德国埃森
第 18 届管状结构焊接论坛 （18th International Symposium on Tubular Structures）	2021 年 12 月	中国北京

3　IIW 第 73 届年会学术会议

年会期间，IIW 各专业委员会共召开了 36 个单元的会议，在先进焊接工艺、材料、装备及检验方法等领域进行了广泛和深入的交流。

C-Ⅰ（增材制造、表面与热切割）专委会的研究领域涉及增材制造、堆焊和热切割等相关工艺的研究及其工业应用。近年来委员会关注的重点包括激光切割，尤其是光纤激光切割及远程激光切割技术。

C-Ⅰ专委会于 7 月 24—25 日进行了两个单元的会议。天津大学叶福兴教授作为 CWS 委派的代表（Delegate）参会。会议共交流了 7 篇报告，内容涉及增材制造的微观组织、性能和工业应用等方面的最新进展。

C-Ⅱ（电弧焊与填充金属）专委会的研究

领域涉及焊缝金属冶金、焊缝金属测试与测量和焊缝金属的分类与标准化等。

C-Ⅱ专委会于7月20—21日进行了两个单元的会议。天津大学郎新杰教授作为CWS代表参会。以焊缝金属冶金、焊缝金属的试验与测试为主题，会议共交流了7篇学术报告，内容涉及镍基合金、低合金钢、耐热钢焊材不锈钢焊缝金属铁素体规范与测量等。哈尔滨焊接研究院郭枭高级工程师做了题为《基于TIG重熔的ERNiCrFe-13镍基合金熔敷金属组织演变及液化裂纹研究》的报告，被推荐到IIW期刊《世界焊接》发表。

C-Ⅲ（压焊）专委会致力于电阻焊、固相连接及相关工艺的研究，并参与相关ISO标准的制定。专委会下设电阻焊及相关工艺、摩擦焊、标准化三个分委员会。

C-Ⅲ专委会于7月23—25日进行了3个单元的会议。上海交通大学王敏教授作为CWS代表参会。会议共交流了24篇报告，热点内容包括镀锌高强钢电阻点焊液态金属脆裂纹（LME）研究，异种材料搅拌摩擦焊及搅拌摩擦点焊研究，异种材料的磁脉冲焊接与超声波焊接。我国来自上海交通大学、哈尔滨工业大学等单位的专家学者在会上共做了7篇报告。

C-Ⅳ（高能束流加工）专委会致力于电子束加工技术（如激光、激光复合、电子束流焊接等）的研发与应用，重点关注高强钢、不锈钢、轻合金及异种材料焊接等领域。

C-Ⅳ专委会会议于7月20日召开。中国航空制造技术研究院陈俐研究员作为CWS代表参会。会议共交流了9篇学术报告，内容以激光焊接和电子束焊接为主，包括不锈钢、高强钢、铜合金丝的焊接工艺研究和高强钢窄间隙焊接技术研究。

C-Ⅴ（焊接结构无损检测与质量保证）专委会致力于焊接质量保证与无损检测领域新方法的研究。专委会下设5个分委员会，分别是焊缝射线检测技术，焊缝超声检测技术，结构健康监测技术，焊缝电、磁及光学检测技术，以及无损检测可靠性及仿真技术。

C-Ⅴ专委会于7月20—21日进行了2个单元的会议。清华大学常保华副教授作为CWS代表参会。会议听取了C-Ⅴ专委会2019年度工作报告及各分委会的工作报告，内容涉及X射线检测国际标准的修订、焊缝TFM/FMC超声检测技术国际标准起草工作进展、结构健康监测、无损检测仿真与可靠性等方面的工作进展。会议决定将两项标准草案ISO FDIS 23865、23864提交ISO审核，预计将于2021年颁布。会议共交流了6篇学术报告。

C-Ⅶ（微纳连接）专委会致力于微连接和纳连接新方法、新材料研究及其在工业器件和系统封装中的应用研发。专委会下设采用纳米材料的微纳连接、激光微纳连接和微纳加工新兴技术三个分委员会。

C-Ⅶ专委会会议于7月22日召开。清华大学邹贵生教授作为CWS代表参会。会上，经投票选举，邹贵生教授当选为专委会新任主席（2020—2023年）。专委会同时确定了2020—2023年度各分委会主席与副主席人员构成。哈尔滨工业大学田艳红教授任微纳加工新兴技术分委员会（Ⅶ-C）主席，清华大学刘磊副教授任激光微纳连接分委员会（Ⅶ-B）副主席。刘磊副教授还同时兼任专委会秘书。会议共交流了9篇学术报告，内容涉及微纳连接的新材料、新工艺及其应用。会上，中国学者做了4篇交流报告。

C-Ⅷ（焊接健康安全与环境）专委会主要研究焊接过程中影响健康、安全与环境的因素，确保焊接操作对人身和环境的保护。

C-Ⅷ专委会会议于7月22—24日进行了3个单元的会议。兰州理工大学石玗教授作为CWS代表参会。会议讨论了委员会制定的最佳实践方案——《焊接及相关工艺中存在的危害物质》的修改，以及委员会的管理和未来工作规划。会议共交流了9篇学术报告，内容涉及焊接烟尘中的物质对生命健康的影响，焊接烟尘中高溶解度六价铬对人体致病的研究，基于数字动态知识平台的弧焊工艺过程生命周期评估研究，企业优化焊材、改善工作环境及焊接设备的实践方案等。北京工业大学李红副教授在会上做了题为《可持续发展与绿色焊材和制造技术》的报告。

C-Ⅸ（金属焊接性）专委会的研究领域涉及金属材料的冶金性，包括焊缝及接头组织与性能的研究等。专委会下设低合金钢接头、不锈钢与镍基合金的焊接、蠕变与耐热接头和有色金属材料四个分委员会。

C-Ⅸ专委会于7月22—24日进行了3个单元的会议，共交流了14篇报告，内容涉及高气压环境电弧焊应用研究、增材制造体焊接性研究、药芯焊丝CMT增材制造研究、焊后火焰矫正对组织和性能影响研究，以及镀镍层对异种材料超声焊接影响研究等。

C-X（焊接接头性能与断裂预防）专委会的研究领域是评估焊接结构的强度和完整性，重点关注残余应力、强度不匹配及异种钢接头对结构强度的影响。该委员会近期的研究重点是先进交通运输装备和基础建设方面完整性评价问题，制定应力、应变控制模式以及拘束等含缺陷焊接结构完整性评估标准。

C-X专委会于7月20—21日进行了2个单元的会议。天津大学徐连勇教授作为CWS代表参会。会议报告了委员会“完整性评估标准”的新进展，该标准已在2019年BS7910最新修订稿中得以应用。会议共交流了13篇学术报告，内容涉及钢的脆性断裂和韧性断裂数值研究、焊接结构裂纹扩展分析、蠕变-疲劳条件下改进的寿命预测模型、马氏体耐热钢点焊接头的三维裂纹扩展行为表征、多层多道焊接接头的热循环历程和组织形态、预压缩应变对断裂韧度的影响、考虑塑性拘束影响的韧性断裂评估、考虑拘束效应的蠕变裂纹孕育期表征、增材制造石墨烯强化316L不锈钢、澳大利亚防止钢材脆断策略等。天津大学徐连勇教授、韩永典副教授和赵雷副教授在会上做了学术报告。

C-Ⅻ（弧焊工艺与生产系统）专委会致力于弧焊工艺与生产系统的研发，下设传感控制、弧焊工艺、生产系统及应用、水下工程、焊接安全与质量五个分委员会。

C-Ⅻ专委会于7月24—25日进行了2个单元的会议。上海交通大学华学明教授作为CWS代表参会。会议共交流了14篇论文，主要聚焦在新型弧焊方法、弧焊焊接参数对熔池形态影响的过程模拟、焊接质量检测方法及质量评定、熔丝电弧增材制造的过程模拟及最新应用。重庆理工大学王鑫鑫博士，上海交通大学沈忱博士、吴东升博士在会上做了交流报告。

C-XV（焊接结构设计、分析和制造）专委会的主要任务和目标是为建筑桥梁、管状结构、机械设备等焊接结构的分析、设计与制造提供最佳实践方案。按照不同的专业领域，专委会设焊接结构分析、设计、制造、平面结构、管子结构、经济六个分委员会，并设XIII-XV联合小组（Joint Working Group-XIII-XV），负责疲劳设计准则。

C-XV专委会会议于7月20日召开。北京航空航天大学吴素君教授作为CWS代表参会。2019年度委员会修订了ISO 14346（2013）《中空焊接连接件静态设计》、ISO 14347（2008）《中空焊接连接件疲劳设计》两项标准。委员会对高强钢结构件进行了深入研究，提出了相关出版物调查报告及高强钢中空焊接件一致性分析基础，并初步评估了S960级别钢材制得的RHS接头弦侧失效的设计方法。委员会在焊接结构工艺方面的工作包括桥梁钢结构补焊实用性分析、等离子切割在国家钢结构标准中的应用、板梁法兰失效分析及经验总结等。会议交流了5篇技术报告，《澳大利亚预防钢材脆性断裂的规范》《钢结构局部热处理以降低局部焊接应力的应用》《关于板梁法兰断裂的研究及经验教训》《评估钢结构脆性断裂风险模型以及高强钢焊接圆柱和工字梁局部应力特点分析》。

C-XVI（聚合物连接与胶接技术）专委会致力于聚合物连接和胶接技术的研究。随着现代复合材料和纤维增强塑料等材料的发展，聚合物连接和粘接技术的重要性愈发凸显，专委会在该领域的研究也将越来越深入。

C-XVI专委会于7月20—21日进行了2个单元的会议。哈尔滨工业大学闫久春教授作为CWS代表参会。会议共交流了7篇学术报告，主要集中在塑料焊接及异种材料焊接和工业热塑性材料焊接工艺两个专业领域。报告内容涉及聚合物连接技术及其在航空、汽车的轻量化应用研究，热塑性材料与金属的异种材料焊接技术和热塑性材料连接过程的有限元分析。

C-XVII（钎焊与扩散焊技术）专委会致力于钎焊、扩散焊材料及部件的冶金和力学性能研究，尤其是新型钎焊材料及同种/异种材料钎焊用新型钎焊材料及其钎焊技术。专委会下设硬钎焊、扩散焊和软钎焊三个分委员会。

C-XVII专委会于7月23—25日进行了3个单元的会议。哈尔滨工业大学曹健教授作为CWS代表参会。中航集团北京航空材料研究院熊华平研究员作为委员会主席主持会议。会议共交流23篇论文，内容涉及铝合金、钛合金、高温合金、钼合金、Nb-Si难熔合金、复合玻璃、陶瓷基复合材料的钎焊、扩散焊连接等领域。高熵合金钎料、陶瓷连接新钎料、Ag-CuO-Al_2O_3复合钎料、MIG钎焊、钎焊界面金属间化合物生长机理、超声波辅助软钎焊、大尺寸模具扩散焊等技术内容是会议讨论的热点。

SG-212焊接物理研究组的宗旨是通过研究焊接电弧、熔滴过渡、熔池行为和传热传质等焊接物理过程与机理，开发相关数值模拟软件，为优化焊接参数，提高焊接效率，改善焊缝成形，减少焊缝缺陷，改进和研发新的焊接工艺、方法、设备、材料，以及焊接过程自动化和智能化提供理论基础。

SG-212焊接物理研究组会议于7月23日召开。兰州理工大学樊丁教授作为研究组成员参会。会议共交流了7篇报告，内容涉及焊接电弧物理、熔滴过渡数值模拟、焊接熔池行为研究等。兰州理工大学博士研究生肖磊在会上做了题为《外加交变轴向磁场的大电流GMAW金属过渡行为三维数值模拟研究》的报告。该论文被研究组推荐到《世界焊接》发表。

4 焊接分会与IIW工作的融合与创新

近两年，随着中国世界一流学会建设进程的深入，世界一流的人才队伍建设、先进的管理制度、经营理念等均已纳入科技社团组织建设的发展规划中。焊接分会在与IIW长期的合作中，不断吸收、借鉴其在制度建设、战略规划、产品体系建设与市场推广方面的经验，并通过IIW研究进展的编写、召开工作会议、学会媒体宣传等形式，对IIW所呈现的先进焊接科技进展和先进的管理方法进行了广泛的宣传。

中国焊接的人才队伍也随着参与IIW的工作而不断壮大。IIW年会参会人数统计显示，最近五年，中国代表的参会人数在参会的40余个国家中排名前三。2020年疫情特殊时期，中国仍有72名专家学者和青年学生注册参会。在任职方面，北京工业大学李晓延教授任IIW执行委员会委员，哈尔滨焊接技术培训中心解应龙教授任IAB执行委员会委员，中航集团北京航空材料研究院熊华平研究员任C-XVII（钎焊与扩散焊）专委会主席，清华大学邹贵生教授此次会议新当选为C-VII（微纳连接）专委会主席。

近年来，焊接分会每年向IIW各专业委员会委派十余位代表（Delegate）和专家（Expert）参会，对会议的提案、决议、决定进行表决。2020年度焊接分会向IIW派出的代表与专家名单见表3。中国学者在IIW承担的工作越来越多，发挥的作用越来越重要，焊接分会与IIW的工作不断融合创新，中国焊接在世界焊接舞台上也显示了其特有的作用与力量。

表3 焊接分会向IIW 2020派出的代表（D）/专家（E）名单

专委会	姓名	单位
C-Ⅰ/增材制造、堆焊和热切割	叶福兴教授(D)	天津大学
C-Ⅱ/电弧焊与填充金属	邸新杰教授(D)	天津大学
	陆善平研究员(E)	中科院金属研究所
C-Ⅲ/压焊	王敏教授(D)	上海交通大学
C-Ⅳ/高能束流加工	陈俐研究员(D)	中国航空制造技术研究院
	李铸国教授(E)	上海交通大学
C-Ⅴ/焊接结构的无损检测与质量保证	常保华副教授(D)	清华大学
	马德志教授级高工(E)	中冶建筑研究总院有限公司
C-Ⅶ/微纳连接	邹贵生教授(D)	清华大学
	田艳红教授(E)	哈尔滨工业大学
C-Ⅷ/焊接健康、安全与环境	石玗教授(D)	兰州理工大学
	李永兵教授(E)	上海交通大学
C-Ⅹ/焊接接头性能与断裂预防	徐连勇教授(D)	天津大学
C-Ⅺ/压力容器、锅炉与管道	张敏教授(D)	西安理工大学
C-Ⅻ/弧焊工艺与生产系统	华学明教授(D)	上海交通大学
	朱锦洪教授(E)	河南科技大学
C-ⅫI/焊接接头和结构的疲劳	邓德安教授(D)	重庆大学
C-XIV教育与培训	张柯柯教授(D)	河南科技大学
C-XV焊接结构设计、分析和制造	吴素君教授(D)	北京航空航天大学
C-XVI/聚合物连接与胶接技术	闫久春教授(D)	哈尔滨工业大学
C-XVII/钎焊与扩散焊技术	曹健教授(D)	哈尔滨工业大学

5 结束语

IIW自成立以来，一直是世界焊接的舞台，汇聚全球焊接科技人才的中心，引领焊接科技发展的方向。IIW年会是备受瞩目的焊接人的“奥林匹克”盛会。受2020全球新冠肺炎疫情的影响，会议以网络会议形式召开，为期近两周，累计进行150个小时，开展了19个专业方向的学术交流会议，交流论文240余篇；发布决定、决议93项；向《世界焊接》推荐发表论文77篇[3]。

中国代表共有72人参加此次年会。焊接分会的领导专家参加了IIW成员国代表大会、执行委员会会议、地区工作委员会会议、青年领袖工作组会议、国际授权委员会成员国代表大会等；在IIW任职的专家学者主持、参与了相关工作机构的会议；学会委派的专家代表和IIW2020研究进展编委25人参加了专业委员会的工作及学术交流会议，对委员会的决议、选举等工作进行了审议与投票；我国学者在8个专委会会议上做交流报告37篇。《国际焊接学会（IIW）2020研究进展》编委积极参会，并将在书中全面介绍本次年会各专业领域所展现出的焊接科技发展的新动态、新方向。

IIW年会不仅呈现了全球焊接科技发展的方向，也展现了IIW作为全球引领者所特有的管理和经营理念，以及应对变革的战略和办法。在新一轮工业革命浪潮下，全球的制造技术正在发生着巨大的变革，作为制造领域的关键技术，焊接与连接技术也将面临前所未有的挑战。在中国由制造大国向制造强国转变的进程中，焊接分会有责任和义务发挥自身的优势，借鉴 IIW 的发展模式，融合创新，在焊接科技传输与转移、人才培养、焊接标准制定与应用等方面不断推进中国焊接科技发展的进程。

参考文献

［1］ The IIW Members Worldwide［EB/OL］. http：//iiwelding. org/iiw-members.

［2］ International institute of welding. Report on the 73rd IIW annual assembly ［Z］//Board-1053-2020.

［3］ International institute of welding. Booklet of decisions 2020 ［Z］//Chair-0435-2020.

作者简介：黄彩艳，女，1980 年出生，中国机械工程学会焊接分会副秘书长，中方对接 IIW 联络人。Email：cws86322012@ 126. com。

审稿专家：金世珍，1963 年出生，机械科学研究总院集团有限公司研究员。长期从事焊接技术研究及科研管理，参与国家 04 专项、智能专项、重点研发计划、国际合作专项的管理及国防科技工业规划编写，组织完成国家工程研究中心创新能力建设项目管理工作。Email：852348724@ qq. com。